高等学校土建类专业信息化系列教材

计算机辅助制图

主　编　邱荣茂　余　沛　朱洪涛

副主编　白　珊　黄小林　张　乔　刘义晴

西安电子科技大学出版社

内 容 简 介

本书以AutoCAD 2018为背景，重点介绍了使用AutoCAD绘制二维图形的基本方法和技巧。全书共分十章，内容包括 AutoCAD 的基础知识与基本操作、绘制二维图形、绘图常用辅助工具、二维图形的编辑、文字与表格、尺寸标注、图块和图块属性、工程图的绘制与输出、三维绘图、天正建筑软件绘制建筑施工图。

本书既可供高等工科院校土木类、工程管理和工程造价专业教学使用，也可作为成人职业教育和认证培训的辅导教材，还可作为专业技术人员和相关工程技术人员初学 AutoCAD 的参考用书。

图书在版编目（CIP）数据

计算机辅助制图 / 邱荣茂，余沛，朱洪涛主编. -- 西安 : 西安电子科技大学出版社，2024.8. -- ISBN 978-7-5606-7341-7

Ⅰ. TP391.72

中国国家版本馆 CIP 数据核字第 2024TV0774 号

策　　划　李鹏飞
责任编辑　李鹏飞
出版发行　西安电子科技大学出版社(西安市太白南路 2 号)
电　　话　(029)88202421　88201467　　邮　　编　710071
网　　址　www.xduph.com　　电子邮箱　xdupfxb001@163.com
经　　销　新华书店
印刷单位　咸阳华盛印务有限责任公司
版　　次　2024 年 8 月第 1 版　　2024 年 8 月第 1 次印刷
开　　本　787 毫米×1092 毫米　1/16　　印张 17
字　　数　402 千字
定　　价　49.80 元
ISBN 978-7-5606-7341-7

XDUP　7642001-1

前　言

PREFACE

AutoCAD 是 Autodesk 公司推出的计算机辅助绘图软件包，自 1982 年推出 1.0 版本以来，经过了多次版本更新和功能完善。现在，该软件集二维绘图、三维造型、渲染、通用数据库管理和互联网通信功能为一体，广泛应用于机械、土建、电子、航空航天、地理信息、服装等领域的设计与制图，已成为微机 CAD 系统中应用最广泛和普及的图形软件之一。

目前，高等工科教育和高等职业教育对学生的计算机辅助制图技能提出了更高的要求，本书就是为配合高等工科院校和高职高专土木类、工程管理、工程造价专业学习计算机辅助制图而编写的教材，本书从高等工科教育和高等职业教育的教学特点出发，以应用 AutoCAD 软件绘制土木工程图样为主旨来构建教材体系，目的是使学生在全面掌握该软件功能的同时，能够灵活快捷地应用该软件绘制土木工程图样，更好地为工程建设服务。

本书的编者均有多年 AutoCAD 绘图软件的教学与实践经验，能够准确地把握学生的学习心理和绘制工程图样的实际需要，合理地安排知识结构和内容及实例。本书中融入了编者多年来教授计算机辅助制图的经验与体会。

本书从土木工程计算机辅助制图的基本概念和原理入手，将着眼点放在如何利用 AutoCAD 绘制土木工程图样上，系统地介绍了 AutoCAD 软件的使用方法和操作技巧，并通过丰富的案例和实践项目，帮助学生和从业人员掌握

AutoCAD 软件在土木工程设计中的应用。本书在编写过程中注意贯彻我国的制图标准，并以相关规范来定制土木工程图样的绘图环境。

通过学习本书，读者可以掌握计算机辅助制图的基本知识和技能，提高自己在土木工程设计方面的能力。

参加本书编写工作的有信阳学院的邱荣茂、余沛、朱洪涛、黄小林、张乔，武汉光谷职业学院的白珊，河南质量工程职业学院的刘义晴，全书由邱荣茂统稿。

具体编写分工如下：邱荣茂编写第 1 章、第 4 章、第 5 章、第 7 章、第 9 章；余沛编写第 2 章；朱洪涛编写第 10 章；黄小林编写第 8 章；张乔编写第 6 章；白珊、刘义晴编写第 3 章。

由于编者水平有限，书中不妥之处在所难免，恳请广大读者提出批评意见和建议。

编　者

2024 年 4 月

目　录
CONTENTS

第1章

AutoCAD的基础知识与基本操作

AutoCAD是美国 Autodesk 公司开发的一种通用的计算机辅助设计软件，主要用来绘制工程图样。自 1982 年推出 AutoCAD 1.0 版以来，该软件逐步发展成为世界上应用最广的 CAD 软件。随着时间的推移和软件的不断完善，AutoCAD 已由原先的侧重二维绘图技术发展到二维、三维绘图技术兼备且具有网上设计功能的多功能 CAD 软件系统。Autodesk 公司于 2017 年推出 AutoCAD 2018 版。与 AutoCAD 2017 版相比，AutoCAD 2018 版增加了 PDF 输入功能(包含 SHX 文字的 PDF 输入后的文字识别功能)等多个功能，并在开始界面增加了新功能教程以及一些基本操作的教程。

1.1 启动 AutoCAD 2018

与 Windows 平台的其他应用软件一样，启动 AutoCAD 2018 也有多种方法。

(1) 双击桌面上的 AutoCAD 2018 图标，即可启动 AutoCAD。

(2) 通过选择“开始”➪“Autodesk”➪“AutoCAD 2018-简体中文(Simplified Chinese)”，可启动 AutoCAD。

(3) 双击用户已有的扩展名为“.dwg”的 AutoCAD 图形文件，可启动 AutoCAD 2018，并打开该图形文件。

启动 AutoCAD 2018 后，系统即进入 AutoCAD 的工作界面，如图 1-1 所示。

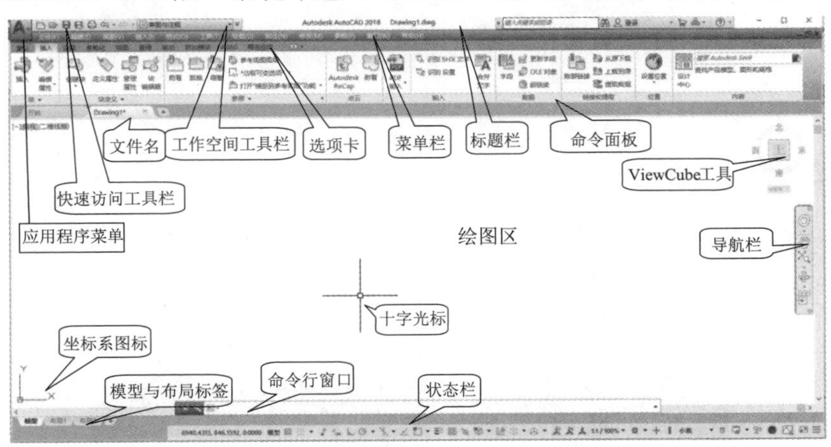

图 1-1 AutoCAD 2018 的工作界面

1.2 AutoCAD 2018 的工作界面简介

AutoCAD 2018 的工作界面中大部分元素的用法和功能与其他 Windows 应用软件一样，但有一部分是它所特有的。AutoCAD 2018 的工作界面主要由标题栏、应用程序菜单、快速访问工具栏、菜单栏(需要通过自定义快捷访问工具下拉菜单将其调出)、选项卡、命令面板、绘图区、命令行窗口和状态栏等组成，如图 1-1 所示。

1.2.1 标题栏

工作界面的最上方中部是标题栏，列有应用软件的名称、版本和当前图形文件的文件名，在没有给文件命名前，默认的文件名为 Drawing(n)(其中 n = 1，2，3，…，n 的值由新建的文件数而定)。此栏最右边的三个小按钮分别是“最小化”“恢复”和“关闭”，用来控制 AutoCAD 2018 软件窗口的显示状态。

1.2.2 应用程序菜单

单击应用程序菜单按钮，可以使用常用的文件操作命令，如图 1-2 所示。

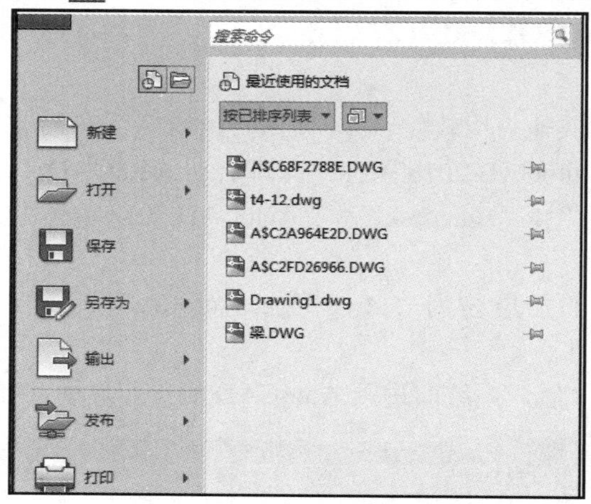

图 1-2 应用程序菜单

1.2.3 快速访问工具栏

快速访问工具栏用于存放经常使用的命令，如图 1-3 所示。快速访问工具栏右侧有一个三角形按钮，为工作空间列表按钮，利用它可以切换到用户界面。

图 1-3 快速访问工具栏

AutoCAD 2018 提供四种工作空间，分别对应于四种不同的工作界面。单击工作空间列表按钮会弹出下拉菜单，如图 1-4 所示，如选择“AutoCAD 经典”菜单项可以切换到 AutoCAD 的经典工作界面。

单击快速访问工具栏右侧的第一个按钮可以展开一个下拉菜单，如图 1-5 所示。利用该菜单，用户可以定制快速访问工具栏中要显示的工具，也可以关闭已显示的工具。该下拉菜单中被勾选的命令为快速访问工具栏中显示的命令按钮，单击已勾选的命令，可以关闭该命令按钮；单击未勾选的命令，可以在快速访问工具栏中显示该命令按钮。

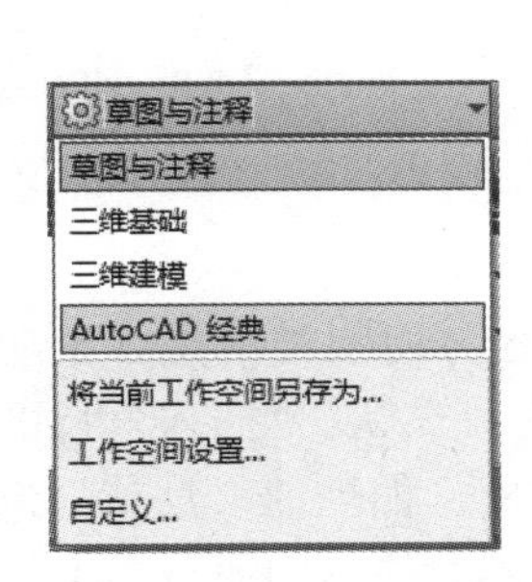

图 1-4　工作空间工具栏

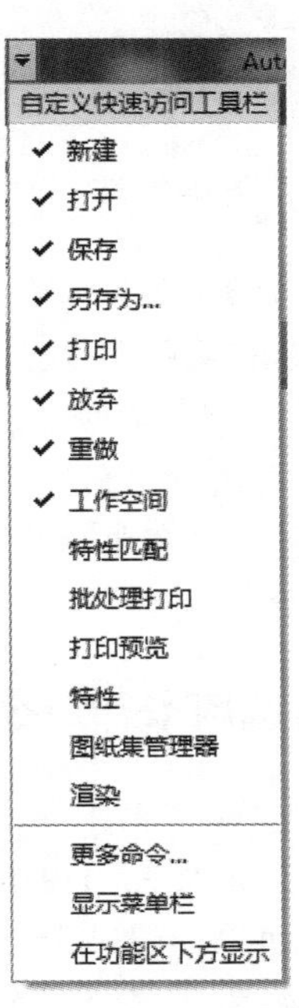

图 1-5　展开的下拉菜单

1.2.4　菜单栏

要在“草图与注释”工作界面中显示 AutoCAD 中常用的下拉菜单栏，在图 1-5 所示的展开的下拉菜单中单击“显示菜单栏”项即可。

如果用户将工作界面切换到 AutoCAD 经典工作界面，则在标题栏的下方就会自动显示菜单栏。同其他 Windows 应用软件一样，其下拉菜单也包含子菜单。AutoCAD 的下拉菜单几乎包含了 AutoCAD 的所有命令。用户可逐级选择相应的菜单，以执行相应的命令或弹出相应的对话框。用户在使用下拉菜单时应遵循如下约定：

(1) 跟有小三角“▸”的菜单命令：表示该菜单项有下一级子菜单。例如，单击菜单栏中的“绘图”菜单，移动鼠标指向下拉菜单中的“圆”命令，就会出现“圆”命令的子菜单，如图 1-6 所示。

(2) 跟有省略符号“…”的菜单命令：表示单击该菜单项将会弹出一个对话框，以供用户做更进一步的选择和设置。例如，单击菜单栏中的“格式”菜单，并移动鼠标至下拉菜单中的“文字样式”命令单击，就会立即弹出“文字样式”对话框，如图 1-7 所示。

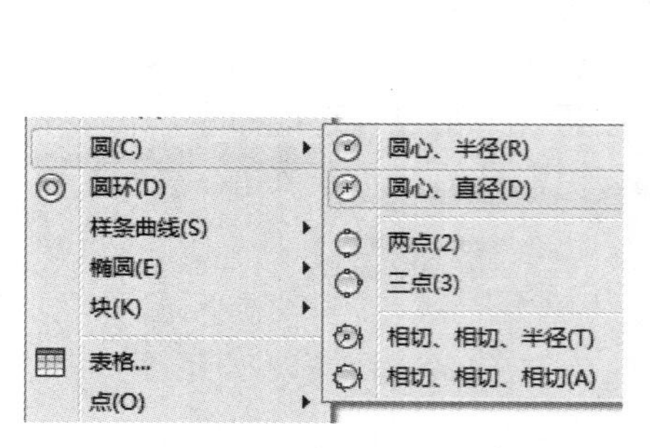

图 1-6　命令子菜单

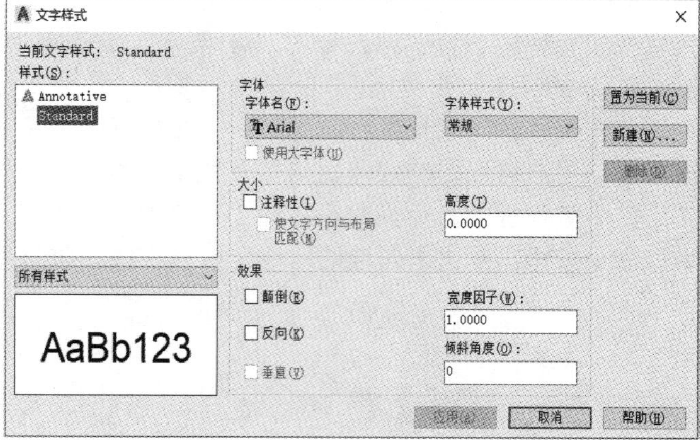

图 1-7　文字样式对话框

(3) 跟有字母的菜单命令：表示进入菜单项后，按下相应的字母即可执行该菜单命令。例如，打开“绘图”下拉菜单后按下字母 L 即可执行“直线”命令，如图 1-8 所示。

(4) 跟有组合键的菜单命令：表示直接按组合键即可执行该菜单命令。

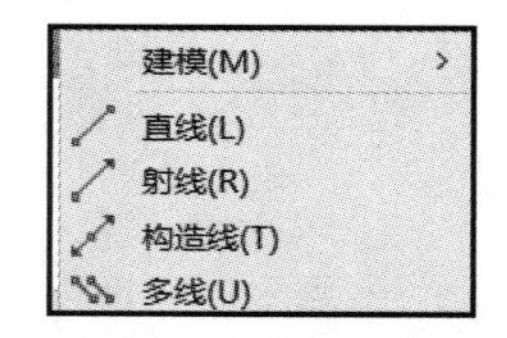

图 1-8　跟有字母的菜单命令

1.2.5　功能区(选项卡和命令面板)

在“草图与注释”工作界面中，AutoCAD 的命令分门别类地集合于功能区的各个选项卡和命令面板上，如图 1-9 所示。功能区上方列有“默认”“插入”“注释”“参数化”等若干选项卡，而每一选项卡下又集合了多个命令面板，如当前“默认”选项卡下有“绘图”“修改”“注释”等多个命令面板。不同的选项卡下对应一组不同的命令面板，用户可以根据需要切换不同的选项卡调出其下相应的命令面板。

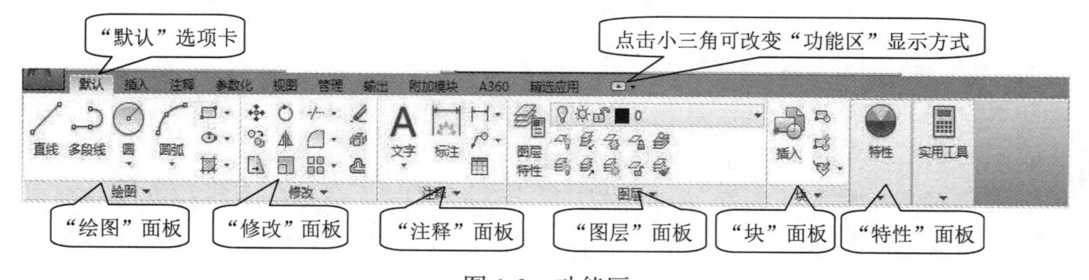

图 1-9　功能区

单击选项卡名称栏最右侧按钮，在弹出的列表中可选择最小化选项卡、最小化面板标题或最小化为面板按钮，以改变功能区的显示方式。单击其左侧按钮可依次切换功能区的显示方式。

1.2.6　绘图区

绘图区是指软件窗口中间最大的空白区域，此区域是用户绘图和编辑图形的工作区域。在绘图区中，光标的十字线交点反映了光标在当前坐标系中的位置。

1.2.7　坐标系图标

在绘图区域的左下角有一坐标系图标，如图 1-10 所示，其用于显示当前坐标系的形式及 X、Y 坐标的正方向。AutoCAD 系统默认的坐标系是世界坐标系 WCS。

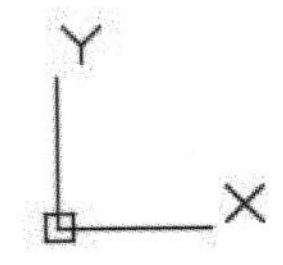

图 1-10　世界坐标系 WCS

1.2.8　模型/布局标签

在绘图区域的底部，有一个“模型”标签和两个“布局”标签。“模型”代表模型空间，“布局”代表图纸空间，这两个空间之间可以来回切换。通常情况下，用户都是首先在模型空间中绘制图形，绘图结束后再转至图纸空间安排图纸输出布局。

1.2.9　命令行窗口

在绘图区域的下方有一个输入命令和反馈命令参数的地方，叫作命令行窗口，如图 1-11 所示。用户可通过鼠标调整它的大小和位置。

图 1-11　命令行窗口

通过按 Ctrl + F2 键(或 F2 键)可以切换到 AutoCAD 的文本窗口，如图 1-12 所示。在文本窗口中，系统显示了当前 AutoCAD 进程中命令的输入和执行过程。再次按 F2 键，即可关闭该文本窗口。

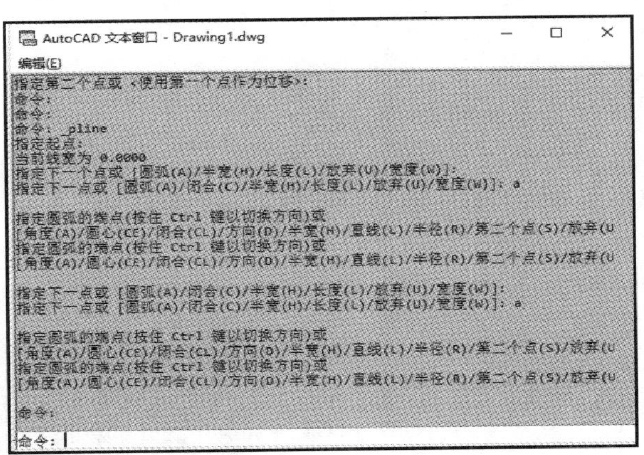

图 1-12　AutoCAD 的文本窗口

1.2.10　状态栏

状态栏位于工作界面的最下方，用来显示或设置当前的绘图状态，如当前光标的坐标、功能按钮及启用情况等，如图 1-13 所示。

状态栏的左边为坐标显示区，当用户在绘图窗口中移动光标时，坐标显示区将动态地显示当前 x、y、z 坐标值。

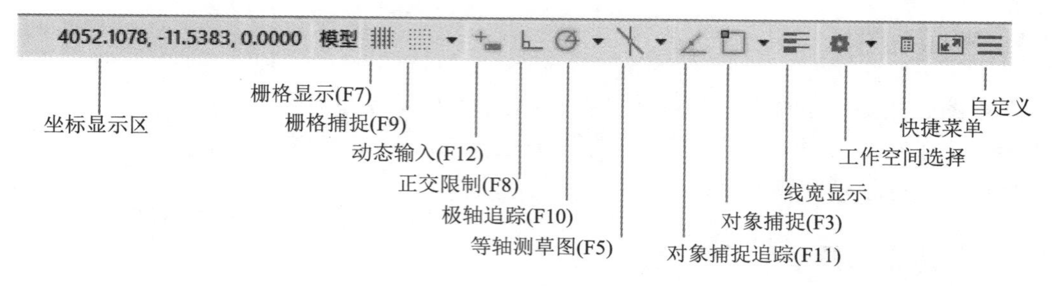

图 1-13　状态栏

状态栏的坐标显示区右边的一排按钮均为功能按钮，各功能按钮的名称如图 1-13 所示。

状态栏最右边有一个自定义按钮，单击自定义按钮即可打开一快捷菜单，在该快捷菜单中可以选择要在状态栏显示的功能按钮，快捷菜单中左边打“√”的表示该工具已经在状态栏上以按钮的形式显示，点击并选中打“√”的工具，该功能按钮则在状态栏上隐藏。

1.3　图形文件的基本操作

图形文件的基本操作主要包括新建文件、保存文件、打开文件和关闭文件。

1.3.1　新建图形文件

在应用 AutoCAD 进行绘图时，用户首先要做的工作就是创建一个图形文件。执行新建图形文件命令的方式有以下三种方法：

- 在命令行输入 new。
- 单击下拉菜单中的“文件”⇨“新建”。
- 单击快速访问工具栏中的“新建” 按钮。

执行“新建”文件命令后，则会弹出“选择样板”对话框，如图 1-14 所示。

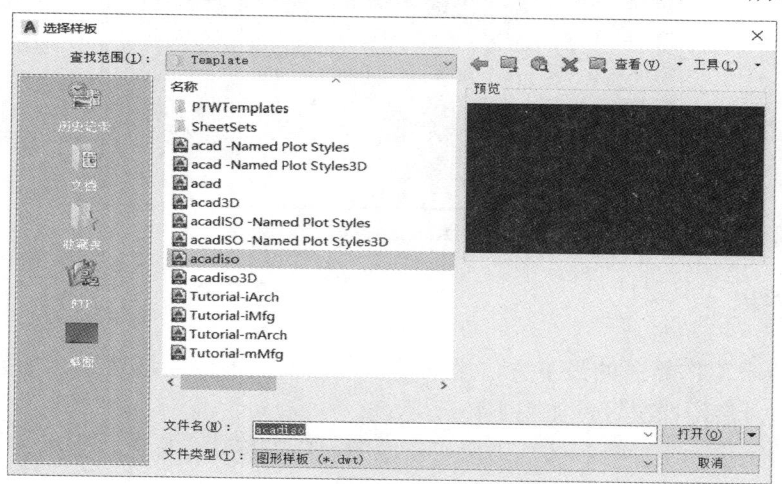

图 1-14　“选择样板”对话框

用户可以在样板列表中选择合适的样板文件，单击“打开”按钮，就以选定的样板新建了一个图形文件。

新建 AutoCAD 文件时，若选择“acad.dwt”为样板文件，系统默认的图形单位为“英寸”；若选择“acadiso.dwt”为样板文件，系统默认的图形单位为“毫米”。中国用户在新建 AutoCAD 文件时应选择“acadiso.dwt”为样板文件。

除了系统给定的这些样板文件外，用户还可以自己创建所需的样板文件，以供以后多次使用。

样板文件是预先对绘图环境进行了设置的图形模板，用作绘制其他图形的起点，可以减少一些重复性的设置工作。

1.3.2　保存图形文件

执行保存图形文件命令有三种方法：

- 在命令行输入：qsave。
- 单击下拉菜单中的“文件”⇨“保存”。
- 单击快速访问工具栏中的“保存” 按钮。

执行保存命令后，若文件已命名，则 AutoCAD 自动保存；若文件尚未命名，则系统将弹出“图形另存为”对话框，如图 1-15 所示，其中文件名为系统默认的 Drawing.dwg，用户可重新定义文件名。在“保存于”下拉列表框中可以指定文件保存的路径，在“文件类型”下拉列表框中可以指定文件保存的类型。

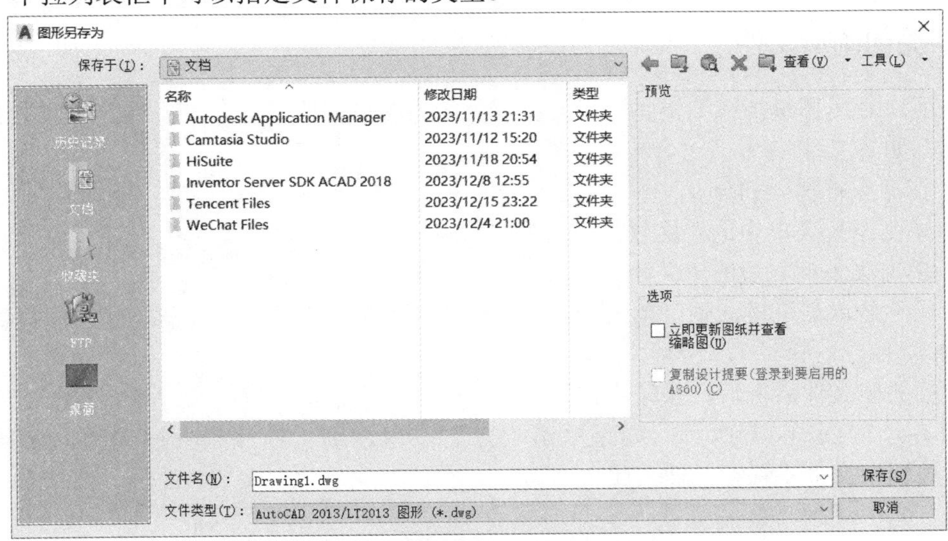

图 1-15　“图形另存为”对话框

1.3.3　打开图形文件

当用户要对已有的图形文件进行编辑修改时，就要把该文件打开以进行浏览或修改。执行打开图形文件命令的方式有如下三种：

- 在命令行输入 open。

- 单击下拉菜单中的“文件”⇨“打开”。
- 单击快速访问工具栏中的“打开”按钮。

执行打开文件命令后，系统将弹出“选择文件”对话框，如图 1-16 所示。在“选择文件”对话框中，先根据路径选择存放文件的文件夹，再选择要打开的一个或多个文件，最后单击“打开”按钮，即可一次性打开所选择的一个或多个图形文件。用鼠标在要打开的图形文件上双击，也可打开该图形文件。

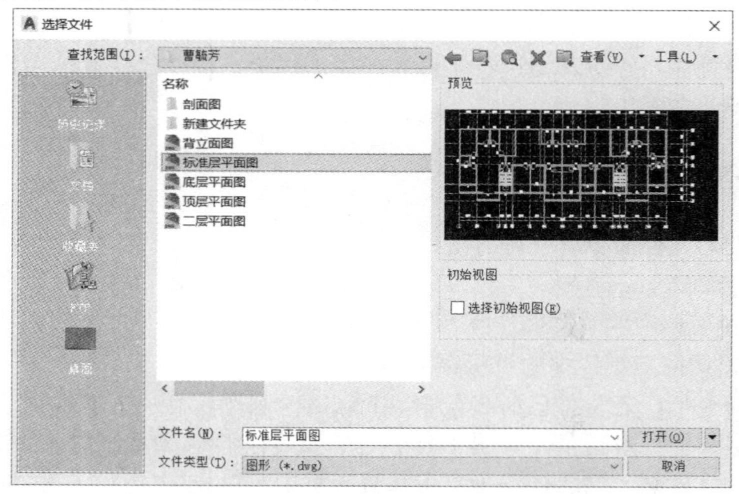

图 1-16　“选择文件”对话框

1.3.4　关闭图形文件

当用户对图形绘制或编辑完成后，就要关闭该图形文件。执行“关闭”图形文件命令的方式有如下三种：

- 在命令行输入 close。
- 单击下拉菜单中的“文件”⇨“关闭”。
- 单击菜单栏右边的“关闭”按钮 。

如果不显示菜单栏，则可单击绘图区右上角的“关闭”按钮。注意不是应用程序的关闭按钮。

执行关闭文件命令后，系统将弹出“关闭文件”提示框，询问用户是否对改动的文件进行保存，如图 1-17 所示。如果单击“是”按钮，则文件保存并被关闭。如果单击“否”按钮，文件不保存并被关闭。

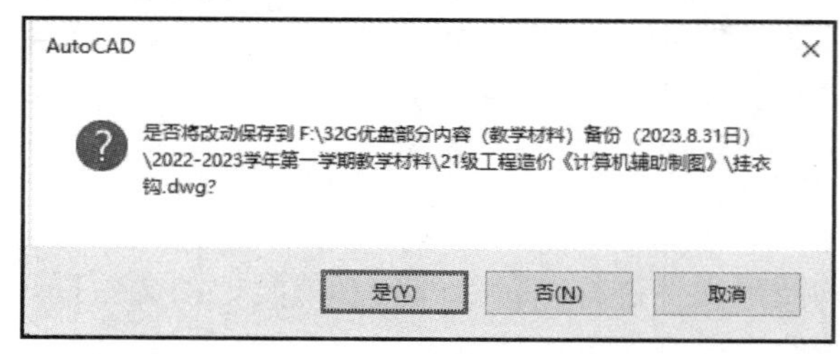

图 1-17　“关闭文件”提示框

1.3.5 退出 AutoCAD

退出 AutoCAD 系统的方式有如下两种：

- 单击下拉菜单中的“文件”⇨“退出”。
- 单击应用程序标题栏最右边的“关闭”按钮 x。

执行退出命令后，如果当前的图形文件没有保存过，系统也会给出如图 1-17 所示的是否保存的提示信息，接下来的操作与上面讲的方法和步骤相同，操作完毕则退出 AutoCAD 系统。

1.4 AutoCAD 命令的执行

在 AutoCAD 中，用户的所有操作都是通过命令来实现的。用户通过命令告知 AutoCAD 要进行什么操作，AutoCAD 对命令做出相应的响应，并在命令行中显示命令的执行状态或给出命令需要进一步选择的选项。因此，用户必须掌握执行命令的方法，掌握命令执行过程中的提示及常用选项的用法及含义。

AutoCAD 有多种执行命令的方法，用户可以在反复的实践中找到适合自己的、最为方便快捷的方法。

1.4.1 命令的执行方式

用户可以采用下列方式执行命令。

1. 在命令行中直接键入命令

用户在命令行中键入命令全称并按回车键可以激活该命令。一些常用命令都对应有 1～2 个首字符的快捷方式(命令的缩写形式)，用户也可以在命令行直接键入其快捷命令并按回车键来激活该命令。例如，直线命令的全称为“line”，其缩写形式为“L”。键入直线命令时可以键入全称“line”并按回车键，也可以键入快捷命令“L”并按回车键，两种方式均可激活直线命令。

2. 单击功能区命令面板中的命令按钮

单击功能区命令面板中的命令按钮，这种执行命令的方法形象、直观，是初学者最常用的方法。将鼠标在按钮处停留数秒，就会显示出该按钮的名称及用途，帮助用户识别。有些按钮的右边或下方有箭头，表示该按钮含有多个选项，可以单击该箭头，在弹出的列表中选择相应的选项。

3. 单击“下拉菜单”选择相应命令

菜单栏由若干菜单标题组成，将光标移到菜单标题并单击鼠标左键时，会出现一菜单，通常称之为下拉菜单。一般的命令都可以在相应的下拉菜单中找到。由于下拉菜单较多，每个下拉菜单又包含许多子菜单，所以通过菜单栏执行 AutoCAD 命令的方法会降低绘图效率。

4. 使用右键快捷菜单

用户在绘图区内单击鼠标右键或选择某对象后再单击鼠标右键，系统会弹出一个快捷菜单，在弹出的快捷菜单中选择相应的命令或选项即可激活相应的功能。

5. 直接按空格键或回车键

直接按空格键或回车键可以激活刚执行过的最后一个命令。有时在绘图过程中会大量重复使用同一个命令，此时这是一种最快捷的调用命令的方法。

1.4.2　如何响应 AutoCAD 命令

用户在执行命令后，有时需要对命令的提示做出相应的响应。比如，用户要指定一个点、选择对象、选择命令选项时，可以通过键盘、鼠标左键或右键快捷菜单来响应。

(1) 在出现指定点的提示时，可以直接通过键盘键入坐标值，也可以用鼠标在绘图区拾取一点来响应。

(2) 在出现选择对象的提示时，可以直接用鼠标在绘图区选取对象来响应。

(3) 在有命令选项(命令提示文字后的方括号“[ ]”内的内容)选取时，可以直接从键盘键入选项，也可以在命令区使用鼠标直接选择选项来响应。例如执行了画圆命令后，在命令输入区中呈现的提示如下：

命令：circle 指定圆的圆心或 [三点(3P)/两点(2P)/相切、相切、半径(T)]:

对所需要的选项，一种响应方式是用键盘键入该选项后面圆括号中的字符(如 3P)，然后按回车键或空格键来确认。也可以用鼠标直接点击命令区中的某一选项(如三点(3P))，以选择画圆的方式。

而当“动态输入”按钮为打开状态时，有另外一种响应方式：在绘图区呈现动态跟随的小窗口时(如图 1-18 所示)，按下键盘上向下的光标键，在弹出的向下光标菜单(如图 1-19 所示)中用鼠标选择“三点(3P)”。

图 1-18　小窗口提示

图 1-19　向下光标菜单

1.4.3　放弃与重做命令

在 AutoCAD 中，用户可以方便地重复执行同一条命令，或撤销前面执行的一条或多条命令。此外，撤销前面执行的命令后，还可通过重做来恢复前面撤销的命令。

1. 放弃命令

有多种方法可以放弃最近一个或多个命令操作。执行“放弃”命令的方法如下：

- 单击下拉菜单中的选择“编辑” ⇨ “放弃”菜单项。
- 点击快速访问工具栏，单击放弃命令按钮 ，取消最近一个命令操作。
- 在命令行键入“undo”或“u”回车。

使用“undo”命令可放弃多个操作，用户一次性撤销前面进行的多个操作的步骤如下：

(1) 在命令行输入“undo”并回车。

(2) 在命令行提示“输入要放弃的操作数目或 [自动(A)/控制(C)/开始(BE)/结束(E)/标记(M)/后退(B)] <1>:”中输入要放弃的操作数目。例如，要放弃最近的 5 个操作，应输入 5 并回车，AutoCAD 将显示放弃的命令或系统变量设置。

单击快速访问工具栏中“放弃”右边的小箭头，在弹出的下拉列表(见图 1-20)中选择要放弃的操作也可以一次性撤销前面进行的多个操作。

图 1-20　多重“放弃”下拉列表

2. 重做命令

重做命令可使用户取消上一个放弃操作。要取消上一个放弃操作，重做命令必须紧跟在放弃命令之后。

执行重做命令的方法如下：

- 单击下拉菜单，选择“编辑”⇨“重做”菜单项。
- 单击快速访问工具栏中的“重做”按钮。
- 在命令行键入“redo”回车。

执行 redo 命令后，AutoCAD 将取消先前的 undo 命令。

单击标准工具栏中“重做”右边的小箭头，在弹出的下拉列表(见图 1-21)中选择要重做的操作可以一次性恢复前面进行的多个放弃操作。

图 1-21　多重“重做”下拉列表

1.4.4　鼠标的操作

在 AutoCAD 中，鼠标的左、右键和滚动轮有着不同的功能。

1. 左键

左键是绘图过程中使用最多的键，主要功能为拾取，用于单击工具栏上的按钮，选择菜单中的选项以执行相应命令，也可以在绘图过程中选择已有对象等。

2. 右键

右键默认用于显示快捷菜单。单击右键可以弹出快捷菜单，也可以结束命令。

3. 滚动轮

在绘图区滚动滚轮可以实现对视图的实时缩放。向下滚动滚轮，图形缩小；向上滚动滚轮，图形放大。

在绘图区按住滚轮并移动鼠标，可以实现对视图的实时平移。此时，光标在屏幕上呈现为一个小手的标记。

1.5　坐标系

AutoCAD 图形中各点的位置都是由坐标来确定的，为此 AutoCAD 提供了两种坐标系：世界坐标系(World Coordinate System，WCS)和用户坐标系(User Coordinate System，UCS)。通过 AutoCAD 的坐标系可以提供精确绘制图形的方法，也可以很容易地定出点的坐标。

1.5.1 世界坐标系与用户坐标系

1. 世界坐标系 WCS

当进入 AutoCAD 界面时，系统默认的坐标系是世界坐标系，X 轴正向为水平向右方向，Y 轴正向为垂直向上方向。如果在三维空间绘图，则世界坐标系还有一个 Z 轴，其正向为垂直于屏幕方向向外。

2. 用户坐标系 UCS

世界坐标系是固定不变的，但用户可以根据使用的需要自定义一个使用更为方便的坐标系，即用户坐标系。用户坐标系的原点可以定义在绘图区的任意位置，它的坐标轴可以旋转任意角度。

1.5.2 坐标的表示方法

1. 直角坐标

直角坐标包括 X、Y、Z 三个坐标值。在平面绘图时，Z 的坐标值默认为 0，不予输入，只输入 X、Y 两个坐标值，坐标值之间必须用英文逗号“,”隔开，如“100,50”。

2. 极坐标

极坐标只能表达二维点的坐标，它包括长度和极角两个值。在长度和极角两个值之间用小于号“<”隔开，如“100<45”表示长度为 100，极角为 45°。

3. 绝对坐标与相对坐标

绝对坐标是指输入点相对于当前坐标系原点的坐标，当前坐标系既可以是世界坐标系，也可以是用户坐标系。坐标类型既可以是直角坐标，也可以是极坐标。

相对坐标是指输入点与其前一点的相对位移值。为区别于绝对坐标，相对坐标应在绝对坐标前加一符号@。例如，“@100,50”和“@100 < 45”均为合法的相对坐标，但当状态栏上的动态输入功能开启时，坐标前可以省略符号“@”，即键入“100,50”和“100 < 45”等同于键入“@100,50”和“@100 < 45”。

需要说明的是，在相对极坐标中，长度为输入点与前一点的连线，极角为输入点和前一点的连线与 X 轴正向的夹角，系统默认夹角逆时针为正，顺时针为负。

在实际绘图时，用户知道更多的是点与点之间的相对坐标或线段的长度和角度。因此，用户定点用得最多的是相对坐标。

1.6 设置绘图单位

绘图单位是在设计中所采用的计量单位。

新建 AutoCAD 文件时，若选择“acad.dwt”为样板文件，则系统默认的图形单位为“英寸”；若选择“acadiso.dwt”为样板文件，系统默认为“毫米”。

中国用户在新建 AutoCAD 文件时应选择“acadiso.dwt”为样板文件。

执行设置绘图单位的方式如下：

- 在命令行输入 units。
- 单击下拉菜单中的“格式”⇨“单位”。

执行命令后，系统会弹出“图形单位”对话框，如图 1-22 所示。在“图形单位”对话框中，单击“长度”选项区的“类型”下拉列表框右侧的按钮，可打开其下拉列表，在其中选择绘图所使用的单位类型，如分数、工程、建筑、科学、小数(缺省选择，符合我国国标的长度单位类型)。在“精度”下拉列表框中，用户可选择长度单位的精度。对于土木工程图，通常选择“0”以精确到整数位。

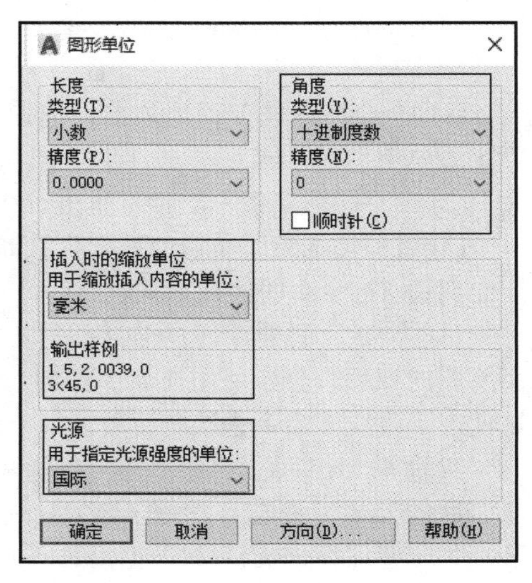

图 1-22　“图形单位”对话框

在“插入时的缩放单位”选项区的“用于缩放插入内容的单位”下拉列表框中，可以对将当前图形引用到其他图形中时所用的单位做一个指定。尽管 AutoCAD 中的绘图单位是无量纲的，但是和其他图形相互引用时必须指定一个单位，AutoCAD 将自动地在两种图形单位之间进行换算。

单击“角度”选项区的“类型”下拉列表框右侧的按钮，打开其下拉列表，可在下拉列表中选定角度的单位；同样，打开其下方的“精度”下拉列表框可选择角度的精度。在缺省情况下，角度计算的方向以逆时针为正，若选中“顺时针”复选框，则表示角度计算的方向以顺时针为正。

1.7　上机实验

实验 1： 熟悉 AutoCAD 2018 工作界面。

目的要求：

(1) 熟悉 AutoCAD 的“草图与注释”工作空间的操作界面。

(2) 熟悉快速访问工具栏、应用程序菜单等内容。

(3) 熟悉功能区“默认”选项卡的常用功能面板。

(4) 熟悉状态栏中主要的精确绘图工具，并通过自定义按图 1-23 所示状态栏的工具项目配置常用的精确绘图工具。

模型

图 1-23　状态栏

实验 2：设置绘图单位。

目的要求：新建 AutoCAD 文件，选择“acadiso.dwt”为样板文件。打开“图形单位”对话框，设置绘图单位类型：长度设置为十进制，精度设置为整数；角度设置为十进制，精度为保留 1 位小数。

操作提示：

(1) 单击“格式”下拉菜单，选择“单位...”选项，或键入 units 命令，系统会弹出“图形单位”对话框。

(2) 在“图形单位”对话框里进行相应的设置。

(3) 设置完成后，单击“确定”按钮，退出对话框。

实验 3：命令的执行方式。

目的要求：熟悉命令的各种执行方式，找出适合自己的命令执行方式，能够极大地提高绘图的效率。分别使用在命令行键入命令、选择下拉菜单、单击功能区的按钮等方式尝试使用“直线”命令来绘制直线。

实验 4：文件管理。

目的要求：新建一个图形文件(选择“acadiso.dwt”为样板文件)，为该图形文件命名，关闭并保存该文件(在不退出 AutoCAD 的情况下)。

第 2 章

绘制二维图形

二维图形的绘制是 AutoCAD 的绘图基础。图形的绘制都是通过各种绘图命令来实现的。在 AutoCAD 中，绘图操作的方法很多也很灵活，能够适应不同用户的要求。用户可以通过使用绘图菜单栏、功能区绘图面板、命令行键入命令等方式来实现绘制各种不同的图形对象。

2.1 绘图菜单栏及功能区绘图面板

2.1.1 绘图菜单栏

绘图菜单栏如图 2-1 所示，它包含了 AutoCAD 中常用的绘图命令及绘制图形的最基本的方法。

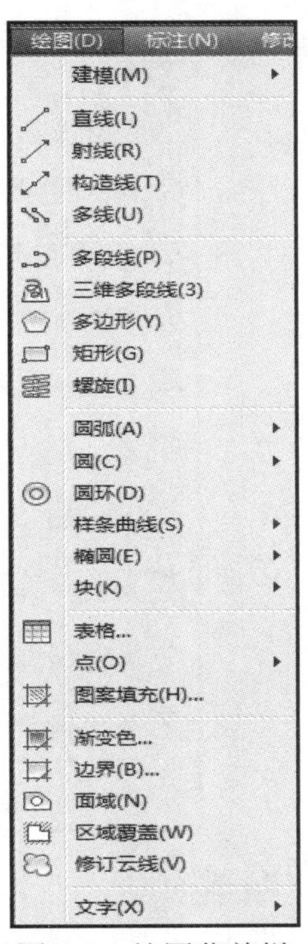

图 2-1　绘图菜单栏

2.1.2　功能区绘图面板

功能区绘图面板如图 2-2 所示，它是绘图命令的集合处。其中的每个按钮都与绘图菜单栏中的命令相对应，单击某个按钮可执行相应的绘图命令。在绘图面板上默认列出 7 个常用的绘图命令按钮，如图 2-2(a)所示。面板上的小三角表示其中有隐藏命令的按钮。

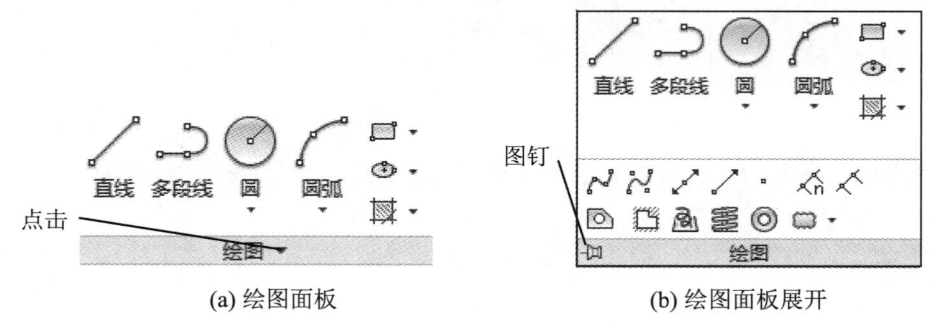

(a) 绘图面板　　(b) 绘图面板展开

图 2-2　绘图面板

(1) 点击图 2-2(a)中“绘图”二字右侧向下的小三角，绘图面板展开，显示出其他绘图命令按钮，如图 2-2(b)所示。此时，也可以通过点击其中的图钉按钮来确定是否固定被展开的面板。

(2) 点击“圆”命令下方的小三角，展示 6 种绘制圆的方式，如图 2-3(a)所示。点击“圆弧”命令下方的小三角，展示 11 种绘制圆弧的方式，如图 2-3(b)所示。

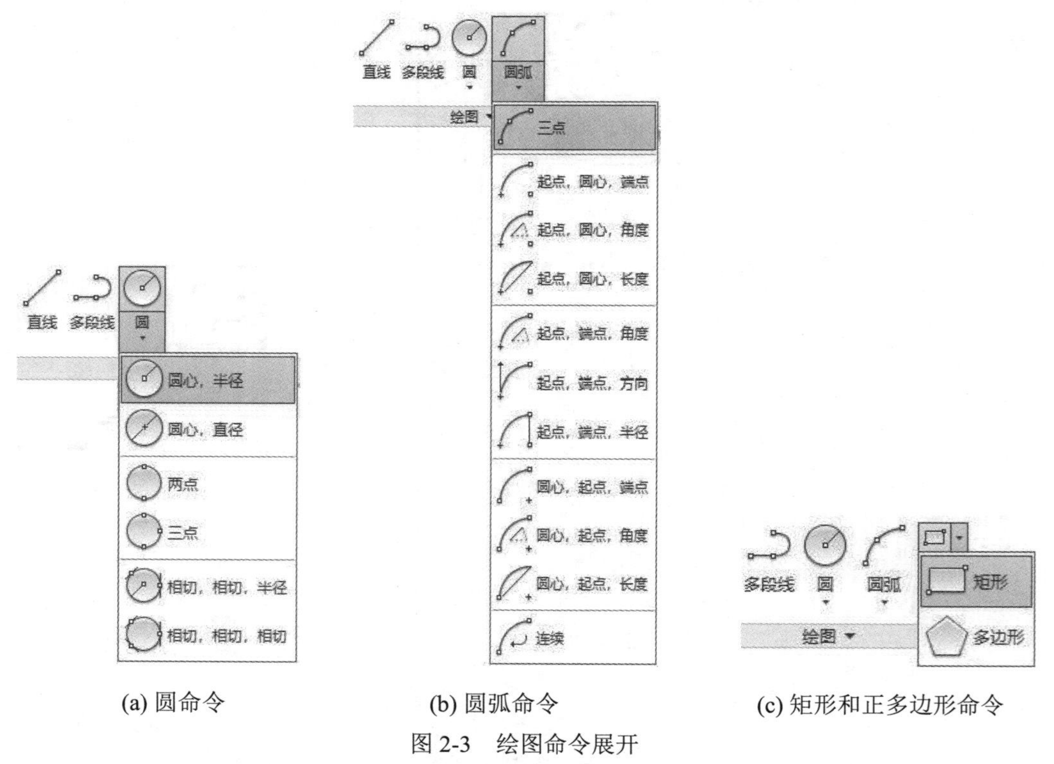

(a) 圆命令　　(b) 圆弧命令　　(c) 矩形和正多边形命令

图 2-3　绘图命令展开

(3) 绘图面板右侧一列图标旁的小三角，提示其中有 2 个以上相关命令集合于此，如

图 2-3(c)所示。

2.2　直线类对象

2.2.1　直线段

利用“直线”工具可以绘出一系列首尾相连的直线段。

1. “直线”命令的执行方式

- 在命令行输入l(或 line)。
- 点击菜单栏中的“绘图”⇨“直线”。
- 点击功能区的“默认”选项卡⇨“绘图”面板⇨“直线”按钮。

2. “直线”命令的执行过程

命令：_line

指定第一点：(指定所绘制直线的起始点)

指定下一点或[放弃(U)]：(指定所绘制直线的另一个端点)

指定下一点或[放弃(U)]：(指定下一点或输入 U 回车，放弃当前点)

指定下一点或[闭合(C)/放弃(U)]：(输入 C 回车结束命令，闭合线段)

在绘制时应注意以下几点：

(1) 在“指定下一点”提示时，按 Esc 或 Enter 键结束命令。

(2) 指定直线的每一端点时，既可以用鼠标直接在绘图区中所需位置拾取，也可通过键盘输入点的坐标指定一个点，既可以输入点的绝对坐标，如“20,30”“15<45”，也可以输入点的相对坐标，如“@10,20”“@50<30”(当动态输入功能开启时可直接输入“10,20”“50<30”)。

【例 2-1】绘制图 2-4 所示的四边形。

(1) 作图分析。

① 各点坐标形式分析。A 点为绝对直角坐标，B 点为相对直角坐标，C 点为相对极坐标，D 点为相对直角坐标。

② 由 A 点开始响应直线“第一点”的提示。

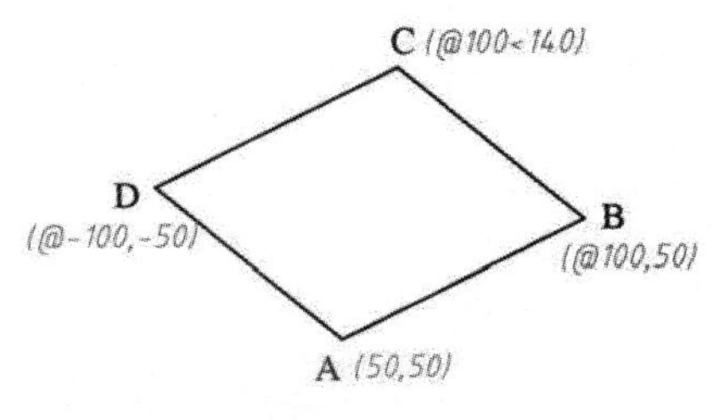

图 2-4　绘制四边形

(2) 作图过程。

激活直线命令后，命令行提示及操作过程如下：

命令：_line

指定第一点：(输入 A 点的绝对坐标 50,50 回车)

指定下一点或[放弃(U)]：(输入 B 点的相对坐标@100,50 回车)

指定下一点或[放弃(U)]：(输入 C 点的相对极坐标@100<140 回车)

指定下一点或[放弃(U)]：(输入 D 点的相对直角坐标@-100，-50 回车)

指定下一点或[闭合(C)/放弃(U)]：(闭合线段，输入 C 后回车)

2.2.2 构造线

可以绘制两端无限延伸的直线，一般作辅助线用。

1. “构造线”命令的执行方式

- 在命令行输入 xl (或 xline)。
- 点击菜单栏：“绘图” ⇨ “构造线”。
- 点击功能区的“默认”选项卡⇨“绘图”面板⇨“构造线” 按钮。

2. “构造线”命令的执行过程

命令：_xline

指定点或[水平(H)/垂直(V)/角度(A)/二等分(B)/偏移(O)]：(可以通过指定两点的形式绘制构造线，也可选其他选项绘制各种构造线。)

其他各项的含义如下：

(1) 水平(H)：绘制水平的构造线。

(2) 垂直(V)：绘制垂直的构造线。

(3) 角度(A)：绘制与 X 轴成指定角度的构造线。

(4) 二等分(B)：绘制平分指定角度的构造线，需要指定等分线的顶点、起点和端点。

(5) 偏移(O)：绘制与指定线相距给定距离的构造线。

绘制水平、垂直和角度构造线如图 2-5 所示。

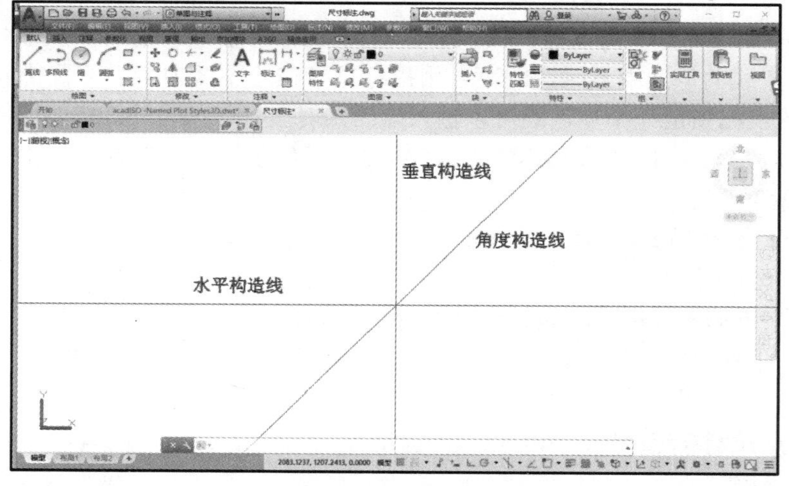

图 2-5 绘制构造线

2.3 圆弧类对象

2.3.1 圆

根据已知条件绘制圆。

1. “圆”命令的执行方式

- 在命令行输入 c (或 circle)。
- 点击菜单栏中的“绘图”⇨“圆”。
- 点击功能区的“默认”选项卡⇨“绘图”面板⇨“圆”按钮。

单击功能区的“绘图”面板⇨“圆”命令，即可看到有六种绘制圆的方式，如图 2-6 所示。

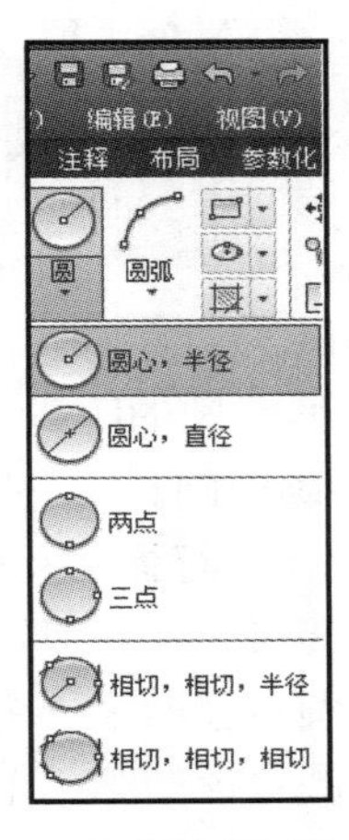

图 2-6　六种绘制圆的方式

绘制圆的各种图标及代号的含义如表 2-1 所示。

表 2-1　绘制圆的图标及代号的含义

选　项		含　义
圆心、半径(R)		默认方法，以指定的圆心、半径方式画圆
圆心、直径(D)		以指定的圆心、直径方式画圆
两点(2)		指定两点，以这两点为直径画圆
三点(3)		依次输入三个点，AutoCAD 绘制通过这三点的圆
相切、相切、半径(T)		画与两个已知实体相切、指定半径的公切圆
相切、相切、相切(A)		画与三个已知实体相切的公切圆

2. “圆”命令的执行过程

在图 2-6 所示的选项中选择某种方式绘制圆，命令行提示及操作过程如下：

(1) 圆心、半径(R)：通过圆心和半径来绘制圆。

点击命令按钮后，命令行提示：

指定圆的圆心或[三点(3P)/两点(2P)/相切、相切、半径(T)]：(指定圆心)

指定圆的半径或[直径(D)]：(默认输入半径值，如 50，回车)

执行结果如图 2-7(a)所示。

(2) 圆心、直径(D)：通过圆心和直径来绘制圆。

单击命令按钮后，命令行提示及操作过程如下：

指定圆的圆心或[三点(3P)/两点(2P)/相切、相切、半径(T)]：(指定圆心)

指定圆的半径或[直径(D)]<原直径默认值>：(默认输入直径值，如 100，回车)

执行过程如图 2-7(b)所示。

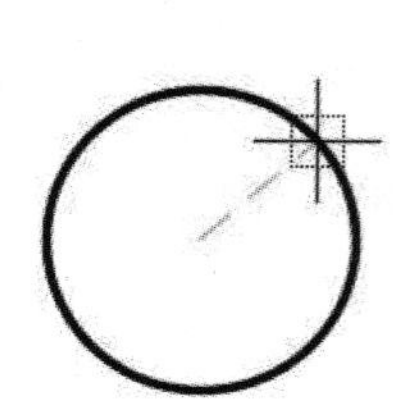

(a) 通过圆心和半径绘制圆

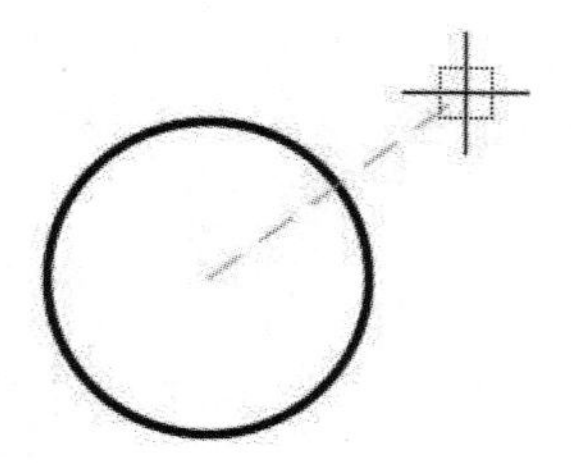

(b) 通过圆心和直径绘制圆

图 2-7　绘制圆 1

(3) 两点(2)：通过两点来绘制圆，两点间的距离为圆的直径。

如图 2-8(a)所示，过直线两端点绘制一圆。

单击两点绘制圆 命令按钮后，命令行提示及操作过程如下：

指定圆的圆心或[三点(3P)/两点(2P)/相切、相切、半径(T)]：_2p

指定圆直径的第一个端点：(指定圆直径的第一个端点)

指定圆直径的第二个端点：(指定圆直径的第二个端点)

执行结果如图 2-8(a)所示。

(4) 三点(3)：通过三点来绘制圆。

如图 2-8(b)所示过三角形三顶点绘制一圆。

单击三点绘制圆 命令按钮后，命令行提示及操作过程如下：

指定圆的圆心或[三点(3P)/两点(2P)/相切、相切、半径(T)]：_3p

指定圆上的第一个点：(指定圆上第一个点)

指定圆上的第二个点：(指定圆上第二个点)

指定圆上的第三个点：(指定圆上第三个点)

执行结果如图 2-8(b)所示。

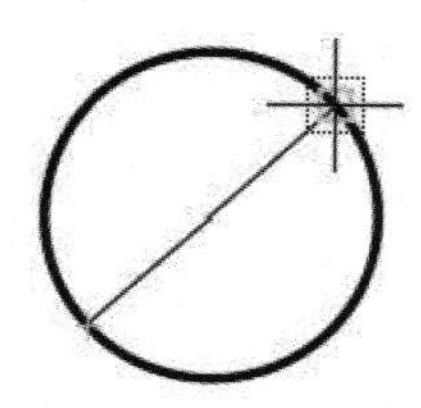

(a) 通过直线两端点绘制圆

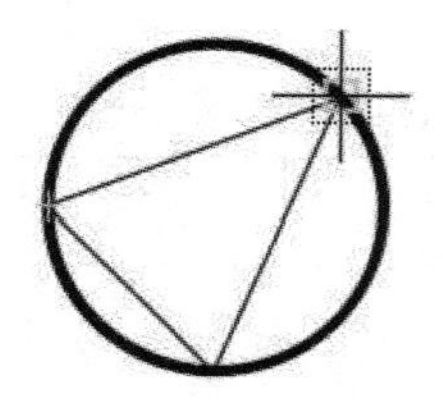

(b) 通过三角形三顶点绘制圆

图 2-8　绘制圆 2

(5) 相切、相切、半径(T)：绘制与两个图形对象相切、指定半径的圆；绘制一圆与已知的直线段和圆相切，半径为 50，如图 2-9(a)所示。

单击“相切、相半径” 命令按钮后，命令行提示及操作过程如下：

指定圆的圆心或[三点(3P)/两点(2P)/相切、相切、半径(T)]：_ttr

指定对象与圆的第一个切点：(选择已知对象圆)

指定对象与圆的第二个切点：(选择已知对象直线)

指定圆的半径<当前默认值>：(输入圆的半径值 50 回车)

执行结果如图 2-9(a)所示。

(6) 相切、相切、相切(A)：绘制与三个图形对象相切的圆。

绘制与已知等边三角形各边都相切的圆，如图 2-9(b)所示。

单击“相切、相切、相切” 命令按钮后，命令行提示及操作过程如下：

指定圆的圆心或 [三点(3P)/两点(2P)/相切、相切、半径(T)]：_3p

指定圆上的第一个点：_tan 到：(选择等边三角形的一个边)

指定圆上的第二个点：_tan 到：(选择等边三角形的另一个边)

指定圆上的第三个点：_tan 到：(选择等边三角形的第三条边)

执行结果如图 2-9(b)所示。

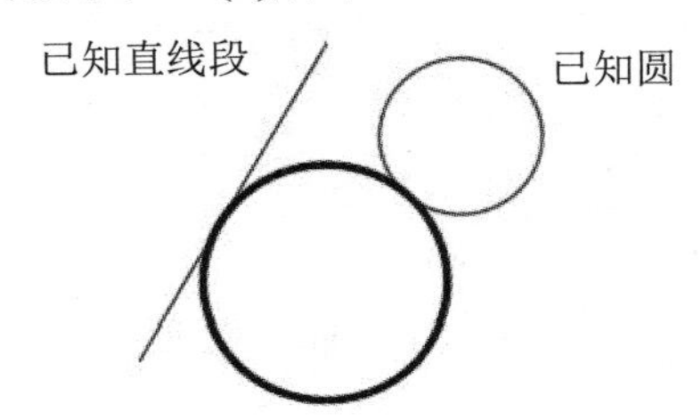

(a) 与两个对象相切，指定半径画圆

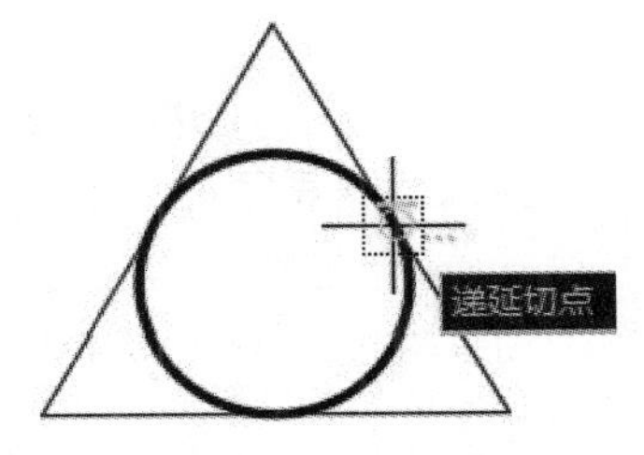

(b) 与三个对象相切画圆

图 2-9　绘制圆 3

2.3.2　圆弧

根据已知条件绘制圆弧。

1. “圆弧”命令的执行方式

- 在命令行输入 a(或 arc)。
- 点击菜单栏中的“绘图”⇨“圆弧”。
- 点击功能区的“默认”选项卡⇨“绘图”面板⇨“圆弧” 按钮。

2. “圆弧”命令的执行过程

单击功能区的“绘图”面板⇨“圆弧”命令，即可看到有 11 种绘制圆弧的方法，如图 2-10 所示，下面仅介绍其中几种绘制圆弧的方法。

(1) 三点：通过指定圆弧的三点来绘制圆弧。

点击 命令按钮后，命令行提示及操作过程如下：

命令：_arc

指定圆弧的起点或[圆心(C)]：(指定圆弧的起始点位置)

指定圆弧的第二个点或[圆心(C)/端点(E)]：(指定圆弧的第二个点位置)

指定圆弧的端点：(指定圆弧的终止点位置)

执行结果如图 2-11(a)所示。

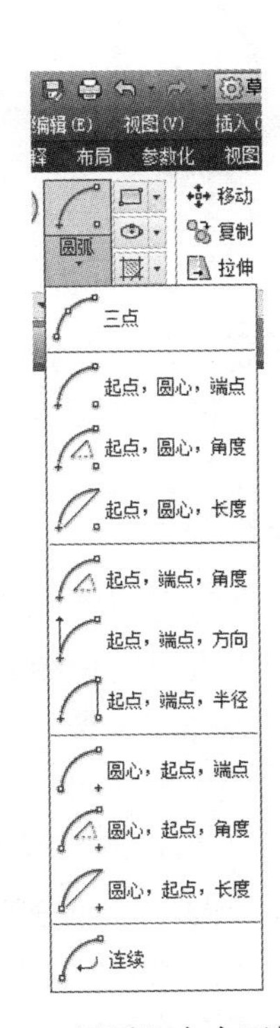

图 2-10　圆弧”命令下拉列表

(2) 起点、圆心、角度：通过指定圆弧的起点、圆心、圆心角来绘制圆弧。

点击 命令按钮后，命令行提示及操作过程如下：

命令：_arc

指定圆弧的起点或[圆心(C)]：(指定圆弧的起始点位置)

指定圆弧的第二个点或[圆心(C)/端点(E)]：_c

指定圆弧的圆心(指定圆弧的圆心位置)操作过程和要点说明如下指定夹角(输入圆心角并回车)

执行结果如图 2-11(b)所示。

(3) 起点、圆心、端点：通过指定圆弧的起点、圆心、端点来绘制圆弧。

点击 命令按钮后，命令行提示及操作过程如下：

命令：_arc

指定圆弧的起点或[圆心(C)]：(指定圆弧的起始点位置)

指定圆弧的第二个点或[圆心(C)/端点(E)]：_c

指定圆弧的圆心 (指定圆弧的圆心位置)

指定圆弧的端点或[角度(A)/弦长(L)]：(指定圆弧的端点位置)

执行结果如图 2-11(c)所示。

其他几种绘制圆弧的方法就不一一介绍了，用户可根据图形中圆弧的已知条件和命令行中的提示进行圆弧的绘制。

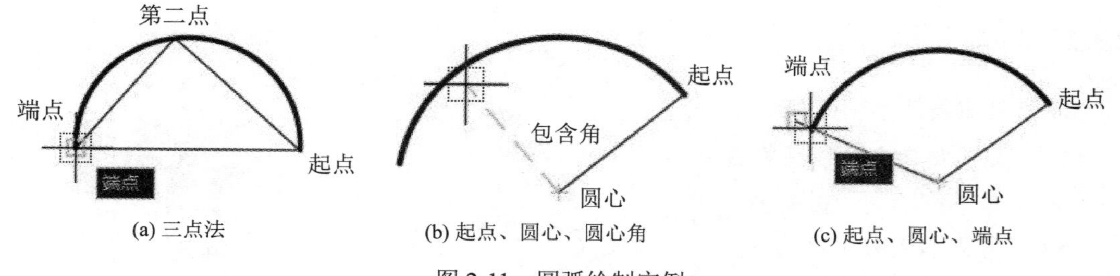

(a) 三点法　(b) 起点、圆心、圆心角　(c) 起点、圆心、端点

图 2-11　圆弧绘制实例

注意：在绘制圆弧时，除三点法外，其他方法都是默认起点到端点以逆时针的方向绘制圆弧，但当在输入端点位置时按住 Ctrl 键可以切换绘制圆弧的方向。

2.3.3　圆环

根据输入的内、外圆直径和中心点位置绘制圆环。

1. “圆环”命令的执行方式

- 在命令行输入 do(或 donut)。
- 点击菜单栏中的“绘图” ⇨ “圆环”。
- 点击功能区的“默认”选项卡⇨“绘图”面板⇨“圆环” 按钮。

2. “圆环”命令的执行过程

命令：_donut

指定圆环的内径<0.5000>：(输入圆环的内径值回车)

指定圆环的外径<1.0000>：(输入圆环的外径值回车)

指定圆环的中心点或<退出>：(指定圆环中心的位置)

使用“Fill”系统变量可以改变圆环的填充效果。在命令行输入“Fill”回车，选择“开(ON)”选项，可对圆环进行填充，如图 2-12(a)所示；选择“关(OFF)”选项对圆环不进行填充，只显示轮廓线，如图 2-12(b)所示。如图 2-12 所示为绘制圆环的实例。

(a) 填充

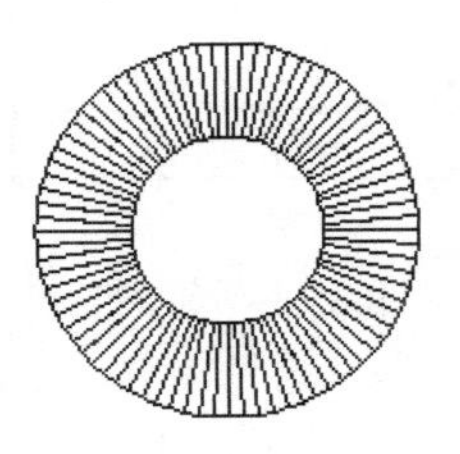

(b)　不填充

图 2-12　圆环绘制实例

2.3.4　椭圆

1. “椭圆”命令的执行方式

- 在命令行输入 el(或 ellipse)。
- 单击菜单栏中的“绘图”⇨“椭圆”。
- 单击功能区的“默认”选项卡⇨“绘图”面板⇨“椭圆”或按钮。

2. “椭圆”命令的执行过程

绘制椭圆的方法有以下两种：

(1) 已知椭圆一轴的长度和另一半轴的长度绘制椭圆，见图 2-13(a)。

在“绘图”面板上单击按钮，命令行提示及操作过程如下：

命令：_ellipse

指定椭圆的轴端点或[圆弧(A)/中心点(C)]：(指定 100 长轴的一个端点)

指定轴的另一个端点：(指定轴长度 100 或者该轴的另一个端点)

指定另一条半轴长度或[旋转(R)]：(指定另一个轴的半轴长度 30)

绘制结果如图 2-13(a)所示。

注意：第一条轴既可以定义椭圆的长轴，也可以定义椭圆的短轴，轴的角度决定了椭圆的角度。

(2) 已知椭圆中心点和两个半轴长绘制椭圆，见图 2-13(b)。

在“绘图”面板上单击命令按钮，命令行提示及操作过程如下：

命令：_ellipse

指定椭圆的轴端点或[圆弧(A)/中心点(C)]：_c

指定椭圆的中心点：(指定中心点)

指定轴的端点：(指定一条轴的端点或者半轴长(如长轴的半轴长度 50))

指定另一条半轴长度或[旋转(R)]：(指定另一个轴的半轴长度 30)

绘图结果如图 2-13(b)所示。

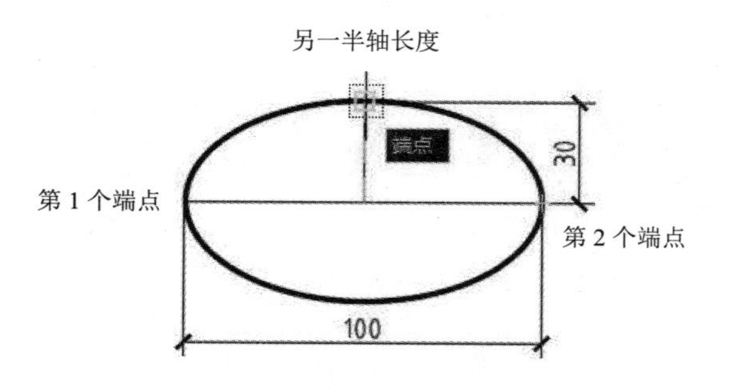

(a) 已知一轴的长度和另一半轴的长度画椭圆

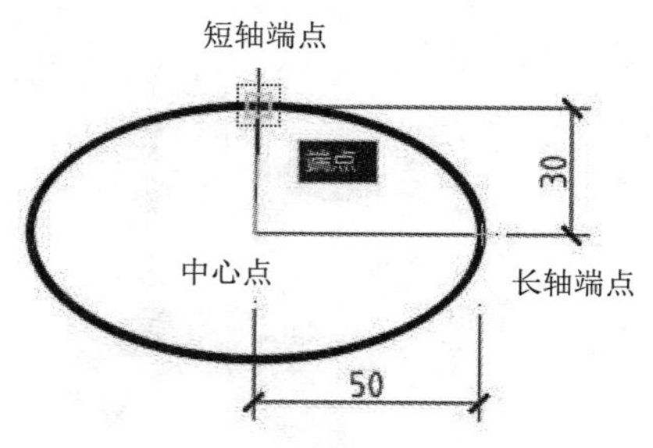

(b) 已知椭圆中心点和两个半轴长画椭圆

图 2-13　绘制椭圆的方法

2.3.5　椭圆弧

已知椭圆两个端点和另一半轴长，绘制椭圆弧。

1. “椭圆弧”命令的执行方式

- 在命令行输入 el(或 ellipse)。
- 点击菜单栏中的“绘图”⇨“椭圆”⇨“椭圆弧”。
- 点击功能区的“默认”选项卡⇨“绘图”面板⇨“椭圆弧”按钮。

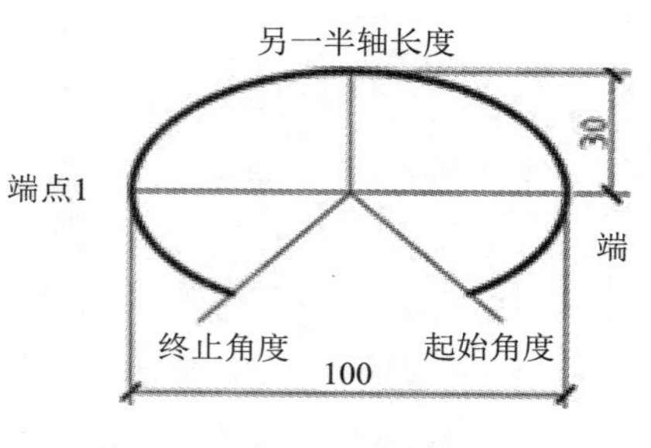

图 2-14　椭圆弧的绘制

2. “椭圆弧”命令的执行过程

椭圆弧的绘制如图 2-14 所示。绘制该椭圆弧时的命令行提示及操作过程如下：

命令：_ellipse

指定椭圆的轴端点或[圆弧(A)/中心点(C)]：_a

指定椭圆弧的轴端点或[中心点(C)]：(指定椭圆弧一轴(如长轴 100)的一端点 1)

指定轴的另一个端点：(指定椭圆弧轴(长轴 100)的另一端点 2)

指定另一条半轴长度或[旋转(R)]：(指定椭圆弧的另一条半轴长度 30)

指定起始角度或[参数(P)]：(指定起始角度)

指定终止角度或[参数(P)/包含角度(I)]：(指定终止角度)

注意：从起始角度到终止角度按逆时针方向绘制椭圆弧。

2.4　平面图形对象

2.4.1　矩形

绘制各种矩形，包括带倒角、圆角、标高、厚度、线宽的矩形等，矩形的种类如图 2-15 所示。整个矩形是一个独立的对象。

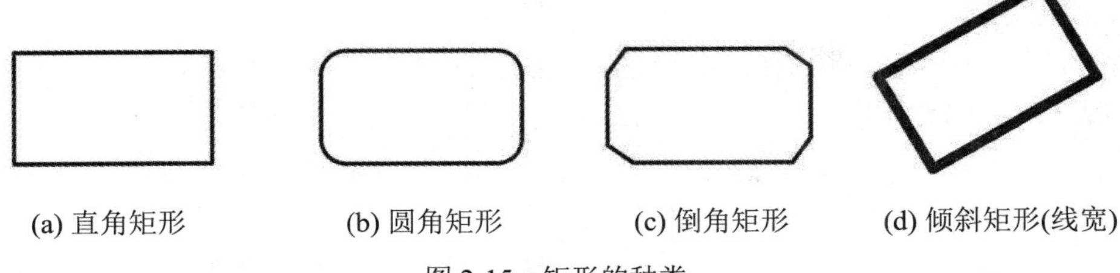

(a) 直角矩形　　(b) 圆角矩形　　(c) 倒角矩形　　(d) 倾斜矩形(线宽)

图 2-15　矩形的种类

1. “矩形”命令的执行方式

- 在命令行输入 rec(或 rectang)。
- 点击菜单栏中的“绘图”⇨“矩形”。
- 点击功能区的“默认”选项卡⇨“绘图”面板⇨“矩形” 按钮。

2. “矩形”命令的执行过程

命令：_rectang

指定第一个角点或[倒角(C)/标高(E)/圆角(F)/厚度(T)/宽度(W)]:

其中各选项意义如下：

(1) 指定第一个角点。此为默认项，当指定了矩形的第一个顶点位置后，命令行提示如下：

指定另一个角点或[面积(A)/尺寸(D)/旋转(R)]:

此时，用户可采用三种方法来绘制矩形：指定矩形的另一个角点或指定矩形的面积或指定矩形的尺寸。

• 若指定矩形的另一个角点

可以通过鼠标在屏幕上点击另一点，或者键入坐标值，如图 2-15(a)所示，假设矩形第一点为左下角，则相对于第一点键入@112,64 即输入了矩形的另一个角点，完成了如图 2-15(a)所示的作图。

• 若选择“面积”选项，则命令行提示：

输入以当前单位计算的矩形面积：(输入矩形的面积回车)

计算矩形标注时依据[长度(L)/宽度(W)]<长度>：(指定标注时依据长度或宽度，默认长度)

输入矩形长度<0.0000>：(指定两点或输入矩形的长度回车)

按提示输入指定面积和矩形长度后，即可绘制出指定矩形。

• 若选择“尺寸”选项，则命令行提示如下：

指定矩形的长度，<0.0000>：(指定两点或输入矩形的长度(图 2-16(a)中的 112)回车)

指定矩形的宽度，<0.0000>：(指定两点或输入矩形的宽度(图 2-16(a)中的 64)回车)

指定另一个角点或 [面积(A)/尺寸(D)/旋转(R)]：(指定一点确定矩形绘制的位置)

按提示输入矩形的长度和宽度后，AutoCAD 将绘制出指定长、宽的矩形。

• 若选择“旋转”选项，则命令行提示如下：

指定旋转角度或[拾取点(P)]<0>：(键入角度 30(见图 2-15(d))，或在屏幕上拾取一点即可)

指定另一个角点或[面积(A)/尺寸(D)/旋转(R)]：(指定矩形的另一点完成旋转矩形的绘制，见图 2-15(d))

(2) 倒角：设定矩形的倒角尺寸。绘制带倒角的矩形必须先为倒角赋值。选择该选项后，命令行提示如下：

指定矩形的第一个倒角距离<0.0000>：(此倒角距离是相对于输入的矩形的第一点 A 的竖直方向的距离，见图 2-15(c)，键入 10)

指定矩形的第二个倒角距离<0.0000>：(此距离是相对于输入的矩形的第一点 A 的水平方向的距离，见图 2-15(c)，键入 14)

(3) 标高：设定矩形的绘图高度，此选项一般用于三维图形。选择该选项后，命令行提示如下：

指定矩形的标高<0.0000>：(输入矩形的标高)

(4) 圆角：设定矩形的圆角尺寸，绘制带圆角的矩形必须先为圆角赋值。选择该选项后，命令行提示如下：

指定矩形的圆角半径<0.0000>：(输入矩形的圆角半径，键入 14，见图 2-15(b))

(5) 厚度：确定矩形的绘图厚度，此选项一般用于三维图形，选择该选项后，命令行提示如下：

指定矩形的厚度<0.0000>：(输入矩形的厚度)

(6) 宽度：设定矩形线条的线宽。绘制指定线条宽度的矩形时也需要先赋值。选择该选项后，命令行提示如下：

指定矩形的线宽<0.0000>：(输入矩形的线宽，键入 1，结果见图 2-15(d))

以上(2)～(6)的某一选项设定后，AutoCAD 均返回到“指定第一个角点或[倒角(C)/标高(W)/圆角(F)/厚度(T)/宽度(W)]”提示，用户再指定角点绘制出相应的矩形。

各种矩形的绘制结果如图 2-16 所示。

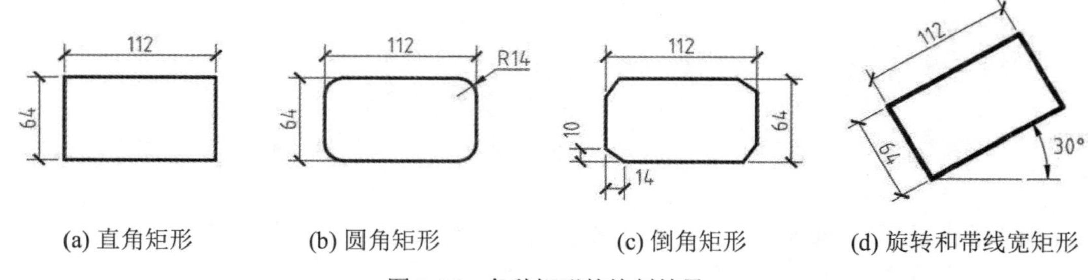

(a) 直角矩形　(b) 圆角矩形　(c) 倒角矩形　(d) 旋转和带线宽矩形

图 2-16　各种矩形的绘制结果

强调：绘制圆角矩形(见如图 2-16(b))、倒角矩形(见图 2-16(c))需要分两步，先赋值再绘制，即执行矩形命令响应指定第一角点后，先为矩形的圆角或者倒角赋值，随后再响应绘制矩形的其他操作。

2.4.2　正多边形

绘制边数为 3～1024 的正多边形。系统提供了 3 种画正多边形的方式，如图 2-17 所示。正多边形是一个独立的对象。

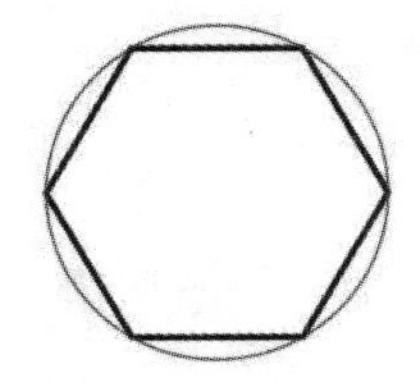

(a) 内接于圆

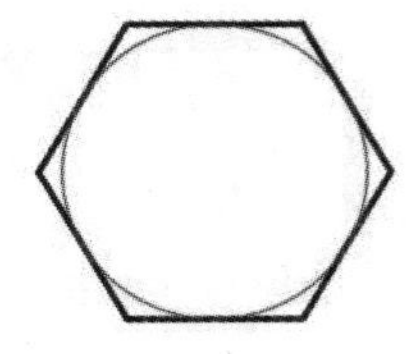

(b) 外切于圆

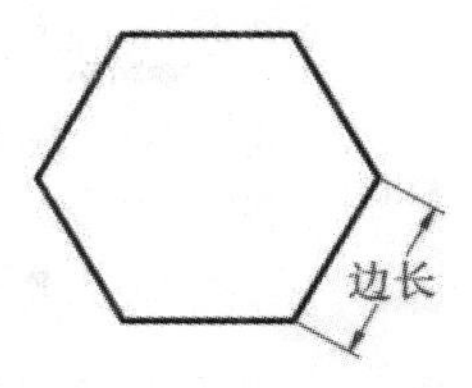

(c) 由边长绘制正六边形

图 2-17　三种绘制“正多边形”的方法

1. “正多边形”命令的执行方式

- 在命令行输入 poly (或 polygon)。
- 点击菜单栏中的“绘图”⇨“正多边形”。
- 点击功能区的“默认”选项卡⇨“绘图”面板⇨“正多边形”按钮。

2. “正多边形”命令的执行过程

下面以绘制正六边形为例，介绍绘制正多边形的操作方法。

单击“绘图”面板⇨“正多边形”按钮，命令行提示及操作过程如下：

_polygon 输入边的数目<4>：(6，输入正多边形的边数，回车)

指定正多边形的中心点或[边(E)]：(指定正多边形中心点)

输入选项[内接于圆(I)/或外切于圆(C)<I>：(选择正多边形内接于圆还是外切于圆)

指定圆的半径：(输入圆的半径数值回车)

其中，各选项的意义如下：

(1) 指定正多边形的中心点：该选项通过中心点绘制多边形。

(2) 边：该选项用于通过边长绘制正多边形。

(3) 内接于圆：该选项为通过内接圆法绘制正多边形，如图 2-18(a)、(b)所示。

(4) 外切于圆：该选项为通过外切圆法绘制正多边形，如图 2-18(c)所示。

(5) [边(E)]，该选项通过指定正多边形的边长绘制正多边形，如图 2-18(d)所示。

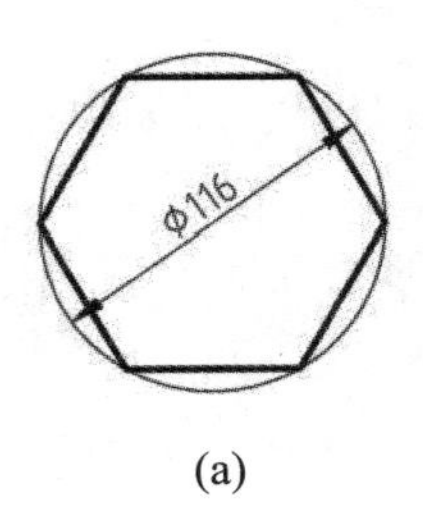

(a)

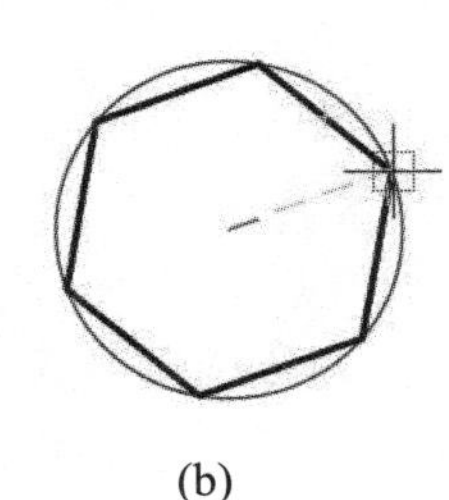

(b)

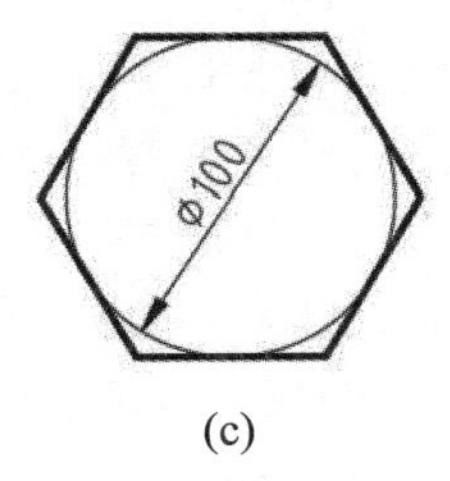

(c)

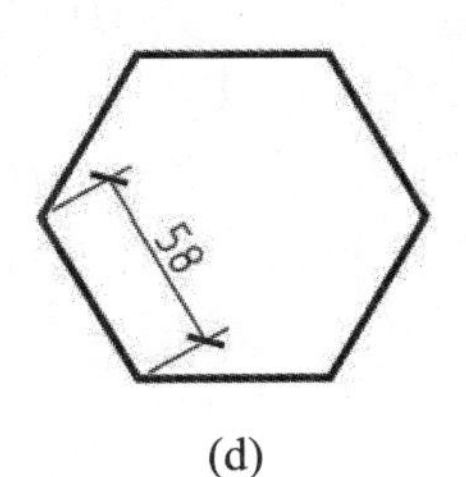

(d)

图 2-18　正多边形的各种画法

2.5 多段线

多段线也称为多义线，执行一次多段线命令能绘制出包含直线段、圆弧的图线并定义不同线宽的图线对象。

1. “多段线”命令的执行方式

- 在命令行输入 pl (或 pline)。
- 点击菜单栏中的“绘图”⇨“多段线”。
- 点击功能区的“默认”选项卡⇨“绘图”面板⇨“多段线”按钮。

2. “多段线”命令的执行过程

点击“多段线”按钮，系统提示及操作要点如下：

命令：_pline

指定起点：(指定多段线的起始点)

当前线宽为 0.0000

指定下一点或[圆弧(A)/半宽(H)/长度(L)/放弃(U)/宽度(W)]:

如果在该提示下指定一点，即选择“指定下一点”默认选项，AutoCAD 绘制连接两点的多段线，同时给出以下提示：

指定下一点或[圆弧(A)/闭合(C)/半宽(H)/长度(L)/放弃(U)/宽度(W)]:

该提示比上述提示多了“闭合”选项。其中各选项含义如下：

(1) 圆弧：选择该选项，则由绘制直线方式改为绘制圆弧的方式。命令行提示如下：

指定圆弧的端点或[角度(A)/圆心(CE)/方向(D)/半宽(H)/直线(L)/半径(R)/第二个点(S)/放弃(U)/宽度(W)]:

用户可选择该提示中的相应选项绘制圆弧，具体方法与前面所介绍的绘制圆弧的方法基本相同。

(2) 闭合：选择该选项，AutoCAD 从当前点向多段线起始点以当前线宽绘制多线段，即封闭所绘制的多线段，并结束命令的执行。

(3) 半宽：确定所绘制图线的半线宽，即所设值是多段线线宽的一半。选择该选项后，命令行依次提示如下：

指定起点半宽<0.0000>：(输入起点的半宽值，回车)

指定端点半宽<0.0000>：(输入端点的半宽值，回车)

(4) 长度：从当前点绘制指定长度的多线段。选择该选项后，命令行提示如下：

指定直线的长度：(输入直线的长度，回车)

在该提示下输入长度值，AutoCAD 将以该长度沿着上一次所绘直线的方向绘制直线。如果前一段对象是圆弧，则所绘制直线的方向为该圆弧终点的切线方向。

(5) 放弃：删除最后绘制的直线段或圆弧段，利用该选项可以及时修改绘制多段线过程中出现的错误。

(6) 宽度：确定多线段的线宽，选择该选项后，命令行提示如下：

指定起点宽度<0.0000>：(输入多段线的起点线宽值，回车)

指定端点宽度<0.0000>：(输入多段线的端点线宽值，回车)

【例 2-2】绘制如图 2-19 所示的图形，图形线段的宽度为 1。

命令：pline↙

指定起点：(指定 A 点为起始点)

指定下一点或[圆弧(A)/半宽(H)/长度(L)/放弃(U)/宽度(W)]：w↙(设定线宽)

指定起点宽度(0.000)：1↙(输入起点宽度，回车)

指定端点宽度(0.000)：1↙(输入端点宽度，回车)

指定下一点或[圆弧(A)/半宽(H)/长度(L)/放弃(U)/宽度(W)]：@150,0↙(输入 B 点的相对坐标)

指定下一点或[圆弧(A)/半宽(H)/长度(L)/放弃(U)/宽度(W)]：@0,75↙(输入 C 点的相对坐标)

图 2-19　多段线绘制实例

指定下一点或[圆弧(A)/半宽(H)/长度(L)/放弃(U)/宽度(W)]：@-37,0↙(输入 D 点的相对坐标(CD 长度为 37))

指定下一点或[圆弧(A)/半宽(H)/长度(L)/放弃(U)/宽度(W)]：a↙(选择画圆弧)

指定圆弧的端点或[角度(A)/圆心(CE)/闭合(C L)/方向(D)/半宽(H)/直线(L)/半径(R)/第二个点(S)/放弃(U)/宽度(W)]：r↙(选择输入圆弧半径)

指定圆弧的半径：38↙(输入圆弧半径)

指定圆弧的端点或[角度(A)]：a↙(选择输入圆弧角度)

指定包含角：180↙(输入圆弧圆心角)

指定圆弧的弦方向[180]：↙(取默认值，得 E 点，画出圆弧 DE)

指定圆弧的端点或[角度(A)/圆心(CE)/闭合(C L)/方向(D)/半宽(H)/直线(L)/半径(R)/第二个点(S)/放弃(U)/宽度(W)]：L↙(选择画直线)

指定下一点或[圆弧(A)/闭合(C)/半宽(H)/长度(L)/放弃(U)/宽度(W)]：@-37，0↙(输入 F 点相对坐标(EF 长度为 37))

指定下一点或[圆弧(A)/闭合(C)/半宽(H)/长度(L)/放弃(U)/宽度(W)]：c↙(闭合图形，画出线段 FA)

绘图命令结束，完成图 2-19。

2.6　样条曲线

通过“拟合点( )”或“控制点( )”两种方式绘制样条曲线，如图 2-20 所示。

通过“拟合点”方式绘制的样条曲线，每个点都在样条曲线上，如图 2-20(a)所示；通过“控制点”方式绘制的样条曲线，除端点外其余各点都不在曲线上，如图 2-20(b)所示。控制点起到控制曲线方向的作用。选中已绘制完成的样条曲线，点击小三角，在出现的列表中选择拟合方式，可以改变曲线的形成方式，如图 2-20(c)所示。

(a) 拟合点方式

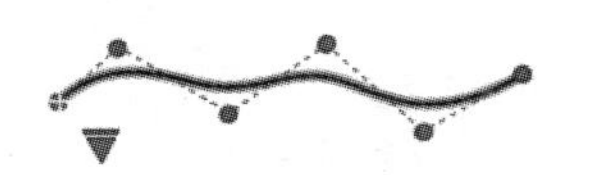

(b) 控制点方式

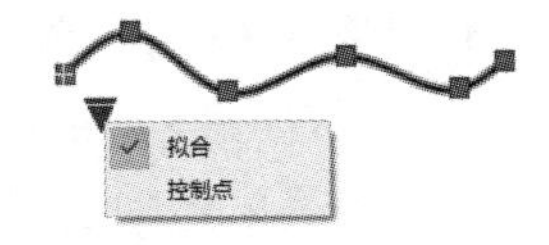

(c) 方式转换

图 2-20　两种样条曲线

在 AutoCAD 中一般通过“拟合点”( )方式，绘制样条曲线以表示投影曲线。

1. “样条曲线”命令的执行方式

- 在命令行输入：spl (或 spline)。
- 点击菜单栏中的“绘图” ⇨ “样条曲线”。
- 点击功能区的“默认”选项卡⇨“绘图”面板(展开)⇨“样条曲线” 按钮。

2. “样条曲线”命令的执行过程

点击“样条曲线” 按钮，系统提示及操作要点如下：

命令：spline

当前设置：方式 = 拟合　节点 = 弦

指定第一个点或 [方式(M)/节点(K)/对象(O)]：_M

输入样条曲线创建方式 [拟合(F)/控制点(CV)] <拟合>：_F

当前设置：方式 = 拟合　节点 = 弦

指定第一个点或 [方式(M)/节点(K)/对象(O)]：(指定起点)

输入下一个点或 [起点切向(T)/公差(L)]：(指定第二点)

输入下一个点或 [端点相切(T)/公差(L)/放弃(U)]：(指定第三点)

输入下一个点或 [端点相切(T)/公差(L)/放弃(U)/闭合(C)]：(指定第四点)

输入下一个点或 [端点相切(T)/公差(L)/放弃(U)/闭合(C)]：(指定第五点)

输入下一个点或 [端点相切(T)/公差(L)/放弃(U)/闭合(C)]：(指定第六点)

回车结束命令，绘图结果如图 2-20(a)所示。

在绘制样条曲线过程中，其选项的含义如下：

(1) 闭合(C)：在绘制样条曲线时，如果已经指定了三个点，那么在指定第四个点时，就可以在命令行输入“C”回车以闭合曲线，这样就可以得到一条闭合的样条曲线。

(2) 公差(L)：所谓公差是指样条曲线并不一定要通过指定点，只要经过指定点的公差范围即可。利用拟合公差，用户在通过指定点绘制样条曲线时，可以获得更加平滑的效果。

(3) 端点相切(T)：指定样条曲线在每个端点的切线方向。

2.7 多线

多线命令用于同时绘制多条平行的直线，绘制多线前需要先定义多线的样式。

2.7.1 定义多线样式

定义多条互相平行的直线的样式。

1. “多线样式”命令的执行方式

- 在命令行输入 mlstyle。
- 点击菜单栏中的“格式” ⇨ “多线样式”。

2. 定义多线样式

激活“多线样式”命令后，弹出“多线样式”对话框，如图 2-21 所示。单击“新建”按钮，弹出“创建新的多线样式”对话框，如图 2-22 所示。在对话框中输入新样式名“墙身”后，单击“继续”按钮，弹出“新建多线样式：墙身”对话框，如图 2-23 所示。在此对话框中，可以设置多线样式的封口、填充、元素特性等以下内容。

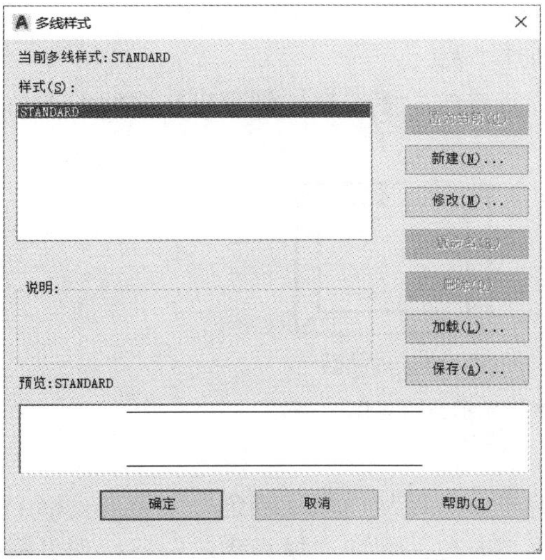

图 2-21　“多线样式”对话框

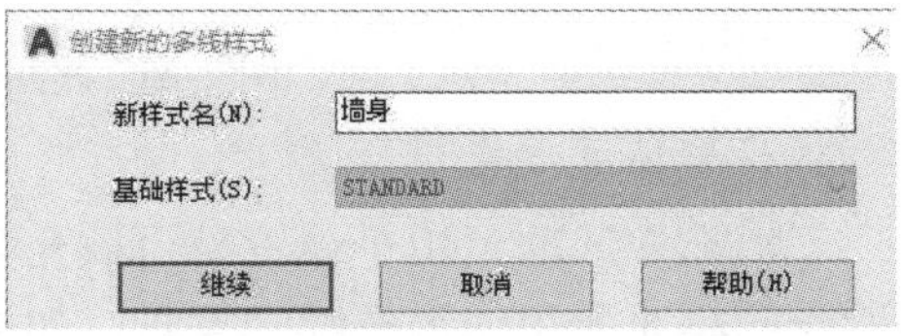

图 2-22　“创建新的多线样式”对话框

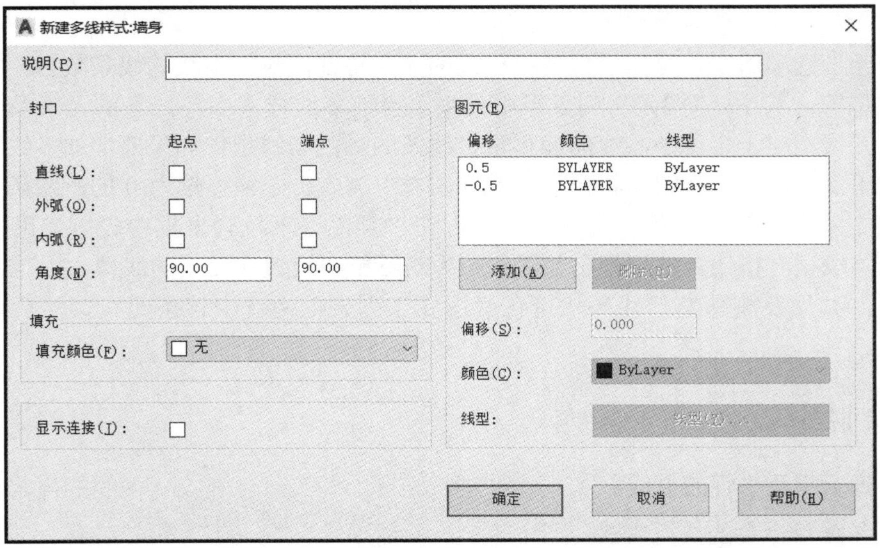

图 2-23　“新建多线样式：墙身”对话框

1) 添加说明

“说明”文本框用于输入多线样式的说明信息。当在“多线样式”列表中选中多线时，说明信息将显示在“说明”区域中。

2) 设置封口模式

“封口”选项组用于控制多线起点和端点处的样式。用户可以为多线的每个端点选择一条直线或弧线并输入角度。其中，直线穿过整个多线的端点，外弧连接最外层元素的端点，内弧连接成对元素，如果有奇数个元素，则中心线不连接，如图 2-24 所示。

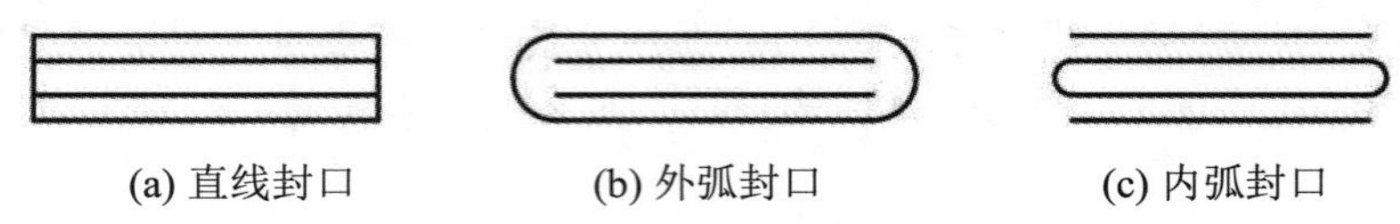

(a) 直线封口　　(b) 外弧封口　　(c) 内弧封口

图 2-24　多线的封口样式

如果选中“新建多线样式”对话框中的“显示连接”复选框，则可以在多线的拐角处显示连接线，否则不显示，如图 2-25 所示。

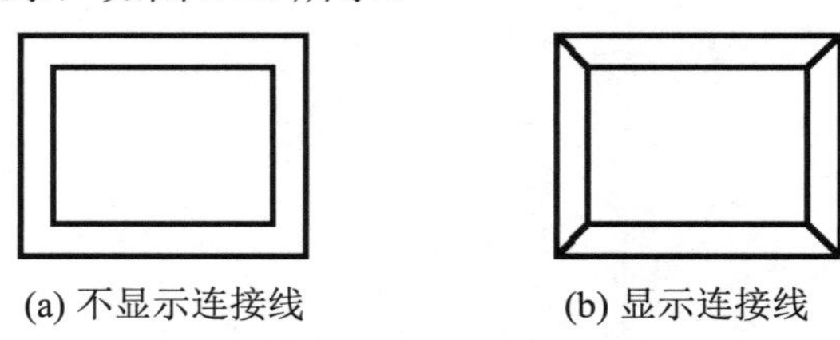

(a) 不显示连接线　　(b) 显示连接线

图 2-25　拐角处的连接线显示与否对比

3) 设置填充颜色

“填充”选项组用于设置是否填充多线的背景。可以从“填充颜色”下拉列表框中选择所需的填充颜色作为多线的背景。如果不使用填充色，则在“填充颜色”下拉列表框中选择“无”。

4) 设置组成元素的特性

“图元”选项组中，可以设置多线样式的元素特性，包括多线的线条数目、每条线的颜色和线型等。其中，“图元”列表框中列举了当前多线样式中各线条的元素及其特性，包括线条元素相对于多线中心线的偏移量、线条的颜色和线型。如果要增加多线中线条的数目，可单击“添加”按钮，将在“图元”列表中加入一个偏移量为 0 的新线条元素；在“偏移”文本框中设置线条元素的偏移量；在“颜色”下拉列表框中设置当前线条的颜色；单击“线型”按钮，使用弹出的“线型”对话框中设置线元素的线型。

此外，如果要删除某一线条，可在“图元”列表框中选中该条元素，然后单击“删除”按钮。

2.7.2　绘制多线

绘制多条相互平行的直线。

1. “多线”命令的执行方式

- 在命令行输入 ml (或 mline)。
- 点击菜单栏中的“绘图” ⇨ “多线”。

2. “多线”命令的执行过程

命令：mline

当前位置：对正 = 上，比例 = 20.00，样式 = STANDARD

指定起点或[对正(J)/比例(S)/样式(ST)]：

在命令行中，“当前位置：对正 = 上，比例 = 20.00，样式 = STANDARD”的提示信息显示了当前多线格式的对正方式、比例及多线样式名。默认情况下，需要指定多线的起始点，并以当前的样式绘制多线，其绘制方法与绘制直线的方法相似。此外，该命令提示中的其他选项的功能如下：

“对正(J)”选项：指定多线的对正方式。此时，命令行显示“输入对正类型[上(T)/无(Z)/下(B)]<上>：”各选项的表示如图 2-26 所示。

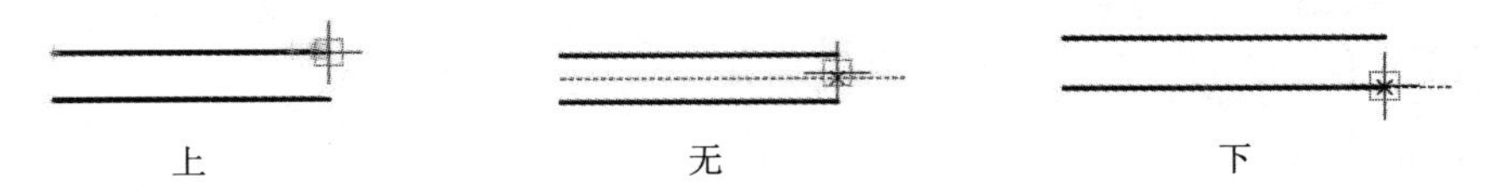

图 2-26 多线绘制——对正方式(J)

“比例(S)：”选项：指定所绘制的多线的间隔相对于多线定义的间隔的比例因子，如图 2-27 所示，该比例不影响多线的线型比例。

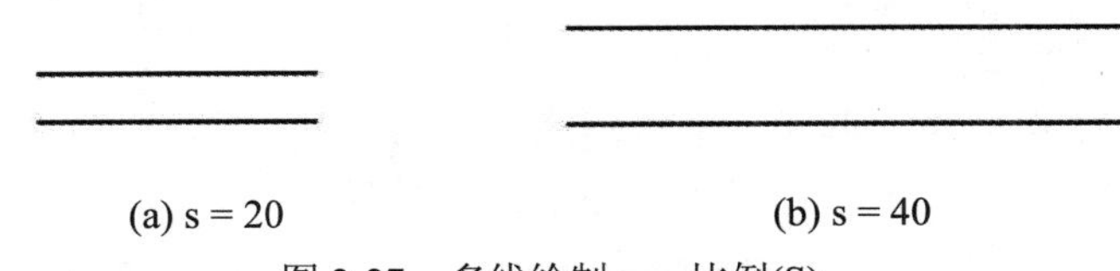

(a) s = 20　　(b) s = 40

图 2-27 多线绘制——比例(S)

“样式(ST)”选项：指定绘制多线的样式，默认为标准(STANDARD)样式。当命令行显示“输入多线样式或[?]：”的提示信息时，可以直接输入已有的多线样式名，也可输入“？”显示已定义的多线样式名。

2.8 点

2.8.1 绘制点

在指定位置绘制单点或多点。

1. “点”命令的执行方式

- 在命令行输入 point(单点)。
- 点击菜单栏中的“绘图”⇨“点”⇨“单点”或“多点”。
- 点击功能区的“默认”选项卡⇨“绘图”面板⇨“多点”按钮。

2. “点”命令的执行过程

命令：point

当前点模式：PDMODE = 0　PDSIZE = 0.0000(说明当前所绘制点的模式与大小)

指定点：(指定点的位置)

在此提示下，用户可以在绘图区用鼠标拾取点或输入点的坐标值，此时，在绘图区相应的位置将绘制相应的点。

注意：命令行键入“point”命令绘制的点是单一一个点，绘制完一个点后自动结束命令；“绘图”面板按钮是多点命令，在“绘图”面板上点击按钮，可以依次绘制多个点，按 Esc 键结束“点”命令。

2.8.2 设置点样式

设置点的大小和样式。

1. “点样式”命令的执行方式

- 在命令行输入 ptype。
- 点击菜单栏中的“格式” ⇨ “点样式”。

2. 设置点样式

激活“点样式”命令后，弹出“点样式”对话框如图2-28所示，其各部分的含义如下：

(1) 图形选择框：列有20种点样式，供用户选择，其中点的默认样式为一个小点。

(2) “点大小”文本框：设置点的大小。

(3) “相对于屏幕设置大小”单选按钮：表示该点的大小与屏幕尺寸的百分比，此时点的大小不随图形的缩放而改变。

(4) “按绝对单位设置大小”单选按钮：设置点的绝对尺寸，当显示控制缩放时，该点的大小也随之改变。

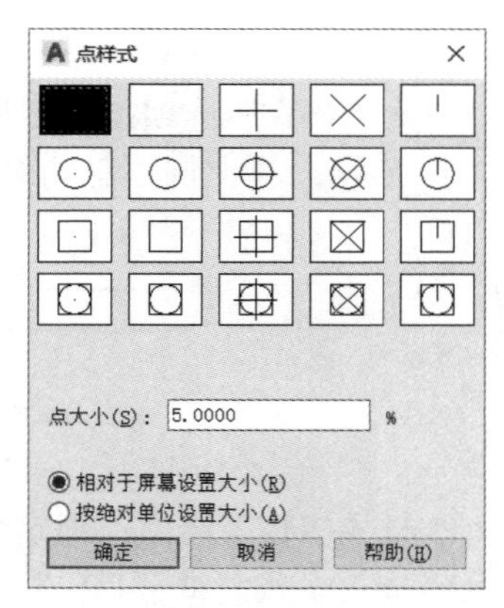

图 2-28 “点样式”对话框

2.8.3 定数等分线段

在对象上按指定的数量绘制多个点，这些点之间的距离是相等的。

1. “定数等分”命令的执行方式

- 在命令行输入 divide。
- 单击菜单栏中的“绘图” ⇨ “点” ⇨ “定数等分”。
- 单击功能区中的“默认”选项卡⇨“绘图”面板(展开)⇨“定数等分”按钮。

2. “定数等分”命令的执行过程

点击“定数等分”按钮，系统提示及操作要点如下：

命令：_divide

选择要定数等分的对象：(选择要等分的直线或圆等)

输入线段数目或[块(B)]：(输入要等分的数目6回车)

执行结果如图2-29所示。

如果要消除定数等分点的标记，选中这些点并删除即可。

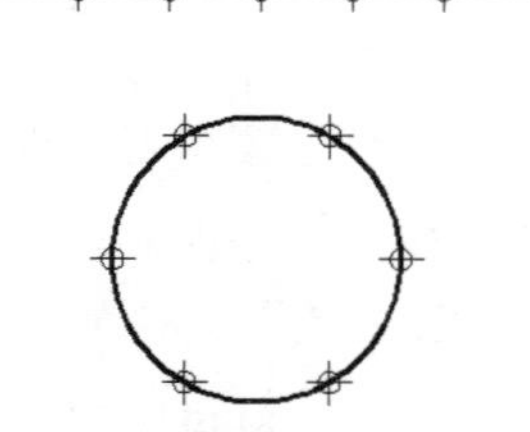
图 2-29 定数等分点

2.8.4 定距等分线段

从指定对象上的一端按指定的距离绘制多个点，最后一段通常不为指定的距离。

1. “定距等分”命令的执行方式

- 在命令行输入 measure。

- 点击菜单栏中的“绘图”⇨“点”⇨“定距等分”。
- 点击功能区的“默认”选项卡⇨“绘图”面板(展开)⇨“定距等分”按钮。

2. “定距等分”命令的执行过程

点击“定距等分”按钮，系统提示及操作要点如下：

命令：_measure

选择要定距等分的对象：(选择要等分的直线或圆等)

输入线段长度或[块(B)]：100↙(输入等距值)

执行结果如图 2-30 所示。

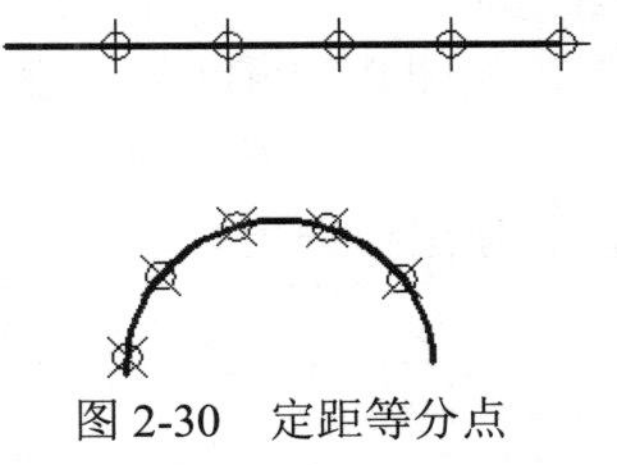

图 2-30　定距等分点

说明：在进行定距等分线段时，鼠标点取对象时靠近线段哪一端，就从哪一端开始计量。

2.9 图案填充与编辑

2.9.1 图案填充的创建

在需要填充的图形中，为指定的区域填充特定的剖面线或图案，用以表示物体的质地或被剖切物体所使用的材料。

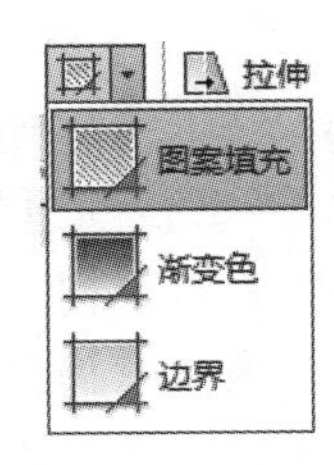

图 2-31　“填充”选项列表

通过点击“填充”命令图标右侧小三角，弹出三个选项(图案填充、渐变色、边界)，如图 2-31 所示。用户根据需要选择一个选项，当前选项为图案填充。

1. “图案填充”命令的执行方式

- 在命令行输入 h(或 hatch)。
- 点击菜单栏中的“绘图”⇨“图案填充”。
- 点击功能区“默认”选项卡⇨“绘图”面板⇨“图案填充”按钮。

2. “图案填充”功能区

激活“图案填充”命令后，打开“图案填充创建”选项卡，显示“图案填充”功能区，如图 2-32 所示。该功能区包括“边界”“图案”“特性”“选项”等多个面板。通过该功能区各面板用户可以设置填充的图案类型、图案填充特性、填充边界及填充方式等参数。

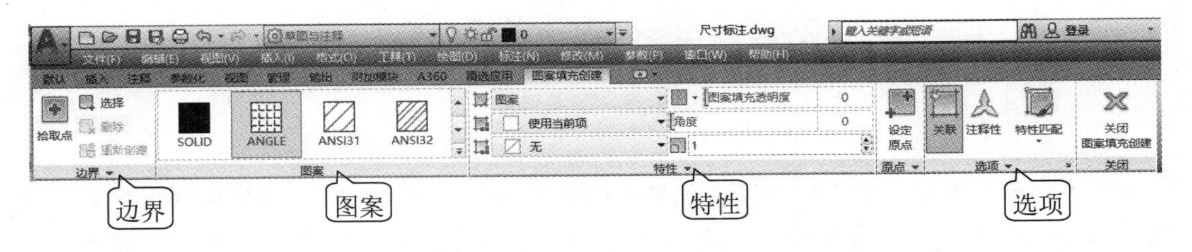

图 2-32　“图案填充”功能区

1)“边界”面板

在“边界”面板区，包括“拾取点”“选择”“删除”和“重新创建”等按钮，如图2-33所示。其中各按钮的功能如下：

(1)“拾取点”按钮：以拾取点的形式来指定填充区域的边界。单击该按钮，在需要填充的区域内任意拾取一点，系统会自动计算出包围该点的封闭填充边界，同时亮显该边界，如图2-34(a)所示。如果填充边界不封闭，则会显示错误提示信息。

(2)“选择”按钮：可以通过选择对象的方式来定义填充区域的边界，如图2-34(b)所示。使用该选项时，不会自动检测内部是否有对象。

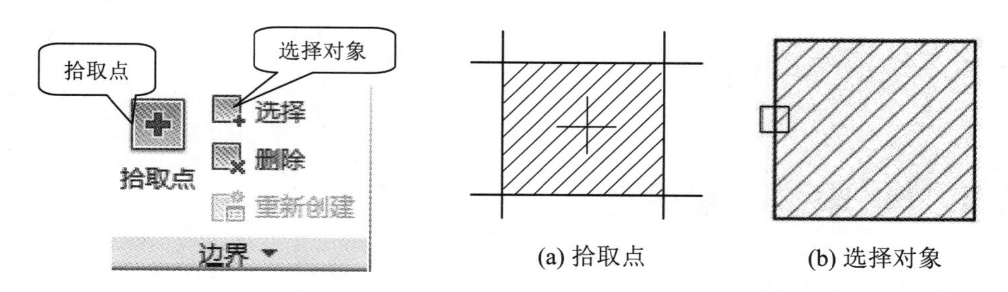

图2-33　边界面板　　　　图2-34　填充边界的两种形式

(3)“删除”按钮：单击该按钮可以从边界定义中删除之前添加的任何对象。

(4)“重新创建”按钮：围绕选定的图案填充或填充对象创建多段线或面域，并使其与图案填充对象相关联。

2)“图案”面板

指定填充的图案。点击“图案”面板右侧向下的小三角弹出图案列表，如图2-35所示。当前选中的图案代号为“ANSI31”。

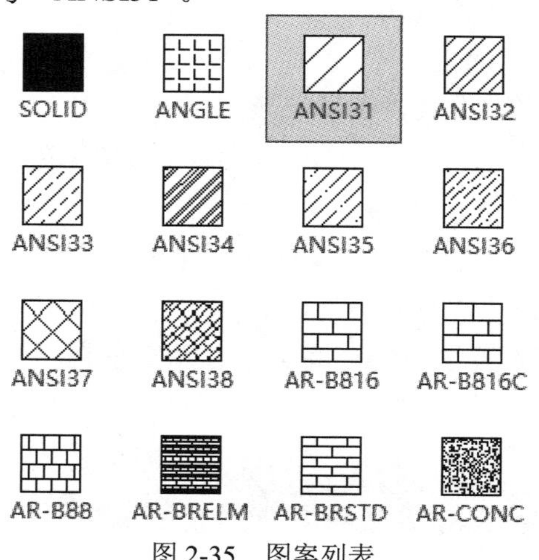

图2-35　图案列表

3)“特性”面板

在“特性”面板上可以修改所选的填充图案的参数。如通过“角度”值文本框及“比例”值文本框修改所选图案的填充角度与比例，通过图案填充类型列表选择图案填充类型，如图2-36所示。

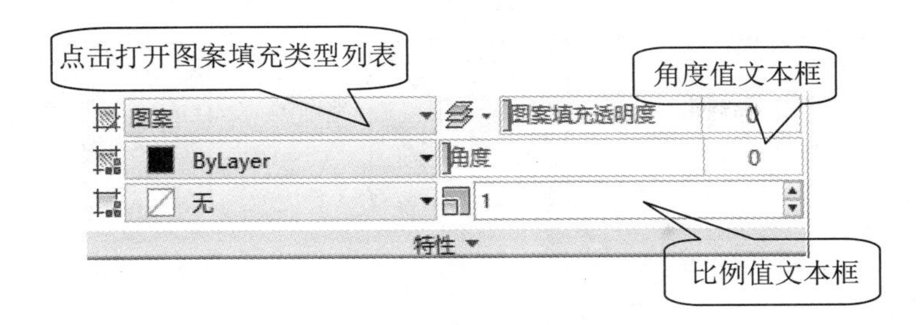

图 2-36　图案填充的特性面板

其中，各部分的功能如下：

(1) “图案填充类型”按钮，用来指定填充类型，包括使用实体、渐变色、图案和用户定义四种类型。

(2) “图案填充透明度”按钮，用来设定新图案填充或填充的透明度，替代当前对象的透明度。选择“使用当前值”可使用当前对象的透明度设置。

(3) “图案填充角度”按钮，指定图案填充或填充的角度(相对于当前 UCS 的 X 轴)。

(4) “填充图案比例”按钮，仅当“类型”设定为“图案”时可以使用，用于放大或缩小预定义或自定义的填充图案。

4) “原点”面板

控制填充图案生成的起始位置。某些图案填充(例如砖块图案)需要与图案填充边界上的一点对齐。默认情况下，所有图案的填充原点都对应于当前的 UCS 原点。

5) “选项”面板

用于控制图案填充的常用选项，包括“关联”“注释性”“特性匹配”三个按钮及“允许的间隙”“创建独立的图案填充”“孤岛检测”“绘图次序”等选项区。

(1) “关联”按钮，指定图案填充或填充为关联图案填充。关联的图案填充或填充在用户修改其边界对象时将会更新。

(2) “注释性”按钮，指定图案填充为注释性的。此特性会自动完成缩放的注释过程，从而使注释能够以正确的大小在图纸上打印或显示。

(3) “特性匹配”按钮，其中包括“使用当前原点”和“使用源图案填充的原点”两个选项，默认为“使用当前原点”，指使用选定图案填充对象(除图案填充原点外)设定图案填充的特性。“使用源图案填充的原点”是指使用选定图案填充对象(包括图案填充原点)设定图案填充的特性。

(4) “允许的间隙”选项，用来设定将对象用作图案填充边界时可以忽略的最大间隙。默认值为 0，此值指定对象必须封闭区域而没有间隙。用户可移动滑块或按图形单位输入一个值(0 到 5000)，以设定将对象用作图案填充边界时可以忽略的最大间隙。任何小于等于指定值的间隙都将被忽略，并将边界视为封闭。

(5) “创建独立的图案填充”选项，用于控制当指定了几个单独的闭合边界时，是创建单个图案填充对象，还是创建多个图案填充对象。

(6) “孤岛”选项，在“孤岛”选项组中，选中“孤岛检测”复选框可以设置孤岛的填充方式，其中包括“普通”“外部”和“忽略”3 种方式，如图 2-37 所示。

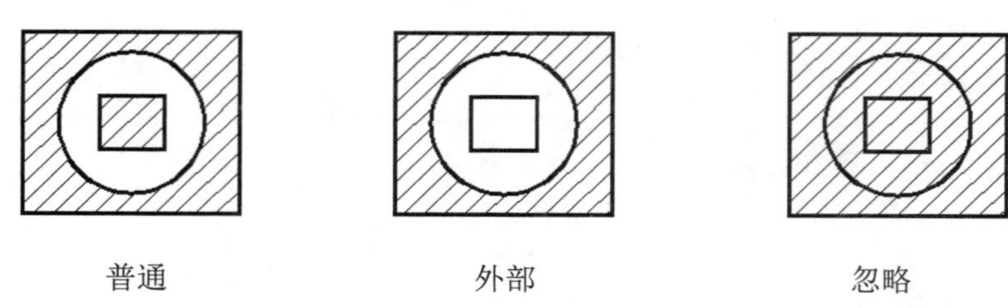

图 2-37 孤岛的三种填充方式

(7)“绘图次序”选项，用以指定图案填充的绘图顺序，图案可以放在图案填充边界及其他对象之后或之前。

6)“关闭”面板

用来关闭“图案填充创建”，退出图案填充并关闭上下文选项卡，也可以按 Enter 键或 Esc 键退出图案填充。

2.9.2 图案填充编辑

当填充的图案需要更改时，可以通过图案编辑命令进行编辑、修改。

“图案编辑”命令的执行方式如下：

- 在命令行输入 Hedit (或 Hatchedit)。
- 点击菜单栏中的“修改”⇨“对象”⇨“图案填充”。
- 双击要编辑的图案对象。

用第一种和第二种方式执行“图案填充编辑”命令，选择了需要编辑的图案后，弹出“图案填充编辑”对话框，如图 2-38 所示，通过修改对话框中的相关参数即可实现图案填充的编辑。

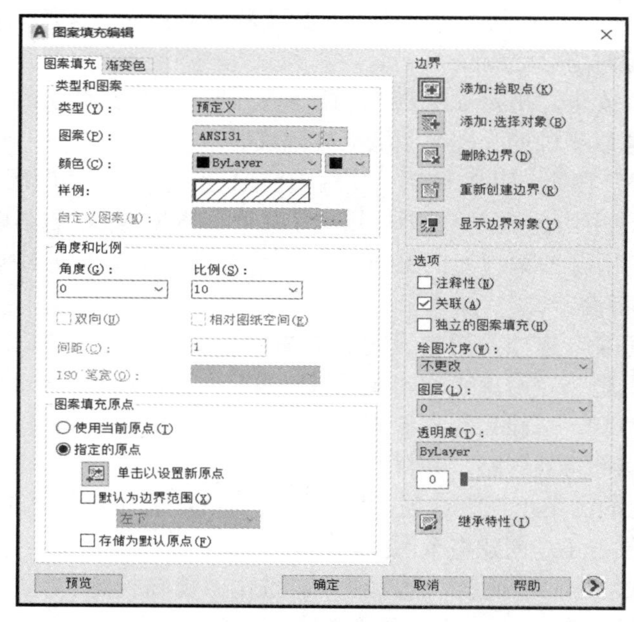

图 2-38 “图案填充编辑”对话框

通过第三种方式双击要编辑的图案对象执行“图案填充编辑”后，出现的操作界面的功能区面板与执行图案填充命令时的相同，在该功能区的各面板上显示了选定图案对象的当前特性及相关参数，用户可以对其进行修改，从而实现图案的填充编辑。该选项卡前面已经介绍，在这里就不再赘述了。

2.10　上机实验

实验 1：绘制如图 2-39 所示的平面图形，不标注尺寸。

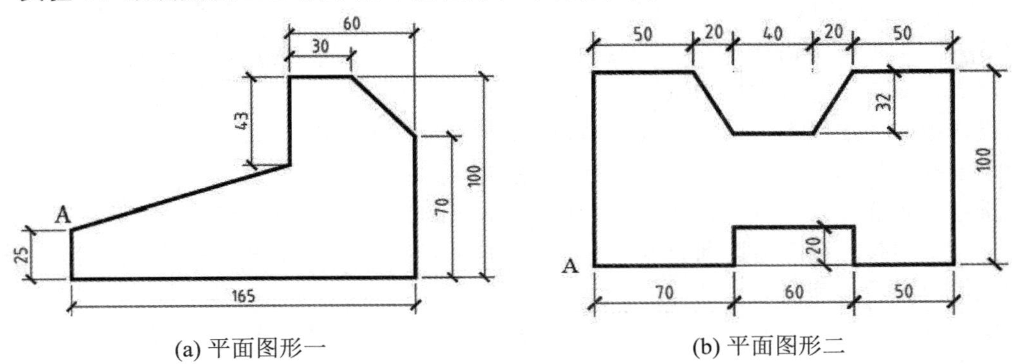

(a) 平面图形一　　(b) 平面图形二

图 2-39　由直线组成的平面图形

目的要求：熟练掌握“直线”命令，灵活掌握在正交状态和非正交状态下用点的相对坐标和直接输入直线的长度等方法绘制平面图形。

操作提示：

(1) 新建图形文件。

(2) 新建“粗实线”层。

(3) 执行直线命令，以 A 点为始点依次绘制各直线段，水平和垂直线段打开“正交”模式直接输入线段的长度，斜线输入点的相对坐标绘制。

(4) 绘制最后一段直线时，可输入“c”闭合平面图形。

实验 2：绘制如图 2-40 所示的平面图形，不标注尺寸。

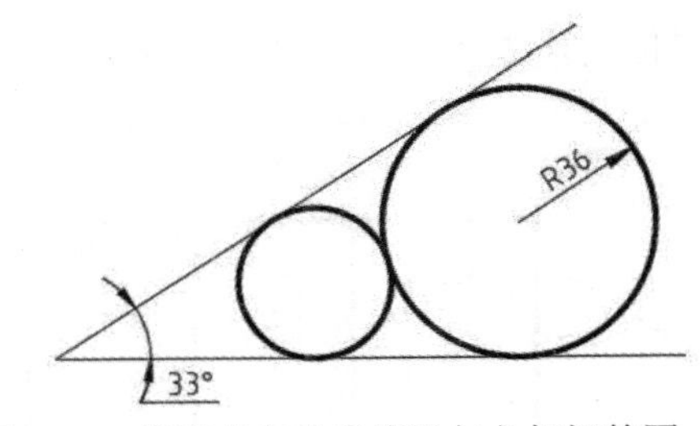

图 2-40　指定方向的直线及与之相切的圆

目的要求：要求熟练掌握“直线”命令和“圆”命令，灵活掌握运用“圆”命令的各种使用方法绘制平面图形。

操作提示：

(1) 新建图形文件。

(2) 新建“粗实线”层、“细实线”层。

(3) 绘制适当长度的水平线段。

(4) 运用极坐标绘制与水平线段倾斜 33° 的直线段。

(5) 用“相切、相切、半径(T)”方式绘制 R36 的圆。

(6) 用“相切、相切、相切(A)”方式绘制小圆。

实验 3：绘制如图 2-41 所示的平面图形，不标注尺寸。

目的要求：本实验设计的图形主要用到“正多边形”“直线”“定数等分”和“圆弧”命令。通过本实验，要求灵活掌握运用各种“圆弧”和“正多边形”命令的使用方法绘制平面图形。

操作提示：

(1) 新建图形文件。

(2) 新建“粗实线”层和“细实线”层。

(3) 用“直线”命令绘制“十”字中心线。

(4) 用“正多边形”命令绘制正六边形。

(5) 用“圆弧”命令中的“三点”方式或“圆心、起点、端点”等方式画圆弧。

图 2-41　由正六边形及圆弧组成的图案

操作提示：绘制图形前，把鼠标移到状态栏中的“对象捕捉”按钮处点击，在出现的对象捕捉模式菜单上选中端点和交点，并启用“对象捕捉”模式(或者打开 F3 功能键)，以保证在绘制正多边形和画圆弧时精确捕捉到交点、端点。该功能详见 3.2 节精确绘图辅助工具，此题也可学完该内容后再练习。

实验 4：用三种不同的方式绘制如图 2-42 所示的正多边形，不需要画圆和标注尺寸。

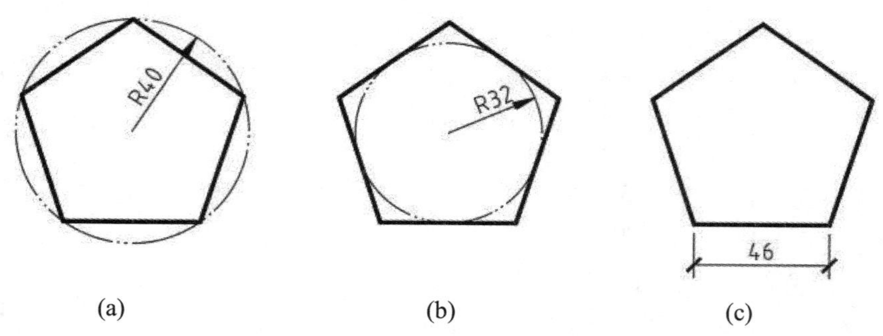

(a)　(b)　(c)

图 2-42　绘制正五边形

实验 5：根据所注尺寸，分别绘制图 2-43(a)及图 2-43(b)左侧的平面图形，并根据各题右侧对应的图案对其进行填充，不标注尺寸。

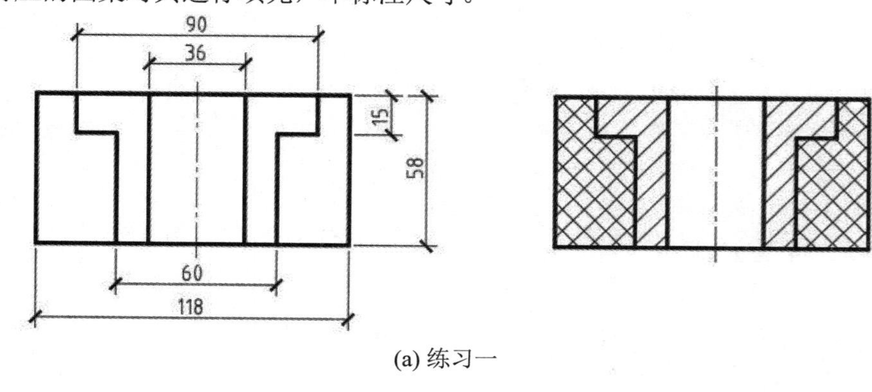

(a) 练习一

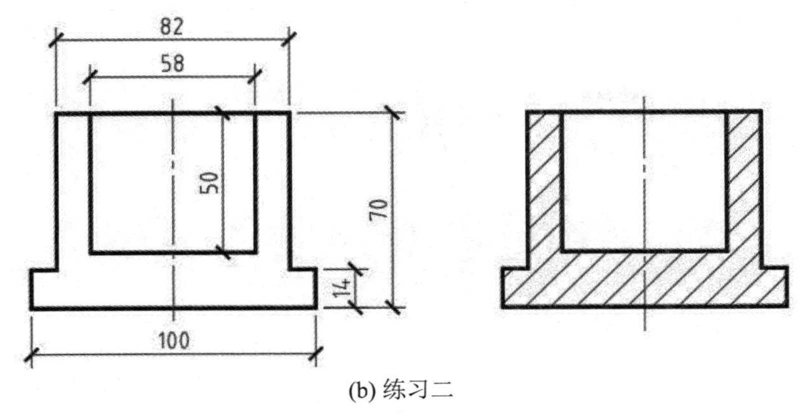

(b) 练习二

图 2-43　绘制平面图形并进行图案填充

目的要求：

要求熟练掌握“图案填充”命令的使用。

操作提示：

(1) 新建图形文件。

(2) 新建图层：“粗实线”层、“填充”层和“点画线”层。

(3) 用“直线”命令绘制平面图形。

(4) 用“图案填充”命令填充平面图形。

注意：操作提示第二步，新建图层详见第三章第 1 节“图层”。本节练习时可先用默认图层“0”层绘图，待下次课讲完“图层”知识点再进行完善。

实验 6：利用多段线命令绘制如图 2-44 所示的符号，不标注尺寸。

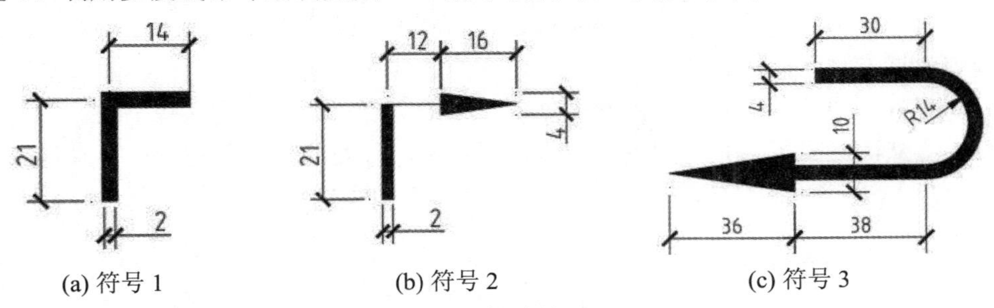

(a) 符号 1　　(b) 符号 2　　(c) 符号 3

图 2-44　多段命令练习

目的要求：要求熟练掌握“多段线”命令的使用方法。

操作提示：

(1) 执行多段线命令。

(2) 选定起点后，输入“w”选项，指定起点宽度、端点宽度。

(3) 输入“A”选项，由绘制直线转为绘制圆弧，如图示半径为 14 的半圆弧。

(4) 输入“L”选项，由绘制圆弧转为绘制直线。

第3章

绘图常用辅助工具

想要高效快速地绘制符合规范要求的工程图纸，需要熟练掌握 AutoCAD 提供的常用辅助绘图工具的各项功能并灵活使用它们。本章主要介绍图层、精确绘图以及图形的显示控制等功能的概念和应用方法。

3.1 图层

图层是用户组织和管理图形强有力的工具。在 AutoCAD 中，所有图形对象都要被赋予图层、颜色、线型和线宽 4 个基本特性，用户可以通过在不同的图层绘制不同的对象，并通过对图层的管理实现快速控制对象的显示和编辑，从而提高绘制复杂图形的效率和准确性。

一个图层相当于一张透明的纸，绘制工程图时要将类型相似的内容绘制于同一图层上，包含不同内容的图层叠起来(坐标原点相同)就形成了一张工程图。如土木建筑工程图的内容包括家具、门窗、墙或基准线、轮廓线、虚线、剖面线、尺寸标注、文字说明等，在 AutoCAD 中绘制这张工程图就要创建不同的图层，并分别将这些不同的内容放在不同的图层上从而形成了一张工程图，图层与图层特性管理器如图 3-1 所示。

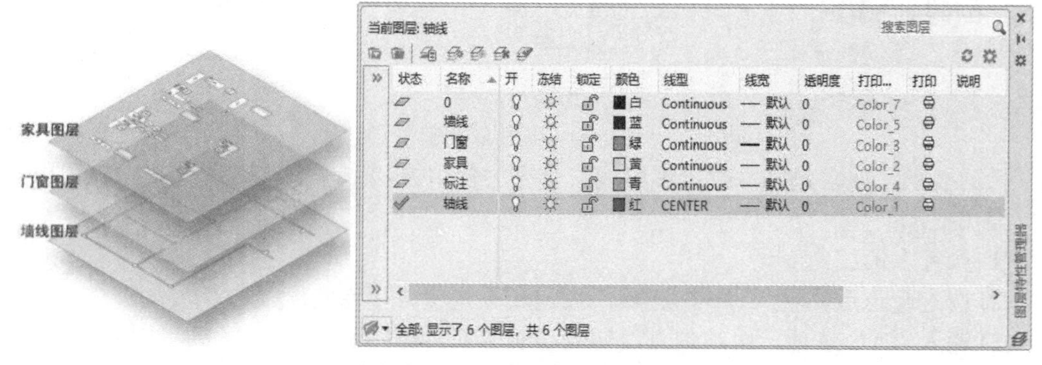

图 3-1 图层与图层特性管理器

3.1.1 打开“图层特性管理器”的方式

绘制一个新图首先要进行图层设置，图层设置是在“图层特性管理器”对话框中完成的。打开“图层特性管理器”的方式有：

- 点击菜单栏中的“格式”⇨“图层”。
- 在命令行键入：la (或 layer)。
- 点击功能区面板的“默认”选项卡⇨“绘图”面板⇨“图层”按钮。

打开的“图层特性管理器”如图 3-2 所示。

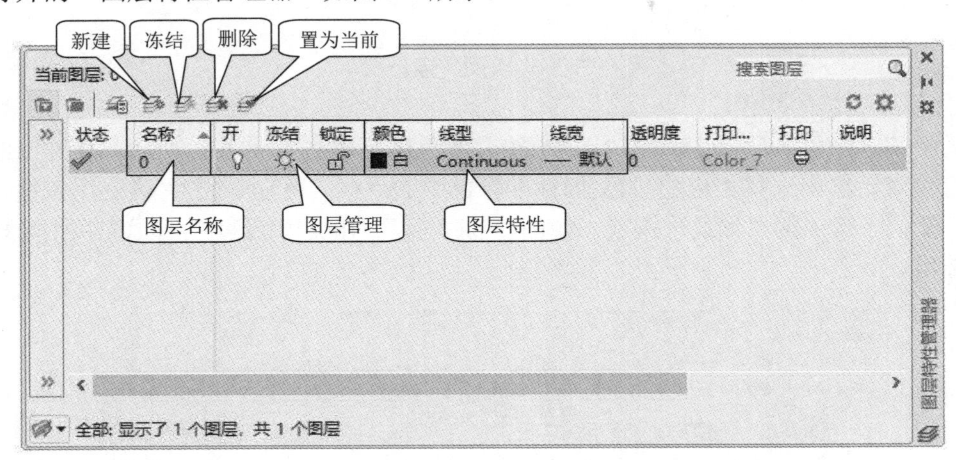

图 3-2　“图层特性管理器”对话框

3.1.2　关于“图层特性管理器”

在图 3-2 所示的“图层特性管理器”对话框中，用户可以“新建”图层或“冻结”“删除”某个图层；选择某个图层将其置为当前；为新建的图层赋予相应的颜色、线型、线宽，使其具有相应的图层特性；通过“打开(关闭)”“冻结(解冻)”“锁定(解锁)”等操作对选定图层进行图层管理。

3.1.3　创建新图层的过程及内容

AutoCAD 为每一张新图都创建了一个默认的特殊图层—“0”层，打开“图层特性管理器”对话框后即可看到。名称为“0”的图层被指定使用 7 号颜色(白色或黑色，由背景颜色决定)、“Continuous”线型、“默认”线宽等属性，用户不能删除或重命名 0 图层，而要在此图层下创建新图层。

在“图层特性管理器”中完成新图层的创建，操作过程和内容介绍如下：

(1) 新建图层并为各新图层更名。

单击“新建”按钮，在图层列表中会自动创建一个名为“图层 1”的新图层，见图 3-3。若想改变图层的名称，在新图层的名称文本框内直接输入新的图层名称即可(如将新图层名“图层 1”更换为“轴线”)。对于已经建立的图层，若想改变其名称可用鼠标两次点击图层名称，再在图层名文本框内输入新的名称，然后点击名称框外任意位置即可完成图层的重命名。

多次点击“新建图层”按钮，可创建多个新图层。

图 3-3　创建一新图层

(2) 修改图层的颜色。

选中某一图层(如“轴线”图层)，点击其颜色图标按钮如图 3-4 所示，在弹出的图层“颜色”对话框中选择相应的颜色(如标准颜色中的“红”色)，点击“确定”按钮，将新的颜色赋值于选中的“轴线”图层，如图 3-5 所示，为图层赋予颜色时优先在七个标准颜色中选用。

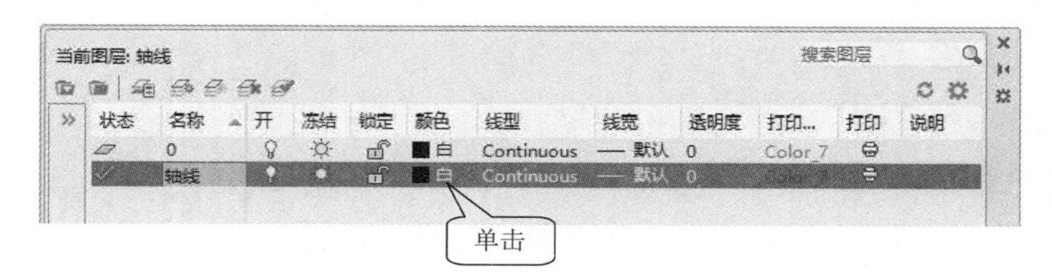

图 3-4　图层中的“颜色”按钮

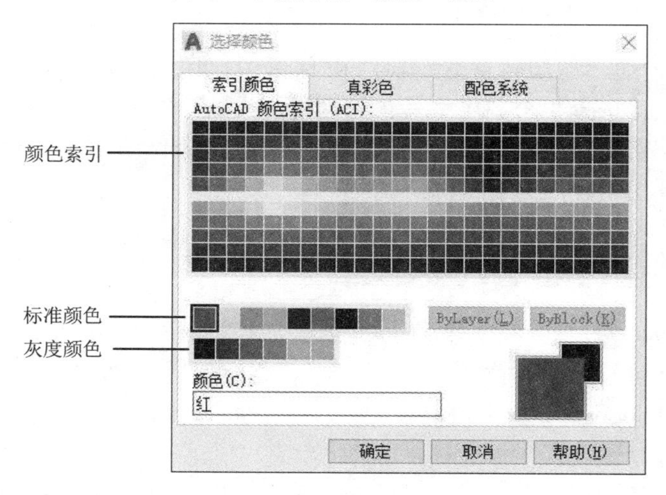

图 3-5　图层“颜色”对话框

(3) 修改图层的线型。

选中某个图层(如“轴线”图层)，点击其“线型”选项如图 3-6 所示，弹出图形文件中“选择线型”对话框，其中只有一条系统默认的 continuous 线型，如图 3-7 所示。要为“轴线”图层赋予点画线线型，通过单击对话框下方的“加载”按钮，将 AutoCAD 系统提供的线型库列表打开，如图 3-8 所示。用户可以在其中的线型列表中选择所需要的线型，根据“轴线”图层的用途选择“CENTER”线型，点击“确定”按钮将选中的“CENTER”线型加载到本图形文件中，如图 3-9 所示。

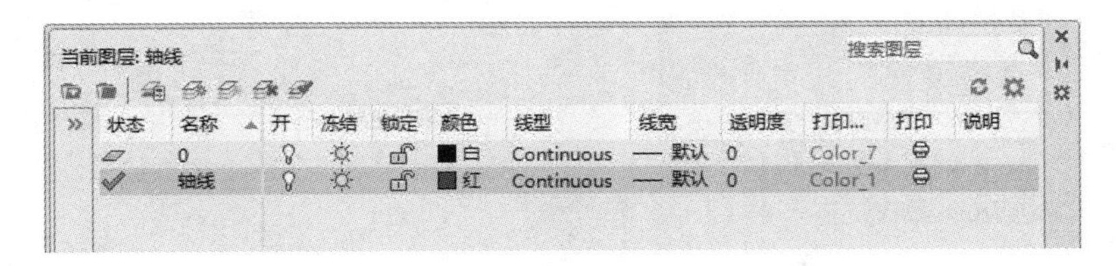

图 3-6　图层中的“线型”按钮

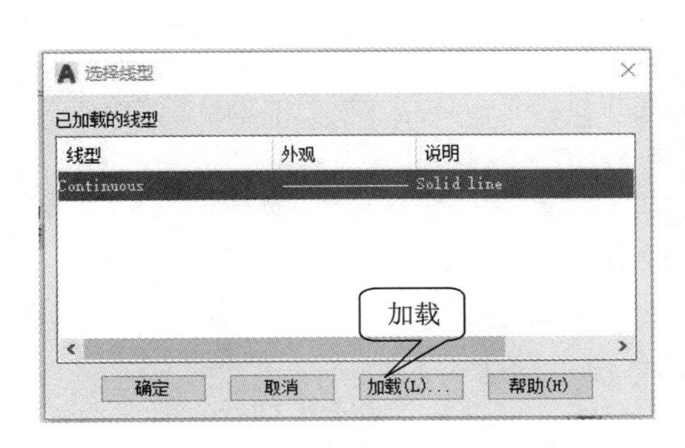

图 3-7　选择线型对话框

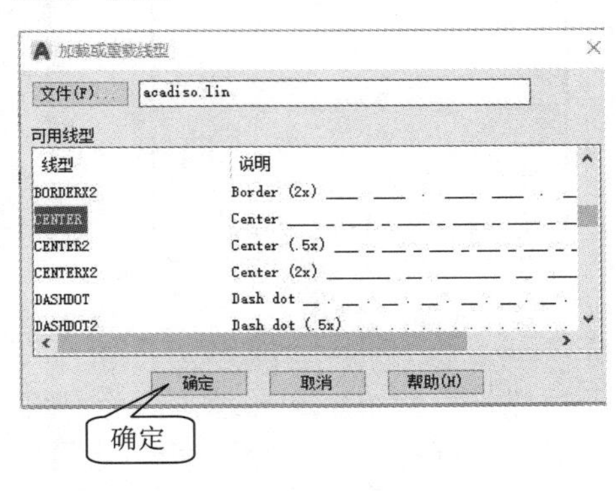

图 3-8　打开系统的线型库列表

在图 3-9 所示的对话框中选中“CENTER”线型后，再单击“确定”按钮，将加载的线型赋值于选中的“轴线”图层，轴线线型的赋值过程完成，结果如图 3-10 所示。

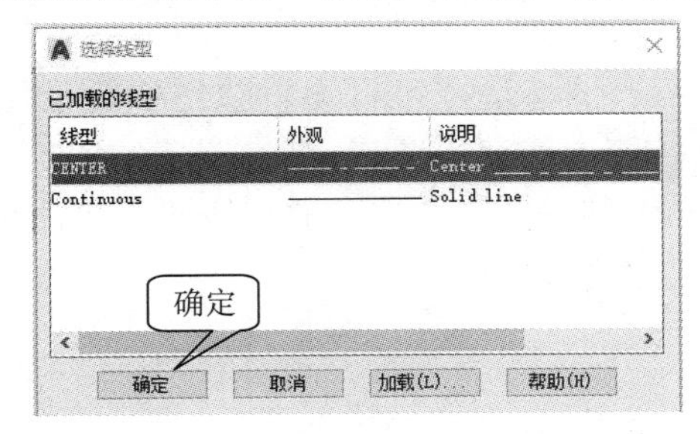

图 3-9　加载“CENTER”线型到图形文件中

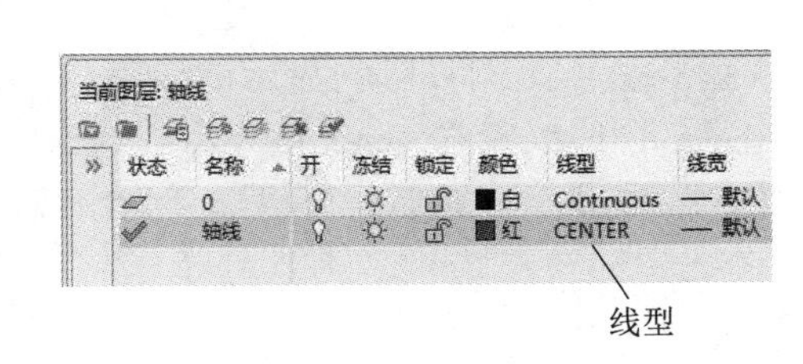

图 3-10　为“轴线”图层赋予“CENTER”线型

也可用此方法步骤为图形文件加载更多的线型(如虚线、双点画线等，以供不同图层的使用需要)。

(4) 设置图层的线宽。

线宽设置就是改变图线的宽度。要改变图层的线宽，可在“图层特性管理器”对话框中，单击“线宽”列所对应的线宽值，如图 3-11 所示。打开“线宽”对话框，如图 3-12 所示，确定选择某个线宽值，单击“确定”按钮，则对应的图层的线宽即为选定的值。

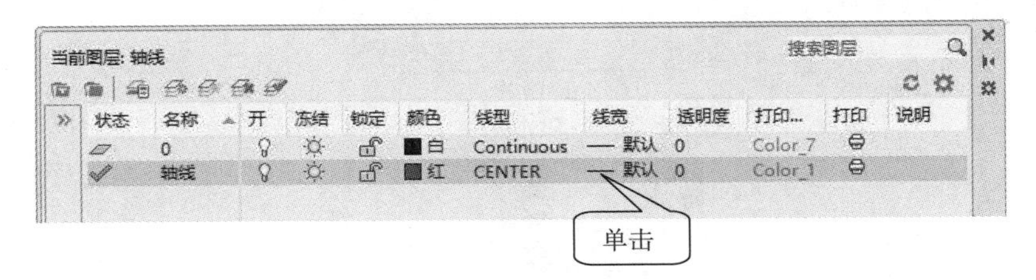

图 3-11　图层中的“线宽”按钮

也可通过菜单栏中的“格式”⇨“线宽”命令，打开“线宽设置”对话框设置线宽，如图 3-13 所示，这样设置的线宽用于以后在该图层绘制的图线。

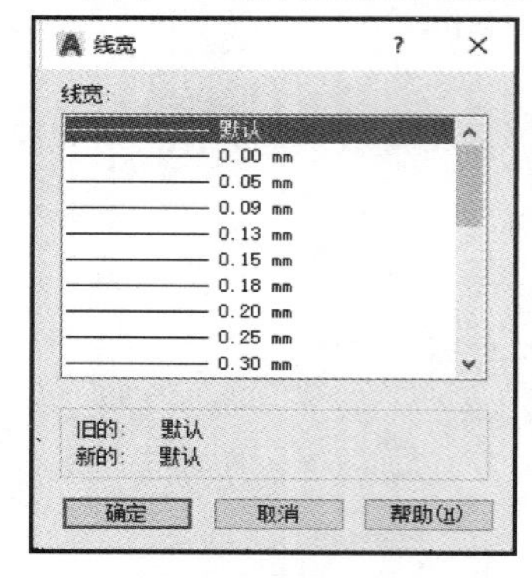

图 3-12　“线宽”对话框

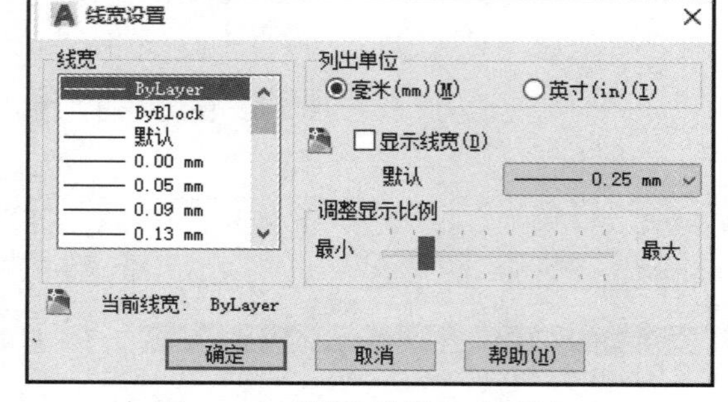

图 3-13　“线宽设置”对话框

在“线宽设置”对话框中，也有一“线宽”列表框，在其中选择了所需要的线宽值后，还可以设置其单位和显示比例等参数。各选项的功能如下：

(1)“列出单位”选项组：可以设置线宽的单位，可以是“毫米”或“英寸”。

(2)“显示线宽”复选框：可以设置在绘图区是否显示粗线线宽，也可以单击状态栏上的“线宽 ”按钮来显示或关闭线宽。

(3)“默认”下拉列表框：可以设置默认线宽值，即线宽选择“默认”时图线的宽度。一般情况下，默认线宽为 0.25 mm。

(4)“调整显示比例”选项组：通过调节显示比例滑块，可以设置线宽的显示比例大小。调整显示比例只影响显示的线宽，不影响打印的线宽。

注意：图线线宽在 0.30 mm 以上(包含 0.30 mm)的图线，设置“显示线宽”或打开状态栏中的“线宽”按钮后才可以显示为粗线，否则图线不显示线宽。

3.1.4　更换图层

更换图层包括更换当前图层和更换对象的图层。

1. 更换当前图层

更换当前图层常用的两种方式如下：

(1) 打开“图层特性管理器”对话框，在“图层特性管理器”中选择要设置为当前的图层，然后单击按钮即可，如图 3-2 所示，选择“轴线”图层设置为当前图层。

(2) 在“图层”面板上打开图层下拉列表，如图 3-14 所示，在图层下拉列表中选择要设置为当前的图层即可。

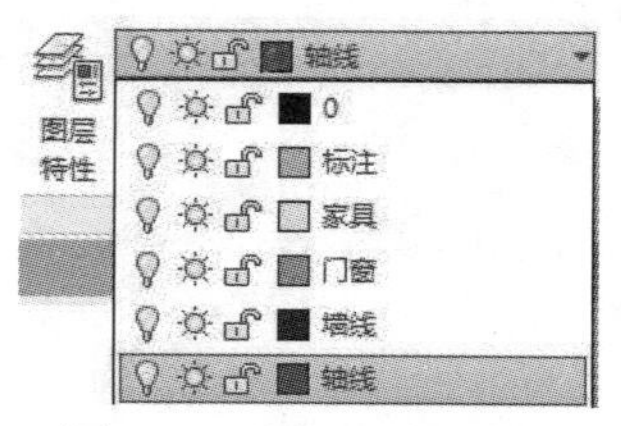

图 3-14　图层下拉列表

2. 更换对象的图层

绘图过程中经常会有将图形对象误绘制在其他图层上的情况，如何修改已有对象的图层，这里介绍两种常用的方法。

(1) 找到“默认”选项卡⇨“特性”面板⇨“特性匹配”按钮，如图 3-15 所示。

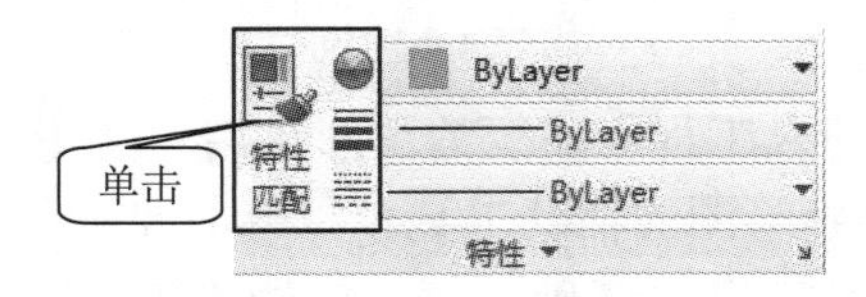

图 3-15　“图形匹配”按钮

单击命令按钮后，命令行提示及操作过程如下：

命令：_matchprop

选择源对象：(选择一个图层应用正确的对象)

当前活动设置：颜色 图层 线型 线型比例 线宽 透明度 厚度 打印样式 标注 文字 图案填充 多段线 视口 表格材质 多重引线中心对象

选择目标对象或 [设置(S)]：(选择要修改的对象)

选择目标对象或 [设置(S)]：(选择一修改的对象)

回车后，完成对象的特性匹配，修改完成对象的图层。

(2) 在“快捷菜单”中更换图层。

将“状态栏”内的“快捷特性”功能按钮打开，在绘图区选中需要更换图层的对象(如图 3-16 中的直线，直线的当前图层为轴线)，随后出现该直线的“快捷特性”面板，在面板的图层标签右侧打开图层列表，在其中选择需要更换的目标图层(假设为“标注”图层)，直线的图层就由“轴线”层更换为“标注”层。

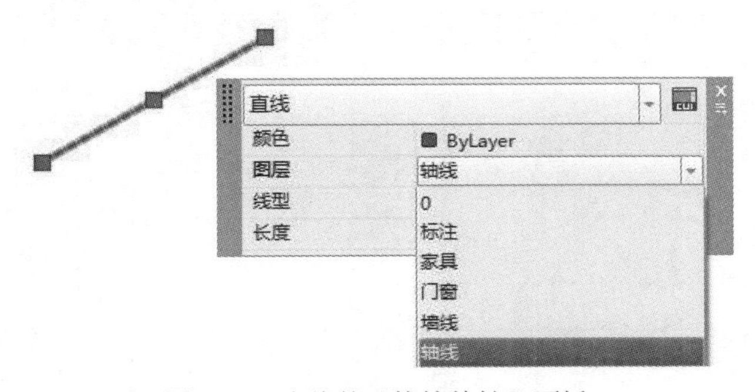

图 3-16　直线的“快捷特性”面板

注意：在“图层特性管理器”中有关图层管理(见图 3-2)中的“开”“冻结”“锁定”选项的含义如下：

(1) 开：用于打开或关闭图层。当图层打开时，灯泡为亮色，该层上的图形可见，可以进行打印；当图层关闭时，灯泡为暗色，该层上的图形不可见，不可进行编辑、打印。

(2) 冻结：图层被冻结时，显示雪花图标，该层上的图形不可见，不能进行重生成、消隐及打印等操作；当图层解冻后，显示太阳图标，该层上的图形可见，可进行重生成、消隐和打印等操作，当前图层是不能被冻结的。

(3) 锁定：锁定和解锁选定图层。默认为解锁状态，可以在该图层上绘制和编辑图形；当图层被锁定时，该层上的图形实体仍可以显示和绘图输出，但不能被编辑。

3.2 精确绘图辅助工具

能快速、精确地绘制出符合工程上需要的图形是用户使用 AutoCAD 绘图的前提。为此，AutoCAD 提供了多种精确绘图的辅助工具。本节主要介绍如何使用 AutoCAD 提供的极轴、捕捉、正交、追踪等功能完成精确绘图，精确绘图辅助工具如图 3-17 所示。这些功能在状态栏上，可以通过单击启动和关闭，图标亮显为打开。

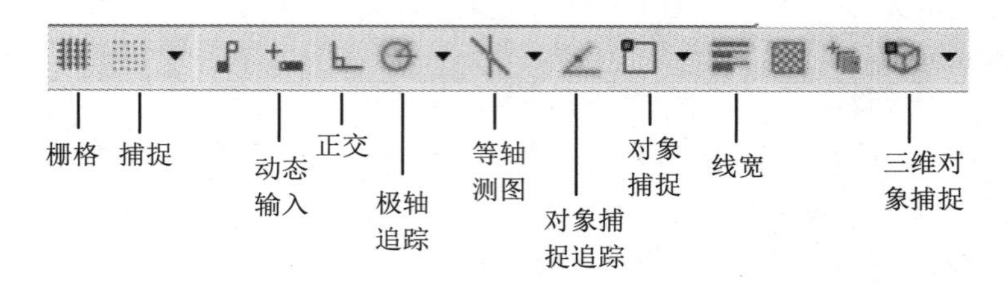

图 3-17 精确绘图辅助工具

3.2.1 栅格和捕捉

“栅格”用于在屏幕上显示栅格，“栅格”打开效果如图 3-18 所示。在显示栅格的屏幕上绘图，就如同在坐标纸上绘图一样，有助于作图时的参考定位。栅格只是辅助工具，不是图形的一部分，所以栅格不会被打印输出。

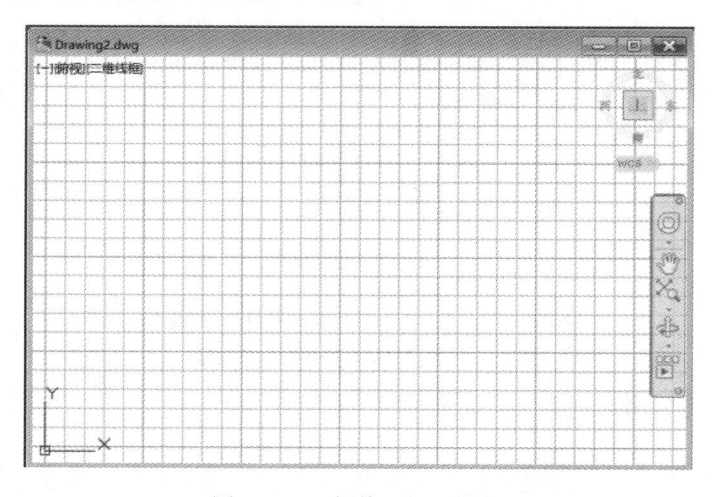

图 3-18 “栅格”打开效果

“捕捉”用于设定光标移动的固定步长。从而使光标在绘图区域内沿 X 轴或 Y 轴方向，以固定步长的整数倍移动。当捕捉功能打开时，光标呈跳跃式移动。当捕捉的步长与栅格间距相同时，光标总是准确地落在栅格点上。

在 AutoCAD 中使用“栅格”和“捕捉”功能，在一定程度上可以提高绘图的效率。

1. 栅格和捕捉的打开或关闭

在 AutoCAD 中打开或关闭“捕捉”和“栅格”功能，可以通过以下方法：

- 在状态栏中，单击“捕捉”和“栅格”按钮。
- 按 F7 键打开或关闭栅格，按 F9 键打开或关闭捕捉。

2. 设置捕捉和栅格的参数

鼠标右击状态栏中的“捕捉”或“栅格”，在出现的“网格设置”或“捕捉设置”标签按钮时左键确认，打开“草图设置”对话框，如图 3-19 所示。

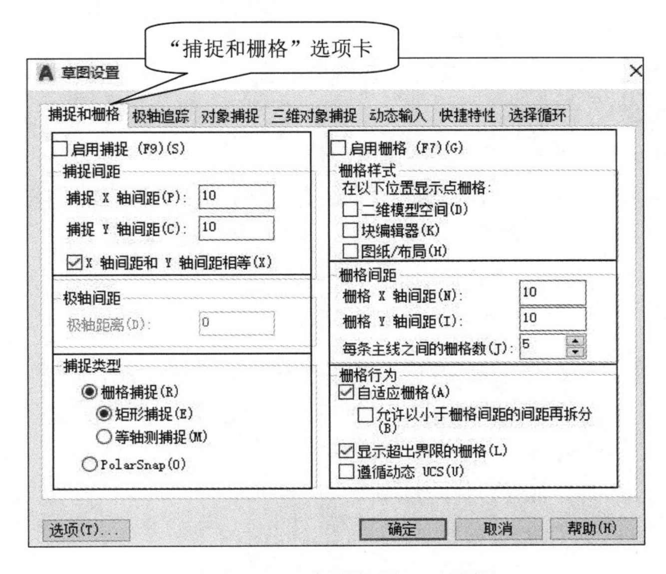

图 3-19　“草图设置”对话框

利用“草图设置”对话框中的“捕捉和栅格”选项卡，可以设置捕捉和栅格的相关参数，各选项的功能如下：

(1) “启用捕捉(F9)”复选框：打开或关闭捕捉方式。选中该复选框，可以启用捕捉。

(2) “捕捉间距”选项组：可以通过设置“捕捉 X 轴间距”和“捕捉 Y 轴间距”设置捕捉的固定步长，间距值必须为正值，捕捉间距可以与栅格间距不同。

(3) “启用栅格(F7)”复选框：打开或关闭栅格的显示。选中该复选框，可以启用栅格。

(4) “栅格间距”选项组：设置栅格间距。如果栅格的 X 轴和 Y 轴间距值为 0，则栅格采用“捕捉”设置的 X 轴和 Y 轴间距的值显示。

(5) “捕捉类型”选项组：可以设置捕捉类型和样式，包括“栅格捕捉”和“极轴捕捉”两种。

①“栅格捕捉”单选按钮：选中该单选按钮，可以设置捕捉样式为栅格。当选中“矩形捕捉”单选按钮时，可将捕捉样式设置为标准矩形捕捉样式，光标可以捕捉一个矩形栅格；当选中“等轴测捕捉”单选按钮时，可将捕捉样式设置为等轴测捕捉模式，光标将捕捉到一个等轴测栅格。

②“极轴捕捉 PolarSnap”单选按钮：选中该单选按钮，可以设置捕捉样式为极轴捕捉。此时，在启用了极轴追踪或对象捕捉追踪情况下的指定点，光标将沿极轴角或对象捕

捉追踪角度进行捕捉，这些角度是相对最后指定的点或最后获取的对象的捕捉点计算的，并且在左侧的“极轴间距”选项中的“极轴距离”文本框中可以设置极轴捕捉距离，将捕捉到该值的整数倍。如果该值为 0，则极轴捕捉间距采用“捕捉间距”中捕捉 X 轴间距的值。

3. 栅格行为

1) 自适应栅格

当图形缩小栅格按设定值显示间距太小时，限制栅格的密度，即以大于栅格设置的间距显示；当图形放大时，可以选择“允许以小于栅格间距的间距再拆分”。

2) 显示超出界限的栅格

在超出 LIMITS 命令的指定区域外显示栅格。

3) 遵循动态 UCS

更改栅格平面以跟随动态 UCS 的 XY 平面。

注意：使用光标指定点时，若出现光标跳动无法出现在需要的位置，是因为“捕捉”功能处于打开状态，关闭该功能即可。

3.2.2　正交模式

正交模式用于控制光标的移动方向是否在正交模式下绘图。在打开正交模式的情况下，直接利用光标绘制出的直线与当前 X 轴或 Y 轴平行，而在关闭正交模式的情况下，绘制的直线则可以沿任意方向。

打开或关闭正交模式有如下三种方法：

- 单击按下状态栏的“正交限制光标” 按钮。
- 按 F8 功能键。
- 在命令行输入命令：ortho。

在输入命令后，命令行提示及操作如下：

命令行：ortho

输入模式 [开(ON)/关(OFF)] <关>：(输入 ON 再回车打开正交状态，输入 OFF 再回车打开关闭状态)

当需要画水平线或竖直线时，利用正交模式可以加快绘图速度，提高绘图的准确度。

3.2.3　对象捕捉

在绘图的过程中，经常会用到已知对象上的特殊点，例如线段的端点、圆或圆弧的圆心、两个对象的交点等，仅凭观察来拾取点，不可能准确地找到这些点的具体位置。为此，AutoCAD 提供的对象捕捉功能，可以迅速准确地捕捉到这些特殊点，从而提高绘图的精度和速度。

1. 对象捕捉的类别

在“对象捕捉”快捷菜单(见图 3-20)以及“草图设置”对话框中的“对象捕捉”选项卡(见图 3-21)中，提供了各种可以捕捉到的特殊点，这些特殊点即捕捉类别，它们的名称、功能及标记如表 3-1 所示。

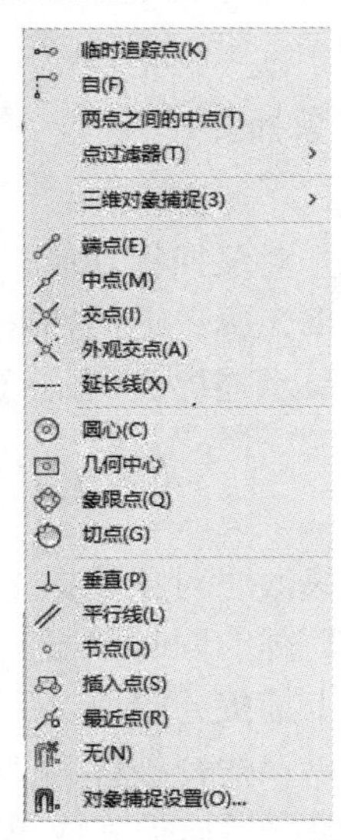

图 3-20　“对象捕捉”快捷菜单

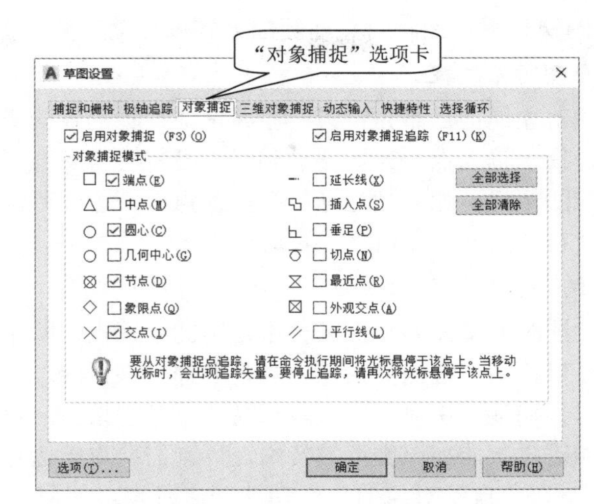

图 3-21　“草图设置”对话框中的“对象捕捉”选项卡

表 3-1　捕捉类别的名称、功能级标记

捕捉类别	按钮	关键词	标记	功　能
临时追踪点		tt		创建对象捕捉的临时点
捕捉自		from		以临时参考点为基点偏移一定距离得到捕捉点
端点		end		捕捉线段或圆弧等对象的端点
中点		mid		捕捉线段或圆弧等对象的中点
交点		int		捕捉线段、圆弧或圆等对象相交的交点
外观交点		app		外观交点包括外观交点和延伸外观交点
延长线		ext		捕捉直线或圆弧的延长线上的点。当光标经过对象的端点时，显示临时延长线，以便用户指定延长线上的点
圆心		cen		捕捉圆、圆弧、椭圆或椭圆弧的圆心
象限点		qua		捕捉圆、圆弧、椭圆或椭圆弧的象限点
切点		tan		捕捉对象相切时的切点
垂足		per		捕捉从预定点到所选择对象所作垂线的垂足
平行线		par		捕捉与指定直线平行的线上的点
插入点		ins		捕捉块、图像、属性或文字的插入点
节点		nod		捕捉由“点”命令绘制的点对象以及尺寸界限原点
最近点		nea		捕捉图形对象上离光标最近的点
无捕捉		non		关闭“对象捕捉”模式
捕捉设置		osnap		设置自动捕捉模式，打开“草图设置”对话框

2. 对象捕捉的方式

AutoCAD 提供两种对象捕捉的方式：自动对象捕捉和单点对象捕捉。

1) 自动对象捕捉

自动对象捕捉是事先设置一些经常要捕捉的点的类别，并打开对象捕捉功能。这时只要命令行提示输入点，光标移动到对象上就会自动选择对象上距离光标最近的特殊点，并显示相应的标记。如果把光标放在捕捉点上停留片刻，系统还会显示捕捉类别，而且对象捕捉功能在关闭该命令前将一直运行。

2) 单点对象捕捉

在绘图时如果需要捕捉某种不常用的特殊点，除了可以直接修改“对象捕捉”中的设置，还可以使用右键快捷菜单。当需要捕捉某点时，按住“Shift”键的同时单击鼠标右键弹出“对象捕捉”快捷菜单。单击某捕捉类型按钮，然后在对象上捕捉并拾取这个特殊点即可，如需再次捕捉该类型的特殊点，则需要重新运行命令，所以该命令被称为“单点对象捕捉”。在“自动对象捕捉”功能开启时也可使用单点对象捕捉，当捕捉完成单点对象后，系统恢复到自动捕捉方式，单点捕捉优先于自动捕捉，这种功能也称为“临时对象捕捉”或“覆盖对象捕捉”。

3. “自动对象捕捉”的应用方法

运用对象捕捉功能进行自动对象捕捉时，必须事先设置对象捕捉的类别。

1) 设置对象捕捉的类别

设置对象捕捉的类别可以在“草图设置”对话框的“对象捕捉”选项卡中进行。打开“对象捕捉”选项卡的方法有几种：

- 点击“对象捕捉”快捷菜单中的“对象捕捉设置”按钮。
- 在命令行输入 osnap。
- 点击菜单栏中的“工具”⇨“绘图设置”。
- 在状态栏中右击“对象捕捉”按钮⇨“对象捕捉设置…”。

打开“草图设置”对话框中的“对象捕捉”选项卡，如图 3-21 所示。在对话框中用鼠标点取捕捉类别对应的复选框就可以设置相应的捕捉类别。

- 在状态栏中点击“对象捕捉”按钮右侧小三角直接弹出捕捉类别快捷菜单，如图 3-22 所示。在菜单中直接勾选要捕捉的特殊点也是很方便的。

注意：设置对象捕捉类别时需根据具体情况设置，有些捕捉类别如果同时选中可能会出现相互干扰，例如在需要捕捉端点时，如果同时选中最近点，当距离端点较远时将优先捕捉到最近点。

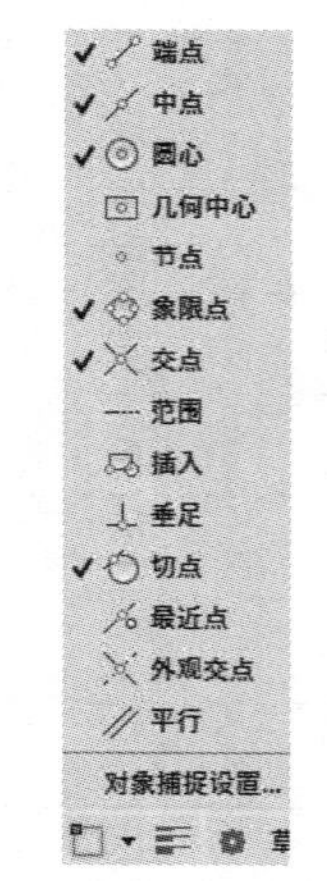

图 3-22 捕捉类别快捷菜单

2) 自动对象捕捉功能的打开或关闭

设置好对象捕捉类别后，可通过以下几种方式打开或关闭对象捕捉功能。

- 在状态栏中单击“对象捕捉”按钮进行切换。
- 按 F3 功能键进行切换。
- 按“Ctrl + F”组合键。
- 在“对象捕捉”选项卡中点取“启用对象捕捉”复选框。

当打开对象捕捉功能后，在系统要求指定一个点时，所设置的捕捉类别就自动起作用，并且会根据光标所处对象的位置的不同，自动捕捉到距离光标最近的捕捉类别。

4. “单点对象捕捉”的应用方法

在系统要求输入一个点时，可通过以下几种方式启动单点对象捕捉：

- 按住“shift”或“ctrl”键，同时单击鼠标右键，打开“对象捕捉”快捷菜单，根据需要捕捉的点的类型进行相应的选择。
- 系统提示输入点后，在命令行输入捕捉类别的关键词。
- 点击菜单栏中的“工具”⇨“工具栏”⇨“Autocad”⇨“对象捕捉”。单击“对象捕捉”后出现一“捕捉”工具条，如图 3-23 所示。

在工具条上选择相应的捕捉类别，再把鼠标移到图形对象附近，即可捕捉到相应的特殊点。

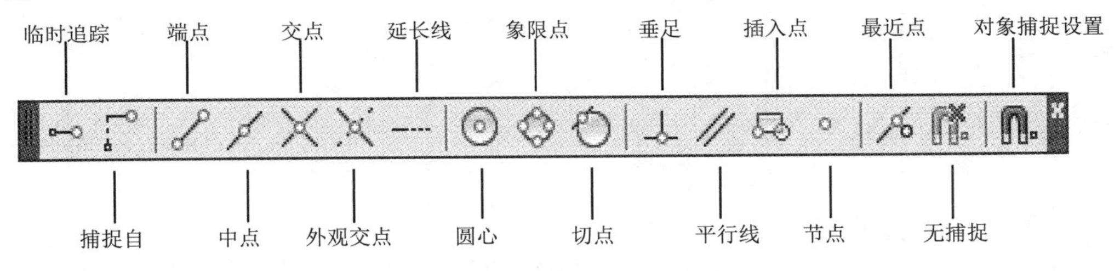

图 3-23　“对象捕捉”工具栏

注意：(1) 在使用“对象捕捉”功能时必须满足两个条件：一是图中必须有对象；二是当前的命令需要输入点，否则将不会捕捉到任何点。(2) 每执行一次“单点对象捕捉”命令只能捕捉一次，如需要再次捕捉相同类型的点，必须重新启动单点对象捕捉。

5. 操作举例

【例 3-1】 利用“自动对象捕捉”方式，对图 3-24(a)所示的图形补画线段，完成结果如图 3-24(b)所示。

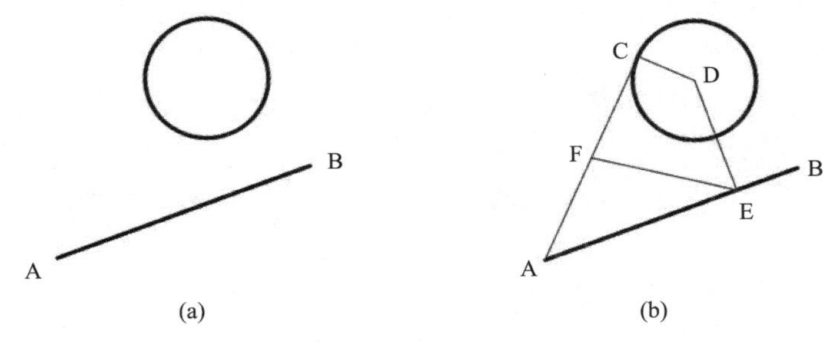

图 3-24　例 3-1 图

图 3-24(b)的说明：

(1) AC 线与圆相切，A 为 AB 线的端点，C 为切点。

(2) CD 线过圆心，D 为圆心。

(3) DE 线垂直于 AB 线，E 为垂足。

(4) EF 线通过 AC 线的中点，F 为 AC 线的中点。

作图要点提示：

绘图的次序：A→C→D→E→F。

绘图时需要捕捉：端点、切点、圆心、垂足、中点。

操作步骤：

(1) 设置捕捉类型。

在状态栏上点击“对象捕捉”按钮右侧的小三角，在打开的捕捉模式快捷菜单中选中“端点”“垂足”“中点”“圆心”和“切点”项，如图 3-25 所示。

也可以打开对象捕捉对话框，设置点的捕捉类别，选中“端点”“中点”“圆心”“垂足”和“切点”复选框，并开启对象捕捉模式，如图 3-26 所示。

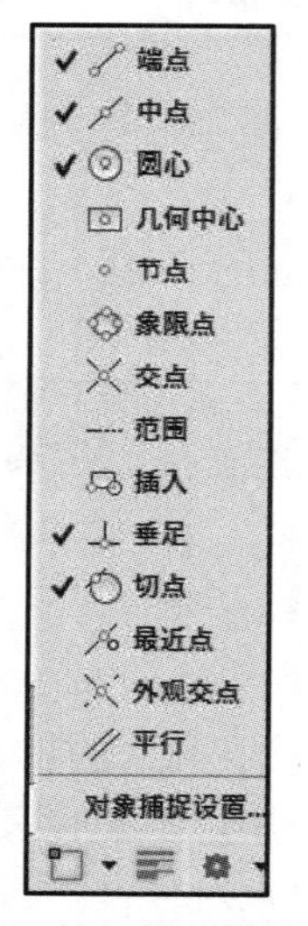

图 3-25　捕捉模式快捷菜单

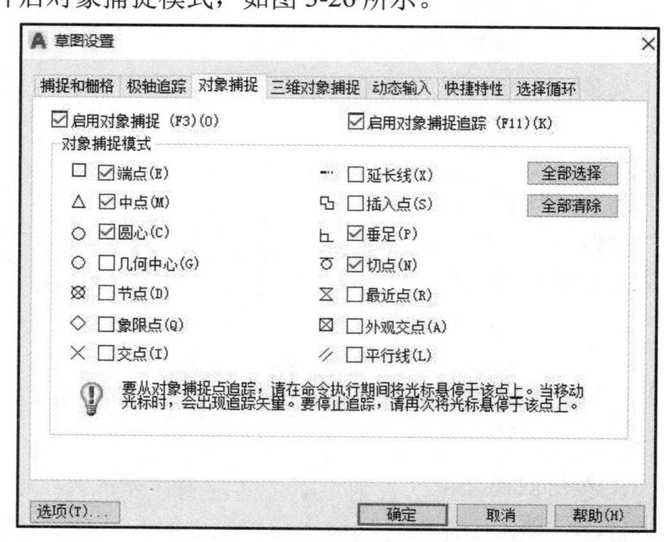

图 3-26　对象捕捉设置

(2) 执行绘制直线(line)命令。

命令行：line

指定第一点：(移动光标到直线 AB 靠近 A 点处，当出现捕捉“端点□”标记后，单击鼠标左键确认)

指定下一点或 [放弃(U)]：(移动光标到圆周 C 点附近的位置，当出现捕捉“切点”标记后，单击鼠标左键确认)

指定下一点或 [放弃(U)]：(移动光标到圆心附近，当出现捕捉“圆心○”标记后，单击鼠标左键确认)

指定下一点或 [闭合(C)/放弃(U)]：(移动光标到直线 AB 上，当出现捕捉“垂足”标记后，单击鼠标左键确认)

指定下一点或 [闭合(C)/放弃(U)]：(移动光标到直线 AC 上，当出现“中点△”标记后，单击鼠标左键确认)

指定下一点或 [闭合(C)/放弃(U)]：(回车)

执行过程操作完毕。

注意：当捕捉到某个特殊点时，光标处将显示出一个几何图形称为捕捉标记和捕捉提示，不同的捕捉类型会显示不同的捕捉标记和捕捉提示，由此可判断捕捉到的点是否为需要的点。

【例 3-2】 利用"对象捕捉"补画线段，将图 3-27(a)绘制成图 3-27(b)所示的图形。

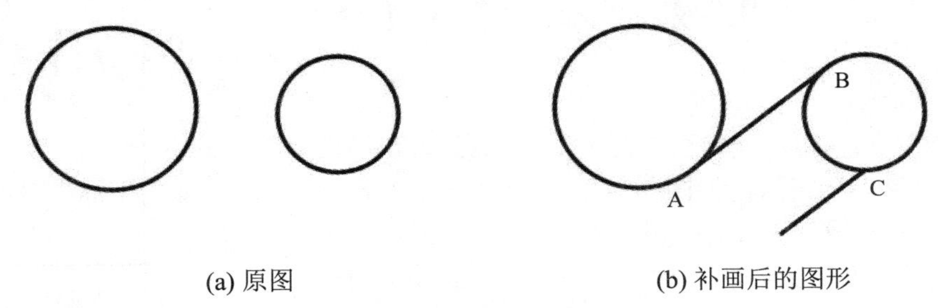

(a) 原图　　(b) 补画后的图形

图 3-27　例 3-2 图

图形分析：

AB 为两个圆的公切线，C 线端点为小圆下侧的象限点，并且与 AB 线平行。绘图时需要捕捉模式："切点""象限点"和"平行"。

操作步骤：

(1) 绘制公切线。

绘制直线的第一个点时，若该点是直线与某个对象相切的"切点"，则需要采用单点优先的方式捕捉到切点，此时可采用输入关键字"tan"的方式响应。

命令：line

指定第一点：(键入 tan 回车)

_tan 到(移动光标至大圆 A 点附近，当出现捕捉到"递延切点" 标记后，如图 3-28 所示，点击鼠标左键确认。)

指定下一点或 [放弃(U)]：(键入 tan 回车)

_tan 到(移动光标至小圆 B 点附近，当出现"递延切点" 标记后，如图 3-29 所示，点击鼠标左键确认)

指定下一点或 [放弃(U)]：(回车结束直线命令)

公切线 AB 绘制完成。

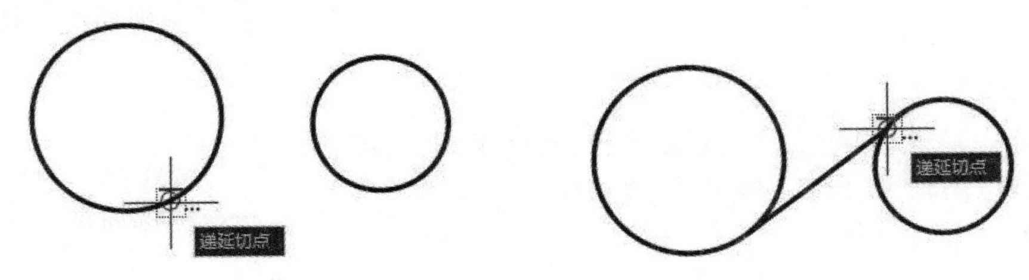

图 3-28　捕捉递延切点　　图 3-29　捕捉递延切点

提示：键入 tan 方式也可以通过将"对象捕捉"工具条调出，在需要时点击其中的

“切点”捕捉模式来替代。

注意：由于公切线的两个端点均不确定，所以切点可能出现在圆上的任何位置，这时，必须根据已知条件分析切点出现的大概位置，将光标放在该位置附近，否则可能会出现画出的公切线不是需要的公切线的问题。

(2) 绘制平行线。

当捕捉类别为“象限点”和“平行”时，可在状态栏中的“对象捕捉”快捷菜单上提前勾选好，如图 3-30 所示。

命令：line

指定第一点：(移动光标至小圆下端 C 点附近，当出现“象限点◇”标记后，如图 3-31(a)，单击左键确认)

指定下一点或[放弃(U)]：(移动光标至 AB 线上，AB 上出现“平行//”标记后，如图 3-31(b)。随后移动光标，当出现平行 AB 的追踪线及“平行”标记时，如图 3-31(c)，点击绘制平行线。)

指定下一点或 [放弃(U)]：(回车)

操作完毕，操作结果如图 3-27(b)所示。

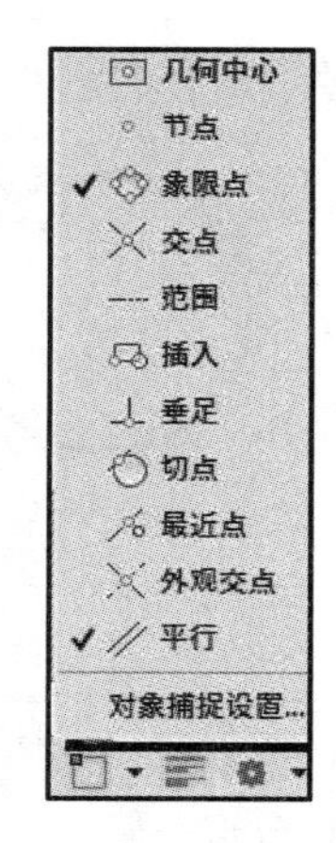

图 3-30　对象捕捉快捷菜单

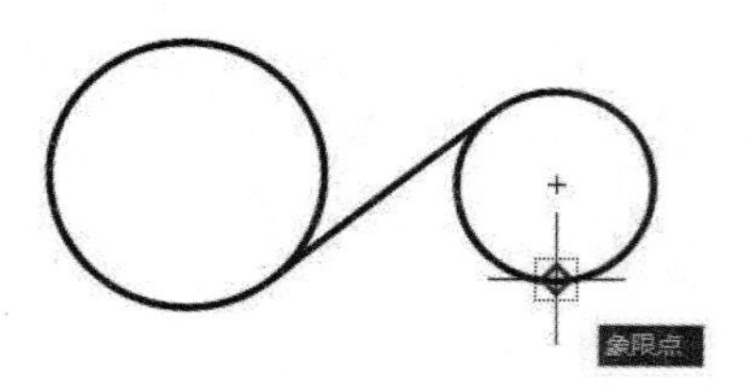

(a) 拾取 C 点

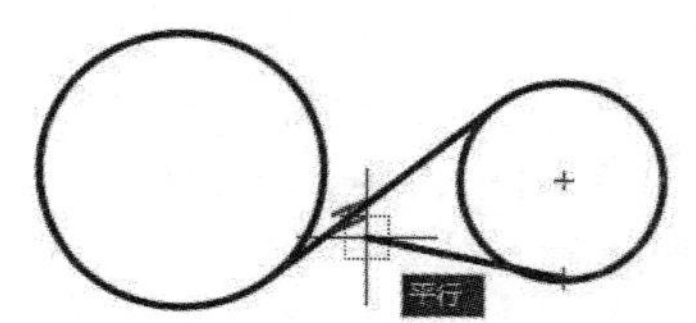

(b) 光标移到 AB 线上

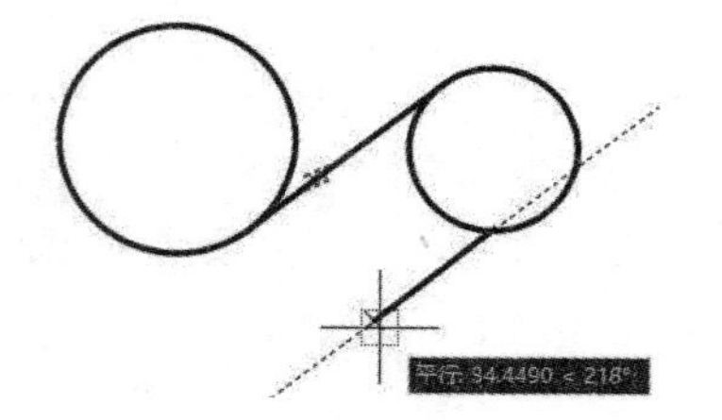

(c) 出现平行 AB 的追踪线

图 3-31　绘制平行线

3.2.4　自动追踪

在 AutoCAD 2018 中，用户可以指定某一角度或利用点与其他对象特定的关系来确定所要创建点的方向，称为自动追踪。自动追踪分为极轴追踪和对象捕捉追踪。极轴追踪是利用指定角度的方式设置追踪方向，对象捕捉追踪是利用点与其他对象特殊点的关系来确定追踪方向。

1. 极轴追踪

极轴追踪功能可以在系统要求指定一个点时，按预先设置的角度增量显示一条辅助线，用户可以沿辅助线追踪得到所需要的点。

1) 极轴追踪的设置

要使用极轴追踪，必须事先设置角度增量并启用极轴追踪。极轴追踪设置可在“草图设置”对话框的“极轴追踪”选项卡中进行。打开“极轴追踪”选项卡的方法有几种：

- 点击菜单栏中的“工具”⇨“绘图设置”⇨“极轴追踪”选项卡。

• 在“状态栏”右击“极轴”⇨“极轴追踪设置…”。

点击“极轴追踪设置”后打开“草图设置”对话框的“极轴追踪”选项卡，如图 3-32 所示。其中各项的含义如下：

通过“启用极轴追踪”复选框，可以打开或关闭极轴追踪功能。

通过“增量角”下拉列表框可以确定一个角度增量值，启用极轴追踪后将追踪到 360° 以内该角度整数倍的角度，如角增量为 45，则可追踪到 0、45、90、135、180、225、270、315 等角度。增量角数值可以直接输入。系统设定的和用户添加的角增量可以在状态栏上右击“极轴追踪”按钮，在快捷菜单中选择，如图 3-33 所示。

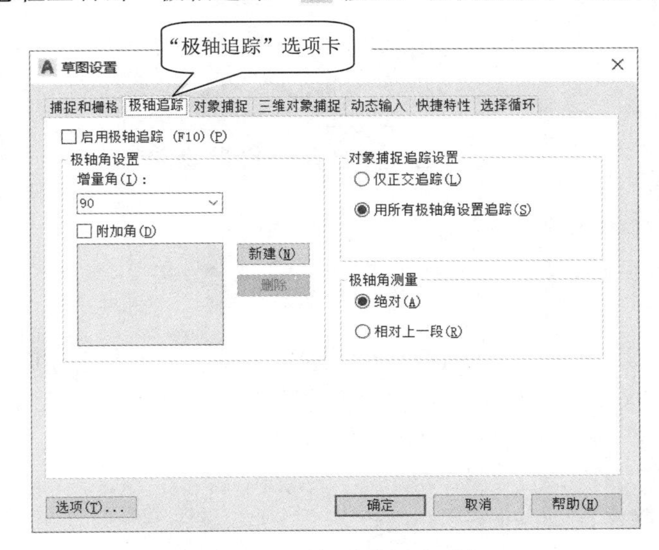

图 3-32　“极轴追踪”选项卡

图 3-33　极轴追踪快捷菜单

选中“附加角”复选框，通过“新建”或“删除”按钮，可以在“附加角”文本框内对附加角进行增加或删除，附加角设置的角度只能追踪到角度本身，如附加角为 25，则只能追踪到 25°，但是附加角可以设置多个不同的角度。

“极轴角测量”选项组用于选择角度测量的方式。其中，“绝对”单选按钮可以基于当前坐标系确定极轴追踪角度；“相对上一段”单选按钮可以基于最后绘制的线段方向确定极轴追踪角度。

2) 打开或关闭极轴追踪的方法

可通过以下三种方式打开或关闭极轴追踪：

(1) 在“状态栏”单击“极轴”按钮。

(2) 使用“F10”功能键。

(3) 在“极轴追踪”选项卡中选择“启用极轴追踪”复选框。

注意：极轴追踪与正交模式相互影响，正交模式和极轴追踪模式不能同时打开，若一个打开则另一个自行关闭。

【例 3-3】利用极轴追踪功能绘制一条长为 80 与 X 轴夹角为 30° 的直线段。

首先设定增量角，在状态栏上右击“极轴追踪”按钮，在快捷菜单中选择增量角 30°，如图 3-34 所示。

激活直线命令，绘制直线。

命令：line

指定第一个点：(输入直线段的起点)

指定下一点或 [放弃(U)]：(拖动光标，在出现的 30° 追踪方向线上输入 80 确定即可，如图 3-35 所示)

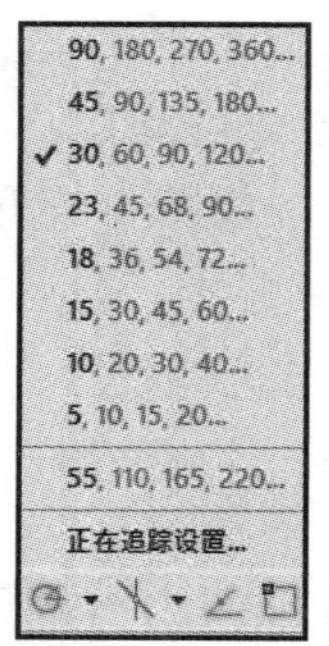

图 3-34　选择 30° 极轴角　　　图 3-35　在指定的极轴方向上画线

指定下一点或 [放弃(U)]：(回车结束直线命令)

3) 覆盖追踪角度

当系统要求指定一个点时，用户也可以在执行命令过程中重新设置一个追踪角度，以覆盖在“草图设置”对话框中的设置，在输入重置的角度值时前面要加一个“<”符号。

【例 3-4】 用极轴追踪绘制一条角度为 23° 直线。操作如下：

命令：line

指定第一点：(指定直线的起点)

指定下一点或[放弃(U)]：(输入<23，回车)

角度替代：23

指定下一点或[放弃(U)]：(指定一个点)

操作完毕。

2. 对象捕捉追踪

对象捕捉追踪是利用点与其他对象之间特定的关系来确定追踪方向的。需要注意的是，利用对象追踪功能时，必须同时打开对象捕捉功能。

1) 打开或关闭对象捕捉追踪的方法

打开或关闭对象捕捉追踪功能可用以下三种方法：

- 在“状态栏”中单击“对象追踪”按钮。
- 按“F11”功能键。
- 在“对象捕捉”选项卡中点取“启用捕捉追踪”复选框。

2) 对象捕捉追踪的类型

对象捕捉追踪的类型分为两种，见图 3-32 中的“对象捕捉追踪设置”。一种追踪方式是“仅正交追踪”，选中该选项只在水平或垂直方向上显示追踪辅助线；另一种追踪方式是“用所有极轴角设置追踪”，选中该选项将会在水平、垂直和所设定的极轴角的整数倍方向上显示追踪辅助线。

3) 使用对象捕捉追踪的基本步骤

使用对象捕捉追踪的基本步骤如下：

(1) 执行一个要求输入点的绘图命令或编辑命令(如 line、move 等)。

(2) 移动光标到一个对象捕捉点并临时获取它。

注意：不要拾取该点，在该点上停顿一下就可以获取此对象捕捉点。当获取了一个点后，移动光标获取的点显示为一个“+”号。获取点可以是一个也可以是多个。如果希望清除已获取的点，可将光标再移回到获取标记上，系统则自动清除已获取的点。

(3) 从获取点处移动光标，将显示一条基于此点的临时辅助线。

(4) 沿显示的辅助线方向移动光标，直至追踪到所需要的点。

【例 3-5】 以正六边形的中心为圆心绘制半径为 20 的圆，绘制结果如图 3-36(c)所示。

绘图过程如下：

设置捕捉类别“中点”“端点”(或交点)，启用“对象捕捉”功能，启用“对象追踪”功能。

执行 circle 命令，命令行的提示及操作过程如下：

命令：circle

指定圆的圆心或 [三点(3P)/两点(2P)/相切、相切、半径(T)]：(移动光标至正六边形上水平线中点附近，出现中点标记时获取它(不拾取)，沿竖直方向移动光标，出现竖直方向的辅助线，然后移动光标到正六边形左端的顶点附近，当出现端点标记时获取它(不拾取)，沿水平方向移动光标，则出现水平方向的辅助线，当光标移动至如图 3-36(b)位置附近时，水平和竖直辅助线同时出现，并出现如图的交点提示时，点击左键拾取该点，该点即为正六边形的中心点。)

指定圆的半径或 [直径(D)] <0>：(输入 20，回车)

操作完毕。

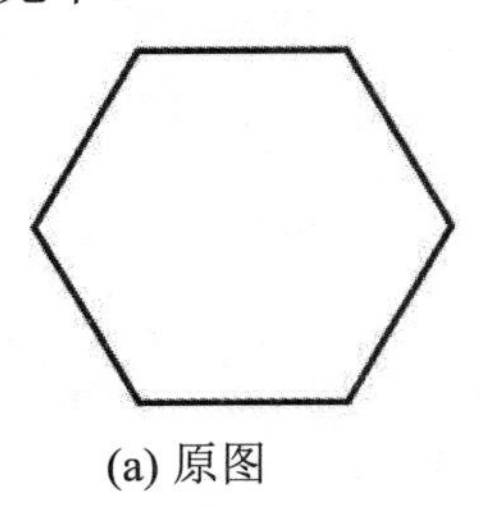
(a) 原图

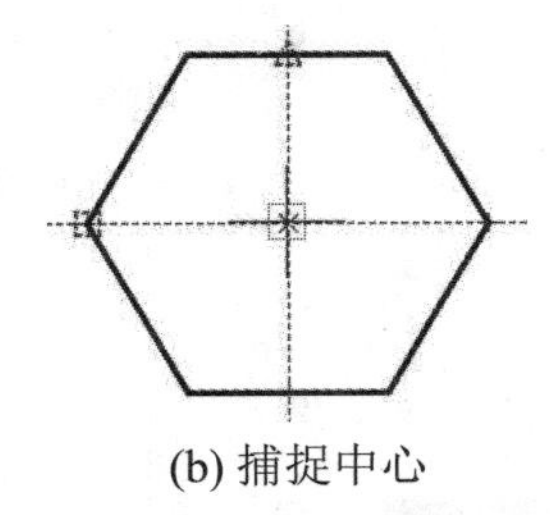
(b) 捕捉中心

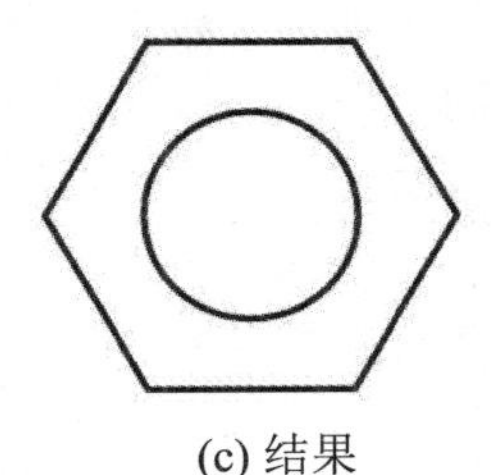
(c) 结果

图 3-36　对象捕捉追踪

3. 使用“捕捉自”功能

在“对象捕捉”工具栏中还有一个比较有用的对象捕捉工具，即“捕捉自”工具。

“捕捉自”工具可以通过输入距离基点相对坐标确定某一个点。当系统要求输入一个点时，启用“捕捉自”功能，可指定一点作为基点，通过输入要确定的点和基点的相对坐标来确定新点的位置。它虽然不是对象捕捉模式，但经常与对象捕捉一起使用。

【例 3-6】 利用捕捉自功能在已有的 A4 图幅的基础上绘制图框线，结果如图 3-37(b)所示。

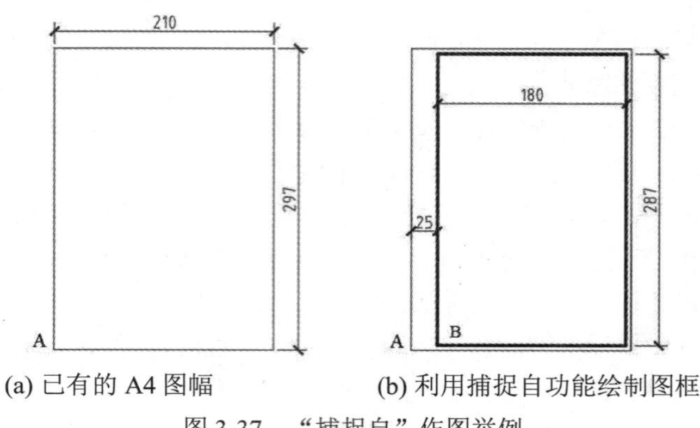

(a) 已有的 A4 图幅　　(b) 利用捕捉自功能绘制图框

图 3-37 “捕捉自”作图举例

执行矩形命令，命令行提示如下：

命令：rectang

指定第一个角点或 [倒角(C)/标高(E)/圆角(F)/厚度(T)/宽度(W)]：from 回车(键入from，启动“捕捉自”模式)

基点：(捕捉点 A)

<偏移>：(@25，5，确定图框的左下角点 B 的位置)

指定另一个角点或[面积(A)/尺寸(D)/旋转(R)]：(@180，287，确定图框的右上角点的位置)

操作完毕。

3.2.5 使用动态输入(DYN)

动态输入可以在光标位置显示标注输入和命令提示等信息，从而提高绘图的速度。

1. 启用指针输入

在“草图设置”对话框的“动态输入”选项卡中，选中“启用指针输入”复选框可以启用指针输入功能，如图 3-38 所示。单击“指针输入”选项组中的“设置”按钮，打开“指针输入设置”对话框设置指针的格式和可见性，如图 3-39 所示。

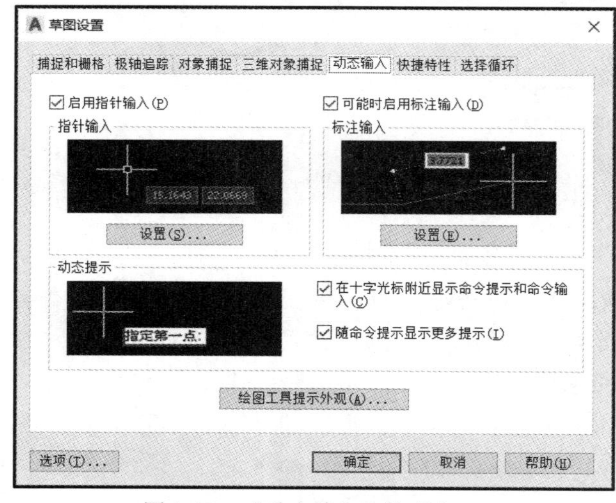

图 3-38 “动态输入”选项卡

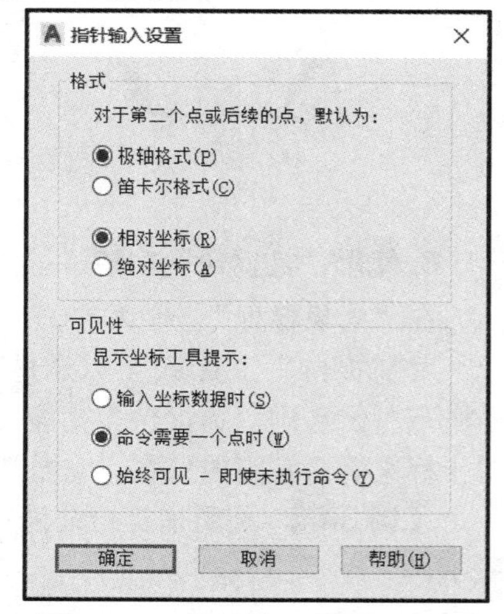

图 3-39 “指针输入设置”对话框

2. 启用标注输入

在“草图设置”对话框的“动态输入”选项卡中，选中“可能时启用标注输入”复选框可以启用标注输入功能，如图 3-38 所示。单击“标注输入”选项组中的“设置”按钮，打开“标注输入的设置”对话框设置标注的可见性，如图 3-40 所示。

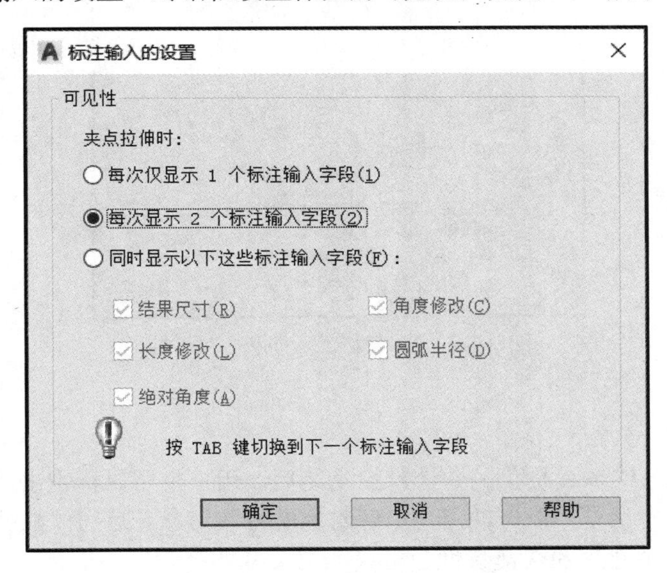

图 3-40　“标注输入的设置”对话框

3. 显示动态提示

在“草图设置”对话框的“动态输入”选项卡中，选中“动态提示”选项组中的“在十字光标附近显示命令提示和命令输入”复选框或者在状态栏上单击“DYN”按钮，可以在光标附近显示命令提示。例如在执行 line 命令时，在十字光标附近显示命令提示，如图 3-41 所示。

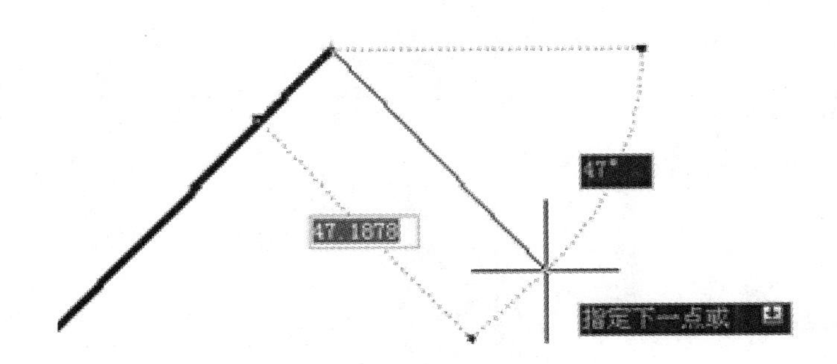

图 3-41　动态显示命令提示

4. 设计工具栏提示外观

在“草图设置”对话框的“动态输入”选项卡中，单击“绘图工具栏提示外观”按钮，打开“工具栏提示外观”对话框，可以设置工具栏提示的颜色、大小、透明度以及应用范围，如图 3-42 所示。

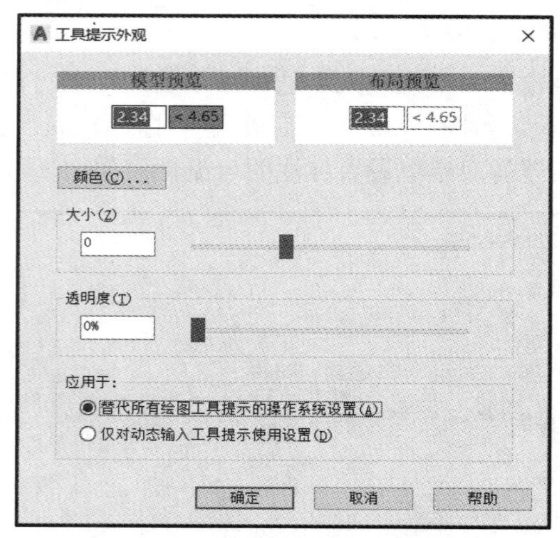

图 3-42　“工具栏提示外观”对话框

3.2.6　快捷特性

启用了 AutoCAD2018 提供的快速特性功能后，用户使用鼠标点击图中任意对象，将弹出“快速特性”对话框，以方便用户了解对象的特性信息。启用“快捷特性”后，当选择对象时将弹出选中对象的快捷特性面板，如图 3-43 所示。点击状态栏的图标，可以“打开/关闭”快捷特性，在状态栏的“快捷特性”上点击鼠标右键，可以设置快捷特性的相关信息，如图 3-44 所示。

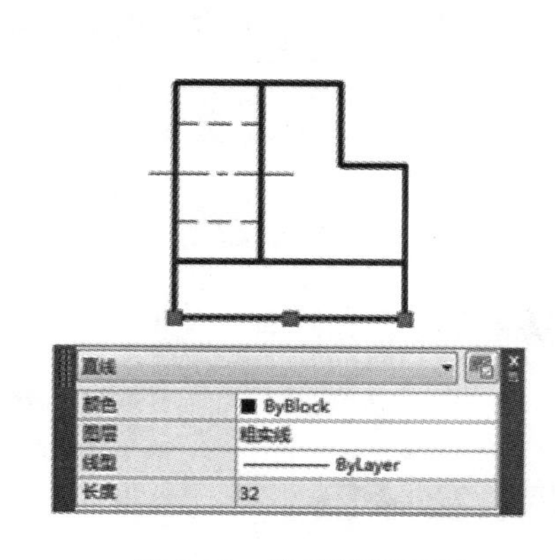

图 3-43　快捷特性面板

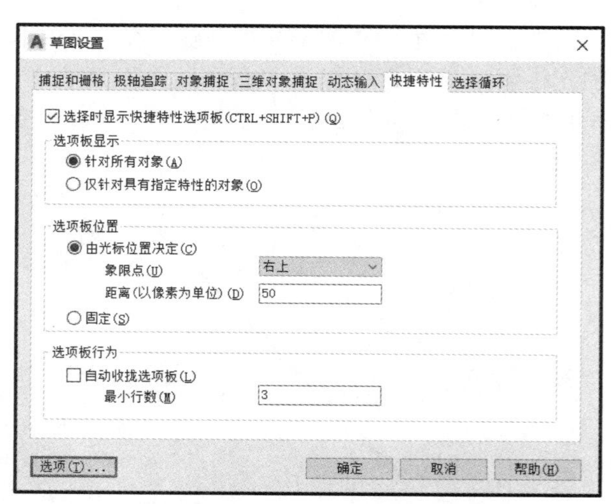

图 3-44　快捷特性相关信息的设置

3.3　图形显示控制

由于电脑显示器尺寸的限制，绘图时，常常要调整图形的观察区域，以便能更好地查看图形，因此，如何控制图形的显示和移动是十分重要的。

3.3.1 图形的缩放显示

按一定比例、观察位置和角度显示的图形称之为视图。在 AutoCAD 2018 中，用户可以通过缩放视图来观察图形对象。缩放视图可以增加或减少图形对象的屏幕显示尺寸，但对象的真实尺寸保持不变。通过改变显示区域和图形对象的大小可以更方便地绘图。

1. 图形的缩放方式

图形的缩放方式有多种，可通过如下方式调出：

- 在菜单栏的“视图”⇨“缩放”命令中的子命令，如图 3-45 所示。
- 在功能区的“视图”选项卡⇨“导航”面板⇨单击“范围”右侧的三角箭头，打开“缩放”命令中的子命令，如图 3-46 所示。

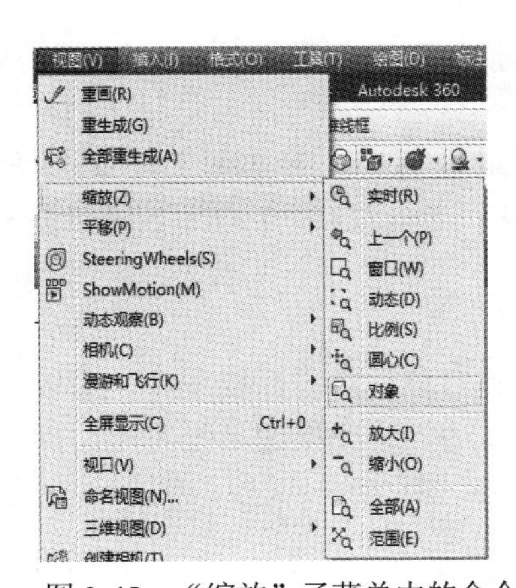

图 3-45　“缩放”子菜单中的命令

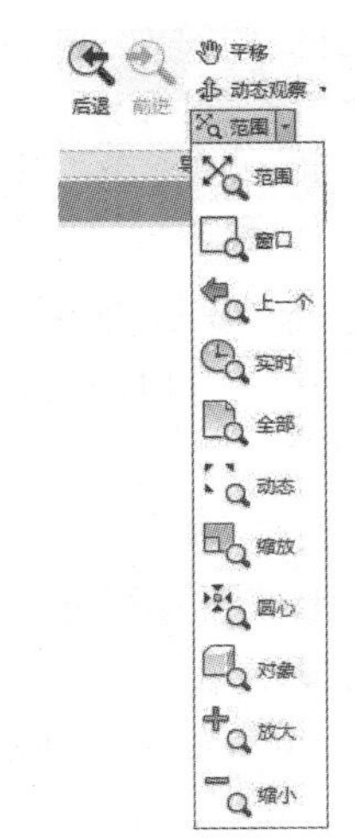

图 3-46　“导航”面板

- 在命令行输入 zoom(或 z)

命令：zoom

指定窗口的角点，输入比例因子 (nX 或 nXP)，或者[全部(A)/中心(C)/动态(D)/范围(E)/上一个(P)/比例(S)/窗口(W)/对象(O)] <实时>：

2. 几种缩放方式的意义

1) 实时

进入“实时”缩放模式，此时，鼠标指针呈带“+”和“-”号的放大镜形状。按住鼠标左键向上拖动光标可放大图形，向下拖动光标可缩小图形，释放鼠标后停止缩放。要退出实时缩放模式或切换到其他缩放模式，可单击鼠标右键打开实时缩放快捷菜单，如图 3-47 所示，选择“取消”或其他选项。

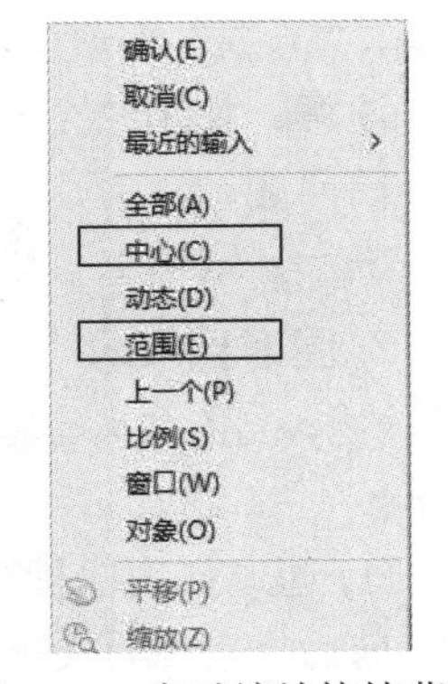

图 3-47　实时缩放快捷菜单

注意：在使用“实时”缩放工具时，如果图形放大到当前视图的最大极限，放大镜图标的“+”消失，表示不能再放大了；反之，如果图形缩小到当前视图的最小极限，放大镜图标的“-”消失，表示不能再缩小了。

2) 上一个

在图形中进行局部绘图时，可能经常需要将图形缩小以观察总体布局，然后又希望重新显示前面的视图，即返回到前一个显示画面中。

执行显示“上一个”的缩放命令，可通过已打开的如图 3-45、图 3-46、图 3-47 所示的命令菜单选项中的选择“上一个”选项即可，也可在执行命令“zoom”的提示中，在命令中行输入“P”并回车。

3) 窗口

执行“窗口”缩放命令，是在屏幕上拾取两个对角点以确定一个矩形窗口，之后系统会将矩形范围内的图形放大至整个绘图区域。

在使用窗口缩放时，如果将系统变量 REGENAUTO 设置为关闭状态，则与当前显示设置的界限相比，拾取区域显得过小。系统提示将重新生成图形并询问是否继续下去，此时，应回答“NO”并重新选择较大的窗口区域。

注意：当使用“窗口”缩放视图时，应尽量使所选矩形的对角点与屏幕成一定比例，并非正方形。

执行“窗口”缩放命令，可通过已打开的如图 3-45、图 3-46、图 3-47 所示的命令菜单选项中的选择“窗口”选项即可，也可在执行命令“zoom”的提示中，在命令行中输入“w”并回车。

4) 全部

“全部”缩放视图可显示整个图形中的所有对象。在平面视图中，它以图形界限或当前图形范围为显示边界，范围最大的将作为显示边界。如果图形没有超出图形界限，将显示图形界限(Limits)定义的区域；如果图形延伸到图形界限以外，则显示包含图形界限在内的所有图像范围。

执行“全部”缩放命令，可通过已打开的如图 3-45、图 3-46、图 3-47 所示的命令菜单选项中选择“全部”选项即可，也可在执行命令“zoom”的提示中，在命令行中输入“ALL”并回车。

5) 范围

“范围”缩放视图可在屏幕上将所有图形尽可能大地显示，与“全部”缩放模式不同的是，“范围”缩放使用的边界只是图形范围而不是图形界限。

注意：使用“全部缩放”(Z→A)和“范围缩放”(Z→E)命令都可以解决无法看全整个图形的问题。

提示：双击鼠标中键，可实现“范围”缩放视图。

3. 图形显示的“实时”操作

在 AutoCAD 绘图过程中，缩放图形最常用的操作就是“实时”缩放图形。常用方法如下：

(1) 通过使用鼠标中间的滚轮键。

前后推动鼠标中间的滚轮键可以实现图形的缩小和放大。

(2) 在绘图区内右击鼠标，在弹出的快捷菜单上选择“缩放”选项，如图 3-48 所示。

图 3-48　“快捷菜单”上的缩放选项

3.3.2　图形的平移显示

使用平移视图命令，可以重新定位观察图形，以便看清图形的其他部分。此时不会改变图形中对象的位置或比例，只改变可视区域。

1. 实时平移

执行实时平移操作可通过以下几种常用方式：

- 在命令行输入 pan(或 P)。
- 按下鼠标中键并移动鼠标。
- 在绘图区内右击鼠标，在弹出的快捷菜单上选择“平移”选项，如图 3-48 所示。

执行实时平移命令，此时光标指针变成一只小手，按住鼠标左键拖动，窗口内的图形可按光标移动的方向移动。释放鼠标，可返回到平移等待状态。退出实时平移模式可按 Esc 键或 Enter 键，也可以单击鼠标右键打开实时缩放和平移快捷菜单，选择退出或切换到其他显示模式。

2. 定点平移

选择“视图”⇨“平移”⇨“点”命令，可以通过指定基点和位移值来平移视图。

注意：在 AutoCAD 2018 中，“平移”功能通常又称为摇镜，它相当于将一个镜头对准视图，当镜头移动时，视口中的图形也跟着移动。

3.3.3　重画与重生成图形

在绘图和编辑过程中，屏幕上常常留下对象的拾取标记，这些临时标记并不是图形中的对象，有时会使当前图形画面显得混乱；另外，有时候在刚刚打开一个已有的图形文件时，该图形中的一些不连续线型往往显示为实线，圆或圆弧显示为一段一段的直线。这时就可以使用 AutoCAD 2018 的重画与重生成图形功能清除这些临时标记，或把不连续线型的实际情况显示出来，或把圆或圆弧显示为光滑的圆。

1. 重画图形

重画图形可通过以下两种方式：

- 点击菜单栏中的“视图”⇨“重画”。
- 在命令行输入 redraw(或 r)。

在 AutoCAD 2018 中，使用“重画”(Redraw)命令，系统将在显示内存中更新屏幕，消除临时标记，使用重画命令可以更新用户使用的当前视区。

2. 重生成图形

重生成图形可通过以下两种方式：

- 点击菜单栏中的“视图”⇨“重生成”。
- 在命令行输入 regen(或 re)。

执行该命令时，系统从磁盘中调用当前图形的数据，重新生成全部图形并在屏幕上显示出来。“重生成”命令比“重画”命令执行速度慢，更新屏幕花费时间较长。在 AutoCAD 2018 中，某些操作只有在使用“重生成”命令后才生效。如果一直使用某个命令修改编辑图形，但该图形似乎看不出发生什么变化，此时可使用“重生成”命令更新屏幕显示。

注意：使用“重生成”命令可以解决图形显示无法缩放或使用 pan 命令无法移动的问题。

3.4 上机实验

实验 1：按要求设置图层。

目的要求：

(1) 按表 3-2 的要求设置图层。

表 3-2 图层设置

图层名	颜色	线型	线宽
粗实线	白色	Continous	0.5mm
中实线	绿色	Continous	0.25mm
细实线	洋红色	Continous	0.13mm
虚　线	黄色	HIDDEN	0.13mm
点画线	红色	CENTER2	0.13mm
文　字	绿色	Continous	0.13mm
标　注	青色	Continous	0.13mm

(2) 设置图层后，进行以下练习：

① 在相应的图层上绘制图 3-49，但不标注尺寸。

② 把某一图层上的图形转换到另一图层上。

③ 调整线型比例，观察虚线、点画线的变化。

④ 选择某一图层，将其状态分别设置为“关闭”“锁定”或“冻结”，然后对其上的图形进行编辑或在该图层上绘图，并观察命令的执行情况。

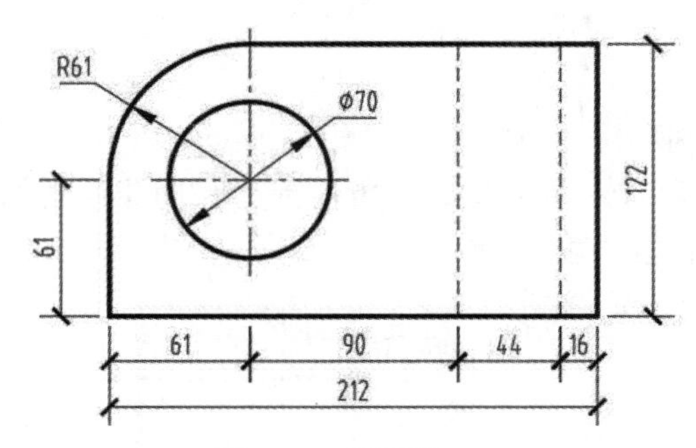

图 3-49　图层练习

操作提示：

(1) 使用“图层特性管理器”设置表 3-2 所示的图层。

(2) 利用绘图命令在不同的图层上绘制图形。

(3) 点击菜单中的“格式”⇨“线型”，打开“线型管理器”，调整非连续线型的线型比例。

实验 2：绘制如图 3-50 所示的图形。

目的要求：利用对象捕捉精确绘制如图 3-50 所示的图形。其中点 E 为 AC 的中点，ED⊥AB。通过本实验掌握捕捉对象上的特殊点的方法。

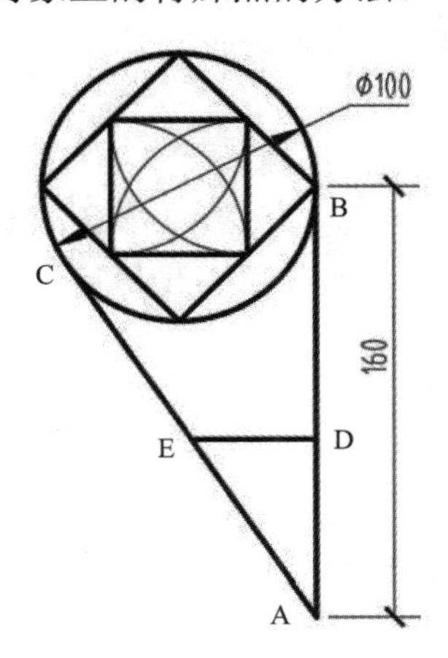

图 3-50　对象捕捉练习

操作提示：

(1) 绘制圆。

(2) 利用 line 或 rectang 命令绘制圆内接正方形，正方形的四个顶点在圆的象限点上。

(3) 把大正方形的四条边的中点连线，绘制出小正方形。

(4) 利用 arc 命令绘制小正方形内的圆弧。

实验 3：绘制如图 3-51 所示的图形。

目的要求：利用极轴追踪功能绘制如图 3-51 所示的图形。

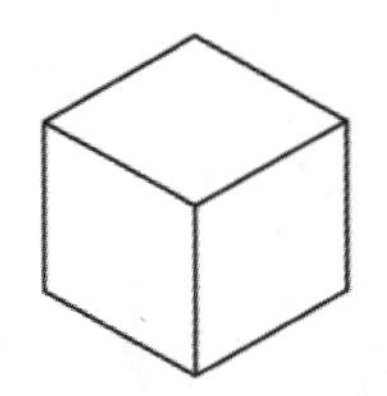

图 3-51　极轴追踪练习

操作提示：

(1) 启用极轴追踪功能。

(2) 设置角增量为 30°。

(3) 利用 line 命令绘图。

(4) 极轴角的测量分别利用“绝对”和“相对于上一段”。

实验 4：利用极轴追踪、对象捕捉、对象捕捉追踪功能绘制如图 3-52 所示的图形。

目的要求：利用极轴追踪功能绘制如图 3-52 所示的图形。

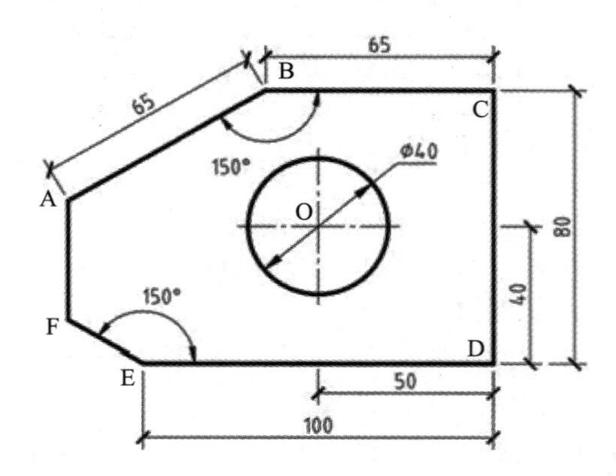

图 3-52 极轴追踪、对象捕捉、对象捕捉追踪综合练习

操作提示：

(1) 启用极轴追踪、对象捕捉、对象捕捉追踪功能。

(2) 设置角增量为 30°。

(3) 设置“端点”“交点”的对象捕捉模式。

(4) 以点 A 为起点顺时针方向绘制各直线段，利用对象捕捉追踪确定 F 点。

(5) 利用“捕捉自”功能绘制圆的水平中心线和竖直中心线，得圆心 O 点。

第 4 章

二维图形的编辑

在绘制复杂图形时，只使用绘图命令或绘图工具往往效率很低，借助于图形编辑命令对已有的图形进行修改、移动、复制和删除等操作将极大地提高绘图效率。编辑命令与绘图命令配合使用，可以进一步完成复杂图形的绘制工作，减少重复性操作。因此，用户熟练掌握和使用编辑命令合理地构造和组织图形，可简化绘图操作，极大地提高绘图效率。

本章将详细介绍二维图形的编辑方法。

4.1 选择对象

当用户执行某编辑命令时，命令行会提示：

选择对象：

此时需要用户从屏幕上选择要进行编辑的对象(屏幕上的十字光标变成了一个小方框，即拾取框)。在 AutoCAD 中系统提供了多种选择对象的方法，但这些方法并不在任何菜单或工具栏中显示。如要显示选择对象，则在“选择对象：”提示下输入“？”后按 Enter 键，命令行显示如下：

需要点或窗口(W) /上一个(L) /窗交(C) /框(BOX) /全部(ALL) /栏选(F) /圈围(WP) /圈交(CP) /编组(G) /添加(A) /删除(R) /多个(M) /前一个(P) /放弃(U) /自动(AU) /单个(SI) /子对象(SU)/对象(O)

选择对象：

此时用户可以根据需要选择合适的方法。在“选择对象：”提示下直接选择或输入一个选项再进行选择。下面介绍几种常用的对象选择方法。

1. 点选择

点选择是选择对象缺省的选择方式。用户用拾取框直接选择一个对象，被选中的对象将以虚线显示。如果需要选择多个图形对象，可以不断单击需要选择的图形对象，命令行“选择对象：”提示就会重复出现，直到按“Enter”键确认选择为止。

2. 窗口选择

如果用户需要一次选择多个对象，可以选择拉窗口的方式框选对象，即在要选取的多个图形对象的左上角或左下角单击鼠标，然后向右下角或右上角方向拖动鼠标，此时系统将显示一个实矩形框，当该实矩形框将需要选择的对象完全包围后，单击鼠标，则包围在该矩形框中的所有对象被选中，但与窗口边界相交的对象不被选中。如图 4-1 所示，左侧对象圆和直线均没被选中。

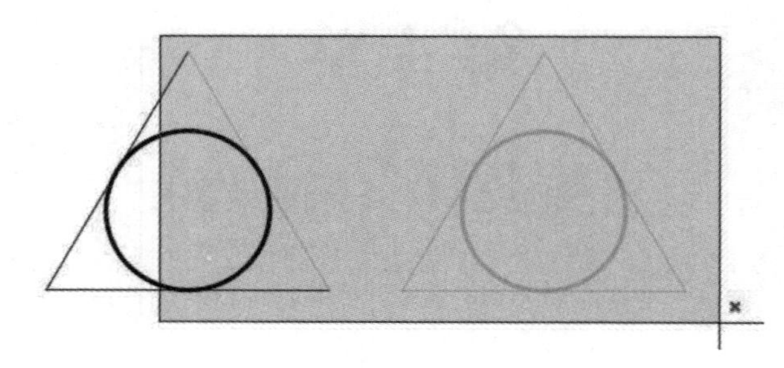

图 4-1　“窗口选择”对象方式

3. 窗交选择

窗交选择与窗口选择类似，均利用一矩形选择对象。二者的不同之处在于：窗交选择不仅选中了所有矩形窗口框内的对象，也能选中所有与矩形窗口框相交的对象，即在要选取的多个图形对象的右上角或右下角单击，向左下角或左上角方向拖动鼠标，此时系统将显示一个虚矩形框。当该虚矩形框将需要选择的对象包围和相交后，单击鼠标，则该虚矩形框包围和相交的所有对象均被选中，如图 4-2 所示，圆和直线全被选中。

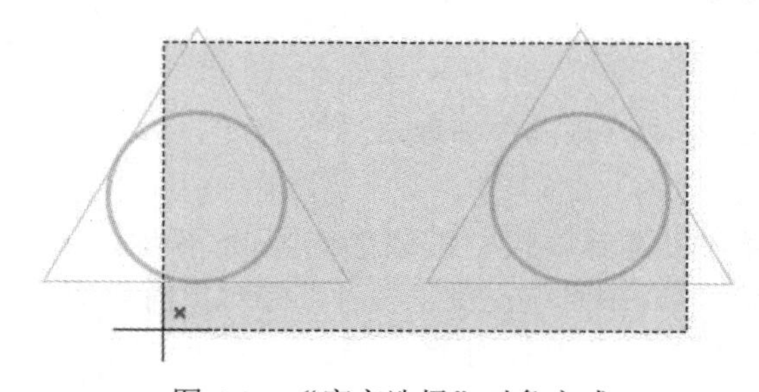

图 4-2　“窗交选择”对象方式

4. 全部选择

全部选择适用于用户选择图形文件中的所有对象。在“选择对象：”提示下输入“all”回车后即可选择全部对象。

注意：全部选择可以将关闭图层里的对象选中。

5. 栏选择

所谓栏选择，就是画一条多段折线，凡被多段折线穿过的对象均被选中。栏选择可以使用户非常容易地在复杂图形中选择非相邻的对象。在“选择对象：”提示下输入“f”后回车，出现如下提示：

指定第一个栏选点：(指定折线第一点)
指定下一个栏选点或 [放弃(U)]：(指定折线第二点)
指定下一个栏选点或 [放弃(U)]：(指定折线第三点)
……
指定下一个栏选点或 [放弃(U)]：(回车结束)

如图 4-3 所示，“栏”通过的直线和圆被选中，未通过的直线和圆则未被选中。

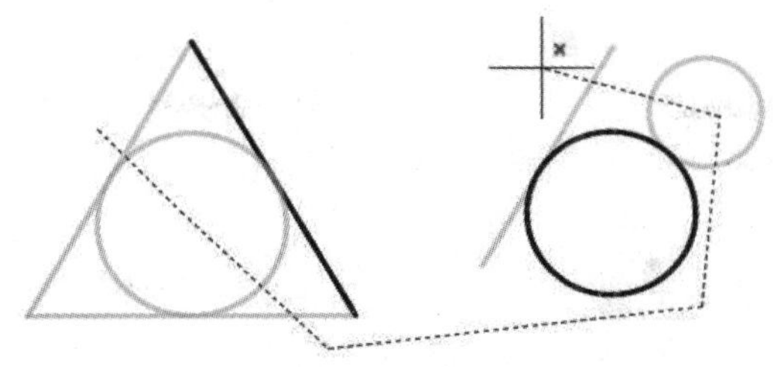

图 4-3　使用“栏”选择对象

6. 删除选择

删除选择可以从被选择的对象中清除该对象。“选择对象:”提示总是处于添加状态，当在“选择对象:”提示下键入“r”回车后，命令行提示将变为

删除对象:

此时可以用任何选择方法选择要清除的对象。

另外，按住 Shift 键并单击被选中的某对象，也可以从被选中的对象中清除该对象，该对象由虚线显示变为正常状态。

4.2 删除对象

在绘图过程中，有时需要删除先前绘制的一些图形，利用 AutoCAD 的“删除”命令可以很方便地实现上述要求。

1. “删除”命令的执行方式

- 在命令行输入 e(或 erase)。
- 点击菜单栏中的“修改”⇨“删除”。
- 选择功能区中的“默认”选项卡⇨“修改”面板⇨ 按钮。

如果在删除操作之前选中了某个对象或某些对象，则使用以上三种激活方式中的任何一种可直接删除当前选中的所有对象(也可直接按键盘上的 Delete 键)。如果事先没有选择对象，则激活 erase 命令后，命令行提示:

命令: _erase

选择对象:

2. 选择对象

选择需要删除的对象，然后在“选择对象:”提示下按回车键结束选择，选中的对象被删除，命令同时终止。

4.3 调整对象位置

在绘图时，对于那些不改变图形形状而只改变图形位置的对象，可以使用移动命令进行调整；当需要把图形旋转一个角度时则可以使用旋转命令进行调整。

4.3.1 移动对象

移动对象是将对象从一个位置移动到另一个位置，而不改变对象的大小和方向。

1. “移动”命令的执行方式

- 在命令行输入 m(或 move)。
- 点击菜单栏中的“修改”⇨“移动”。
- 选择功能区中的“默认”选项卡⇨“修改”面板：⇨✥ 按钮。

2. “移动”命令的执行过程

利用移动命令移动图 4-4(a)中的矩形，使矩形的上边中点与图中的 o 点重合，结果如图 4-4(c)所示。

执行移动命令后，命令行提示及操作提示如下：

命令：_move

选择对象：(选择图 4-4(a)中要移动的矩形对象)

选择对象：(回车结束选择)

指定基点或 [位移(D)] <位移>：(捕捉图 4-4(a)所示的矩形上边的中点)

指定第二个点或 <使用第一个点作为位移>：(捕捉图 4-4(b)所示的交点作为位移的第二点，完成对象的移动)

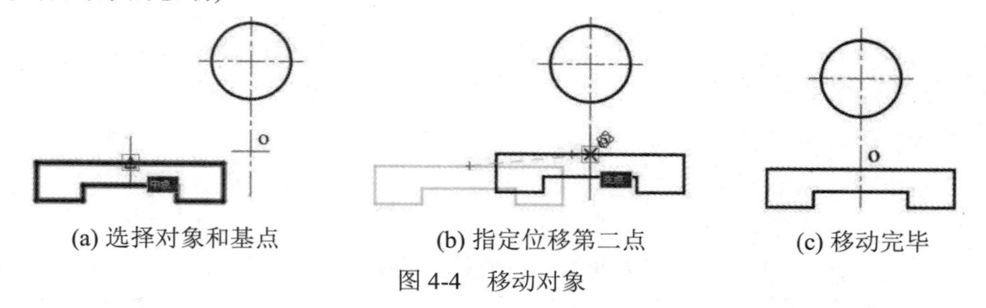

(a) 选择对象和基点　　(b) 指定位移第二点　　(c) 移动完毕

图 4-4　移动对象

4.3.2 旋转对象

用户可以通过选择一个基点和一个相对的或绝对的旋转角来旋转对象。如果用户指定一个相对角度，则将对象从当前的方向绕基点旋转指定的相对角度；如果用户指定一个绝对角度，则将对象从当前的角度绕基点旋转到指定的绝对角度。

1. “旋转”命令的执行方式

- 在命令行输入 ro (或 rotate)。
- 点击菜单栏中的“修改”⇨“旋转”。
- 选择功能区中的“默认”选项卡⇨“修改”面板⇨○按钮。

2. “旋转”命令的执行过程

如图 4-5 所示，利用旋转命令旋转某房屋的平面图。执行旋转命令后，命令行提示及操作提示如下：

命令：rotate

UCS 当前的正角方向：ANGDIR = 逆时针　ANGBASE = 0

选择对象：(选择要旋转的房屋平面图)

选择对象：(回车结束选择)

指定基点：(指定图 4-5(b)所示的旋转基点 P)

指定旋转角度或[复制(C)/参照(R)] <0>：(输入旋转角度如 30，或其他选项 C 或 R)

(a) 选取对象

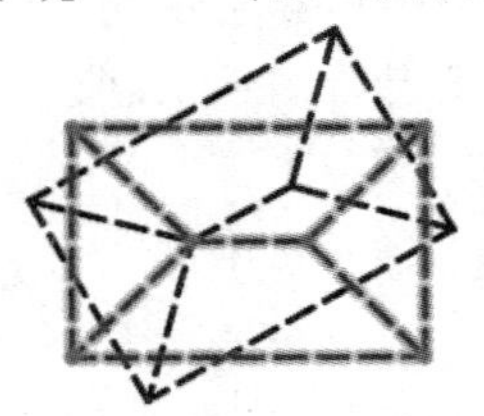

(b) 指定基点和旋转角

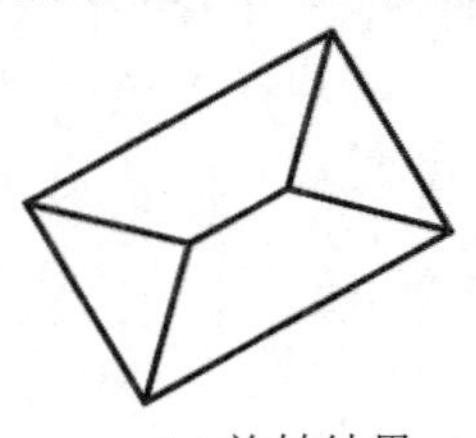

(c) 旋转结果

图 4-5　旋转对象

注意：旋转角有正负之分，默认逆时针为正值，顺时针为负值。

3. 选项说明

复制(C)：选择该选项，将源对象复制后作旋转，保留源对象不动。

参照(R)：当用户不能直接确定对象应旋转多少角度，但是知道旋转后的绝对角度时，可以采用参照旋转的方式。下面以图 4-6 为例说明使用参照进行对象旋转的方法，命令行提示及操作提示如下：

命令：rotate

UCS 当前的正角方向：　ANGDIR=逆时针　ANGBASE=0

选择对象：(选择五边形)

选择对象：(回车结束选择)

指定基点：(指定图 4-6(a)所示的旋转基点 1)

指定旋转角度，或 [复制(C)/参照(R)] <0>：(键入 R，表示要以参照角进行旋转)

指定参照角 <0>：(捕捉到点 1)

指定第二点：(捕捉到点 2，点 1 和 2 形成直线的方向角就是参照角)

指定新角度或 [点(P)] <0>：(捕捉到象限点 3，点 1 和 3 形成直线的方向角就是新角度，完成对象旋转)

操作结果如图 4-6 所示。

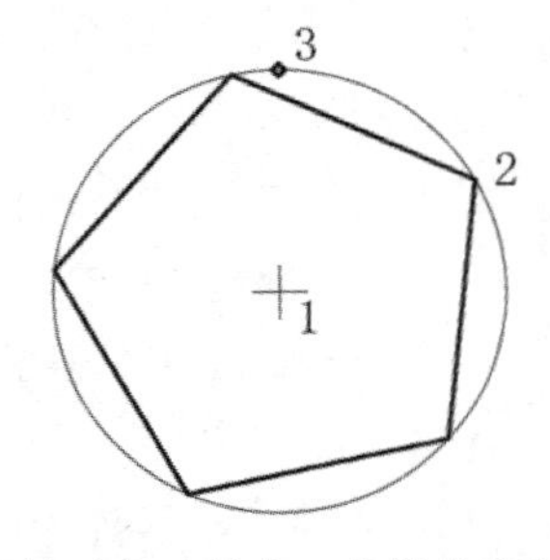

(a) 指定旋转对象、基点、参照角和新的角度

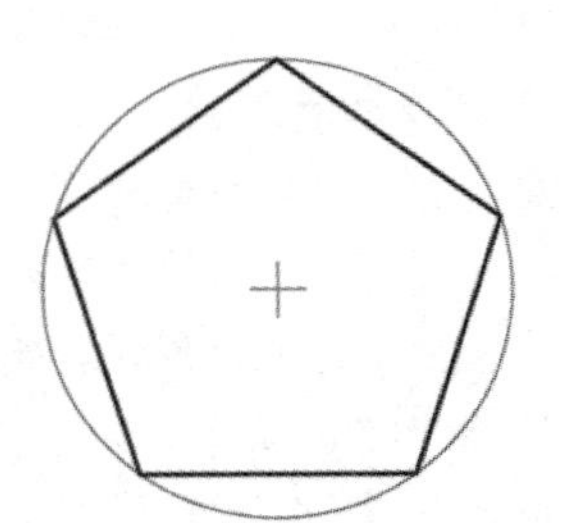

(b) 旋转结果

图 4-6　使用参照方式旋转对象

4.4 利用已有对象创建新对象

在绘图过程中，对于那些在图形中重复出现的、形状相同的，但位置不同的、对称或排列有序的对象，可以在图形中利用已有对象来创建新对象。创建新对象的命令有复制、镜像、阵列和偏移等。

4.4.1 复制对象

用户可在当前图形内一次复制或多重复制对象。复制对象时，要先选择需要复制的对象，再指定一个基点，然后根据相对基点的位置放置复制的对象。

1. “复制”命令的执行方式

- 在命令行输入 cp(或 copy)。
- 点击菜单栏中的“修改”⇨“复制”。
- 选择功能区中的“默认”选项卡⇨“修改”面板⇨ 按钮。

2. “复制”命令的执行过程

如图 4-7 所示，利用复制命令把图(a)编辑成图(c)。

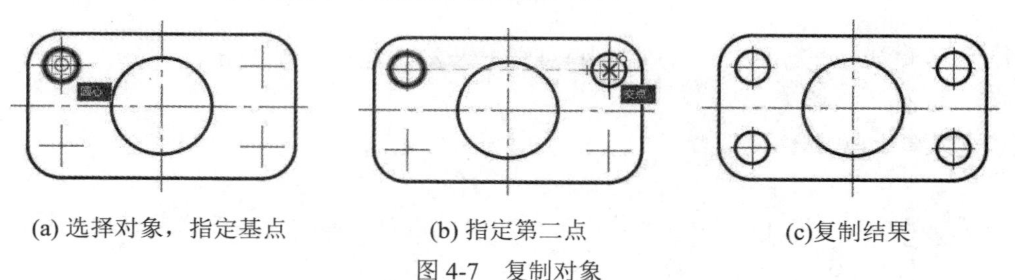

(a) 选择对象，指定基点　　(b) 指定第二点　　(c)复制结果

图 4-7　复制对象

执行复制命令后，命令行提示及操作提示如下：

命令：copy

选择对象：(选择小圆)

选择对象：(回车结束选择)

指定基点或 [位移(D)] <位移>：(利用对象捕捉指定圆心或交点作为基点)

指定第二个点或 <使用第一个点作为位移>：(指定两直线的交点，如图 4-7(b)所示)

指定第二个点或 [退出(E)/放弃(U)] <退出>：(指定左下角两直线的交点)

指定第二个点或 [退出(E)/放弃(U)] <退出>：(指定右下角两直线的交点)

指定第二个点或 [退出(E)/放弃(U)] <退出>：(按回车键或 Esc 键结束复制命令)

操作结果如图 4-7(c)所示。

提示：在同时打开的几个图形文件中，也可以通过复制命令从 AutoCAD 的一个图形文件中复制图形对象到另一个 AutoCAD 图形文件的指定位置。复制图形对象时，使用组合键(Ctrl + Shift + C)可以实现在图中指定基点复制，粘贴时再使用组合键(Ctrl + V)即可。

使用组合键(Ctrl + Shift + C)的复制操作，为在指定位置粘贴图形对象带来了方便。

4.4.2　镜像对象

在工程制图中，经常会遇到一些对称的图形，此时用户可以只绘制一半，然后采用镜像命令产生对称图形的另一半。镜像线可以用指定的两点来确定，镜像操作时可以删除或者保留源对象。

1. “镜像”命令的执行方式

- 在命令行输入 mi(或 mirror)。
- 点击菜单栏中的“修改”⇨“镜像”。
- 选择功能区中的“默认”选项卡⇨“修改”面板⇨ 按钮。

2. “镜像”命令的执行过程

如图 4-8 所示，利用镜像命令将图 4-8(a)编辑成图 4-8(c)所示的图形。

执行镜像命令后，命令行提示及操作提示如下：

命令：mirror

选择对象：(选择左半部分图形，不包括对称线)

选择对象：(回车结束选择)

指定镜像线的第一点：(捕捉镜像线的一端点 1)

指定镜像线的第二点：(捕捉镜像线的另一端点 2)

要删除源对象吗？[是(Y)/否(N)] <N>：(不删除源对象，回车接受默认选项，如图 4-8 (c)所示)(若选择“Y”，回车结果如图 4-8(d)所示)

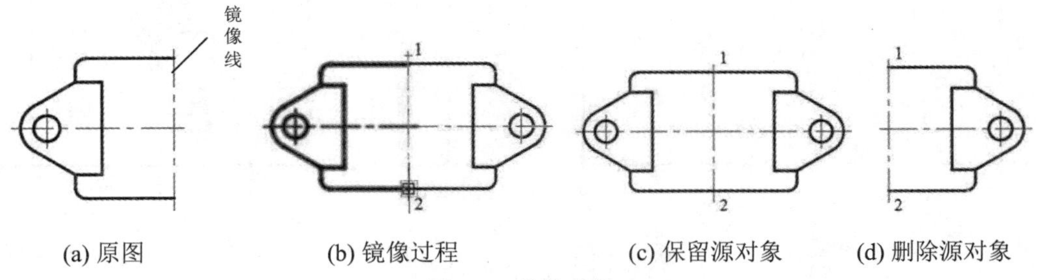

(a) 原图　(b) 镜像过程　(c) 保留源对象　(d) 删除源对象

图 4-8　镜像对象

提示：当镜像文字时，为防止文字在镜像时被反转或倒置，可将系统变量 MIRRTEXT 设置为 0，文字不作镜像处理。系统变量 MIRRTEXT 的缺省值为 1，文字和其他的对象一样被镜像。镜像文字的效果如图 4-9 所示。

绘图　MIRRTEXT = 1　　绘图　绘图　MIRRTEXT = 0

图 4-9　镜像文字的效果

MIRRTEXT 只对 TEXT、DTEXT、MTEXT 命令产生的文本、属性定义以及变量属性有效。插入块内的文本和常量属性会当作整个块被镜像，这些对象不管 MIRRTEXT 的设置如何都会被倒置。

4.4.3　阵列对象

在工程制图中，要绘制按规律分布的相同图形，用户可以使用阵列命令复制对象。阵列分为三类：矩形阵列、路径阵列和环形阵列。

1. 矩形阵列

矩形阵列是按照行列方阵的方式进行复制的，用户需要确定阵列的行数、列数以及行间距、列间距。

1)“矩形阵列”命令的执行方式

- 在命令行输入 arrayrect。
- 点击菜单栏中的“修改”⇨“阵列”⇨“矩形阵列”。
- 选择功能区中的“默认”选项卡⇨“修改”面板⇨ 按钮。

2) 创建矩形阵列的步骤

下面以图 4-10 所示窗户的绘制为例，说明创建矩形阵列的步骤。

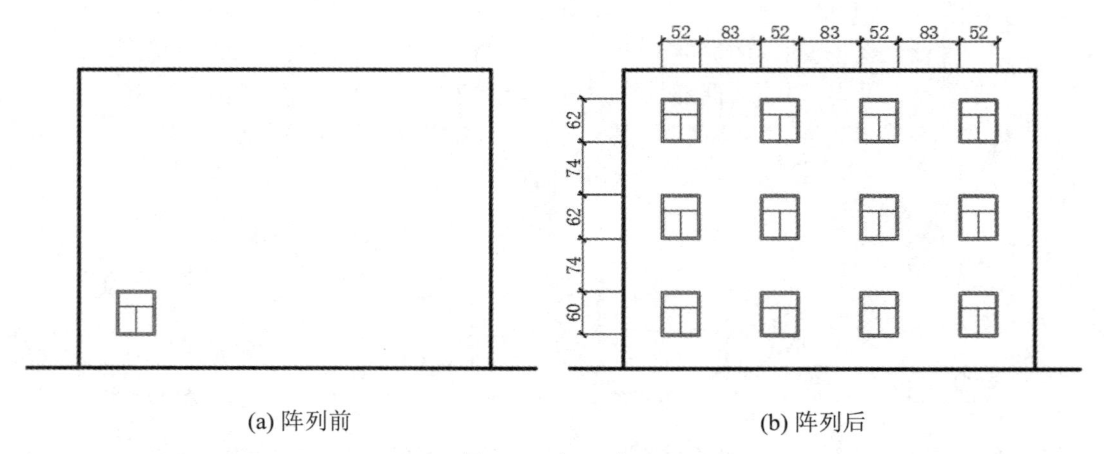

(a) 阵列前　　(b) 阵列后

图 4-10　矩形阵列

单击功能区中的“默认”选项卡⇨“修改”面板⇨ 按钮，命令行提示及操作提示如下：

命令：_arrayrect

选择对象：(选择图 4-10(a)中已画好的窗户)

选择对象：(回车结束选择，绘图窗口及功能区面板显示如图 4-11 所示，功能区显示“阵列创建”选项卡。在“阵列创建”选项卡中，将列间距改成 135(52 + 83)，将行间距改为 136(60 + 74)，如图 4-11 所示，关闭“关联”按钮)。

此时命令行提示如下：

选择夹点以编辑阵列或 [关联(AS)/基点(B)/计数(COU)/间距(S)/列数(COL)/行数(R)/层数(L)/退出(X)] <退出>：(单击“关闭阵列”按钮，阵列结果如图 4-10(b)所示)

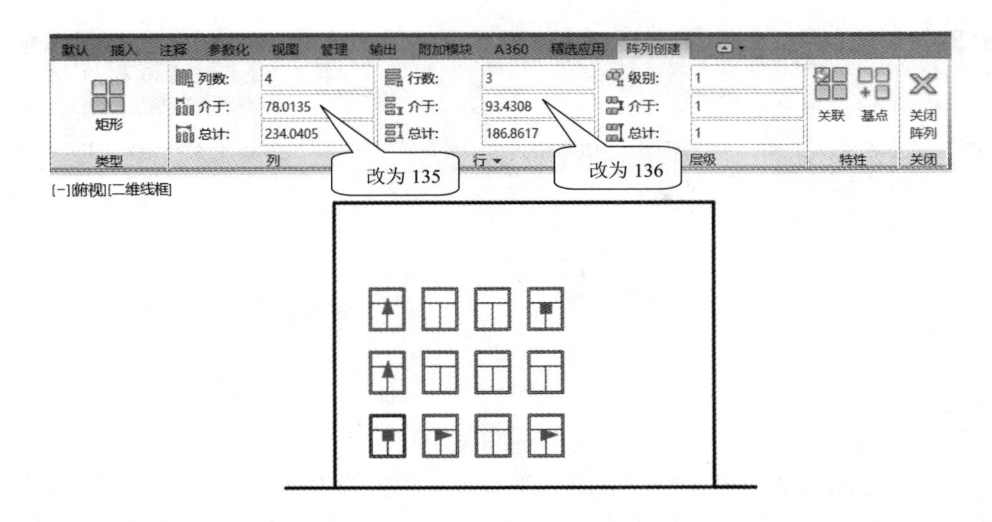

图 4-11　矩形阵列的创建过程

注意：当输入的列间距为负值时，列从右向左阵列；当输入的行间距为负值时，行从上向下阵列。

2. 路径阵列

路径阵列是沿着一条路径均匀地分布对象副本的一种阵列。

1) “路径阵列”命令的执行方式

- 在命令行输入 arraypath。
- 点击菜单栏中的“修改”⇨“阵列”⇨“路径阵列”。
- 选择功能区中的“默认”选项卡⇨“修改”面板⇨阵列下拉列表⇨ 按钮。

2) 创建路径阵列的步骤

执行路径阵列命令后，命令行提示及操作提示如下：

命令：_arraypath

选择对象：(选择图 4-12(a)中已画好的圆)

选择对象：(回车结束选择)

类型 = 路径　关联 = 是

选择路径曲线：(选择图 4-12(a)中的曲线，打开“关联阵列”选项卡，绘图界面及功能区的显示如图 4-13 所示)

在“阵列创建”选项卡中，将阵列对象间距 91.9 改为 120。此时命令行提示如下：

选择夹点以编辑阵列或[关联(AS)/方法(M)/基点(B)/切向(T)/项目(I)/行(R)/层(L)/对齐项目(A)/Z 方向(Z)/退出(X)] <退出>：(回车确定，阵列结果如图 4-12(b)所示)

(a) 阵列前　　(b) 阵列后

图 4-12　创建路径阵列

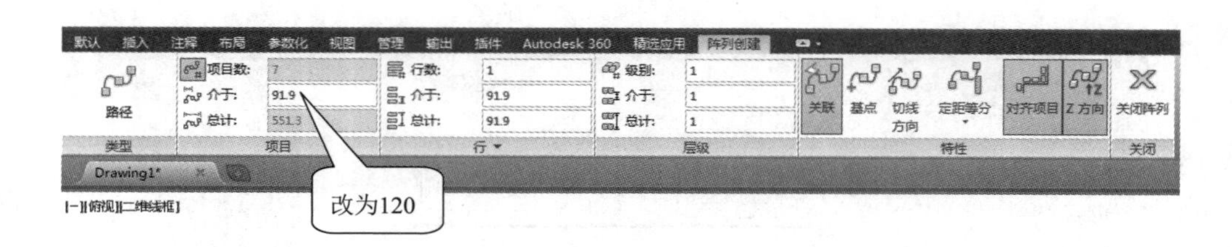

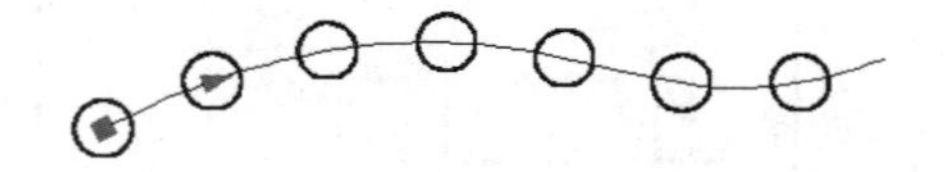

图 4-13　路径阵列的过程

3. 环形阵列

环形阵列是将所选对象按圆周等距复制，用户需要确定阵列的圆心和个数以及阵列图形所分布的圆心角。环形阵列又分为阵列时旋转项目和阵列时不旋转项目，如图 4-14 所示。

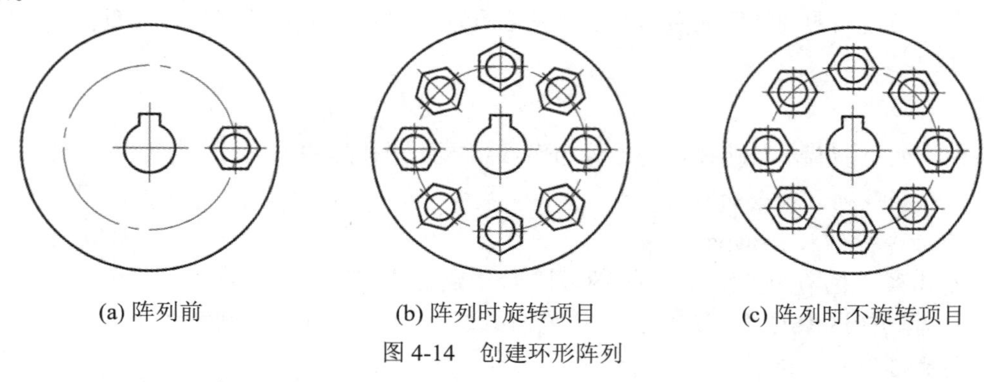

(a) 阵列前　　(b) 阵列时旋转项目　　(c) 阵列时不旋转项目

图 4-14　创建环形阵列

1) “环形阵列”命令的执行方式

- 在命令行输入 arraypolar。
- 点击菜单栏中的“修改”⇨“阵列”⇨“环形阵列”。
- 选择功能区中的“默认”选项卡⇨“修改”面板⇨“阵列”下拉列表⇨ 按钮。

2) 创建环形阵列的步骤

下面以图 4-14 为例说明创建环形阵列的操作方法。

执行环形阵列命令后，命令行提示及操作提示如下：

命令：_arraypolar

选择对象：(窗选图 4-14(a)中的正六边形、正六边形内的圆及对称中心线)

选择对象：(回车结束选择)

类型 = 极轴　关联 = 是

指定阵列的中心点或 [基点(B)/旋转轴(A)]：(拾取图 4-14(a)所示的大圆中心点后，绘图窗口及功能区面板显示如图 4-15 所示)

此时命令行提示如下：

选择夹点以编辑阵列或 [关联(AS)/基点(B)/项目(I)/项目间角度(A)/填充角度(F)/行

(ROW)/层(L)/旋转项目(ROT)/退出(X)] <退出>：(在“阵列创建”选项卡中输入项目数为 8，填充角为 360，其他取默认值，然后关闭“阵列创建”选项卡，结果如图 4-14(b)所示)

如果阵列时不希望旋转项目(如图 4-14(c)所示)，只需在“阵列创建”选项卡中关闭“旋转项目”即可。

在图 4-15 所示的“阵列创建”选项卡中，“行数”指阵列的环的个数，“行数”下面的介于是相邻两圆的距离(半径差)。

注意：“填充”若输入正角度，则按逆时针排列元素；反之，则按顺时针排列元素。

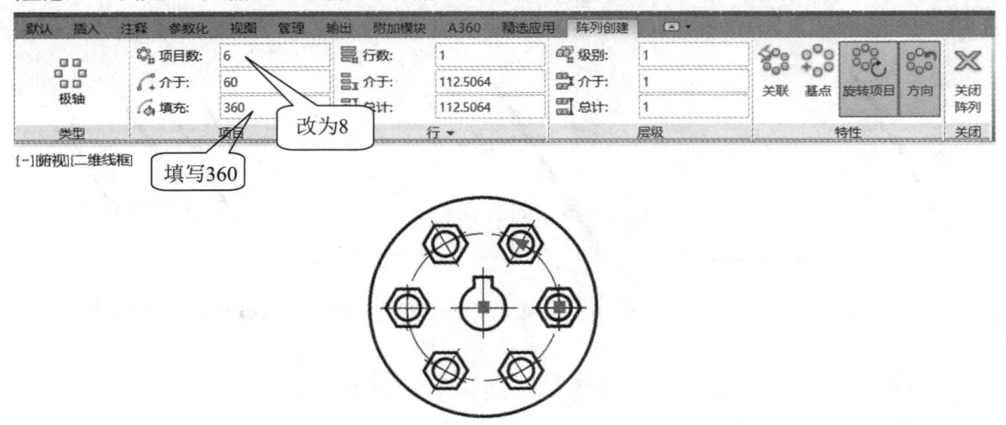

图 4-15　环形阵列的过程

4.4.4　偏移对象

偏移对象将创建一个与选定对象相似且等距的新对象。用户可以偏移直线、圆、圆弧和二维多段线等。

1. “偏移”命令的执行方式

- 在命令行输入 o(或 offset)。
- 点击菜单栏中的“修改”⇨“偏移”。
- 选择功能区中的“默认”选项卡⇨“修改”面板⇨ 按钮。

2. “偏移”命令的执行过程

(1) 如图 4-16(a)所示，对直线 A 做向 S 一侧的偏移操作，偏移距离为 20。

执行偏移命令后，命令行提示及操作提示如下：

命令：offset

当前设置：删除源=否　图层=源　OFFSETGAPTYPE=0

指定偏移距离，或 [通过(T)/删除(E)/图层(L)] <通过>：(输入偏移距离 20)

选择要偏移的对象，或[退出(E)/放弃(U)] <退出>：(选择要偏移的直线 A)

指定要偏移的那一侧上的点，或[退出(E)/多个(M)/放弃(U)] <退出>：(指定偏移到直线 S 侧)

选择要偏移的对象，或[退出(E)/放弃(U)] <退出>：(若要偏移另一对象，则继续选择另一个要偏移的对象，否则按回车键结束命令)，如图 4-16(b)所示)

(2) 如图 4-16(c)所示，对直线 A 做偏移操作，使直线 A 通过直线 L 的中点。

命令：offset

当前设置：删除源 = 否　图层 = 源　OFFSETGAPTYPE = 0

指定偏移距离，或 [通过(T)/删除(E)/图层(L)]<通过>：(回车，选择默认的“通过”选项)

选择要偏移的对象，或[退出(E)/放弃(U)] <退出>：(选择要偏移的直线 A)

指定要偏移的那一侧上的点，或[退出(E)/多个(M)/放弃(U)] <退出>：(拖动直线 A 至直线 L 的中点附近，出现“中点”标记后点击鼠标左键确认)

选择要偏移的对象，或[退出(E)/放弃(U)]<退出>：(回车结束命令，结果如图 4-16(c)所示)

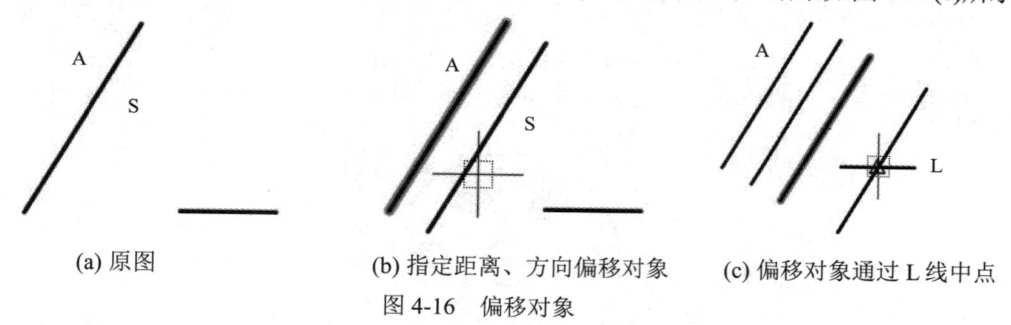

(a) 原图　(b) 指定距离、方向偏移对象　(c) 偏移对象通过 L 线中点

图 4-16　偏移对象

(3) 如图 4-17(a)所示，偏移多段线矩形，向外偏移距离为 10。

执行偏移命令后，命令行提示及操作提示如下：

命令：offset

当前设置：删除源=否　图层=源　OFFSETGAPTYPE=0

指定偏移距离，或 [通过(T)/删除(E)/图层(L)] <通过>：(输入偏移的距离 10)

选择要偏移的对象，或[退出(E)/放弃(U)] <退出>：(选择要偏移的矩形)

指定要偏移的那一侧上的点，或[退出(E)/多个(M)/放弃(U)] <退出>：(指定向外侧偏移矩形，如图 4-17(b)所示)

选择要偏移的对象，或[退出(E)/放弃(U)]<退出>：(若要偏移另一对象，则继续选择另一个要偏移的对象，否则按回车键结束命令)

(4) 如图 4-17(a)所示，偏移矩形内的圆，使其圆周与矩形的竖直边在其中点处相切。

命令：offset

当前设置：删除源=否　图层=源　OFFSETGAPTYPE=0

指定偏移距离，或 [通过(T)/删除(E)/图层(L)]<通过>：(回车，选择默认的“通过”选项)

选择要偏移的对象，或[退出(E)/放弃(U)] <退出>：(选择圆周)

指定要偏移的那一侧上的点，或[退出(E)/多个(M)/放弃(U)] <退出>：(拖动圆周，使圆周的“象限点”靠近矩形竖直边的中点，当出现“中点”标记后点击鼠标左键确认，如图 4-17(c)所示)

选择要偏移的对象，或[退出(E)/放弃(U)] <退出>：(回车结束命令)

注意：执行偏移命令时，会出现“指定偏移距离或 [通过(T)/删除(E)/图层(L)] <通过>：”的提示。选项中“通过(T)”是指当选择此选项后，产生的新的偏移对象将通过拾取点；选项中“删除(E)”是指偏移后，是否删除源偏移对象；选项中“图层(L)”是指偏移后，产生的新的偏移对象位于当前层还是与源对象在同一图层。

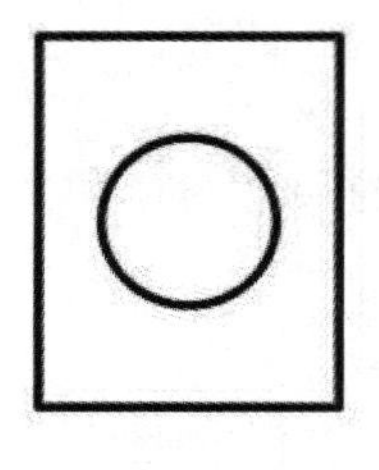

(a) 原图

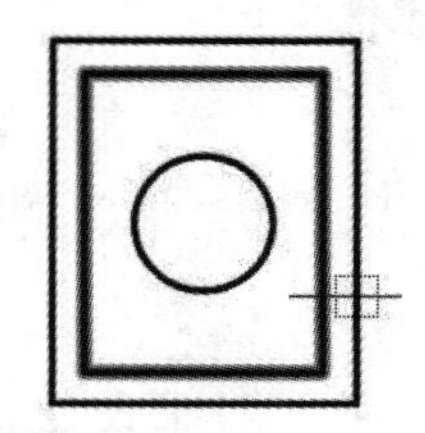

(b) 矩形向外偏移

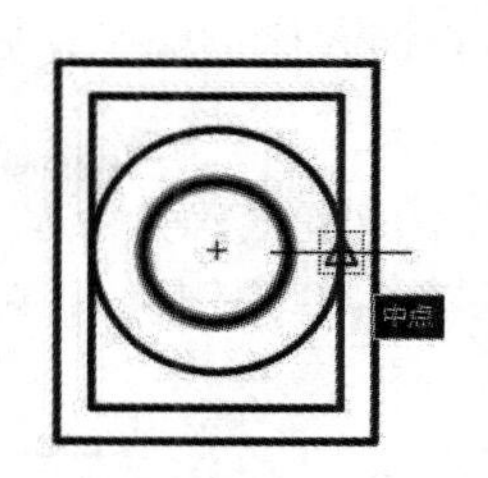

(c) 偏移圆周至通过“中点”

图 4-17　偏移多段线对象

4.5　调整对象尺寸

在绘图过程中，可以对已有对象调整大小，此类命令有缩放、拉伸、延伸和修剪等。

4.5.1　缩放对象

缩放命令只能在图形长、宽方向以相同比例缩放对象，可以将选中对象以指定点为基点进行比例缩放。比例缩放可以分为两类：比例缩放和参照缩放。

1. “缩放”命令的执行方式

- 在命令行输入 sc(或 scale)。
- 点击菜单栏中的“修改”⇨“缩放”。
- 选择功能区中的“默认”选项卡⇨“修改”面板⇨ 按钮。

2. “缩放”命令的执行过程

1) 比例缩放

缩放如图 4-18 所示的窗户，执行缩放命令后，命令行提示及操作提示如下：

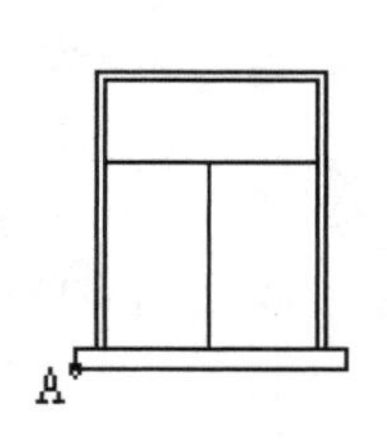

(a) 选择缩放对象和基点

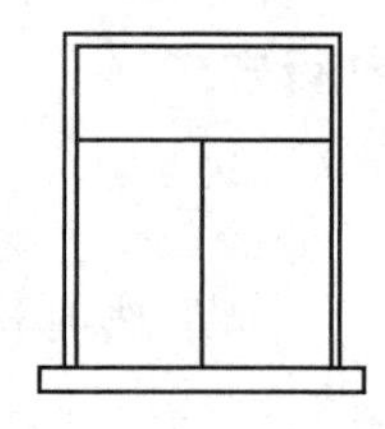

(b) 缩放结果

图 4-18　缩放对象

命令：scale
选择对象：(选择要缩放的整个窗户)
选择对象：(回车结束选择)
指定基点：(指定图形左下角的点 A，该点缩放时位置保持不动)
指定比例因子或 [复制(C)/参照(R)] <1.0000>：(键入比例 1.2，回车结束命令。若先选

择选项 C，再键入比例因子，则源对象保留)

2) 参照缩放

在用户不能直接确定缩放的比例值，但知道对象缩放后的尺寸时，可以利用参照缩放。下面以图 4-19 为例说明其用法。

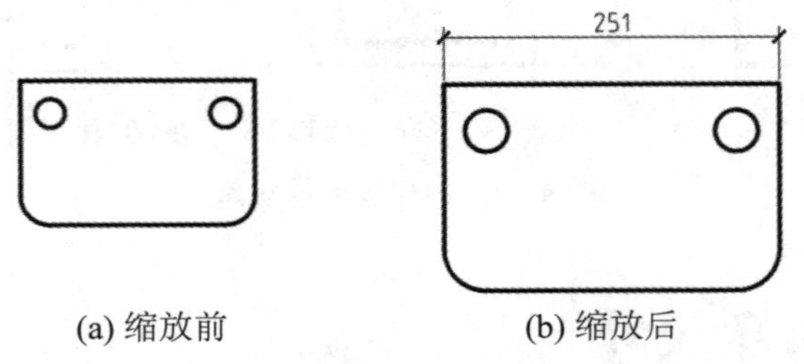

(a) 缩放前　　(b) 缩放后

图 4-19　参照缩放

执行缩放命令后，命令行提示及操作提示如下：

命令：scale

选择对象：(选择要缩放的图形)

选择对象：(回车结束选择)

指定基点：(捕捉左上角作为缩放的基点)

指定比例因子或 [复制(C)/参照(R)] <1.0000>：(输入“r”后回车执行参照缩放)

指定参照长度<1.0000>：(捕捉与标注尺寸的直线相对应的直线段的两个端点，这两点之间的长度就是参照长度)

指定新长度或[点(P)<1.0000>：(输入该直线段缩放后的新长度 251，回车完成缩放操作)

4.5.2　拉伸对象

拉伸对象必须使用从右向左拉出的虚线窗口(交叉窗口)选择对象，根据图形对象在窗口的位置，移动全部位于窗口之内的对象，而拉长或拉短与窗口边界相交的对象不会影响其他未选择的对象。

1. “拉伸”命令的执行方式

- 在命令行输入 str (或 stretch)。
- 点击菜单栏中的“修改”⇨“拉伸”。
- 选择功能区中的“默认”选项卡⇨“修改”面板⇨按钮。

2. “拉伸”命令的执行过程

下面以将图 4-20(a)所示的 A4 图幅通过“拉伸”生成 A3 图幅(见图 4-20(c))为例，介绍“拉伸”命令的操作特点。

执行“拉伸”命令后，命令行提示及操作提示如下：

命令：stretch

选择对象：(从右向左拉交叉窗口，选择要拉伸的对象，拉伸的范围如图 4-20(a)所示，长度需改变的水平线段必须与窗口边界相交。完全在窗口内的对象长度不变，只改变了位置)

选择对象：(回车结束选择)

指定基点或 [位移(D)] <位移>：(在屏幕上任意指定一点)

指定第二个点或 <使用第一个点作为位移>：(打开极轴，将光标水平向右移动以保证捕捉到水平极轴线，然后输入 210，回车结束命令)

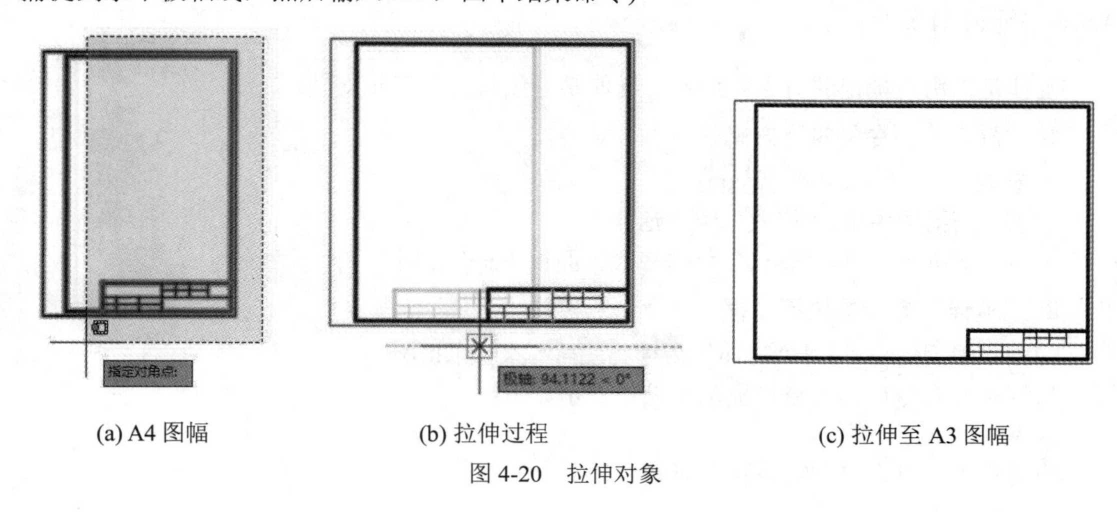

(a) A4 图幅　(b) 拉伸过程　(c) 拉伸至 A3 图幅

图 4-20　拉伸对象

4.5.3　拉长对象

拉长对象是指修改直线或圆弧的长度。

1. “拉长”命令的执行方式

- 在命令行输入 len (或 lengthen)。
- 点击菜单栏中的“修改”⇨“拉长”。
- 选择功能区中的“默认”⇨“修改”面板(展开)⇨ 按钮。

2. “拉长”命令的执行过程

利用拉长命令修改直线的长度，命令行提示与操作提示如下：

命令：lengthen

选择对象或 [增量(DE)/百分数(P)/全部(T)/动态(DY)]：(选择某直线对象)

当前长度：80.0000 (默认情况下，系统会自动显示出当前选中对象的长度或圆心角等信息)

选择对象或 [增量(DE)/百分数(P)/全部(T)/动态(DY)]：(输入增量选项“de”回车)

输入长度增量或 [角度(A)] <20.0000>：(输入长度增量“30”回车)

选择要修改的对象或 [放弃(U)]：(用拾取框单击对象的修改端)

选择要修改的对象或 [放弃(U)]：(此提示一直重复，直到按回车键结束命令)

3. 各选项的功能说明

(1) 增量(DE)选项：以增量方式修改直线或圆弧的长度。长度增量为正值时拉长，长度增量为负值时缩短，其中角度(A)选项用于通过指定圆弧的圆心角增量来修改圆弧的长度。

(2) 百分数(P)选项：以相对于原长度的百分比来修改直线或圆弧的长度。

(3) 全部(T)选项：以给定直线新的总长度或圆弧新的圆心角来改变长度。

(4) 动态(DY)选项：允许动态地改变圆弧或直线的长度。

4.5.4 延伸对象

延伸是以用户指定的对象为边界，延伸某对象与之精确相交。

1. "延伸"命令的执行方式

- 在命令行输入 ex(或 extend)。
- 点击菜单栏中的"修改"⇨"延伸"。
- 选择功能区中的"默认"⇨"修改"面板⇨ 按钮。

2. "延伸"命令的执行过程

如图 4-21 所示，利用"延伸"命令将图(a)编辑为图(b)。

执行延伸命令后，命令行提示及操作提示如下：

命令：extend

当前设置：投影=UCS，边=不延伸

选择边界的边...

选择对象或 <全部选择>：(选择延伸对象的边界，如图中的竖直中心线。若直接回车则选中全部对象作为延伸边界)

选择对象：(回车结束边界选择)

选择要延伸的对象，或按住 Shift 键选择要修剪的对象，或[栏选(F)/窗交(C)/投影(P)/边(E)/放弃(U)]：(选择要延伸的直线的右端)

选择要延伸的对象，或按住 Shift 键选择要修剪的对象，或[栏选(F)/窗交(C)/投影(P)/边(E)/放弃(U)]：(按住 Shift 键，选择打"×"处的对象，按回车键结束延伸命令)

操作结果如图 4-21(b)所示。

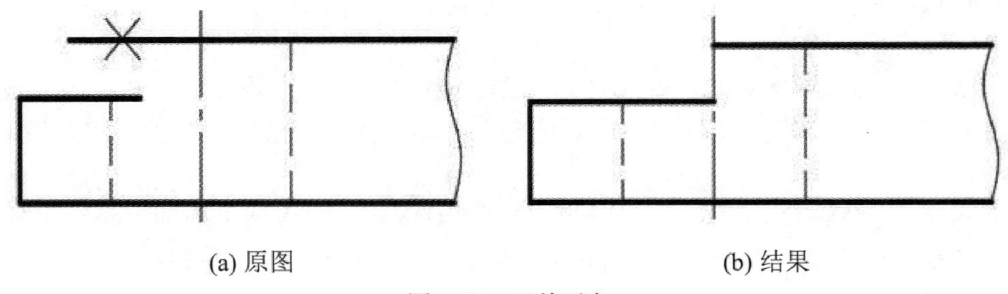

(a) 原图　　(b) 结果

图 4-21　延伸对象

注意：在出现"选择要延伸的对象，或按住 Shift 键选择要修剪的对象，或[栏选(F)/窗交(C)/投影(P)/边(E)/放弃(U)]："的提示时，用户可以直接选择延伸对象或按住 Shift 键切换到修剪方式或设置选项。选项中的"边(E)"包括"延伸"和"不延伸"。选择"延伸"是指边界可延伸，此时如选中图 4-22(a)中的直线 AB 为延伸边界，则选中的被延伸的直线 CD 和 EF 可延伸至边界 AB 的延长线上，结果见图 4-22(b)。反之，"不延伸"是指被延伸的对象不能延伸至边界的延长线上。

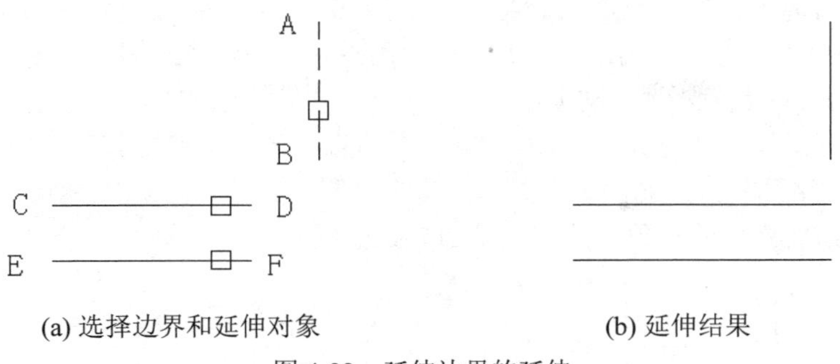

(a) 选择边界和延伸对象　(b) 延伸结果

图 4-22　延伸边界的延伸

4.5.5　修剪对象

修剪是以用户指定的对象为剪切边，保留线段剪切边的一侧，去掉线段剪切边的另一侧。其用法与延伸命令类似。

1. “修剪”命令的执行方式

- 在命令行输入 tr(或 trim)。
- 点击菜单栏中的“修改”⇨“修剪”。
- 选择功能区中的“默认”选项卡⇨“修改”面板 ⇨ -/-- 按钮。

2. “修剪”命令的执行过程

如图 4-23 所示，利用修剪命令将图 4-23(a)修改成图 4-23(d)。

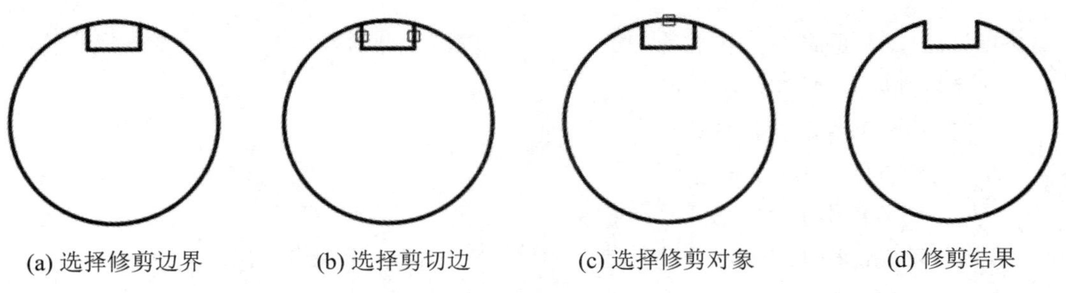
(a) 选择修剪边界　(b) 选择剪切边　(c) 选择修剪对象　(d) 修剪结果

图 4-23　修剪对象

执行修剪命令后，命令行提示及操作提示如下：

命令：trim

当前设置：投影 = UCS，边 = 不延伸

选择剪切边...

选择对象或 <全部选择>：(选择剪切边，见图 4-23(b)中的两条竖线)

选择对象：(回车结束剪切边的选择)

选择要修剪的对象，或按住 Shift 键选择要延伸的对象，或[栏选(F)/窗交(C)/投影(P)/边(E)/删除(R)/放弃(U)]：(选择想要修剪掉的部分，见图 4-23(c)中的两条竖线间的圆线)

选择要修剪的对象，或按住 Shift 键选择要延伸的对象，或[栏选(F)/窗交(C)/投影(P)/边(E)/删除(R)/放弃(U)]：(按回车键结束修剪命令，结果如图 4-23(d)所示)。

注意：在出现“选择要修剪的对象，或按住 Shift 键选择要延伸的对象，或[栏选(F)/窗交(C)/投影(P)/边(E)/放弃(U)]：”的提示时，用户可以直接选择修剪对象或按住 Shift 键切换到延伸方式或设置选项。选项中的“边(E)”包括“延伸”和“不延伸”，选择“延伸”是指边界可延伸，此时如选中图 4-24(a)中的直线作为修剪边界，选中图 4-24(b)中的被修剪的两条直线即可修剪掉边界的延长线的上侧两直线段，结果见图 4-24(c)。反之，“不延伸”是指被修剪的对象不能修剪掉边界延长线一侧的对象。

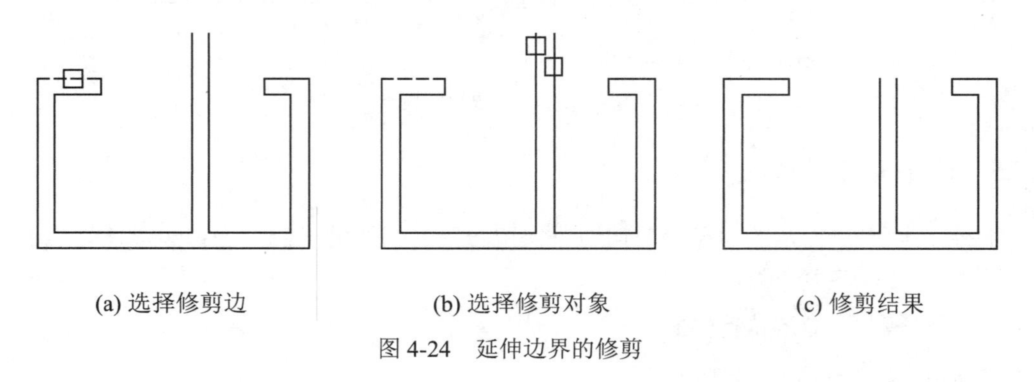

(a) 选择修剪边　(b) 选择修剪对象　(c) 修剪结果

图 4-24　延伸边界的修剪

4.6 打断、分解与合并对象

4.6.1 打断对象

用户可以用打断命令去掉对象中的一段。可以进行打断操作的对象包括直线、圆、圆弧、多段线、椭圆、样条曲线等。

1. “打断”命令的执行方式

- 在命令行输入 br(或 break)。
- 点击菜单栏中的“修改” ⇨ “打断”。
- 选择功能区中的“默认”选项卡⇨“修改”面板展开⇨按钮。

2. “打断”命令的执行过程

如图 4-25(a)所示，利用打断命令去掉直线中的一段，结果如图 4-25(b)所示。

(a) 选择对象指定打断点　(b) 打断结果

图 4-25　打断对象

执行打断命令后，命令行提示及操作提示如下：

命令：break

选择对象：(选择要打断的对象，缺省条件下，选择对象的点 1 为第一个断点)

指定第二个打断点或[第一点(F)]：(指定点 2 为第二个断点。若在选择对象时的点不

为第一个断点，则可输入“F”选项，重新指定第一个断点)

打断对象的效果如图 4-25(b)所示。

注意：在封闭的对象上进行打断时，按逆时针方向从用户指定的第一点到用户指定的第二点为去掉的一段。

4.6.2　打断于点

打断于点是指用户在对象上指定一点，从而把对象在此点拆分成两段。此命令与打断命令的用法类似。

1. “打断于点”命令的执行方式

- 在命令行输入 br(或 break)。
- 选择功能区“默认”选项卡⇨“修改”面板⇨ 按钮。

2. “打断于点”命令的执行过程

如图 4-26 所示，利用此命令将图 4-26(a)所示的直线从中点处打断为两部分。

(1) 键入“break”命令后，命令行提示及操作提示如下：

命令：_break

选择对象：(选择要打断的直线对象)

指定第二个打断点或 [第一点(F)]：_f(系统自动执行“第一点(F)”选项)

指定第一个打断点：(捕捉到直线的中点)

指定第二个打断点：@(系统自动忽略此提示并结束命令，于是该直线从中点处分成两段，如图 4-26(b)所示)

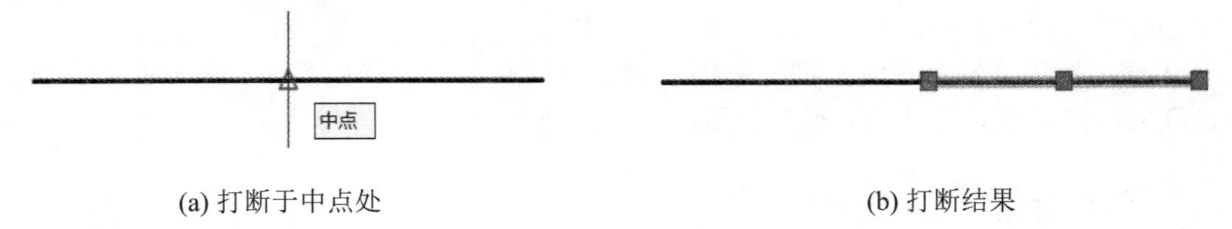

(a) 打断于中点处　　(b) 打断结果

图 4-26　打断于点

(2) 若点击“修改”面板⇨ 按钮，则执行打断于点命令后，命令行提示及操作提示如下：

命令：_break

选择对象：(选择要打断的直线对象)

指定第二个打断点 或 [第一点(F)]：_f(捕捉到直线的中点确认)

命令结束，操作结果如图 4-26(b)所示。

注意：不能在一点打断闭合的对象，如圆等。

4.6.3　分解对象

分解命令就是把一个复杂的图形对象(如多段线、矩形和正多边形)或用户定义的图块分解成最为简单的图形对象。

1. “分解”命令的执行方式

- 在命令行输入 expl(或 explode)。
- 点击菜单栏中的“修改”⇨“分解”。
- 选择功能区中的“默认”选项卡⇨“修改”面板⇨ 按钮。

2. “分解”命令的执行过程

命令：_ explode

选择对象：(选择要分解的对象)

选择对象：(系统将继续提示该行信息，可继续选择下一分解的对象，按回车键结束命令)

3. 说明

选择分解的对象不同，分解的结果就不同。下面列出了几种对象的分解结果。

1) 块

对块进行分解操作时，如果块中含有多段线或嵌套块，则首先把多段线或嵌套块从该块中分解出来，然后把它们分解成单个对象。若分解带有属性的块，则所有属性会恢复到未组合之前的状态，显示为属性标记。当分解以 X、Y、Z 方向不同的比例缩放插入的块时可能会出现意想不到的结果。

2) 多段线

当分解多段线时，AutoCAD 将清除关联的宽度信息，留下沿多段线的中心线的直线或圆弧。

3) 多行文本

当分解多行文本时，将分解成单行文本实体。

注意：使用分解命令时，请三思而后行，分解命令没有逆向操作，特别是对图案填充、尺寸标注和三维实体的分解要慎用。

4.6.4 合并对象

合并对象是指将同类多个对象合并成为一个对象，即将位于同一条直线上的多条直线合并为一条直线，或将同心、同径的多个圆弧合并为一个圆弧或整圆，或将一条多段线和与其相连的多条直线、多段线、圆弧合并为一个对象，或将一条样条曲线和与其相连的多条样条曲线合并为一个对象。

1. “合并”命令的执行方式

- 在命令行输入 j(或 join)。
- 点击菜单栏中的“修改”⇨“合并”。
- 选择功能区中的“默认”⇨“修改”面板⇨按钮 。

2. “合并”命令的执行过程

如图 4-27 所示，将两个同心的圆弧合并为一个圆弧。

执行合并命令后，命令行提示及操作提示如下：

命令：join
选择源对象：(选择圆弧 A)
选择圆弧，以合并到源或进行 [闭合(L)]：(选择圆弧 B，并回车)
选择要合并到源的圆弧：(回车结束命令)

注意：合并两个或多个圆弧时，将从第一个对象开始按逆时针方向合并圆弧。

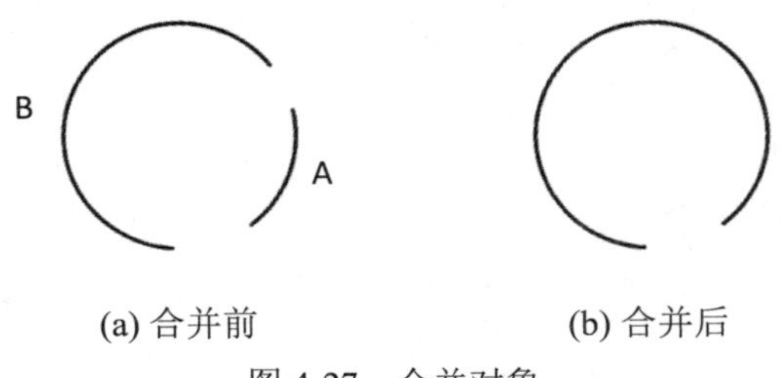

(a) 合并前　　(b) 合并后

图 4-27　合并对象

4.7 倒角和圆角

4.7.1 倒角

倒角是使两条不平行的直线作斜角相连。可以作倒角的有直线、多段线、构造线和射线等。

1. 倒角距离

如图 4-28 所示，倒角距离 1 是第一个选中对象与倒角线的交点到被连接的两个对象的交点之间的距离。倒角距离 2 是第二个选中对象与倒角线的交点到被连接的两个对象的交点之间的距离。

2. 倒角长度和角度

倒角长度是指第一个选择对象上倒角线的起始位置到被连接的两个对象的交点之间的距离；角度是指倒角线与第一个选择对象所形成的角度，如图 4-29 所示。

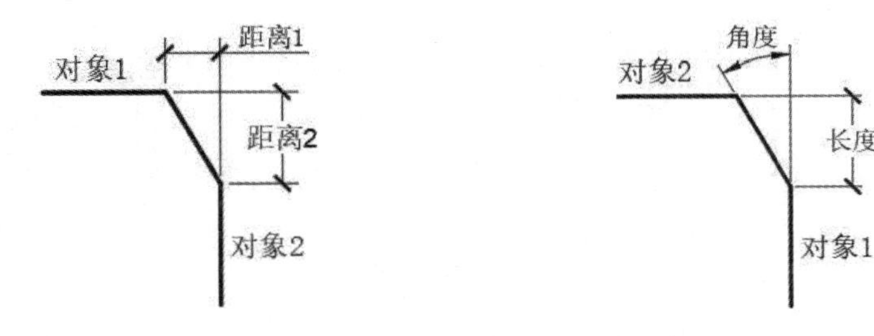

图 4-28　倒角距离　　图 4-29　倒角长度和角度

3. “倒角”命令的执行方式

- 在命令行输入 cham (或 chamfer)。
- 点击菜单栏中的“修改” ⇨ “倒角”。

• 选择功能区中的“默认”选项卡⇨“修改”面板⇨按钮。

4. “倒角”命令的执行过程

如图 4-30 所示，利用倒角命令将图 4-30(a)所示图形的右上角作倒角。

执行倒角命令后，命令行提示及操作提示如下：

命令：chamfer

(“修剪”模式)当前倒角距离 1 = 0.0000，距离 2 = 0.0000

选择第一条直线或[放弃(U)/多段线(P)/距离(D)/角度(A)/修剪(T)/方式(E)/多个(M)]：(键入 D 回车，设置倒角距离(若键入 A 回车，可设置倒角长度和角度))

指定第一个倒角距离 <0.0000>：(键入 30 回车，设置第一倒角距离)

指定第二个倒角距离 <6.0000>：(键入 17 回车，设置第二倒角距离)

选择第一条直线或 [放弃(U)/多段线(P)/距离(D)/角度(A)/修剪(T)/方式(E)/多个(M)]：(选择要倒角的第一条直线(水平边)，如图 4-30(b)所示)

选择第二条直线，或按住 Shift 键选择要应用角点的直线：(选择要倒角的第二条直线(竖直边)，如图 4-30(b)所示)

倒角的效果如图 4-30(c)所示。

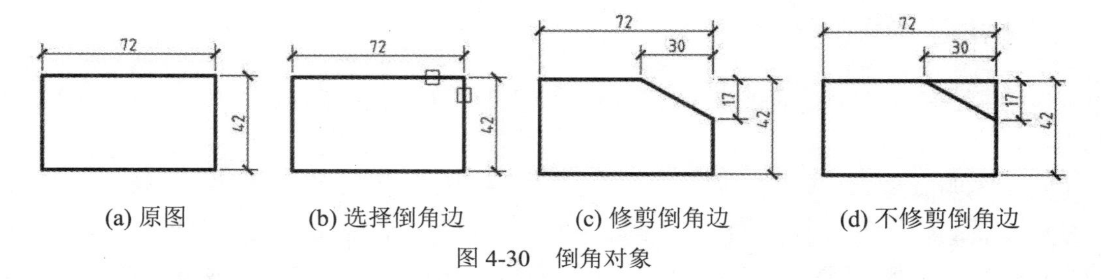

(a) 原图　(b) 选择倒角边　(c) 修剪倒角边　(d) 不修剪倒角边

图 4-30　倒角对象

5. 选项说明

在命令行提示“选择第一条直线或 [放弃(U)/多段线(P)/距离(D)/角度(A)/修剪(T)/方式(E)/多个(M)]:”时，各选项说明如下：

(1) 多段线(P)：此选项用于以设定的倒角距离对整个多段线的各段一次性作倒角，如图 4-31 所示。

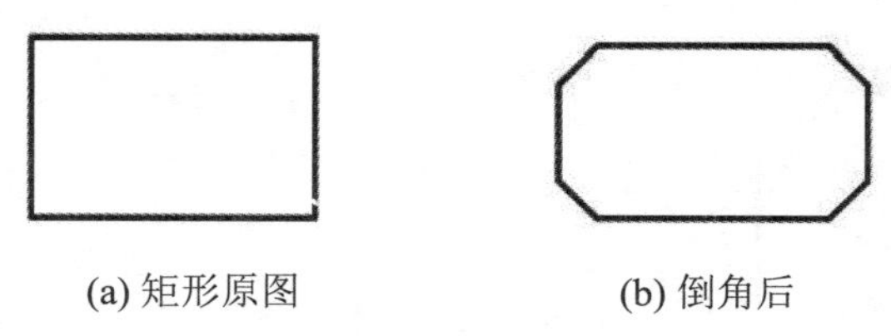

(a) 矩形原图　(b) 倒角后

图 4-31　多段线矩形倒角

(2) 修剪(T)：此选项用于在倒角过程中设置是否自动修剪原对象，缺省条件下，对象在倒角时被修剪，如图 4-30(c)所示，但也可通过此选项来指定它们不被修剪，如图 4-30(d)所示。

(3) 方式(E)：此选项用于设定按距离方式还是按角度方式作倒角。

(4) 多个(M)：此选项用于在一次倒角命令执行中作出多个倒角，而不退出倒角命令。

4.7.2 圆角

圆角是指通过用户指定半径的圆弧来光滑地连接两个对象。可以作圆角的对象有直线、圆、圆弧、椭圆、多段线的直线段、样条曲线、构造线和射线，并且当直线、构造线和射线平行时也可作圆角，此时连接圆弧成半圆。

圆角半径是连接两个对象的圆弧的半径。在缺省情况下，圆角半径为 0 或为上一次用户指定的半径，修改半径只对以后的圆角有效而对先前的圆角无效。

1. “圆角”命令的执行方式

- 在命令行输入 f(或 fillet)。
- 点击菜单栏中的“修改” ⇨ “圆角”。
- 选择功能区中的默认”选项卡⇨ “修改”面板⇨ 按钮。

2. “圆角” 命令的执行过程

如图 4-32 所示，利用圆角命令将图 4-32(a)所示图形的左上角作圆角。

执行圆角命令后，命令行提示及操作提示如下：

命令：fillet

当前设置：模式 = 修剪，半径 = 0.0000

选择第一个对象或 [放弃(U)/多段线(P)/半径(R)/修剪(T)/多个(M)]：(输入 r 以指定圆角半径)

指定圆角半径 <0.0000>：(键入 23，回车)

选择第一个对象或 [放弃(U)/多段线(P)/半径(R)/修剪(T)/多个(M)]：(选择要作圆角的第一条直线 AB)

选择第二个对象，或按住 Shift 键选择要应用角点的对象：(选择要作圆角的第二条直线 BC)

圆角的效果如图 4-32(c)所示。

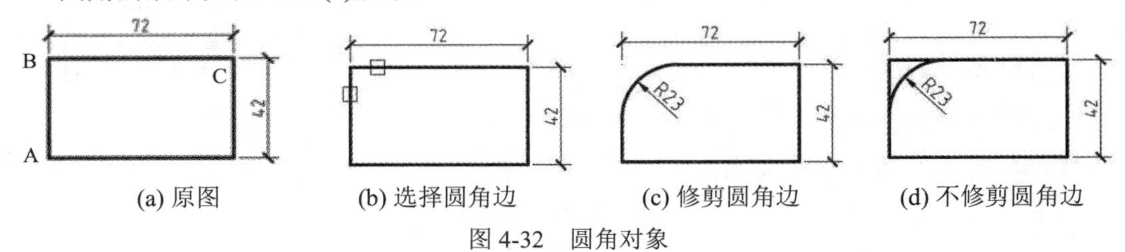

(a) 原图　(b) 选择圆角边　(c) 修剪圆角边　(d) 不修剪圆角边

图 4-32　圆角对象

3. 选项说明

在命令行提示“选择第一个对象或 [放弃(U)/多段线(P)/半径(R)/修剪(T)/多个(M)]：”时，各选项说明如下：

(1) 多段线(P)：此选项用于以设定的圆角半径对整个多段线的各段一次性作圆角，如图 4-33 所示。

(2) 修剪(T)：此选项用于设置在圆角过程中是否自动修剪原对象。在缺省条件下，除了圆、椭圆、闭合多段线和样条曲线，所有对象在圆角时都可以被修剪，可以用此选项来指定对象在作圆角时不被修剪，如图 4-32(d)所示。

(3) 多个(M)：此选项用于在一次圆角命令执行中作出多个圆角，而不退出圆角命令。

(a) 原图　　(b) 圆角后

图 4-33　多段线矩形圆角

4. 对两平行直线作圆角

对两条平行的直线(射线和构造线)也能作圆角，但不能对两平行的多段线作圆角。两条平行直线的圆角半径由系统自动计算，用户不用指定。例如，要画一圆端图形，可以首先利用直线命令画两条平行直线，然后执行圆角命令，分别选择两条平行线的左端作圆角，再分别选择两条平行线的右端作圆角，如图 4-34 所示。

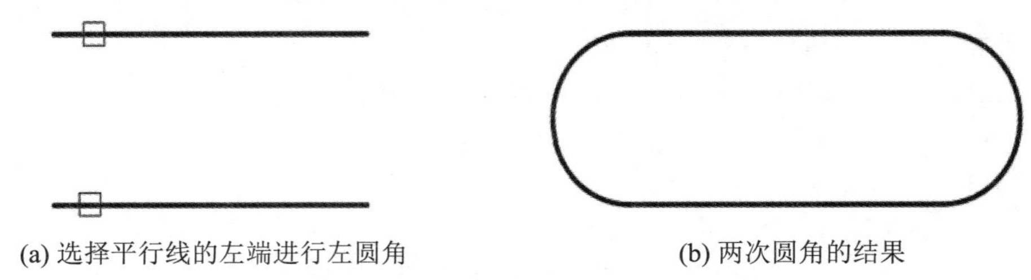

(a) 选择平行线的左端进行左圆角　　(b) 两次圆角的结果

图 4-34　两条平行直线的圆角

4.8　编辑多段线、多线和样条曲线

4.8.1　编辑多段线

多段线的编辑命令可以对多段线进行多种编辑操作，如闭合或者打开，移动、增加和删除多段线的顶点，在两个顶点之间拉直多段线等。在此只对多段线的合并做一下操作举例，其他选项不再赘述。

1. 编辑多段线命令的执行方式

- 在命令行输入 pe (或 pedit)。
- 点击菜单栏中的“修改”⇨“对象”⇨“多段线”。
- 选择功能区中的“默认”选项卡⇨“修改”面板⇨按钮。

2. 多段线编辑命令中的合并选项及操作举例

1) 多段线编辑命令中的合并选项

命令：pedit

选择多段线或 [多条(M)]：(选择要编辑的一条多段线)

输入选项 [闭合(C)/合并(J)/宽度(W)/编辑顶点(E)/拟合(F)/样条曲线(S)/非曲线化(D)/线型生成(L)/放弃(U)]：

…

其中，“合并(J)”选项用于当一条直线、圆弧或多段线和一条开放的多段线首尾相接时把它们连接在一起构成非闭合的多段线，此功能在三维作图时会用到。

2) “合并(J)”选项操作举例

图 4-35(b)所示的图形是由图 4-35(a)所示的图形修剪得到的。要将图 4-35(b)中的四段圆弧和四段直线合并成一条闭合的多段线，操作过程如下：

命令：_pedit

选择多段线或 [多条(M)]：(选择其中任意一条线段)

选定的对象不是多段线

是否将其转换为多段线？<Y> Y (输入 Y，或回车接受默认值)

输入选项 [闭合(C)/合并(J)/宽度(W)/编辑顶点(E)/拟合(F)/样条曲线(S)/非曲线化(D)/线型生成(L)/反转(R)/放弃(U)]：J　(输入 J 表示要合并多段线)

选择对象：找到 1 个(选择要合并的对象，可以逐个选择，也可以开窗口选择)

选择对象：指定对角点，找到 8 个(开窗口一次选择 8 个)

选择对象：(回车结束选择，完成多段线合并)

多段线已增加 7 条线段

输入选项 [打开(O)/合并(J)/宽度(W)/编辑顶点(E)/拟合(F)/样条曲线(S)/非曲线化(D)/线型生成(L)/反转(R)/放弃(U)]：(按 Esc 键退出多段线编辑)

此时编辑后的各线段被合并成了一条多段线。

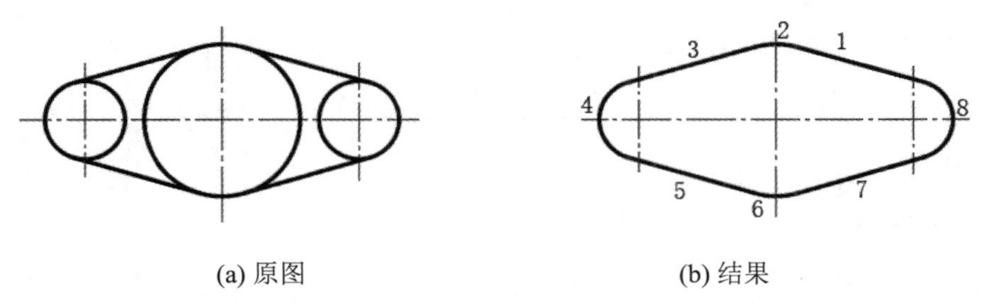

(a) 原图　　(b) 结果

图 4-35　多段线合并

注：通过三维建模中的“拉伸”命令(菜单“绘图”⇨“建模”⇨“拉伸(X)”)，并根据提示输入高度值，就可以生成一个柱体。

4.8.2　编辑多线

多线编辑多数在绘制建筑平面图时使用，主要有两项内容：一是多线连接的接头编辑，二是对多线绘制的墙体进行修剪而形成门、窗洞。

1. 多线编辑命令的执行方式

- 在命令行输入 mledit。
- 点击菜单栏中的“修改”⇨“对象”⇨“多线…”。

激活该命令后，AutoCAD 弹出如图 4-36 所示的“多线编辑工具”对话框。单击该对话框中的样例图标就可编辑多线。

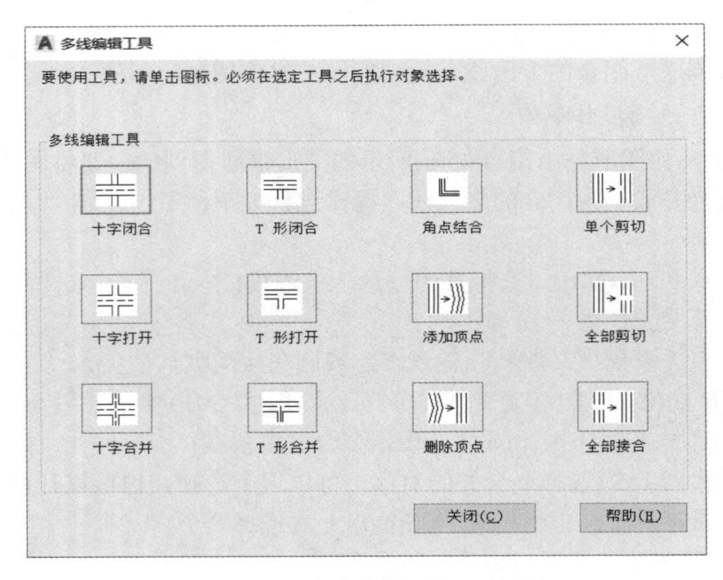

图 4-36 “多线编辑工具”对话框

2. 操作示例

编辑如图 4-37(a)所示的墙体的 T 形连接处。

两个多线之间的连接分为“T 形”连接、“十字形”连接、“角点”连接。“T 形”连接就像一把丁字尺，编辑“T 形”连接时，先拾取丁字尺的尺身，再拾取尺头。对于“十字形”接头和“角点”接头的编辑不分先后，先拾取哪一个多线都行。

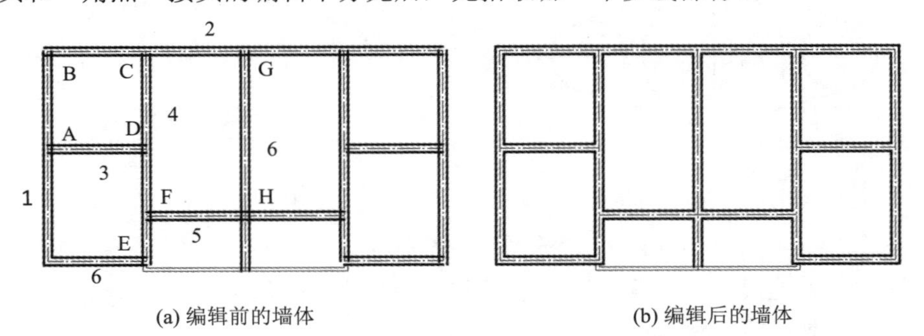

(a) 编辑前的墙体　　(b) 编辑后的墙体

图 4-37 多线接头编辑

编辑如图 4-37 所示的图形时拾取多线的顺序如下：

A 接头：先拾取 3，再拾取 1。

B 接头：先拾取 1，再拾取 2，或先拾取 2，再拾取 1。

C 接头：先拾取 4，再拾取 2。

D 接头：先拾取 3，再拾取 4。

E 接头：先拾取 4，再拾取 6，或先拾取 6，再拾取 4。

F 接头：先拾取 5，再拾取 4。

G 接头：先拾取 6，再拾取 2。

H 接头：先拾取 5 后拾取 6，或先拾取 6 后拾取 5。

3. 修剪多线(生成门、窗洞)

将如图 4-38(b)所示的图形编辑成如图 4-38(a)所示的图形，不标注尺寸。

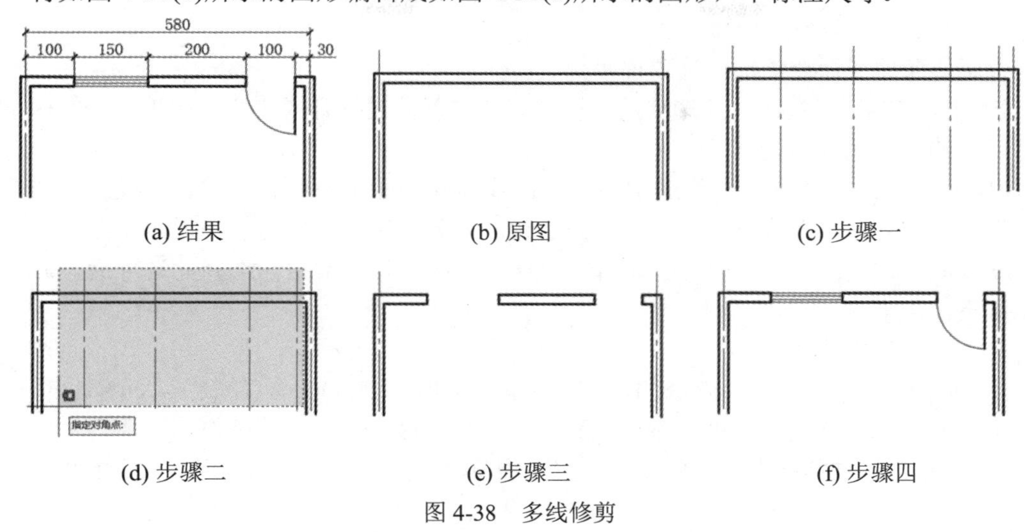

(a) 结果　(b) 原图　(c) 步骤一

(d) 步骤二　(e) 步骤三　(f) 步骤四

图 4-38　多线修剪

具体操作过程如下：

(1) 根据外部第一道尺寸，将左边的轴线向右依次偏移 100，150，200，100，如图 4-38(c)所示。

(2) 修剪多线生成门、窗洞，开交叉窗口，将决定门、窗洞位置的四条点画线及门窗所在的墙都选中(因为这些对象既是剪切边，又是被剪切的对象，所以在选择剪切边时要将它们全部选中)，如图 4-38(d)所示，回车结束选择。

(3) 拾取要剪切掉的对象，依次拾取四条点画线的墙内和墙外部分以及墙体的窗洞、门洞部位，结果如图 4-38(e)所示。

(4) 在细实线图层中用多线命令绘制窗户，用圆弧和直线绘制门，结果如图 4-38(f)所示。

4.8.3　编辑样条曲线

用户可以删除样条曲线的拟合点，也可以增加其拟合点以提高其精度，或者移动拟合点以改变样条曲线的形状。用户还可以闭合或打开样条曲线，可以编辑样条曲线的起始点和终点的切线方向等。

1. 编辑样条曲线命令的执行方式

- 在命令行输入 splinedit。
- 点击菜单栏中的“修改”⇨“对象”⇨“样条曲线”。
- 选择功能区中的“默认”选项卡⇨“修改”面板⇨ 按钮。

2. 编辑样条曲线命令的执行过程

例如，将某样条曲线闭合，命令行提示与操作提示如下：

选择样条曲线：(选择要编辑的样条曲线)

输入选项 [闭合(C)/合并(J)/拟合数据(F)/编辑顶点(E)/转换为多段线(P)/反转(R)/放弃

(U)/退出(X)] <退出>：(输入选项“C”回车)

输入选项 [打开(O)/拟合数据(F)/编辑顶点(E)/转换为多段线(P)/反转(R)/放弃(U)/退出(X)] <退出>：(回车结束命令)

编辑样条曲线命令的部分选项说明如下：

(1) 闭合(C)或打开(O)：此选项用于将选定的样条曲线打开或闭合。如果选择的样条曲线是闭合的，则此选项为打开。

(2) 合并(J)：此选项用于将选定的样条曲线与其他样条曲线、直线、多段线和圆弧在重合端点处合并，以形成一个较大的样条曲线。对象在连接点处通过扭折连接在一起。

(3) 拟合数据(F)：此选项用于编辑选中样条曲线的拟合数据。选择此选项后，命令行提示如下：

输入拟合数据选项

[添加(A)/打开(O)/删除(D)/扭折(K)/移动(M)/清理(P)/相切(T)/公差(L)/退出(X)] <退出>：

用户可以使用这些选项进行添加、删除、打开和移动拟合点等操作。

• 扭折(K)：在样条曲线上的指定位置添加节点和拟合点，这不会保持该点的相切或曲率连续性。

• 移动(M)：选择此选项后，用户可以重新定位样条曲线的控制点。命令行提示如下：

指定新位置或 [下一个(N)/上一个(P)/选择点(S)/退出(X)] <下一个>：(缺省的控制点为第一点，用户可通过选择下一个或上一个来选择其他控制点。)

(4) 反转(R)：此选项可使样条曲线反转，反转样条曲线并不删除拟合数据。

3. 编辑样条曲线操作示例

如图 4-39(a)所示，用户已经用样条曲线命令画了一系列等高线，希望移动 A 等高线的第三个拟合点，当用户选中了这条样条曲线时，就会在拟合点处出现控制点。移动 A 等高线的第三个拟合点的步骤如下：

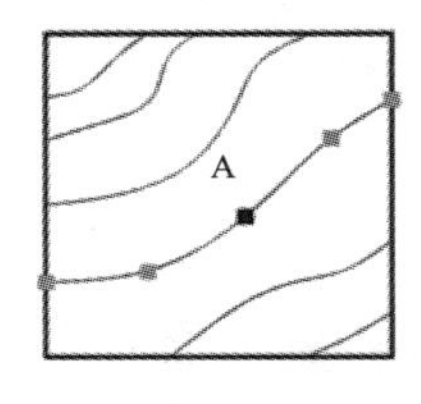

(a) 选取拟合点

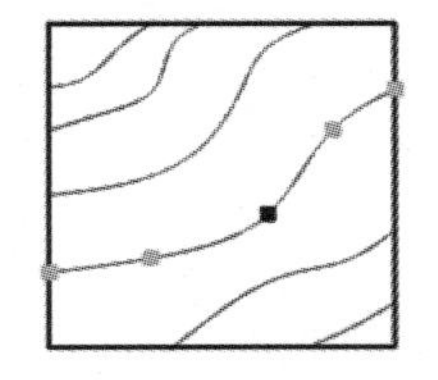

(b) 移动结果

图 4-39　移动样条曲线的拟合点

命令：splinedit

选择样条曲线：(选择要编辑的样条曲线 A)

输入选项 [闭合(C)/合并(J)/拟合数据(F)/编辑顶点(E)/转换为多段线(P)/反转(R)/放弃(U)/退出(X)] <退出>：(输入“f”回车)

输入拟合数据选项

[添加(A)/闭合(C)/删除(D)/扭折(K)/移动(M)/清理(P)/相切(T)/公差(L)/退出(X)] <退出>：(输入“m”回车)

指定新位置或 [下一个(N)/上一个(P)/选择点(S)/退出(X)] <下一个>：(重复回车直到第

三个拟合点呈高亮显示，再用鼠标拾取拟合点的新位置)

指定新位置或 [下一个(N)/上一个(P)/选择点(S)/退出(X)] <下一个>：(若要退出编辑，输入“X”，并回车三次以结束命令)

4.9 对象特性编辑与特性匹配

对象特性是指图形对象所具有的某些反映其特征的属性。有些特性属于基本特性，适用于多数对象，如图层、颜色、线型、线宽和打印样式；有些特性则专用于某一类对象，例如，圆的特性包括半径和面积，直线的特性则包括长度和角度。

对于已有对象，要想改变其特性，AutoCAD 提供了方便的修改方法，通常可以使用“特性”面板、特性匹配命令来进行修改。

4.9.1 “特性”面板

用户可以在对象特性面板中查看和修改对象的特性。

在 AutoCAD 中，打开对象“特性”面板(如图 4-40 所示)的方法包括：

- 在命令行输入 properties。
- 点击菜单栏中的“修改”⇨“特性”。
- 选择功能区中的“视图”选项卡⇨“选项板”面板⇨按钮。

当用户选择了一个对象时，如图 4-41(a)所示选中了一个圆，对象“特性”面板中将显示该对象的所有特性，如图 4-41(b)所示。

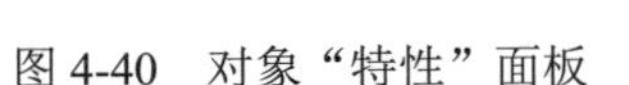
图 4-40　对象“特性”面板

(a) 选中对象　　(b) 对象“特性”面板中该对象的特性

图 4-41　修改对象特性

在对象“特性”面板中，可以方便地进行对象特性的修改。例如，在选择了图 4-41(a)所示的一个圆后，在“特性”管理器中用鼠标单击“直径”文本框，输入“320”并回车，即可将圆的直径由 300 改为 320，而“特性”面板中圆的半径、周长和面积，系统会自动计算而随之改变。

4.9.2 特性匹配命令

用户可以通过特性匹配命令将一个对象的部分或全部特性复制到另一个或多个对象上。可以复制对象特性的有图层、颜色、线型、线宽、线型比例、厚度和打印样式等。通过特性匹配命令可以使图形具有规范性，而且操作简便，类似于 Word 等软件中的格式刷。

1. 特性匹配命令的执行方式

- 在命令行输入 machprop。
- 点击菜单栏中的“修改”⇨“特性匹配”。
- 选择功能区中的“默认”选项卡⇨“特性”面板⇨按钮。

2. 将一个对象特性复制到其他对象的步骤

将一个对象特性复制到其他对象的步骤如下：

(1) 激活特性匹配命令；

(2) 选择提供特性的源对象；

(3) 选择目标对象或[设置(S)]。

选择了目标对象后，则源对象的特性被复制到目标对象中。可以继续选择目标对象，直到按回车键结束命令。

在默认情况下，所有可应用的特性都自动地从选定的源对象复制到其他对象上，如果用户不希望复制源对象的某些特性，则可以在提示“选择目标对象或[设置(S)]：”时，键入“S”以选择“设置”选项，此时将弹出“特性设置”对话框，如图 4-42 所示。用户可在其中设置想要匹配的特性，清除不想要复制的特性。

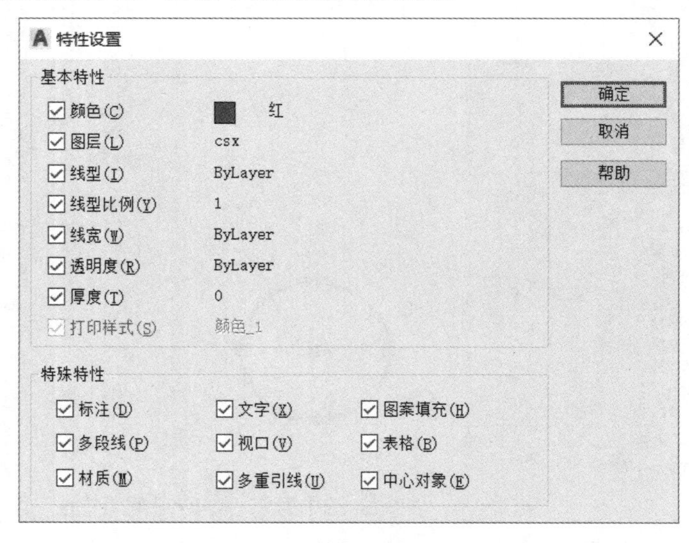

图 4-42 “特性设置”对话框

4.10　夹点编辑

如果用户在未执行任何命令的情况下选中某图形对象，那么被选中的图形对象就会以蓝色夹点来显示，如图 4-43 所示。夹点是对象上的一些特征点，以蓝色的小方块显示，它可以用来控制对象的位置或大小。使用 AutoCAD 的夹点功能，操作极其灵活，可以实现对对象的拉伸、移动、旋转、镜像、缩放和复制等。

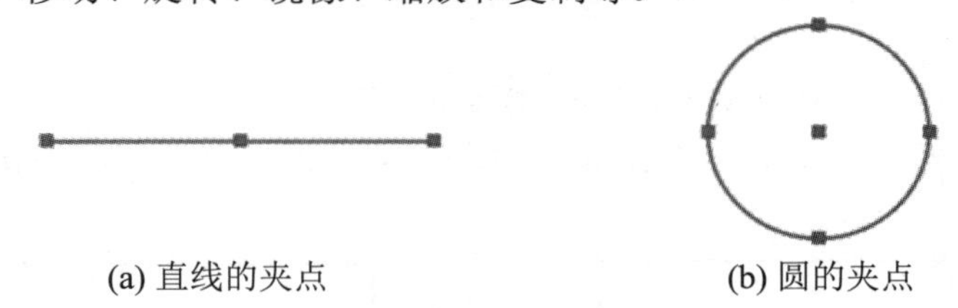

(a) 直线的夹点　　(b) 圆的夹点

图 4-43　对象的夹点

例如，选中一条直线，将在直线的端点和中点处显示夹点，如图 4-43(a)所示，中间夹点为直线对象的移动夹点，端夹点为直线对象的长度夹点；如果选中一个圆，将在圆心和四个象限点处显示夹点，如图 4-43(b)所示，中心夹点为移动夹点，其余四个夹点为圆半径大小夹点。

当对象被选中时夹点是蓝色的，如果再次单击对象的某个夹点(称为基夹点)则变为红色。此时命令行提示如下：

命令：

** 拉伸 **

指定拉伸点或 [基点(B)/复制(C)/放弃(U)/退出(X)]:

这时用户可以反复按回车键在拉伸、移动、旋转、缩放和镜像等编辑方式之间来回进行切换，并可以进行相应的编辑操作。

4.10.1　利用夹点拉伸对象

利用夹点可以将选中的一个对象进行多次拉伸。在操作过程中，先选中对象，再选中任意夹点作为基点，此时命令行提示如下：

** 拉伸 **

指定拉伸点或 [基点(B)/复制(C)/放弃(U)/退出(X)]:

基点(B)选项：(重新确定拉伸基点)

复制(C)选项：(确定一系列拉伸点，实现多次拉伸)

4.10.2　利用夹点移动对象

1. 利用夹点移动单一对象

先选中该对象，再选中该对象的移动夹点，拖动该对象至目标点并按下鼠标左键即可完成该对象的移动。

例如，先选中某个圆，出现五个夹点，再选中该圆心处的移动夹点，拖动此夹点到任意位置并按下鼠标左键，即可实现移动圆的操作。

2. 利用夹点移动多个对象

先选中图形文件中的多个对象(如图 4-44(a)中的矩形与圆)，再选中多个对象的任意夹点作为基夹点(如选中矩形左下角的夹点)，此时命令行提示如下：

** 拉伸 **

指定拉伸点或 [基点(B)/复制(C)/放弃(U)/退出(X)]:

这时用户按回车键，命令行提示如下：

** 移动 **

指定移动点或 [基点(B)/复制(C)/放弃(U)/退出(X)]:

此时用户移动光标至如图 4-44(b)所示的目标点位置并按下鼠标左键，即可完成该矩形和圆对象的整体移动。

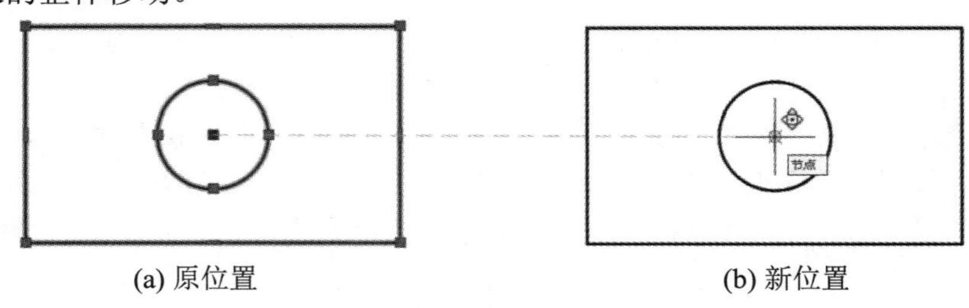

(a) 原位置　　(b) 新位置

图 4-44　移动多个对象

4.10.3　利用夹点旋转对象

利用夹点可以将选中的一个或多个对象进行旋转。在操作过程中，先选中对象，再选中任意夹点作为旋转中心，此时命令行提示如下：

** 拉伸 **

指定拉伸点或 [基点(B)/复制(C)/放弃(U)/退出(X)]:

这时用户按两次回车键后，命令行提示如下：

** 旋转 **

指定旋转角度或 [基点(B)/复制(C)/放弃(U)/参照(R)/退出(X)]:

此时用户移动光标至某位置按下鼠标左键或从键盘输入旋转的角度值回车，即可完成对象的旋转。

4.10.4　利用夹点缩放对象

在操作的过程中，先选中对象，再选中任意夹点作为基点，此时命令行提示如下：

** 拉伸 **

指定拉伸点或 [基点(B)/复制(C)/放弃(U)/退出(X)]:

这时用户按三次回车键后，命令行提示如下：

** 比例缩放 **

指定比例因子或 [基点(B)/复制(C)/放弃(U)/参照(R)/退出(X)]:

输入缩放的比例因子。

4.10.5　利用夹点镜像对象

在操作的过程中，先选中对象，再选中任意夹点作为镜像线的第一点，此时命令行提示如下：

** 拉伸 **

指定拉伸点或 [基点(B)/复制(C)/放弃(U)/退出(X)]:

这时用户按四次回车键后，命令行提示如下：

** 镜像 **

指定第二点或 [基点(B)/复制(C)/放弃(U)/退出(X)]:

指定新的点作为镜像线的第二个点。

4.11　绘制与编辑二维图形综合举例

第二章介绍了使用绘图命令绘制简单图形的方法，第三章介绍了基本绘图工具的使用方法，本章又介绍了编辑二维图形的基本方法和技巧。为了使学习者综合运用绘图与编辑命令以及绘图辅助工具绘制复杂图形，本节将给出两个绘图实例，以使学习者熟悉复杂图形的绘制方法与步骤。

4.11.1　绘制平面图形

如图 4-45 所示，按照所给尺寸绘制出该图形。

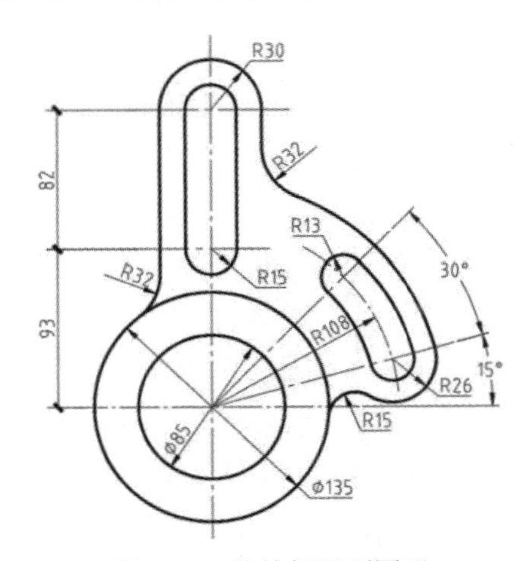

图 4-45　挂轮架平面图形

该图形是由圆、半圆、小于半圆的圆弧和直线组成，各线段之间均为相切连接。作图的顺序是先画出所有点画线以确定圆和半圆的圆心，然后依次画出圆、半圆、直线、圆弧。半圆和小于半圆的圆弧先画圆再修剪成半圆和圆弧。

绘图的基本方法与步骤如下：

(1) 新建图形文件。

(2) 单击“默认”选项卡⇨“图层”面板⇨“图层特性”按钮，在弹出的“图层特性管理器”对话框中新建“粗实线”“中心线”图层。

(3) 将“中心线”层置为当前层，首先绘制竖直、水平中心线和倾斜中心线，再画一个 R108 的点画线圆，然后用打断命令去掉多余的点画线，只保留约 1/4 圆，打断圆时要按逆时针方向的顺序依次拾取第一个断点和第二个断点。在绘制 15°、45° 的中心线之前，先启用极轴追踪，并在“草图设置”对话框的“极轴追踪”选项卡中设置增量角为 90，附加角为 15、45，如图 4-46(a)所示。

(4) 将“粗实线”层置为当前层，利用“圆”和“直线”命令结合对象捕捉绘制左下方的同心圆和左上方 R30、R15 的圆以及圆的切线，如图 4-46(b)所示。

(5) 用“圆”命令绘制右边 R26、R13 的圆；用“圆弧”中的“圆心、起点、端点”方式绘制两个 R13 圆的公切圆弧以及与 R26 相切的圆弧，圆弧端点大约与竖线相交或在竖线的右侧，如图 4-46(c)所示。

(6) 用“圆角”命令绘制 R15、R32 的三处圆弧，如图 4-46(d)所示。

(7) 用“修剪”命令修剪掉多余的圆弧，整理图线，完成全图，如图 4-46(e)所示。

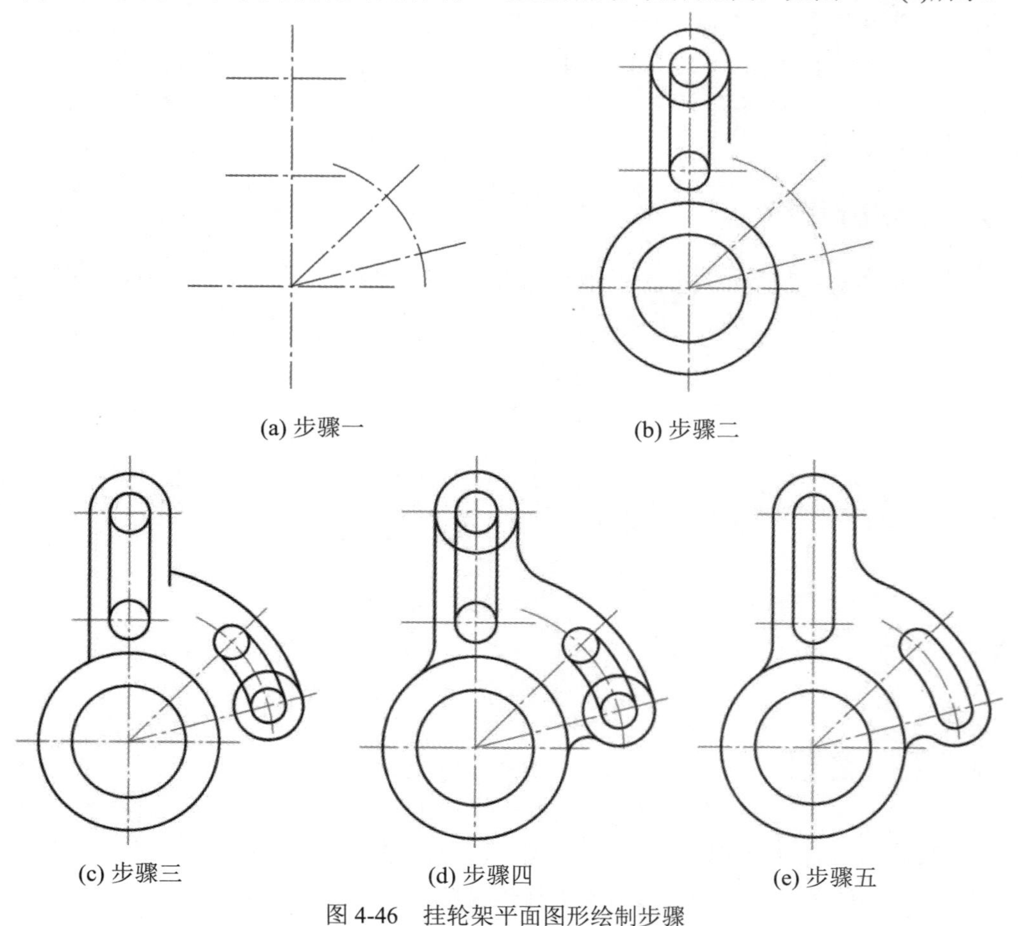

图 4-46　挂轮架平面图形绘制步骤

4.11.2　绘制三视图

如图 4-47 所示，按照所给尺寸绘制出该三视图。

绘制图 4-47 所示的三视图的基本方法和步骤如下：

(1) 新建图形文件。

(2) 单击“图层”工具栏中的“图层特性管理器”按钮，在弹出的“图层管理器”对话框中，新建“粗实线”层、“中心线”层、“细实线”层和“虚线”层。

(3) 绘制平面图：

① 将“中心线”层置为当前层，绘制中心线。

② 为作图方便将 USC 原点设置在中心线的交点处，并以此作为绘图的基准点。

③ 分别使用矩形、圆、直线、偏移和镜像等命令在相应图层上绘制矩形、圆和直线。

(4) 绘制正立面图。使用“极轴”和“对象追踪”(以保证“长对正”)工具和画直线、画圆、图案填充等命令在相应图层上绘制相应的对象。

(5) 绘制左视图。首先在平面图正右方的适当位置画一 45° 线，并将有关定宽点水平引至 45° 线上，再使用“极轴”和“对象追踪”(以保证“高平齐”和“宽相等”)工具和画直线、圆弧、填充等命令在相应图层上绘制相应的对象。

注意：应在细实线图层上做图案填充。

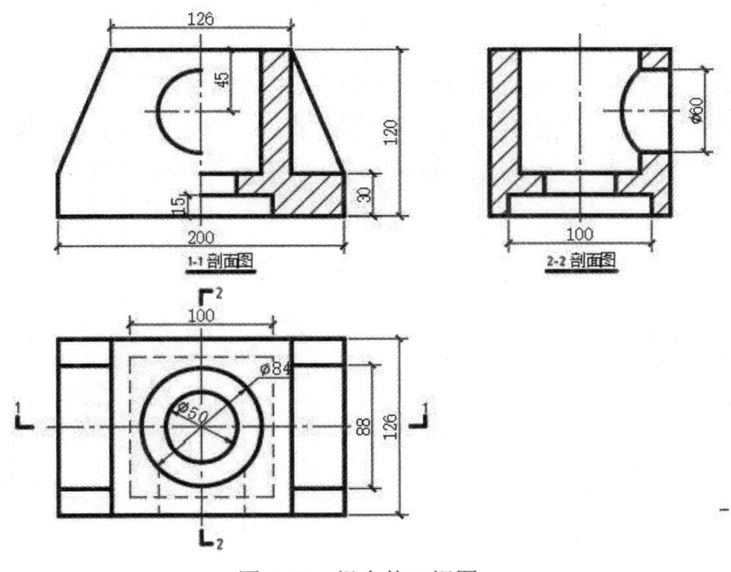

图 4-47　组合体三视图

4.12　上机实验

1. 实验目的

掌握二维图形的编辑方法，减少重复的绘图操作，以提高绘图的效率。

2. 实验内容及实验指导

打开练习四(1～10 题)，然后做以下各题：

(1) 对图 4-48 所示的图形进行如下编辑：

① 将图形沿水平方向复制，距离为 200；

② 利用比例命令，将原图缩放(放大)1.2 倍，将新复制的图形缩放到长度等于 170。

提示：后一个缩放用缩放命令中的“参照(R)”选项。

(2) 将图 4-49(a)和图 4-49(b)所示的图形，旋转成左右对称。

提示：左右对称时，正多边形的一个顶点位于圆周的最高点，旋转时必须以圆心作为旋转基点，并选择旋转命令中的“参照(R)”选项，参照角为圆心与任意顶点的连线，新角度为 90°(也可以移动光标到 90°极轴角的位置)。

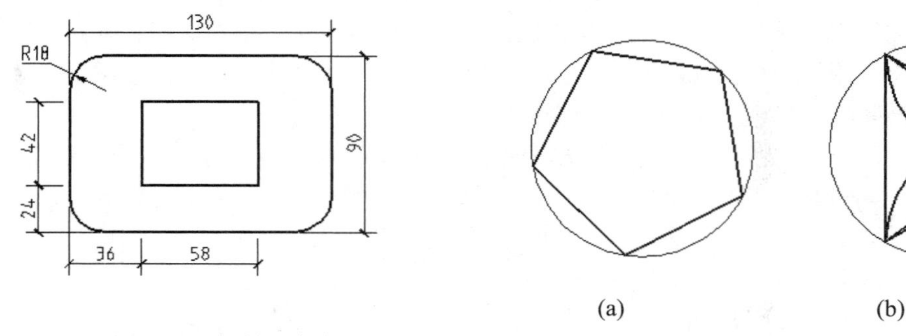

图 4-48　复制、缩放　　　　图 4-49　旋转

(3) 将图 4-50(a)所示的图形编辑成图 4-50(b)所示的图形。

提示：依次利用偏移(水平对称线向两侧偏移 6)、特性匹配(将偏移后的点划线修改成粗实线)、修剪(裁剪掉多余图线)、阵列(将修剪后的孔和槽作环形阵列)、修剪命令进行编辑。

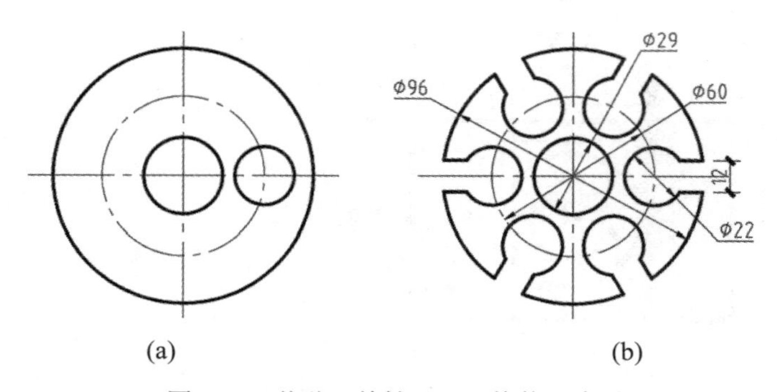

图 4-50　偏移、特性匹配、修剪、阵列

(4) 将图 4-51(a)所示的图形，通过矩形阵列命令编辑成如图 4-51(b)所示。

(5) 将图 4-52(a)所示图形，修剪成如图 4-52(b)所示。

提示：以两条公切线作为剪切边，执行修剪命令后先选择剪切边，选完后回车(或单击鼠标右键)，然后再选择要剪切的对象。注意选择要剪切的对象时必须拾取要剪掉的部分。

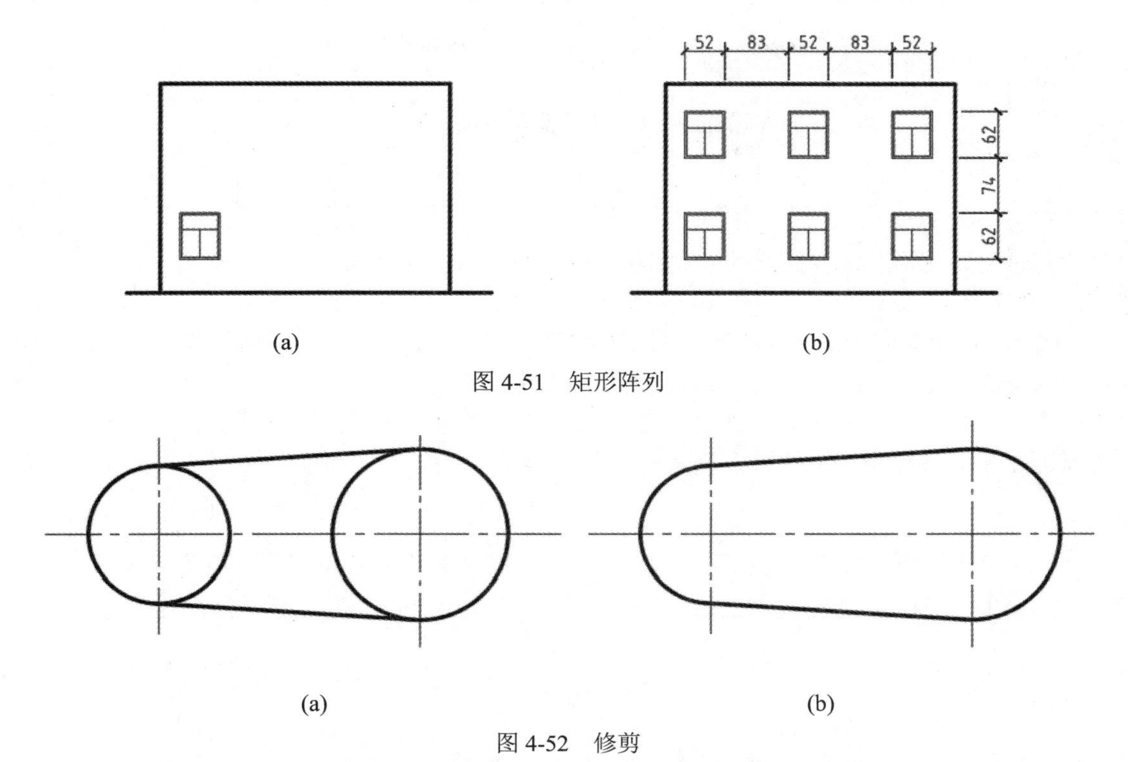

图 4-51　矩形阵列

(a)　(b)

图 4-52　修剪

(6) 用偏移、圆角、画圆、打断等命令并按照下面步骤绘制图 4-53(f)所示的图形(不注尺寸)。

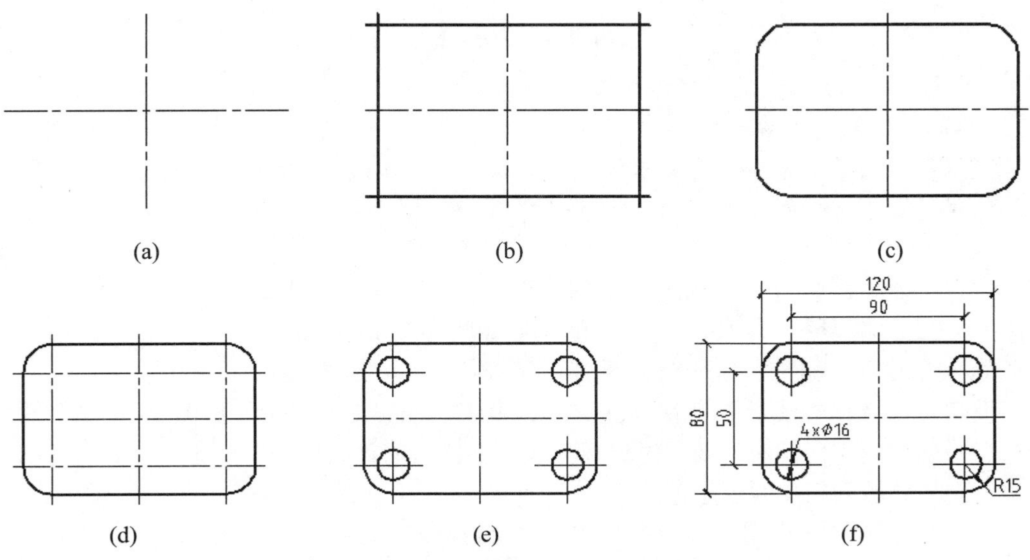

(d)　(e)　(f)

图 4-53　偏移、圆角、画圆、打断

(7) 通过延伸命令，将图 4-54(a)编辑成如图 4-54(b)所示的图形。

提示：执行延伸命令后，先选择线段要延伸到的边界线(见图 4-54(a)中的线段 A、B、C)，然后回车，再拾取要延伸对象靠近边界线的一端。

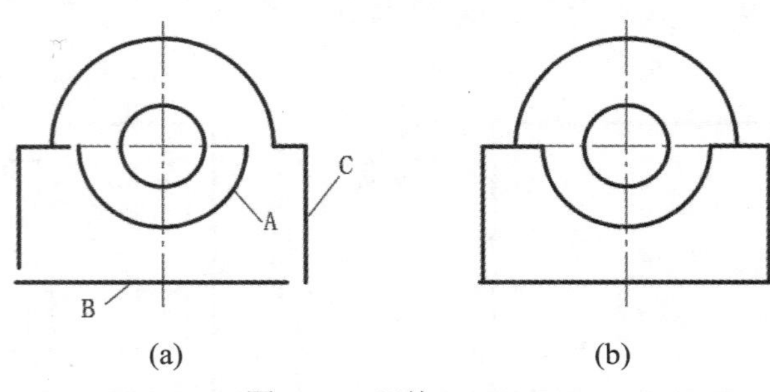

图 4-54　延伸

(8) 将图 4-55(a)所示的图形，用倒角命令、直线命令绘制桥墩顶帽抹角(尺寸见图 4-55(b))的立面图，用偏移命令完成平面图，如图 4-55(b)所示。

提示：执行倒角命令后，选择“距离(D)”选项并输入倒角两直角边的大小；之后再选择选项 M，按提示分别拾取要倒角的两条边即可。

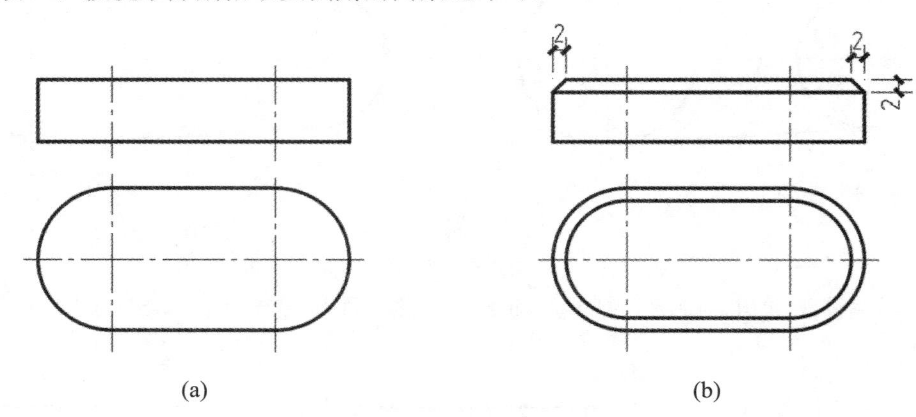

图 4-55　倒角、偏移

(9) 对图 4-56(a)所示的图形进行如下编辑：

① 编辑多线接头。

提示：单击菜单栏中的“修改”⇨“对象”⇨“多线”，弹出“多线编辑工具”对话框，从对话框中选择所需要的工具(接头形式)，然后在图形窗口中依次拾取构成该接头的两条多线。

注意：如果接头为“T”形接头，要先拾取“T”的支撑部分(相当于丁字尺的尺身)再拾取上面部分(相当于丁字尺的尺头)，编辑后如图 4-56(b)所示。

② 利用偏移、修剪、改变对象图层命令绘制门洞和窗洞。

提示：用墙体轴线进行偏移以确定门、窗洞的位置，偏移量根据图 4-60(d)中的尺寸而定。修剪窗洞和门洞时，要同时选择多线和偏移后的轴线作为剪切边，修剪后将门、窗洞边的图层修改到粗实线图层。

③ 在细实线图层上用多线命令在窗洞中绘制窗户。

提示：分两次绘制，第一次比例设为 240，绘制墙皮；第二次比例设为 80，绘制窗框。经第②、③步编辑后的图形如图 4-56(c)所示。

④ 借助极轴工具，用直线命令绘制门的开启线，完成后如图 4-56(d)所示。

提示：设极轴增量角为 45°，门的开启线长度与门洞宽度相等。

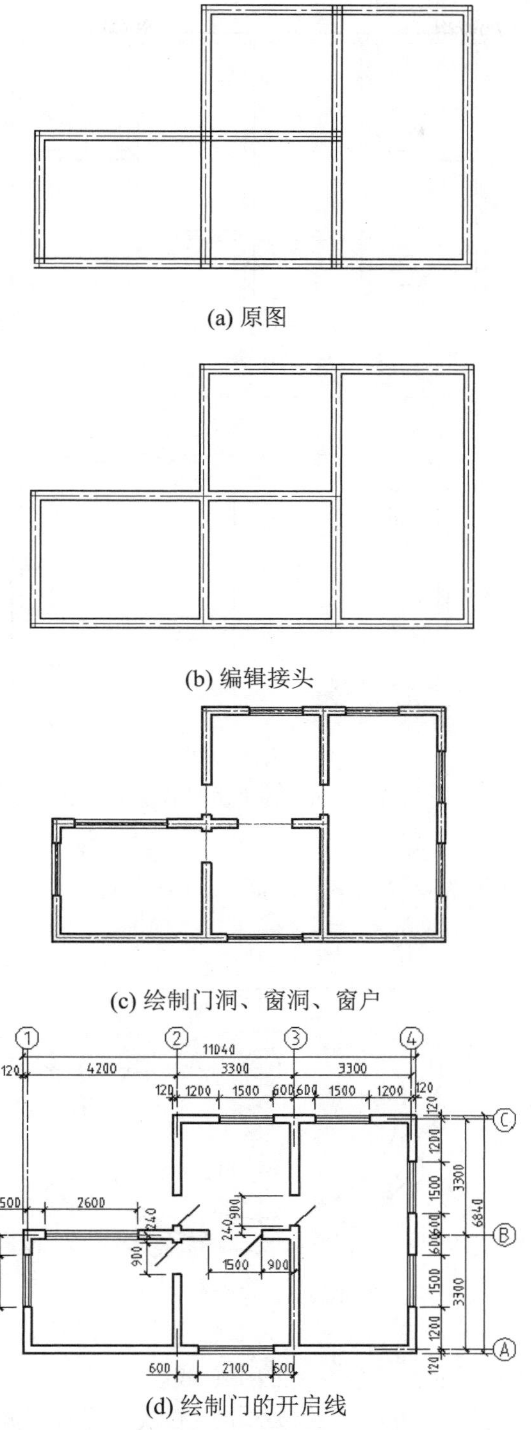

(a) 原图

(b) 编辑接头

(c) 绘制门洞、窗洞、窗户

(d) 绘制门的开启线

图 4-56　完成房屋平面图形综合练习一

(10) 按上一题的方法步骤将图 4-57(a)编辑成图 4-57(b)所示的图形(不注尺寸)。

提示：本题使用的编辑与绘图命令分别为多线编辑、偏移、修剪、改变对象图层、多线绘制、极轴绘制直线。

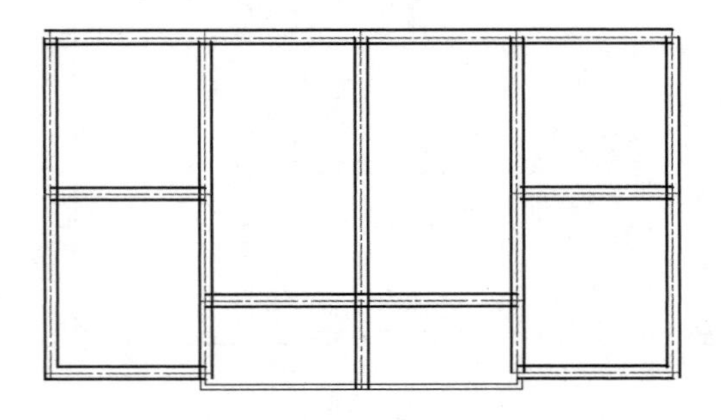

(a) 原图

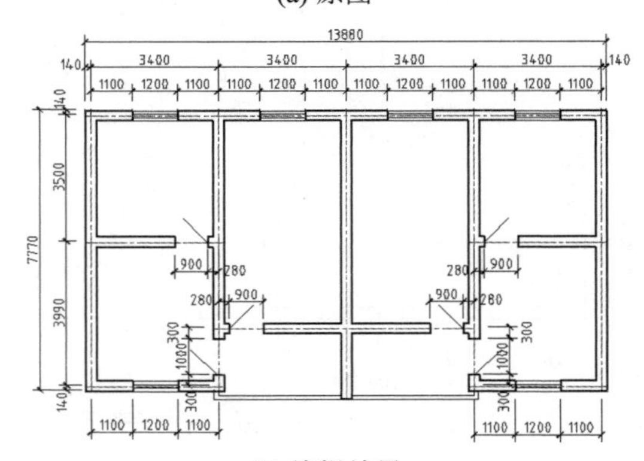

(b) 编辑结果

图 4-57　完成房屋平面图形综合练习二

3. 综合作图练习

(1) 绘制图 4-58 所示的洗脸盆的平面图形(不注尺寸)。

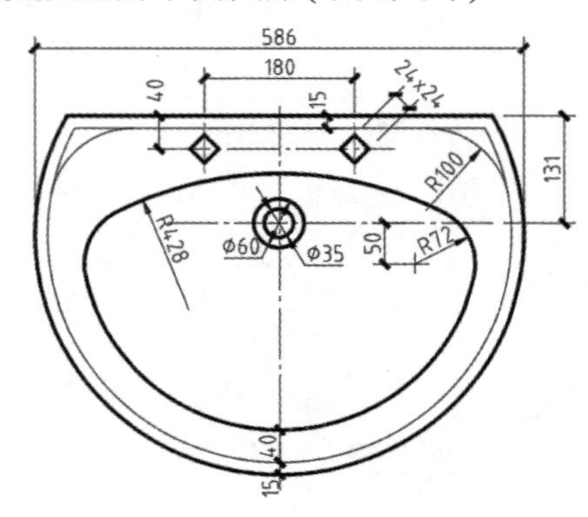

图 4-58　洗脸盆的平面图

操作提示如下：

① 绘制洗脸盆的中心线及阀门安装孔的中心线。

② 绘制洗脸盆的外轮廓ϕ586 的圆及与水平中心线平行且距离为 131 的直线。

③ 修剪圆和直线，然后将圆弧向内偏移 15 和 55，将直线向内偏移 15，并将偏移 15 所得的直线和圆弧改为细实线。

④ 绘制排水口的两个同心圆$\phi35$、$\phi60$ 和阀门的两个 24 × 24 安装孔(按正四边形绘制，外切于圆，圆直径为 24，然后将正四边形绕中心旋转 45 度)。

⑤ 确定 R72 圆的圆心，绘制 R72 的圆。

⑥ 用“相切、相切、半径”的方式绘制 R428 的圆与左右两个 R72 的圆内切，然后进行修剪。

⑦ 绘制 R100 的圆并进行修剪。

(2) 绘制如图 4-59 所示的两面投影图。

目的要求：本实验设计的两面投影图在绘图过程中，除了要用到基本的绘图命令外，还要用到“图案填充”命令和“镜像”“修剪”等编辑命令。通过本实验，学习者可进一步熟悉常见绘图与编辑命令的使用技巧，特别是“对象追踪”和“极轴”工具的使用技巧。

操作提示：

① 新建图形文件。

② 新建“粗实线”层、“中心线”层、“细实线”层和“虚线”层。

③ 利用“极轴”和“对象追踪”工具，使用矩形、圆、直线、镜像、修剪等绘图与编辑命令绘制水平投影图。

④ 利用“极轴”和“对象追踪”工具，使用直线、图案填充等命令绘制正面投影图。

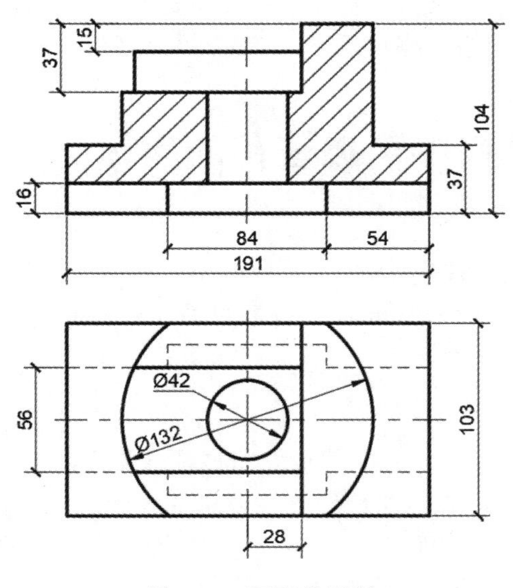

图 4-59　两面投影图

第5章

文字与表格

AutoCAD 将文字视作一种图形实体，可以用单行文字或多行文字对图的形式进行标注，并可以对已标注的文字进行相应的编辑。文字可以取自不同的字体文件，用户可以根据需要设置字样以满足使用要求。

AutoCAD 2018 提供了类似于 Word 中的表格工具，用户可以在 AutoCAD 环境中创建表格。当表格创建完成后，可以通过单击表格上的任意格线选中表格，从而使用“特性”选项板来对表格的行高或列宽进行修改。用户还可以像在 Microsoft Excel 中一样添加行或列以及合并单元格等操作。

本章将介绍以下内容：定义文字样式，标注单行文字、多行文字及特殊字符，文字编辑；创建表格样式、插入表格、编辑表格。

5.1 AutoCAD 中可以使用的字体

与一般的 Windows 应用程序不同，在 AutoCAD 中可以使用两种类型的文字，分别是 AutoCAD 专用的形字体(SHX)和 Windows 自带的 TrueType 字体。

5.1.1 形字体(SHX)

形字体的特点是字形简单，占用的计算机资源少。形字体文件的后缀是“.SHX”。AutoCAD 中提供了中国用户专用的符合国标要求的中西文工程形字体，其中有两种西文字体和一种中文长仿宋体工程字，两种西文字体的字体名分别是“gbenor.shx”和“gbeitc.shx”，前者是直体，后者是斜体。中文长仿宋体工程字的字体名是“gbcbig.shx”，中西文工程形字体如图 5-1 所示。

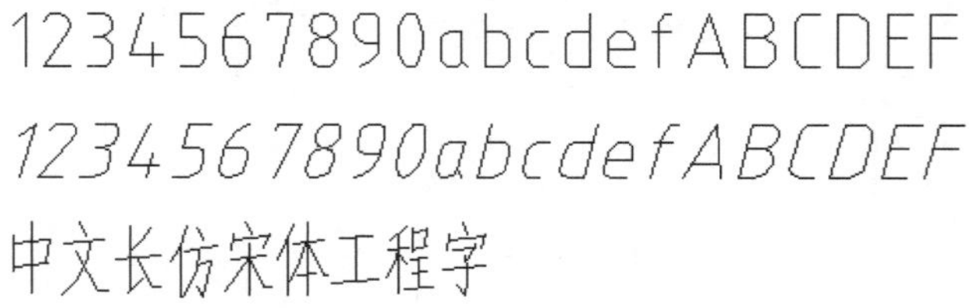

1234567890abcdefABCDEF

1234567890abcdefABCDEF

中文长仿宋体工程字

图 5-1　中西文工程形字体

5.1.2　TrueType 字体

在 Windows 操作环境下，几乎所有的 Windows 应用程序都可以直接使用由 Windows 操作系统提供的 TrueType 字体，包括宋体、黑体、楷体、仿宋体等，AutoCAD 也不例外。TrueType 字体的特点是字形美观，但是占用的计算机资源较多，对于计算机的硬件配置比较低的用户不宜使用，并且 TrueType 字体不完全符合国标对工程图用字的要求，所以一般不推荐大家使用。TrueType 字体的字形如图 5-2 所示。

中文宋体字123456abcdABCD

中文仿宋体123456abcdABCD

图 5-2　TrueType 字体

5.2　定义文字样式

AutoCAD 图形文件中的所有文字都有与之相关联的文字样式。文字样式是文字所用字体文件、字体大小、宽度比例、倾斜角度、方向、书写效果等的总和。AutoCAD 有系统默认的文字样式(Standard)。当用户在 AutoCAD 中输入文字时，系统会自动将输入的文字与当前的文字样式相关联。如果要使用其他文字样式时，可定义新的文字样式，并且将所要使用的文字样式设置为当前样式。用户可以通过文字样式来改变字体及其他文字特征。

在 AutoCAD 2018 的“草图与注释”工作空间下，激活创建“文字样式”命令的方法有：

点击菜单栏中的“格式”⇨“文字样式”。

选择功能区中的“注释”选项卡⇨“文字”面板⇨“文字样式” ↘按钮。

选择功能区中的“默认”选项卡⇨“注释”面板⇨展开面板⇨“文字样式” A按钮。

在命令行输入 Style (或 St)。

5.2.1　“文字样式”对话框

执行“文字样式”命令后，系统弹出如图 5-3 所示的“文字样式”对话框。该对话框主要包括以下内容：“样式”列表框、样式列表过滤器、“预览”框、“字体”选项区、“大小”选项区、“效果” 选项区。对各部分内容的分述如下：

1. “样式”列表框

主要用来列出当前图形文件中存在的文字样式包括已定义的样式名，并默认显示当前选择的文字样式。用户可以在该列表框内选中一种文字样式，然后单击“文字样式”对话框右侧的“置为当前”“删除”等按钮将选中的文字样式置为当前状态或删除，也可以选中一种文字样式右击，然后在弹出的快捷菜单中选择“置为当前”“重命名”“删除”而完成置为当前、重命名、删除的操作，如图 5-4 所示。

一张新图默认的文字样式名为“Standard”和“Annotative”。这两种样式都设置了字体“Arial.ttf”。如果想要使用其他字体，可以创建新的文字样式来设置字体特征，这样可以在同一个图形文件中使用多种字体，“Standard”样式不能被删除。

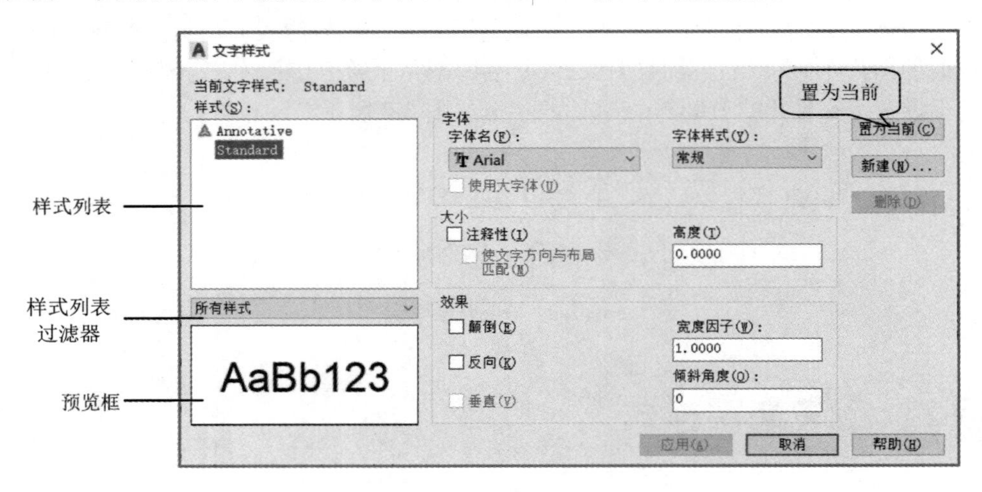

图 5-3　“文字样式”对话框

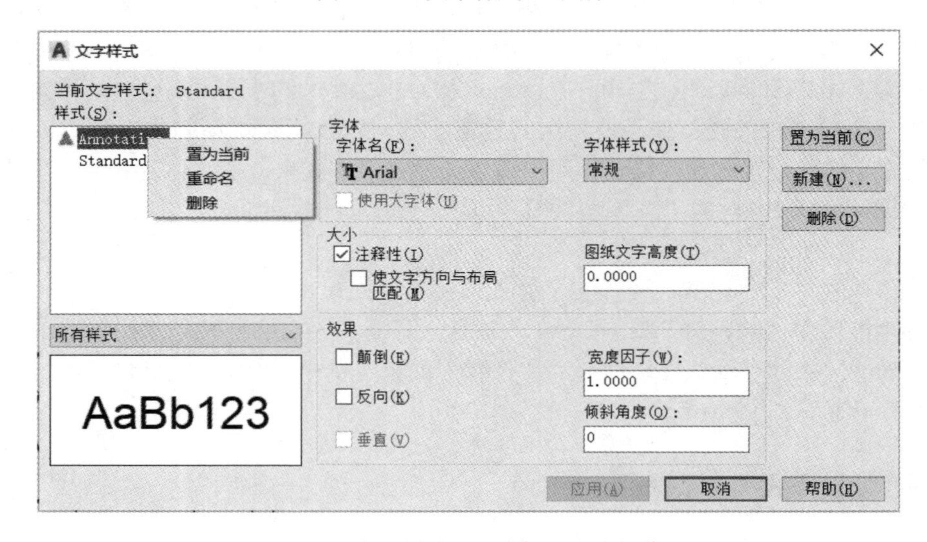

图 5-4　在“样式”列表框上右击操作

2. 样式列表过滤器

样式列表过滤器位于样式列表框和预览框之间，如图 5-3 所示。单击显示一下拉列表，指定“所有样式”与“正在使用的样式”显示在“样式”列表中。如果当前图形文件中的所有样式均被使用，则无论选择“所有样式”还是选择“正在使用的样式”，在“样式”列表中显示的效果都一样。

3. 预览框

该框用来显示所选定的文字样式的样例文字。

4. “新建”按钮

单击“新建”按钮，弹出“新建文字样式”对话框如图 5-5 所示。该对话框可用于为新建的文字样式定义样式名。新建的样式名默认为“样式 1”，样式名用户可以改变。

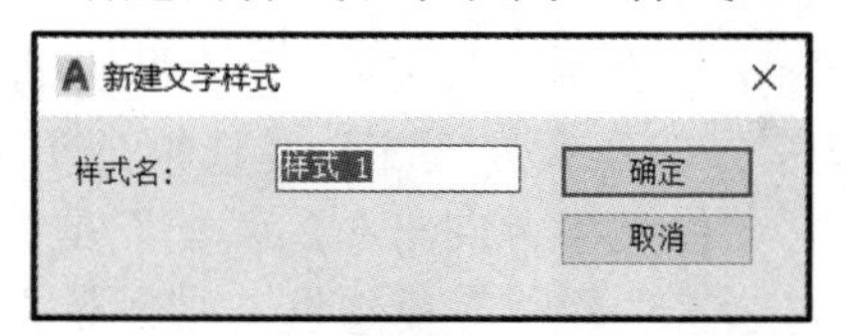

图 5-5　“新建文字样式”对话框

5. “字体”选项区

1) “字体名”下拉列表框

在该列表框内列有可供选用的字体文件。字体文件包括所有注册的 TrueType 字体和 AutoCAD Fonts 文件夹下 AutoCAD 已编译的所有形字体(SHX)(包括某些专为亚洲国家设计的“大字体”文件)的字体名，如图 5-6 所示。

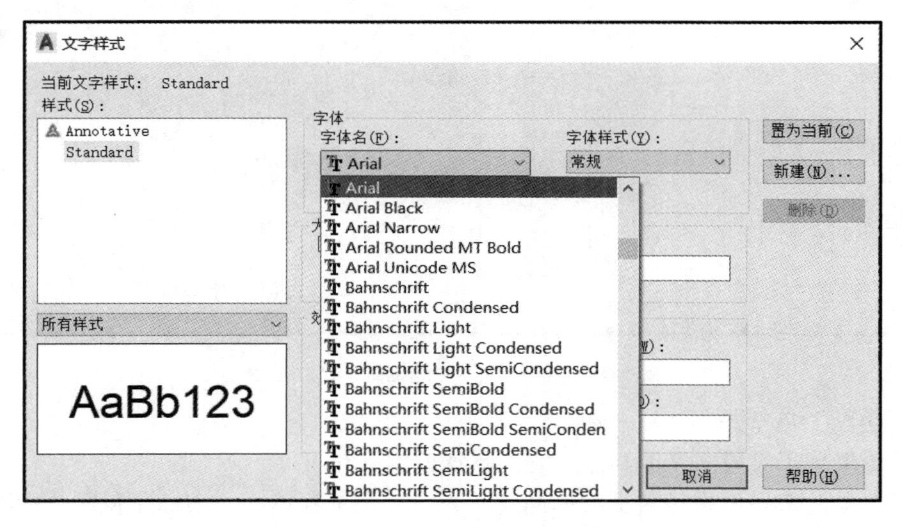

图 5-6　“字体名”下拉列表框

其中字体名前带有 者为 TrueType 字体，带有 者为形字体(SHX)。

形字体(SHX)设定的是西文及数字的字体，其中的“gbenor.shx”和“gbeitc.shx”是符合国标要求的工程字体，前者是直体，后者是斜体。

字体名前带有“@”者，为竖式字体，当文字竖向书写时可选用这种字体。

2) “使用大字体”复选框

该选框指定亚洲语言的大字体文件，用于创建包含大字体的文字样式。TrueType 字体不能使用大字体，只有选择形字体(SHX)时，才能使用该复选框，也只有选中该复选框，才能使用大字体。这时可从“字体样式”下拉列表中选择所要使用的大字符集字体，工程图中工程字使用的中文大字体名为“gbcbig.shx”。

当“使用大字体”复选框被选中时，“字体名”变为“SHX 字体”，下拉列表中只有 SHX 字体，没有 TrueType 字体。

6. “大小”选项区

该选项主要用来更改文字样式中文字的高度。

1) “注释性”复选框

“注释性”复选框处于选中状态时，“样式”列表框内处于修改状态的文字样式前面会添加一个 ，并且“使文字方向与布局匹配”复选框处于可选状态，“高度”变为“图纸文字高度”，如图 5-7 所示。“使文字方向与布局匹配”是指图纸空间视口中的文字方向与布局方向相匹配，如果不勾选“注释性”复选框，则“使文字方向与布局匹配”复选框处于灰色不可用状态。

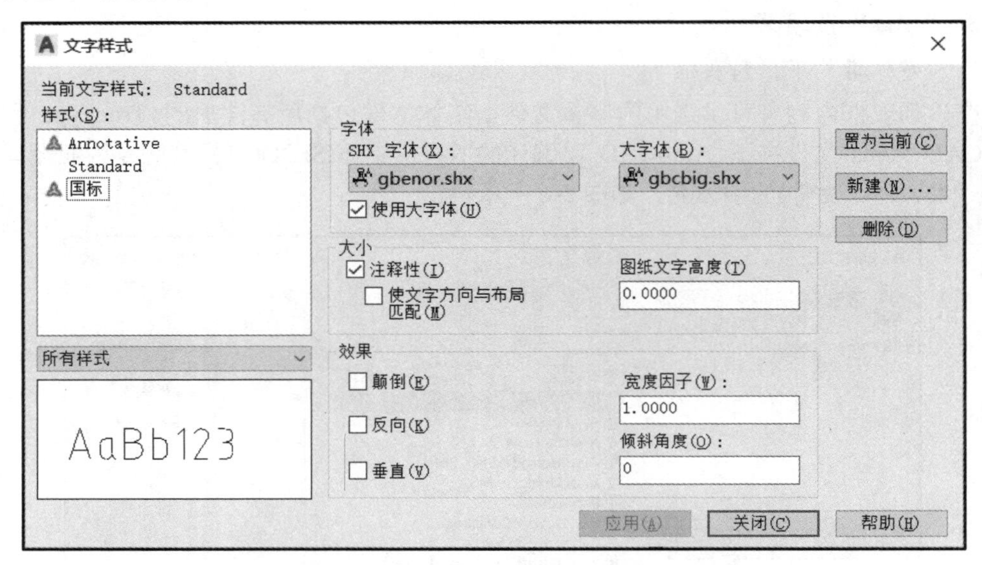

图 5-7 “注释性”复选框处于选中状态

2) “高度”编辑框

此编辑框用于设置文字的高度，它的默认值为 0。

注意：若此编辑框内设置文字的高度不为 0，在进行单行文字标注和尺寸标注的操作过程中，系统将以此高度进行标注而不再要求输入字体的高度，这会给文字和尺寸的标注带来不便，一般情况下最好不要改变它的默认值“0”。

7. “效果”选项区

该区用来设置修改字体的有关特性。

(1) “颠倒”复选框：书写的文字上下颠倒。

(2) “反向”复选框：书写的文字左右颠倒。

(3) “垂直”复选框：按垂直对齐书写文字。

(4) “倾斜角度”编辑框：该框用于指定文字的倾斜角。

(5) “宽度因子”编辑框：该框用于指定文字宽度和高度的比值。长仿宋体的宽高比例约为 0.7 或 0.75，但对于大字体“gbcbig.shx”来说，其字形本身就是工程字体，所以其宽度因子保持默认值 1 就可以了。

对文字的各种设置效果样例如图 5-8 所示。

计算机绘图	计算机绘图	计算机绘图	计算机绘图
宽度因子=1	倾斜角度=0°	文字反向	
计算机绘图	计算机绘图	计算机绘图	
宽度因子=0.7	倾斜角度=15°	文字颠倒	文字垂直

图 5-8　对文字的各种设置效果样例

注意：“垂直”复选框显示垂直对齐的字符。只有在选定字体支持双向时垂直才可用，TrueType 字体不可使用“垂直”选项；在“倾斜角度”编辑框内设置文字的倾斜角，允许的输入值范围是 -85° 到 85° 之间的一个值。

5.2.2　定义文字样式的操作举例

定义字样：字体为仿宋字(T 仿宋)，样式名为 fsz，文字宽度因子为 0.7，文字倾斜角度为 15°。操作步骤如下：

(1) 选择功能区中的“注释”选项卡⇨“文字”面板⇨“文字样式” ↘ 按钮，打开“文字样式”对话框。

(2) 在“文字样式”对话框中，单击“新建”按钮，弹出“新建文字样式”对话框，在“样式名”文本框中输入“fsz”，并单击“确定”按钮。

(3) 确保不要选中“使用大字体”复选框，然后在字体名下拉列表框中选择“T 仿宋”字体文件。

(4) 在“倾斜角度”编辑框内输入 15°；在“宽度因子”编辑框内输入 0.7。

(5) 单击“应用”按钮，完成文字样式的设置。

(6) 单击“关闭”按钮，退出“文字样式”对话框，完成文字样式定义操作。图 5-9 为该样式的范例。

文字样式定义结束后，便可以进行文字书写了。

计算机绘图

图 5-9　文字样式范例

5.2.3　定义工程图样上的文字样式

工程图样上所写的文字应符合国家有关制图标准的规定。下面在 AutoCAD 中定义符合国家标准规定的工程字，文字样式名为“工程字”，西文字体设成“gbenor.shx”，中文字体采用大字体“gbcbig.shx”，操作过程如下：

(1) 选择菜单栏中的“格式”⇨“文字样式”(或单击功能区中的“注释”选项卡⇨“文字”面板⇨“文字样式” ↘ 按钮)，弹出“文字样式”对话框。

(2) 单击“新建”按钮，弹出“新建文字样式”对话框，在“样式名”文本框中，将默认的样式名“样式 1”改为“工程字”，并单击“确定”按钮。

(3) 在“字体”选项区的“SHX 字体”下拉列表中选择“gbenor.shx”，确保勾选“使用大字体”复选框，然后在“大字体”的下拉列表中选择“gbcbig.shx”。

(4) 确保“宽度比例”为 1，定义工作完成，此时对话框如图 5-10 所示。

(5) 单击“应用”按钮，再单击“关闭”按钮，关闭对话框回到图形窗口。

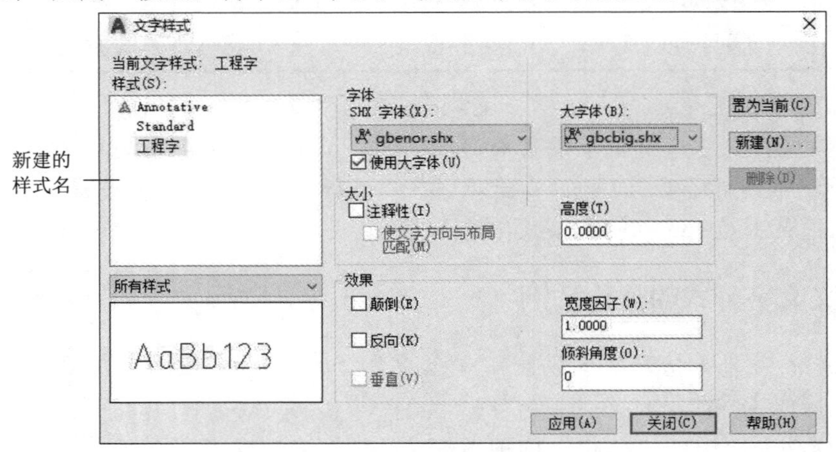

图 5-10 定义工程图样上的文字样式

注意：此样式能够同时满足国家制图标准对工程图样上书写汉字和尺寸的要求，但对技术要求中出现的其他特殊符号和字母的标注，还需特殊的标注方法，这些将在 5.3.3 章节中介绍。

5.3 文字输入

AutoCAD 提供了两种输入文字的工具，分别是单行文字(Dtext 或 text)和多行文字(Mtext)。对简短的输入项可以使用单行文字，对于较长的文字或带有内部格式的文字则使用多行文字比较合适。

单行文字与多行文字的使用区别在于单行文字命令是在绘图区的指定位置标注文字，使用一次单行文字命令，可标注出单行(一行)文字或通过换行操作标注出多个单行文字。这些单行文字的每行都是独立的对象，可分别对它们进行编辑操作。多行文字命令是在绘图区的指定区域标注段落性(包含多个文本行)文字。使用多行文字命令标注的多行文字是一个对象，对这个对象可作整体的编辑、修改操作。为此，把使用单行文字命令(Dtext)标注的文字称为单行文字，把使用多行文字命令(Mtext)标注的文字称为多行文字，下面分别对单行文字命令、多行文字命令的使用和操作进行介绍。

5.3.1 单行文字输入

1. 执行命令的方式

执行标注单行文字命令的方式如下：

- 点击菜单栏中的“绘图”⇨“文字”⇨“单行文字”。
- 选择功能区中的“默认”选项卡⇨“注释”面板⇨ 单行文字 (如图 5-11 所示)。
- 选择功能区中的“注释”选项卡⇨“文字”面板⇨ 单行文字 (如图 5-12 所示)。
- 在命令行输入 Dtext(或 text、dt)↙。

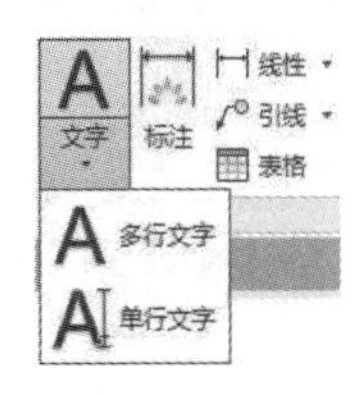

图 5-11　功能区注释面板

图 5-12　功能区文字面板

2. 命令选项

单行文字命令被执行后，命令行中显示如下提示：

命令：text

当前文字样式：“Standard”文字高度：2.5000　注释性：否　对正：左

指定文字的起点或 [对正(J) 样式(S)]

各选项的含义如下：

1) 指定文字的起点

要求指定文字行中第一个字符的起点。若刚输入完一单行文字，直接按回车则将第一个字符的插入点定位于刚刚输入文字的左下方。选择该选项后的系统提示如下：

指定高度<当前高度值>：要求指定文字的书写高度。可键入，也可通过在屏幕上指定两点的方式输入(若在“文字样式”对话框中指定了文字高度，则无此提示)。

指定文字的旋转角度 <0>：要求指定文字行的倾斜方向。

输入文字：输入要书写的文字内容。

输入文字：若按回车键，则结束一个文本行的文字输入；回车后继续输入下一行文字内容，则实现了换行操作；也可通过移动鼠标并单击，来改变文字的输入位置；也可再按回车键，结束单行文字输入命令。

2) 样式(S)

该选项用于指定要输入的文字样式。选择该选项后系统提示如下：

输入样式名或 [?] <当前样式>：可按回车接受<当前样式>，或直接输入文字的样式名，重新指定当前的文字样式；还可键入“？”响应提示，系统将打开文本窗口，列出已定义过的所有文字样式名及相关信息。

3) 对正(J)

该选项用于控制文字的对正样式。文字可以以指定一点的对正方式注写(共有 13 种样式供选择)，也可以通过指定两点(文字行的起点和终点)的对正方式注写(有 2 种样式供选择)。AutoCAD 在提供这些对正样式时，为文字行定义了 4 条直线，这 4 条直线如图 5-13 所示，从上往下排列依次称为：顶线(Top Line)、中线(Middle Line)、基线(Base Line)和底线(Bottom Line)。各种对正样式就是以其中一条直线的左点、中点和右点为指定点来定义的。各种文字对正样式的代号、名称及位置如图 5-13 所示。

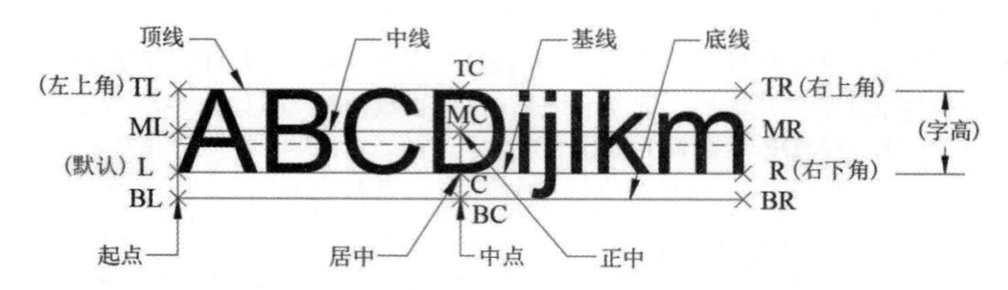

图 5-13　文字对正样式的代号、名称及位置

选择“对正(J)”选项后，命令行中显示各对正样式如下：

j 输入选项 [左(L)/居中(C)/右(R)/对齐(A)/中间(M)/布满(F)/左上(TL)/中上(TC)/右上(TR)/左中(ML)/正中(MC)/右中(MR)/左下(BL)/中下(BC)/右下(BR)]：

可根据所注文字的位置特点，选择恰当的对正样式。默认的对正样式为左对正，图 5-14 列举了几种以不同对正样式注写的文字。

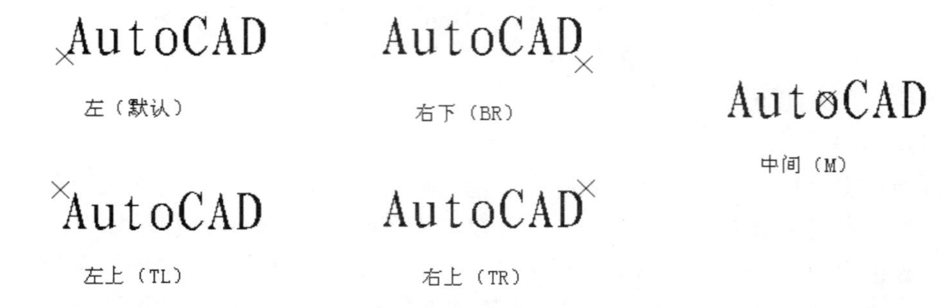

图 5-14　用几种不同的对正样式注写的文字

图 5-15 所示为以指定两点的对正方式(对齐(A)和布满(F))注写的文字。

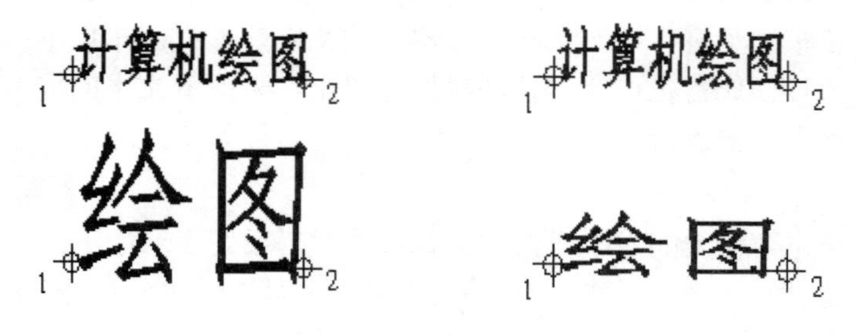

(a) 对齐(A)样式　　　　(b) 调整(F)样式

图 5-15　文字行位于基线的两点之间

此时文字行根据指定的两点间的距离、字符数自动调整文字的高度或宽度。其中：

对齐(A)是通过指定文字行基线的起点和终点来确定文字的高度和方向，见图 5-15(a)。该对正样式，使文字行位于指定基线的起点和终点之间，并且保持文字的高宽比例不变，文字的高度根据文字行中字符的多少自动调整。字符串越长，文字的高度越小。

布满(F)是通过指定文字行基线的起点和终点来确定文字的宽度和方向，见图 5-15(b)。该对正样式，使文字行位于指定基线的起点和终点之间，文字高度保持不变，文字的宽度根据文字行中字符的多少自动调整。字符串越长，文字的宽度越窄。

注：这些对正样式在注写文字时是很有用的。在特殊区域或特定的环境下，需要采用特殊的文字对正样式。

【例 5-1】 以 5.2.3 节定义的“工程字”字样，采用默认的左对正样式，书写图 5-16 所示标题栏中的“制图”“审核”，文字高度为 5。

操作步骤如下：

首先打开“文字样式”下拉列表框，将定义的“工程字”样式置为当前。

在命令行输入 dt↙，或点击菜单栏中的“绘图”➪“文字”➪“单行文字”，则命令行显示如下：

命令：text

当前文字样式：“工程字”　文字高度：2.5000　注释性：否　对正：左

指定文字的起点或 [对正(J)/样式(S)]：(在要写字的表格内高度的 1/4 且靠左边线适当位置处指定一点作为文字输入的左下角基点)

指定高度 <2.5000>：5 ↙

指定文字的旋转角度 <0>：↙

此时命令行为空白，光标在文字基点处闪烁，等待输入文字。在当前光标处输入下面的文字内容：

制图　↙

审核　↙

↙(回车，光标换行)

↙(回车，结束操作)

注：一次按回车响应“输入文字：”，实现换行操作；两次按回车响应“输入文字：”，结束标注文字操作。

【例 5-2】 以中间对齐的方式书写图名栏中如图 5-16 所示的“建筑施工图”，文字高度为 10。

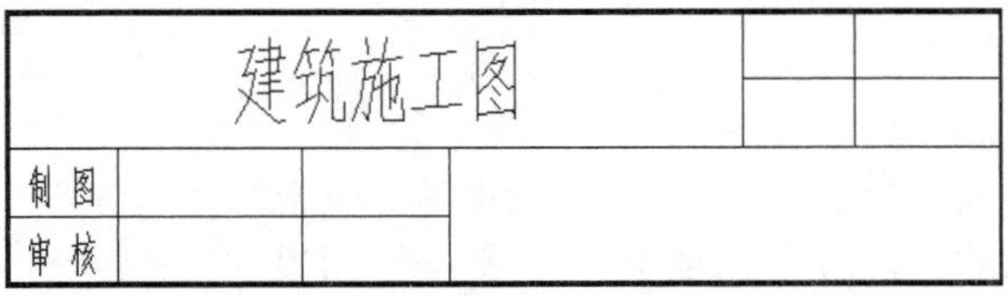

建筑施工图				
制图				
审核				

图 5-16　文字书写举例

操作步骤如下：

在命令行输入 dt ↙，或点击菜单栏中的“绘图”➪“文字”➪“单行文字”，则命令行显示如下：

命令：text

当前文字样式：“工程字” 当前文字高度：5.000 注释性：否　对正：左

指定文字的起点或 [对正(J)/样式(S)]：J↙

输入选项 [左(L)/居中(C)/右(R)/对齐(A)/中间(M)/布满(F)/左上(TL)/中上(TC)/右上(TR)/左中(ML)/正中(MC)/右中(MR)/左下(BL)/中下(BC)/右下(BR)]：M↙

指定文字的中心点：(拾取图名栏的中心点，可利用对角线获得)

指定高度 <5.0000>： 10↙

指定文字的旋转角度 <0>：↙(回车取默认值)

建筑施工图↙

↙（回车换行）

↙（回车结束操作）

操作结果如图 5-16 所示。

注：采用哪种对正样式书写文字要根据具体情况而定。当在图 5-17(a)中标高符号的上方注写标高值 12.500 时，宜采用 BR(右下)对正样式书写；当在图 5-17(b)所示的标高符号下方注写标高值 12.500 时，采用 TL(左上)对正样式比较方便；在图 5-16 的表格中写字时，宜采用中间(M)对正。

(a) 文字宜用BR对正 (b) 文字宜用TL对正

图 5-17 文字对正样式的选择

5.3.2 多行文字输入

对于较长的文字或带有内部格式的文字，可以使用多行文字工具输入。多行文字实际上是通过一个类似于 Word 软件的编辑器输入。多行文字由任意数目的文本行或段落组成，布满指定的宽度，并且可以沿垂直方向向下无限延伸。多行文字的编辑选项比单行文字多，例如，用户可以对段落中的任意字符或短语进行下划线、字体、颜色和高度的修改，也可以通过控制文字框来控制文字的行长和段落的位置。

1. 标注多行文字命令的执行方式

标注多行文字命令的执行方式如下：

- 点击菜单栏中的“绘图”⇨“文字”⇨“多行文字”。
- 选择功能区中的“默认”选项卡⇨“注释”面板⇨文字⇨A多行文字(见图 5-11)。
- 选择功能区中的“注释”选项卡⇨“文字”面板⇨单行文字⇨A多行文字(见图 5-12)。
- 在命令行输入 mt(或 mtext)↙。

使用多行文字命令注写文字，系统首先要求在绘图区指定注写文字的区域，即文字框。文字框是通过指定其两个对角顶点来确定的。定义文字框的操作如下：

执行多行文字命令后，在命令行中显示：

命令：mtext

当前文字样式：“Standard”文字高度：2.5 注释性：否

指定第一角点：(此时，十字光标右下角出现“abc”字样，用鼠标在所要写字的区域指定一点作为文字框的第一角点，然后移动鼠标，系统显示出一个矩形框(称为文字框)以表示多行文字的位置和文字行的长度，在矩形框内用一箭头指示出文字的段落方向，如图 5-18 所示)。

指定对角点或[高度(H)/对正(J)/行距(L)/旋转(R)/样式(S)/宽度(W)]：(在适当的位置指定另一点作为文字框的对角顶点)

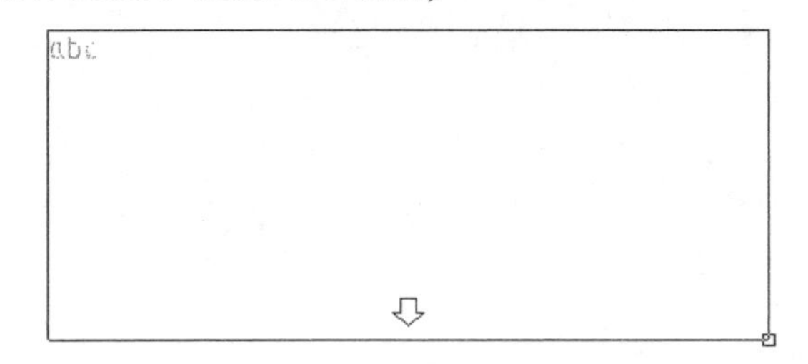

图 5-18　文字框

2. 输入文字

当给出文字框的对角顶点后，系统弹出“文字编辑器”选项卡，进入多行文字输入界面，如图 5-19 所示。文本编辑窗口就是指定的文字框，窗口上方有一标尺，可以通过拉动标尺右边的箭头来改变文字框的长度。现在可以在文本编辑窗口中输入和编辑所需的文字，输入完毕单击“关闭文本编辑器”按钮即可。假设用户已经输入了某图纸的附注说明，文字高度为 20，如图 5-20 所示，单击“关闭文本编辑器”按钮，多行文字输入的结果如图 5-21 所示。

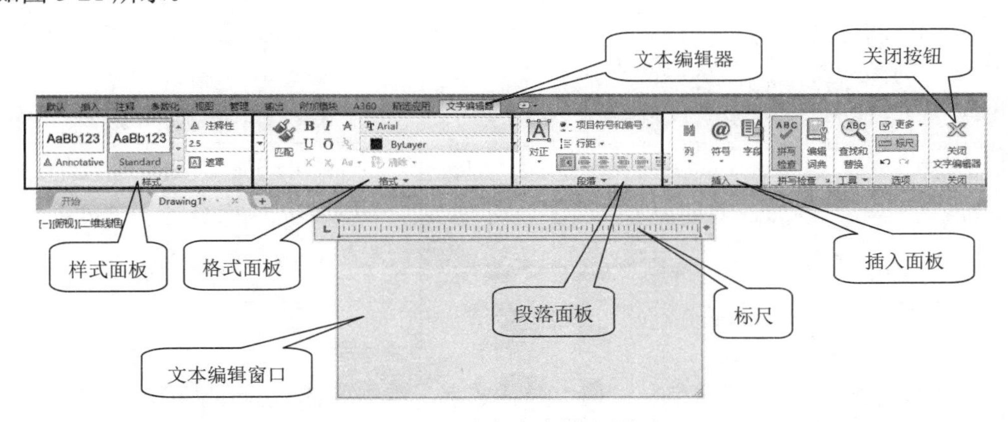

图 5-19　多行文字输入界面

图 5-20　输入的文字

说明：

本工程所有卫生间楼地面均比同层基准楼地面低20mm，所有阳台楼地面均比同层基准楼地面低40mm。

图 5-21　多行文字输入的结果

文字编辑器包含“样式”“格式”“段落”“插入”“拼写检查”“工具”“选项”“关闭”等面板。下面介绍一下各个面板的使用。

1)“样式”面板

该面板的左边为已定义的文字样式，选中某一种文字样式，文本窗口中的文字就变成所选中的样式；单击中间列的向下箭头 可以显示已定义的所有文字样式。右边中间为字高，要改变字高，先选中文字窗口中的文字，然后在字高文本框中输入高度值，或者在字高下拉列表中选择一种高度，则该高度便被赋予所选中的文字。

2)“格式”面板

该面板中的右上角为字体文件名下拉列表框，用于修改选中文字的字体；字体文件下拉列表框的下面为颜色下拉列表框，用于改变选中字体的颜色；左边可以给选中的文字加粗，使文字由直体变斜体(或者由斜体变直体)，给文字加删除线、下划线、上划线，将选中的文字变成上角标、下角标，将选中的字符全部变成大写(或小写)，左上角的 按钮为特性匹配，用于将已选中的文字的特性复制到其他待选的文字中；展开格式面板 格式 ▾ 可以修改选中文字的倾斜度、字间距、字宽； 用于打开或关闭堆叠格式(堆叠是一种垂直对齐的文字或分数)，使用时需要分别输入分子与分母，其间使用“^”“/”或“#”分隔，然后选中该部分，单击 即可。例如，要创建 $\Phi100^{+0.02}_{-0.06}$，可先输入 Φ100 + 0.02^–0.06，然后选中“+0.02^-0.06”并单击 按钮即可。分隔符“^”“/”或“#”的堆叠效果如表 5-1 所示。

表 5-1　堆叠的效果

输入的内容	堆叠的效果
Φ 100 + 0.02^ -0.06	$\Phi100^{+0.02}_{-0.06}$
3/4	$\frac{3}{4}$
3#4	3 / 4

注：如果需要编辑堆叠文字，可选中堆叠文字，单击鼠标右键并从弹出的快捷菜单中选择“堆叠特性”菜单项即可打开堆叠特性对话框，如图 5-22 所示。在“堆叠特性”对话框中可以编辑堆叠文字以及修改堆叠文字的类型、位置、大小等设置。

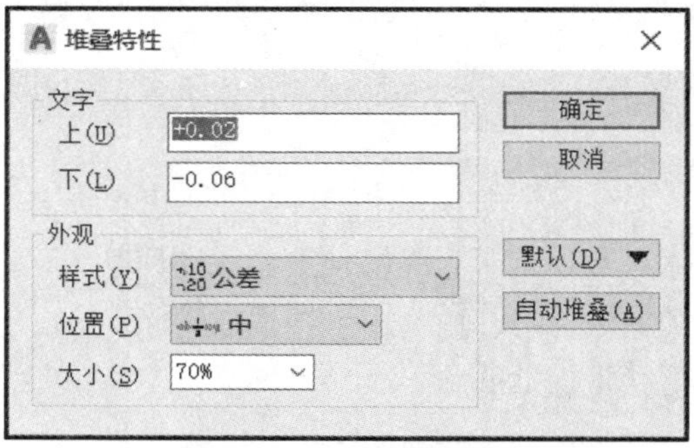

堆叠特性
文字
上(U) +0.02
下(L) -0.06
外观
样式(Y) 公差
位置(P) 中
大小(S) 70%
确定
取消
默认(D)
自动堆叠(A)

图 5-22　“堆叠特性”对话框

3) “段落”面板

该面板用于给段落添加项目符号，设置行距，排版对齐，段落首行缩进，设置段前、段后值等。段落首行缩进，设置段前、段后值等需单击“段落面板”右下角的↘按钮，在弹出的“段落”对话框中设置。

4) “插入”面板

该面板用于分栏、输入特殊符号等。例如，在“插入”面板上，单击“符号”按钮，出现常用的特殊符号及其控制码的列表，如图 5-23 所示。用户可以根据需要在列表中选择。

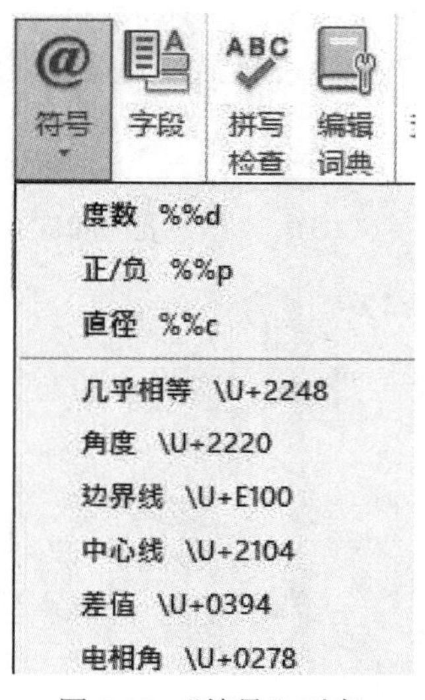

图 5-23 “符号”列表

5) “拼写检查”面板

该面板用于输入英文时的拼写检查。

6) “工具”面板

该面板用于查找和替换。

7) “选项”面板

其中的“标尺”按钮 标尺：可以打开或关闭标尺显示，用户可以像在 Word 软件中一样通过拖动标尺右端的箭头改变文字窗口的宽度，还可以通过拖动标尺上的滑块来修改段落缩进。

注：除了上述方法之外，使用 Windows 系统中的“复制+粘贴”操作，也可以将预先录入好的大段文字粘贴到多行文字编辑器中。

5.3.3 特殊字符输入

输入多行文字时，可以通过“文字编辑器”中的“符号”列表输入特殊字符，而对于单行文字，则必须通过控制码来输入特殊字符。在键盘上直接输入这些控制码可以达到标注特殊字符的目的。AutoCAD 提供的常见符号及其控制码列表如表 5-2 所示。

表 5-2　特殊字符的控制码

控制码	相应符号及功能	控制码	相应符号及功能
%%c	用于生成直径符号“Φ”	%%U	打开或关闭文字下划线功能
%%d	用于生成角度符号“°”	\U+2220	用于生成角符号“∠”
%%p	用于生成正负符号“±”	\U+00B2	用于生成平方符号“²”
%%%	用于生成百分符号“%”	\U+00B3	用于生成立方符号“³”
%%O	打开或关闭文字上划线功能		

【例 5-3】利用单行文字命令标注图 5-24 所示的字符与符号。

激活注写“单行文字”命令后，命令行提示及操作提示如下：

命令：text

当前文字样式：“工程字”　文字高度：2.5000　注释性：否　对正：左

指定文字的起点或 [对正(J)/样式(S)]：(在图形窗口中指定一点)

指定高度 <2.5000>：5↙

指定文字的旋转角度 <0>：↙(水平书写)

输入文字：%%c50%%p0.02↙(控制码表示的字符与符号)

输入文字：↙(回车换行)

输入文字：↙(回车结束操作)

执行结果如图 5-24 所示。

Φ50±0.02

图 5-24　用控制码标注的特殊字符

5.4　文字编辑

文字输入的内容和样式不可能一次就达到用户的要求，有时需要进行反复的调整与修改。此时就需要在原有文字的基础上对文字对象进行编辑。

5.4.1　编辑单行文字

对于单行文字，只需在文字上双击，文字就进入编辑状态，如图 5-25 所示。

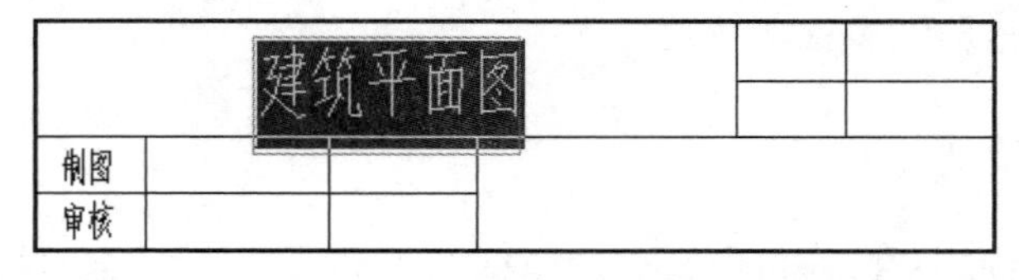

图 5-25　进入编辑状态的单行文字

在编辑状态下可以任意修改文字的内容，修改完成后，只需直接回车即可进行下一个文字对象的编辑，连续两次回车即可结束编辑命令。

采用双击的方法对单行文本进行编辑，只能修改文字的内容，不能修改文字的其他特性。若要修改文字的其他特性，可以使用“特性”工具，先选中要编辑的文字，然后单击“标准”工具栏上的“特性”菜单项，(或右击鼠标在出现的快捷菜单内选择“特性”)，弹出“特性”对话框，如图 5-26 所示。在“特性”对话框中，不但可以修改文字的内容，还可以修改文字的样式、高度、旋转角、宽度比例、倾斜角、文字颜色、文字所在图层等特性。

另外也可以在状态栏内启用“快捷特性”功能，选中要编辑的文字(如计算机绘图)，在出现的快捷特性面板上对文字的图层、内容、文字样式、对正方式、文字高度、旋转角度等做相应的修改，如图 5-27 所示。

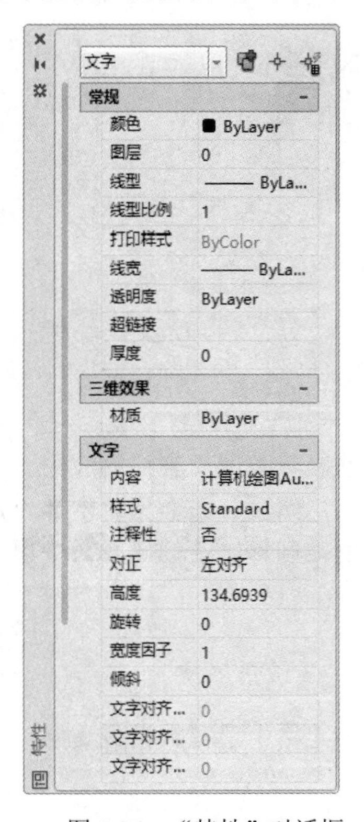

图 5-26　“特性”对话框

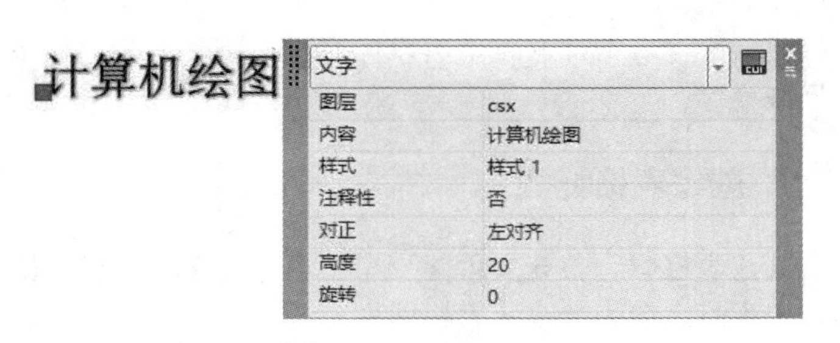

图 5-27　利用“快捷特性”修改文字属性

5.4.2　编辑多行文字

双击要编辑的多行文字，弹出“文字编辑器”。在“文字编辑器”中，不但可以修改文字的内容，还可以像 Word 字处理软件一样对文字的字体、字高、加粗、倾斜、下划线、颜色、堆叠样式、文字样式、缩进、对齐等特性进行编辑，编辑完成后只需单击“确定”按钮即可。

【例 5-4】将如图 5-21 所示的多行文字中第一行“说明：”的字高改为 10；将“20 mm 与 40 mm”改为“0.02 m 与 0.04 m”。操作过程如下：

双击要编辑的多行文字，弹出“文字编辑器”，如图 5-20 所示。选中第一行的文字

“说明”，然后在“文字高度”列表框中输入“10”；接着选中第二行中的“20 mm，”然后按退格键将其删除，并输入“0.02 m；”，编辑完后如图 5-28 所示，最后单击“关闭文字编辑器”按钮即可。

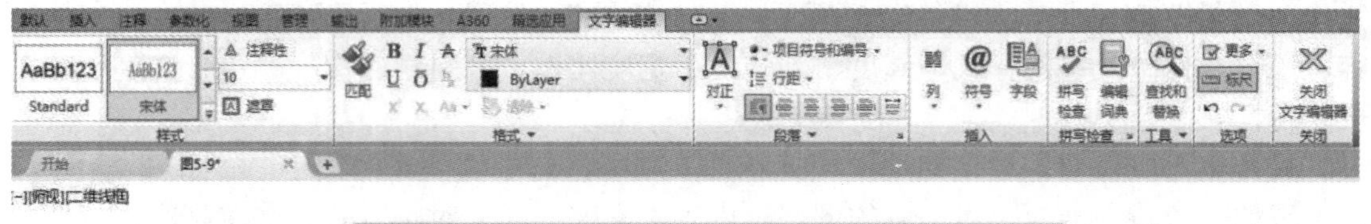

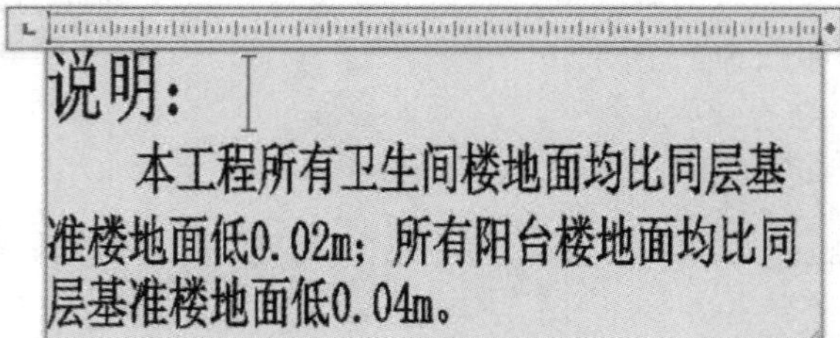

图 5-28 编辑多行文字

5.5 创建表格

在工程图中经常需要使用表格，如标题栏、门窗表、钢筋表等都属于表格的应用。用户可以利用 AutoCAD 提供的表格工具设置所需要的表格样式，然后在图形窗口中插入设置好样式的空表格，并且还可以像 Word 中的表格一样很方便地向该表格的单元格中填写数据或文字。

5.5.1 创建表格样式

创建表格时，首先要创建一个空表格，然后在该表格的单元格中填写数据或文字，在创建空表格之前先要设置表格的样式。

1. 设置表格样式

设置表格样式需要执行表格样式命令，执行表格样式命令的方式如下：

- 点击菜单栏中的“格式”⇨“表格样式”。
- 选择功能区中的“默认”选项卡⇨“注释”面板⇨“表格样式”按钮。
- 选择功能区中的“注释”选项卡⇨“表格”面板⇨“表格样式”按钮。
- 在命令行输入 ts(或 tablestyle)。

执行“表格样式”命令后，会弹出“表格样式”对话框，如图 5-29 所示。

在“表格样式”对话框的“样式”列表框中有一个“Standard”的表格样式，“Standard”的表格样式是 AutoCAD 默认的表格样式。要创建用户想要的表格样式，可单击“新建”按钮，在弹出的“创建新的表格样式”对话框中创建新的表格样式，如图 5-30 所示。

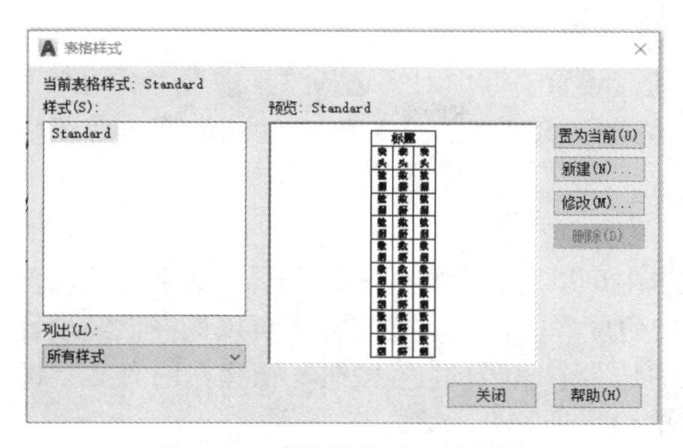

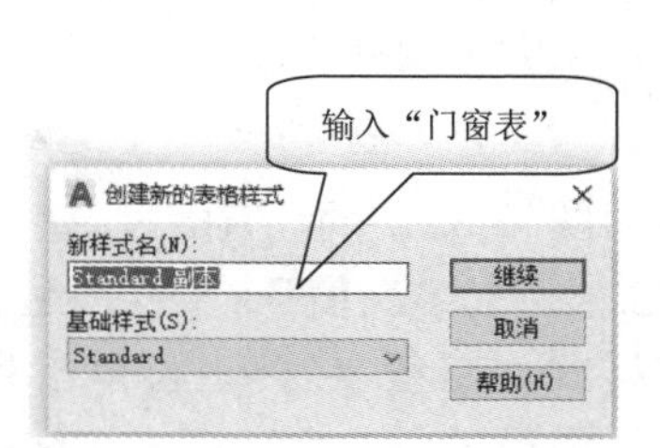

图 5-29　“表格样式”对话框　　　　图 5-30　“创建新的表格样式”对话框

下面以创建“门窗表”表格样式为例说明创建表格样式的方法。在“新样式名”文本框中输入“门窗表”，表示这是新建的名为“门窗表”的表格样式。单击“继续”按钮，弹出“新建表格样式：门窗表”对话框，如图 5-31 所示。

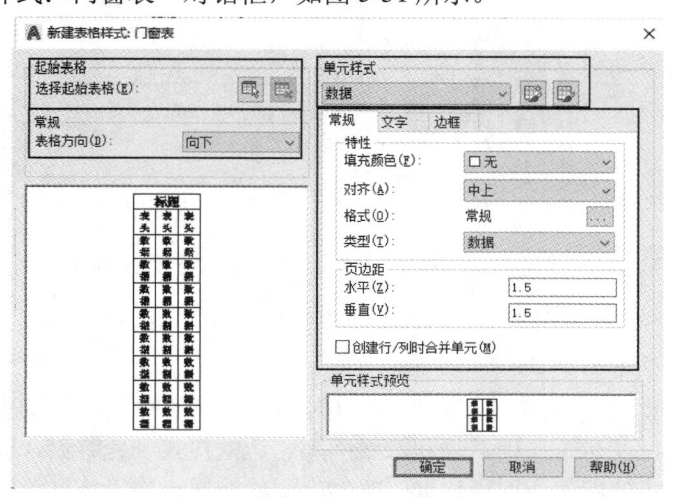

图 5-31　“新建表格样式：门窗表”对话框

2. 设置单元特性

1) “起始表格”选项区

单击“选择起始表格” 按钮，可以在图形窗口中选择一个表格，将其样式作为新建表格的样式。若新建的表格样式与已插入的表格接近，只有部分内容不同时，用此方法很方便，只需将不同的地方修改即可；若没有已插入的表格，则此项无用。

2) “常规”选项区

单击“表格方向”下拉列表，用户可以选择“向下”或“向上”以指定表格方向，例如“向下”选项表示表格由上而下读取，标题行和列标题都在表格顶部。表格里有三个基本要素，分别是“标题”“表头”“数据”，在预览框里可以看到这三个要素在表格的部位。门窗表表格方向选择向下。

3) “单元样式”选项区

在单元样式选项区可以对表格的“标题”“表头”“数据”栏进行格式设置。首先在下拉列表中选择“数据”，在“常规”选项卡，可以对“数据”栏的“特性”(填充颜色、对齐、格式、类型)和页边距(水平和垂直)进行设置，其中对齐选择“正中”，“页边距”是单元格中文字到单元格边框的距离，默认值为 1.5(文字的 1.5 倍)，可将垂直页边距修改为“0”，以方便修改表格的行高。

4) “文字”选项卡

如图 5-32 所示，在“文字”选项卡中可以对文字特性进行设置，文字特性包含“文字样式”“文字高度”“文字颜色”“文字角度”等内容。文字样式可以选择已经设置好的文字样式“工程字”，也可单击列表框右边带省略号的[...]按钮，在弹出的“文字样式”对话框中设置新的文字样式，文字样式的设置见第五章第二节。

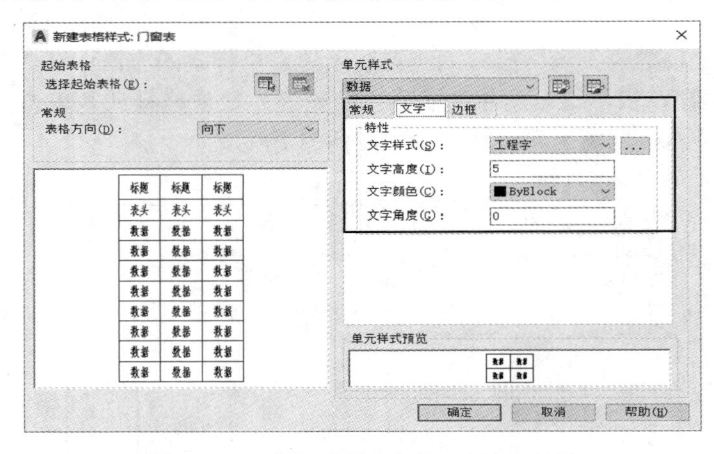

图 5-32　“数据选项”中的“文字”特性

5) “边框”选项卡

如图 5-33 所示，在“边框”选项卡可以对单元边框的样式进行设置，边框设置包括线型、线宽、颜色以及是否采用双线和双线间距。边框样式设置好后，通过单击“通过单击上面的按钮将选定的特性应用到边框”文字上面的按钮，将设定好的样式应用到按钮所显示的部位。因为门窗表只需要把整个表格的外边框加粗，所以对于数据栏、表头栏、标题栏可以暂时不设外边框，等插入表格之后再统一将整个表格的外框修改成粗线即可。

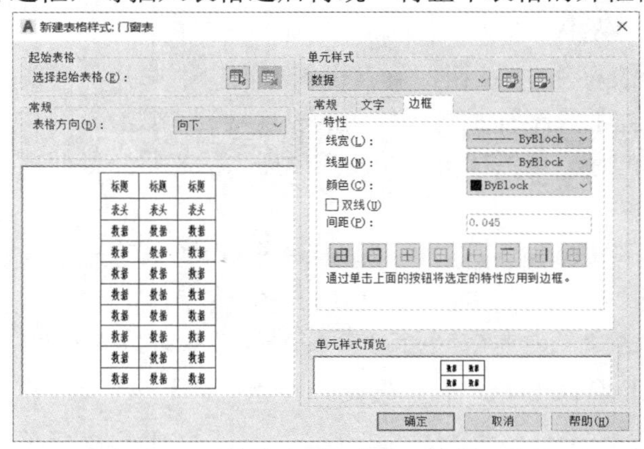

图 5-33　“数据选项”中的“边框”特性

“数据”栏设置好后，在单元样式下拉列表中选择“标题”，重复上面的设置，同时将“常规”选项卡中的“创建行/列时合并单元”复选框的√去掉，然后再在单元样式下拉列表中选择“表头”，再重复“标题”中的设置。

在设置边框线宽时，一般将表格的外框设为粗线(比如 0.4 mm)，内框设为细线(比如 0.15 mm)。在对单元样式设置时，是对“标题”“表头”“数据”栏分别进行设置，设置的方法如下：

(1) 单元样式选择“标题”，线宽选择 0.4 mm，单击按钮，再选择线宽为 0.15，然后单击按钮将“标题”栏下的边框线设置为细线。

(2) 单元样式选择“表头”，线宽选择 0.4 mm，单击按钮，再选择线宽为 0.15，然后单击、按钮，将“表头”栏的上、下边框设置为细线。

(3) 单元样式选择“数据”，线宽选择 0.4 mm，单击按钮，再选择线宽为 0.15，然后单击按钮，将“数据”栏的上边框线设置为细线。在预览框可以看到设置的边框线宽，如图 5-34 所示。

单元样式设置好后，单击“确定”按钮，再单击“关闭”按钮，结束表格样式的创建。

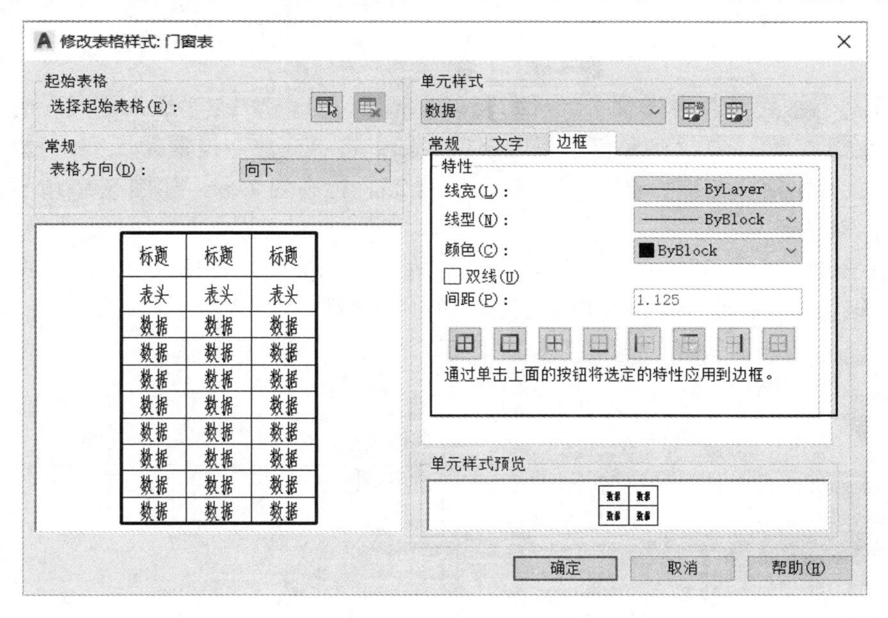

图 5-34　预览设置完成后的边框

5.5.2　插入表格

创建完表格样式后，接下来可以用创建的表格样式在绘图区的适当位置插入一个表格，插入表格命令的执行方式如下：

- 点击菜单栏中的“绘图”➪“表格”。
- 选择功能区中的“默认”选项卡➪“注释”面板➪“表格”按钮。
- 选择功能区中的“注释”选项卡➪“表格”面板➪按钮。
- 在命令行输入 tb(或 table)↙。

下面以插入门窗表为例，说明插入表格的方法步骤。

(1) 执行插入表格命令后，系统会弹出“插入表格”对话框，如图 5-35 所示。

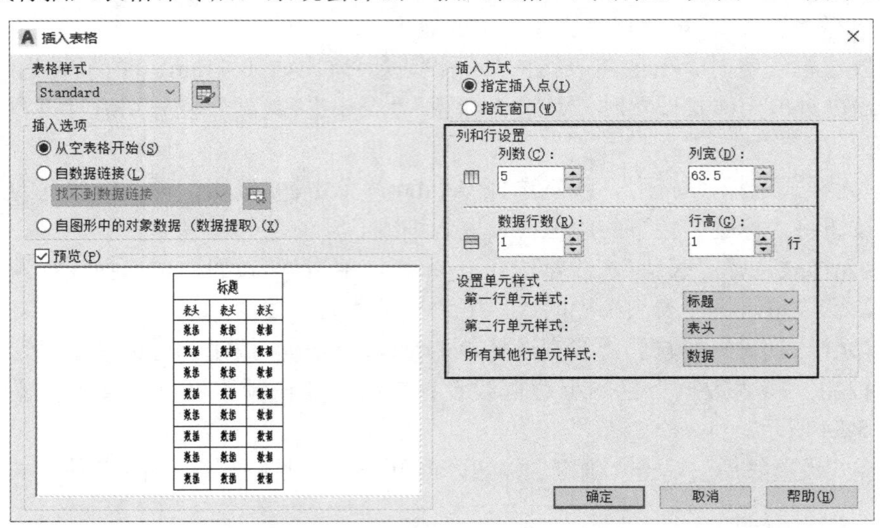

图 5-35　“插入表格”对话框

(2) 在对话框的“表格样式”下拉列表中选择“门窗表”，在“插入方式”选项区域中选择“指定插入点”，在“列和行设置”选项区域中将“列数”设置为 5 列，“数据行数”设置为 5 行(不包括标题栏和表头栏)，列宽设为 25，行高为 1 行，如图 5-36 所示，然后单击“确定”按钮。

注意：列宽 25 为 25 个绘图单位，行高 1 为 1 行的高度，具体高度与文字高度和垂直页边距有关。1 行的最小高度 = 文字高度 + (文字高度/3) + 2 *垂直页边距。

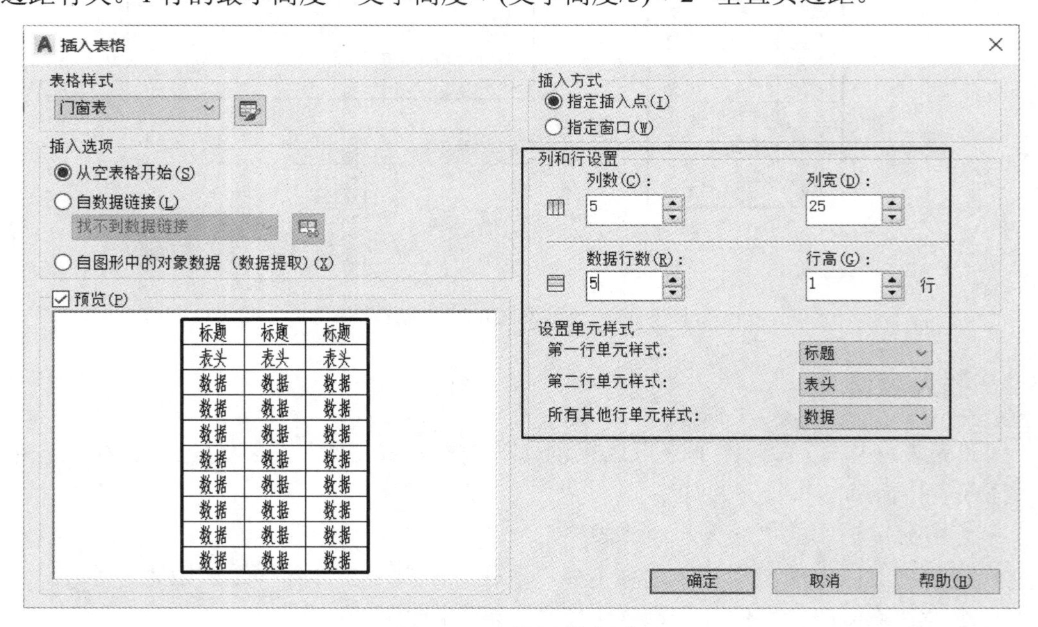

图 5-36　设置表格样式

(3) 当一个空表格出现在光标处，并随光标移动而移动，且命令提示区提示指定插入点，移动鼠标到要插入表格处单击将绘制出一个空表格，此时表格的左上角单元格处于文字编辑状态，等待输入数据或文字，如图 5-37 所示。

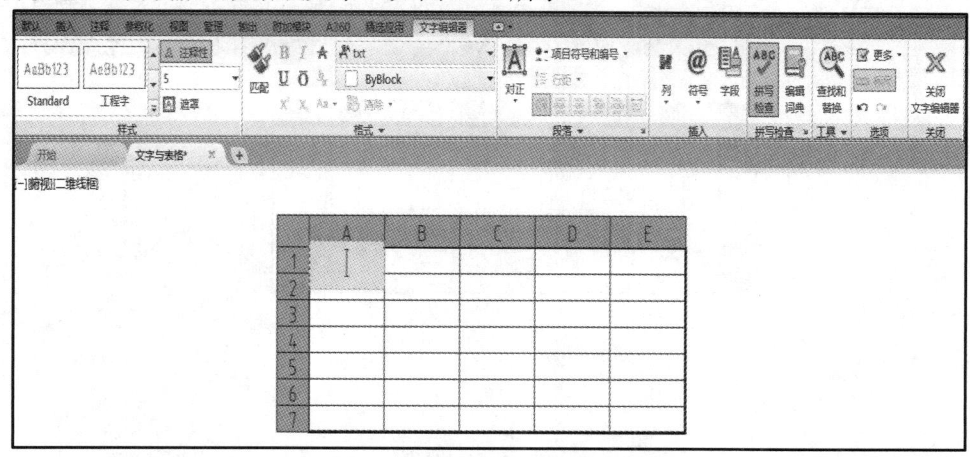

图 5-37　处于编辑状态的表格

(4) 在单元格中输入文字“编号”，输入完毕按“Tab”键，则第一行第二列的单元格处于编辑状态，等待输入文字。按此方法，可以给每个单元格输入文字或数据，完成后的门窗表如图 5-38 所示。

编号	宽度	高度	数量	备注
C1	1800	1600	24	塑钢窗
C2	900	1800	12	塑钢窗
C3	1200	1800	9	塑钢窗
M1	1000	2100	18	防盗门
M2	900	2100	48	夹板门
M3	1200	2100	24	塑钢门

图 5-38　在表格中输入的文字和数据

5.5.3　编辑表格

表格的编辑包括修改行高和列宽，插入(或删除)行，插入(或删除)列，合并单元格，修改单元格边框特性，编辑单元格中的文字或数据等。

下面以门窗表为例，说明表格的编辑方法。

1. 修改列宽度

假设要将门窗表中“宽度”“高度”“数量”三列的列宽改为 20，操作方法如下：将光标移到第二列的任意单元格内，按下鼠标左键并拖动鼠标到第四列的任一单元格内，再松开鼠标左键，则三列内均有单元格被选中，然后右击鼠标弹出快捷菜单，如图 5-39 所示。

选择“特性”菜单项，弹出“特性”对话框，如图 5-40 所示，将对话框中的“单元宽度”项改为 20。

按同样的方法，将第一列宽度改为 16，第五列的宽度改为 22，修改后的门窗表如图 5-41 所示。

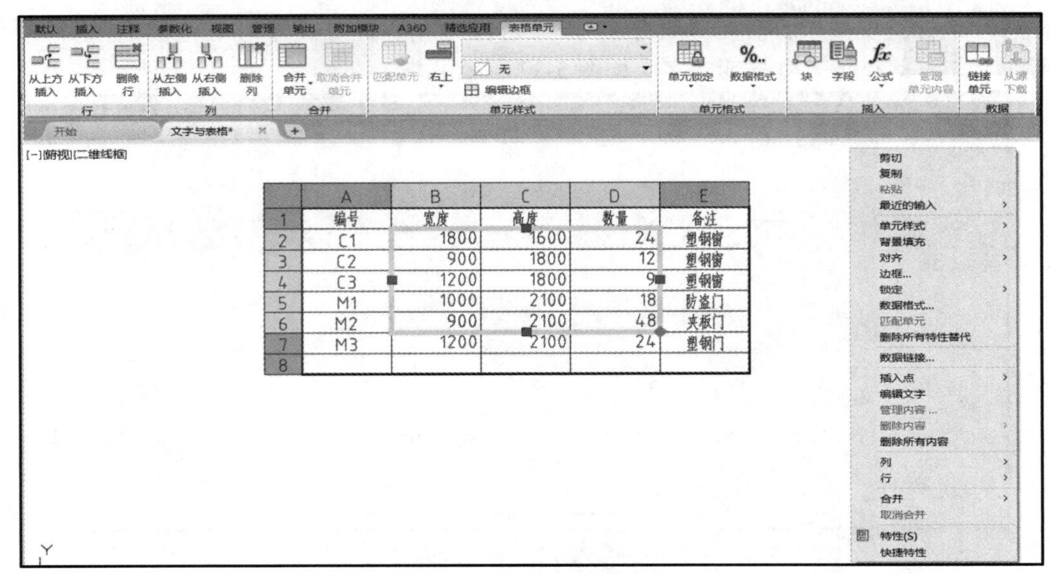

图 5-39　单元格的快捷菜单

图 5-40　“特性”对话框

编号	宽度	高度	数量	备注
C1	1800	1600	24	塑钢窗
C2	900	1800	12	塑钢窗
C3	1200	1800	9	塑钢窗
M1	1000	2100	18	防盗门
M2	900	2100	48	夹板门
M3	1200	2100	24	塑钢门

图 5-41　修改后的门窗表

2. 修改行高度

要修改行高度，只要选中要修改的行(或属于该行的单元格)，在“特性”对话框中将单元格高度改为所需的高度即可。

注：在“特性”对话框中设置的行高度为绘图单位，与“插入表格”对话框中的高度不同。若新的行高度小于 4/3 倍的字高和 2 倍的单元格的垂直页边距之和，则行高度不变，因为在创建表格样式时规定了文字的高度和垂直页边距，1 行的最小高度 = 文字高度 + (文字高度/3) + 2*垂直页边距。

“特性”对话框也可从菜单栏调出，单击菜单栏中的“修改”➪“特性”，即可弹出“特性”对话框。然后选中要修改的单元格，在“特性”对话框中显示的单元格的内容均可进行修改。比如：单元的样式、对齐方式、背景填充、边界的颜色线型线宽、单元边距，以及单元文字的内容、样式、字高、旋转角、颜色等。要将宽度、高度、数量各列的数据居中，可选中这些单元格(如在第 2 行第 2 列单击鼠标左键且按住鼠标左键拖动到第 7 行第 7 列，松手)，然后在“特性”对话框的“对齐”行右边的下拉列表中选择“正中”，则各数据值全部位于单元格的中间。

3. 插入列(或行)

选中准备插入列(或行)的前面(或后面)的单元格，然后右击鼠标弹出快捷菜单，如图 5-42 所示。然后选择快捷菜单中的“列”(或“行”)菜单项，弹出子菜单“在左侧插入”“在右侧插入”“删除”(或“在上方插入”“在下方插入”“删除”)，根据所要插入的位置选择相应的选项即可。

4. 删除列(或行)

选中要删除的列(或行)的任一单元格，右击鼠标，在弹出的快捷菜单中选择“列”(或“行”)，然后在弹出的子菜单中选择“删除”即可，如图 5-42 所示。

5. 合并单元格

选中要合并的单元格并右击鼠标，在弹出的快捷菜单中选择“合并”，弹出子菜单，如图 5-43 所示。根据需要选择其中的“全部”“按行”“按列”选项即可。

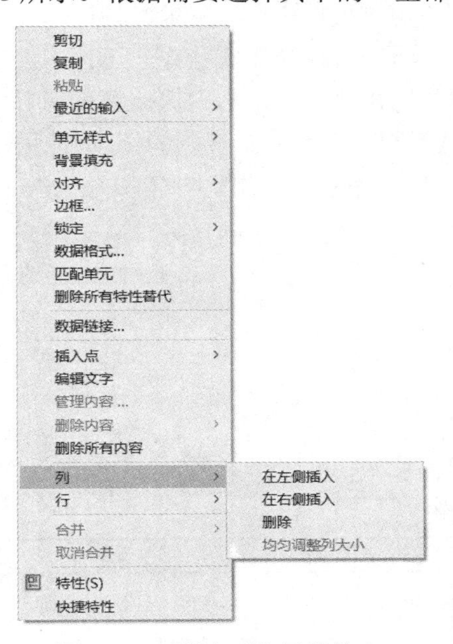

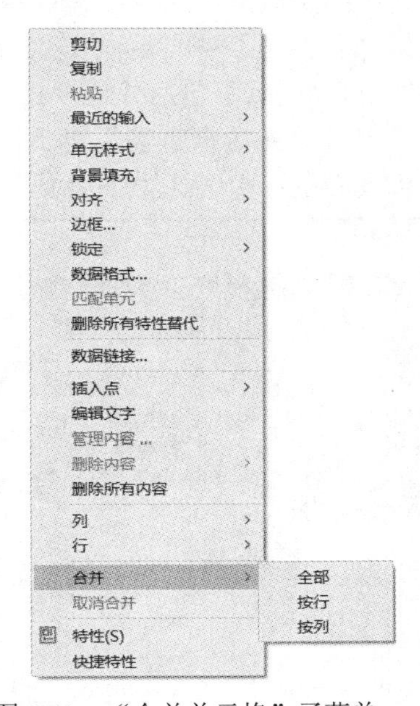

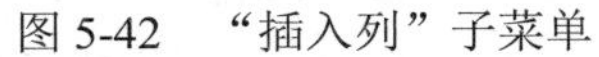

图 5-42 “插入列”子菜单　　　图 5-43 “合并单元格”子菜单

例如，要绘制如图 5-44 所示的标题栏，可以先插入 4 行 6 列的表格，(数据行 2 行，标题和表头单元样式均设为数据)，列宽为 25，行高为 1，如图 5-45 所示，然后选中第一、二行的前四列，右击鼠标，在弹出的快捷菜单中选择“合并”，在弹出的子菜单中选择“全部”，结果如图 5-46 所示。再按同样的方法合并第三、四行的后三列单元格，如图

5-47 所示。

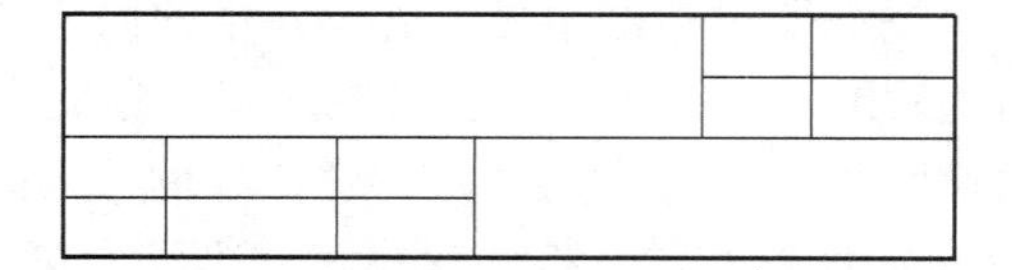

图 5-44　标题栏格式

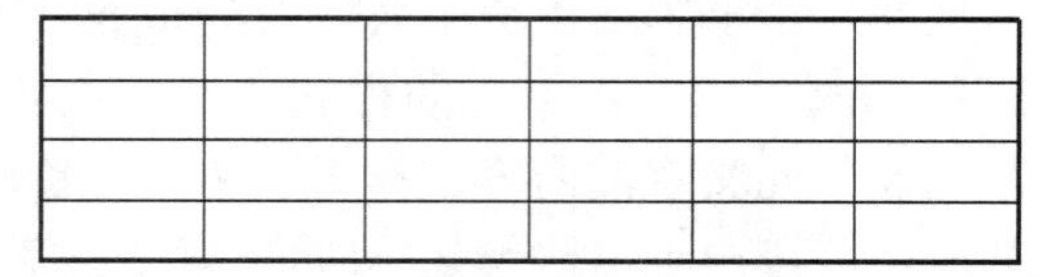

图 5-45　插入四行 6 列表格

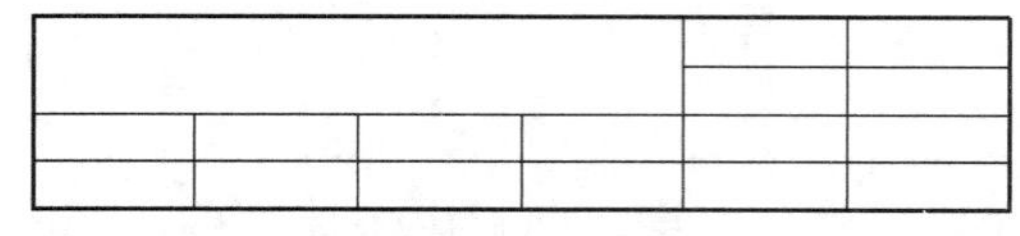

图 5-46　合并第一、二行前四列的单元格

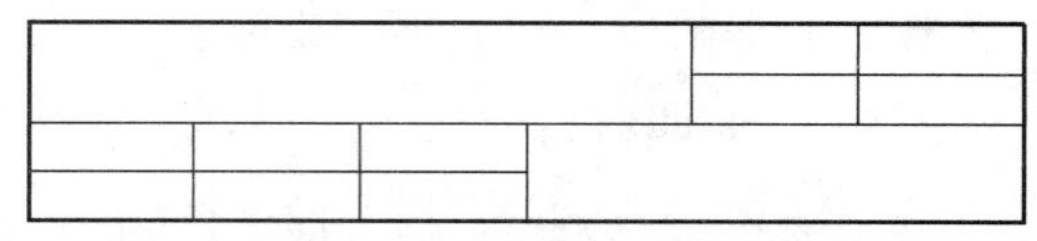

图 5-47　合并第三、四行后三列的单元格

最后分别将第一、五列的宽度调整为 15，第三、六列的宽度调整为 20，右下角的大单元格的宽度调整为 70，至此完成标题栏的绘制，如图 5-47 所示。

6. 编辑单元格中的内容

双击要修改内容的单元格，则该单元格就处于编辑状态，此时可以修改单元格中的文字内容。修改完毕单击“关闭文字编辑器”按钮或其他单元格。

7. 修改边框特性

选中要修改边框的单元(或行、列，甚至整个表格)，右击鼠标弹出快捷菜单，选择“边框”菜单项，弹出“单元边框特性”对话框，如图 5-48 所示。对话框的内容与创建表格样式中的“边框特性”内容基本相同，用户可以根据需要设置内、外边框线的粗度。

例如，要将图 5-41 所示门窗表的标题栏下面的格线修改成粗线，可选中表格中的第一行的所有单元格(不包括外边框)，右击鼠标弹出快捷菜单，选中快捷菜单的“边框”菜单项，弹出“单元边框特性”对话框，在对话框的“线宽”下拉列表中选择 0.4 mm，然后在“边框类型”中选择“下边框”按钮即可，完成结果如图 5-49 所示。

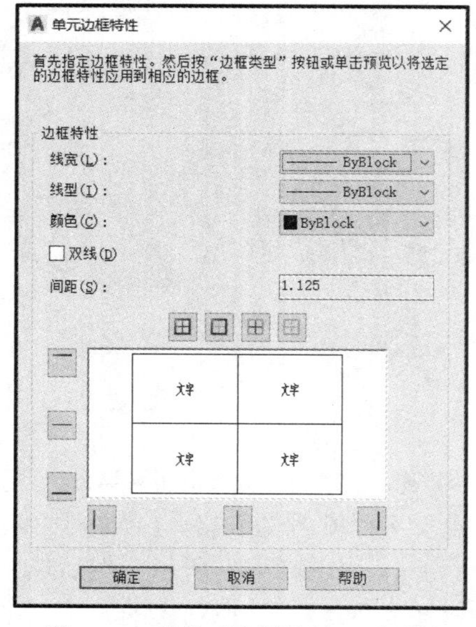

图 5-48　“单元边框特性”对话框

编号	宽度	高度	数量	备注
C1	1800	1600	24	塑钢窗
C2	900	1800	12	塑钢窗
C3	1200	1800	9	塑钢窗
M1	1000	2100	18	防盗门
M2	900	2100	48	夹板门
M3	1200	2100	24	塑钢门

图 5-49　修改了标题栏边框后的门窗表

5.5.4　对表格进行简单的统计运算

对于数据表格，用户可以像 Excel 那样对表格进行一些统计运算，并将计算的结果存入某个单元格中，例如图 5-49 所示的门窗表，在最后插入一行，再利用单元边框特性将整个数据栏的内部格线设置为细线，如图 5-50 所示。

接下来要统计门和窗的总数，并将总数存入“数量”列的最下面的单元格。操作如下：

首先单击要存放计算结果的单元格(第 4 列第 8 行)，然后右击鼠标，在弹出的快捷菜单中选择“插入点”➪“公式”➪“求和”菜单项，如图 5-51 所示。

编号	宽度	高度	数量	备注
C1	1800	1600	24	塑钢窗
C2	900	1800	12	塑钢窗
C3	1200	1800	9	塑钢窗
M1	1000	2100	18	防盗门
M2	900	2100	48	夹板门
M3	1200	2100	24	塑钢门

图 5-50　在门窗表的最下面插入一行

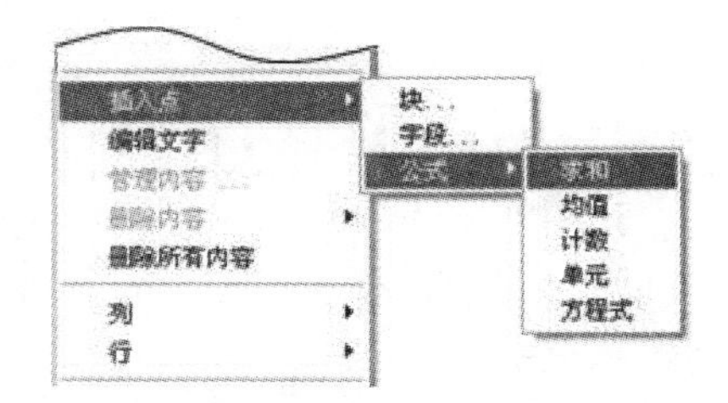

图 5-51　“插入公式”子菜单

单击“求和”菜单项后，命令提示行提示“选择表格单元范围的第一个角点：”此时在“数量”列的第二行单元格内单击鼠标作为第一个角点，然后移动光标到同一列的第七行单元格内单击作为单元范围的另一个角点，弹出“文字编辑器”，如图 5-52 所示。

	A	B	C	D	E
1	编号	宽度	高度	数量	备注
2	C1	1800	1600	24	塑钢窗
3	C2	900	1800	12	塑钢窗
4	C3	1200	1800	9	塑钢窗
5	M1	1000	2100	18	防盗门
6	M2	900	2100	48	夹板门
7	M3	1200	2100	24	塑钢门
8				=Sum(A2:D7)	

图 5-52　“文字格式”编辑器

单击“关闭文字编辑器”按钮，完成门窗数量求和的计算，将总和填在“数量”列的第八行单元格内，如图 5-53 所示。

编号	宽度	高度	数量	备注
C1	1800	1600	24	塑钢窗
C2	900	1800	12	塑钢窗
C3	1200	1800	9	塑钢窗
M1	1000	2100	18	防盗门
M2	900	2100	48	夹板门
M3	1200	2100	24	塑钢门
			135	

图 5-53　统计结果

“公式”子菜单”中的“方程式”可以像 Excel 一样对数据表格的不同行、列的单元格或单元范围进行加、减、乘、除、乘方等运算，此时单元格的数值用该单元格所在的行、列的编号表示。

“公式”子菜单中的“均值”用于计算数据表格的任意单元范围的平均值。

5.6　上机实验

实验 1：按给出的样式绘制并填写标题栏(图 5-54)。

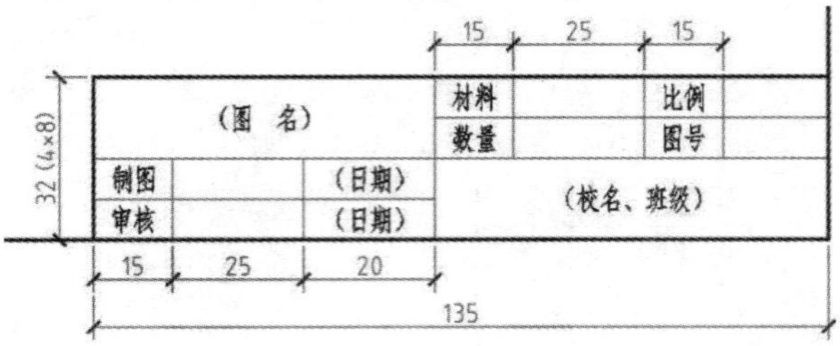
15
25
15
32 (4×8)
(图　名)
材料
比例
数量
图号
制图
(日期)
审核
(日期)
(校名、班级)
15
25
20
135

图 5-54　标题栏

目的要求：定制文字样式；创建表格样式，利用表格样式绘制表格；编辑表格。

操作指导如下：

(1) 定制文字样式，样式名为 fs，字体文件为“T 仿宋”，宽度比例为 0.7。

(2) 创建表格样式：打开“新建表格样式”对话框，将“数据”“表头”“标题”三个要素的文字样式设为 fs，文字高度设为 5，“常规”选项卡中的“页边距”的水平距离及垂直距离均设为 0.5。

(3) 创建 4 行 7 列的表格：在“插入表格”对话框中，将列数设为 7，列宽为 25；将数据行设为 2 行，行高为 1；将第一、二行单元样式设为数据。

(4) 将外边框修改为粗线(0.5 mm)。

(5) 调整列宽度和行高，合并单元格。

(6) 填写单元格中的文字(统一用 5 号字。若图名、校名要用更大的字，可用多行文字书写)。

实验 2：创建如图 5-55 所示的表格和说明。

目的要求：

定义工程字文字样式：

字体关联文件的 SHX 字体文件为“gbenor.shx”，大字体文件为“gbcbig.shx”，宽度比例为 1.0，字高为 5 号字。

表格的“垂直页边距”项设为 0.5，“水平页边距”项设为 1，采用多行文字书写。

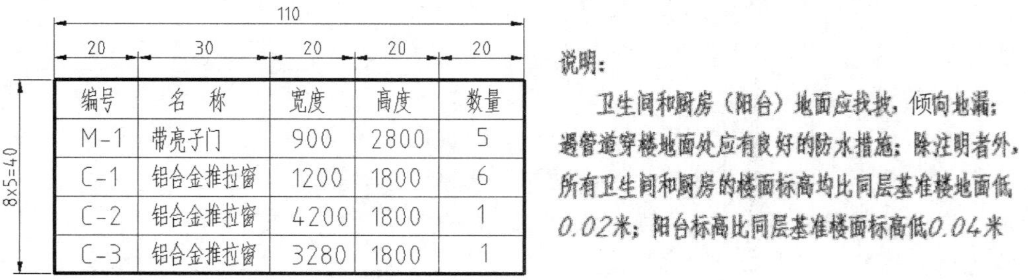
110
20
30
20
20
20
8×5=40
编号　名　称　宽度　高度　数量
M-1　带亮子门　900　2800　5
C-1　铝合金推拉窗　1200　1800　6
C-2　铝合金推拉窗　4200　1800　1
C-3　铝合金推拉窗　3280　1800　1
说明：
卫生间和厨房（阳台）地面应找坡，倾向地漏；
遇管道穿楼地面处应有良好的防水措施；除注明者外，
所有卫生间和厨房的楼面标高均比同层基准楼地面低
0.02米；阳台标高比同层基准楼面标高低0.04米

图 5-55　表格和文字

第6章

尺寸标注

用于指导生产施工的图纸尺寸是必不可少的。尺寸标注要符合国家技术制图标准规定及行业技术规范。AutoCAD 提供了一套完整的尺寸标注命令，用户可以根据图纸的标注要求创建尺寸标注样式，完成尺寸的标注与编辑修改。

6.1 尺寸标注的组成与尺寸标注的类型

6.1.1 尺寸标注的组成

在土木工程制图中，一个完整的尺寸标注应由尺寸界线、尺寸线、尺寸起止符(通常用箭头或45°短斜线表示)和标注文字等组成，如图6-1所示。

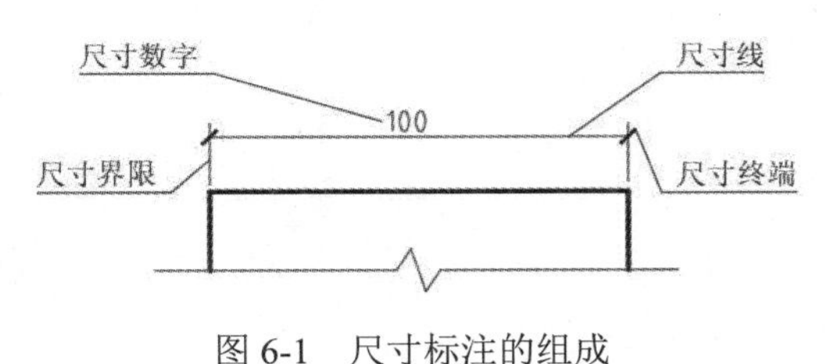

图6-1 尺寸标注的组成

6.1.2 尺寸的类型

尺寸的常见类型有线性标注(水平标注、垂直标注)、对齐标注(倾斜标注)、直径标注、半径标注、角度标注、基线标注、连续标注等，如图6-2所示。

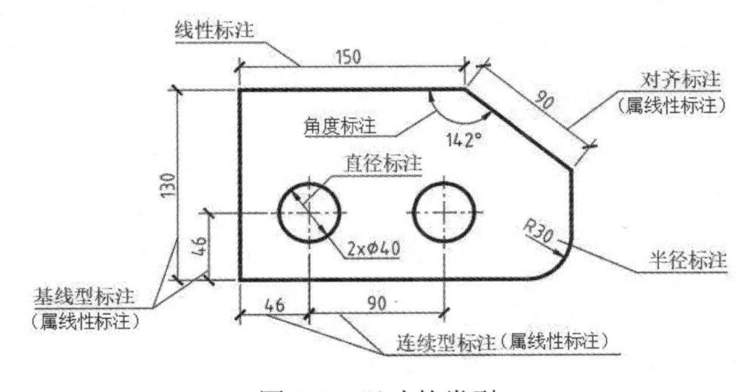

图6-2 尺寸的类型

6.1.3　AutoCAD 的尺寸标注工具

AutoCAD 2018 提供的各种标注工具分别位于“标注”菜单栏中或“注释”选项卡的“标注”面板中，如图 6-3 所示。

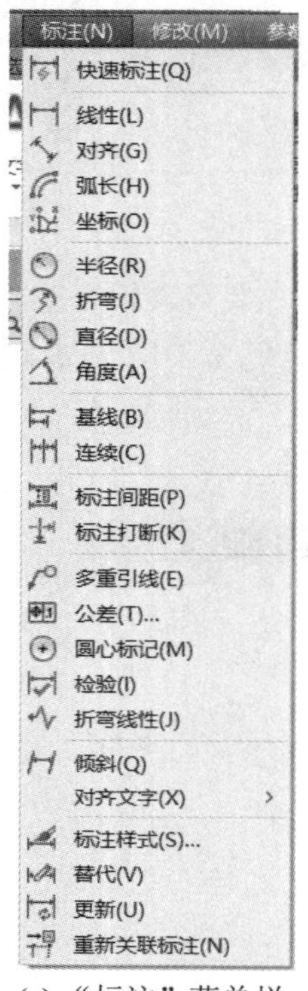

(a) “标注”菜单栏

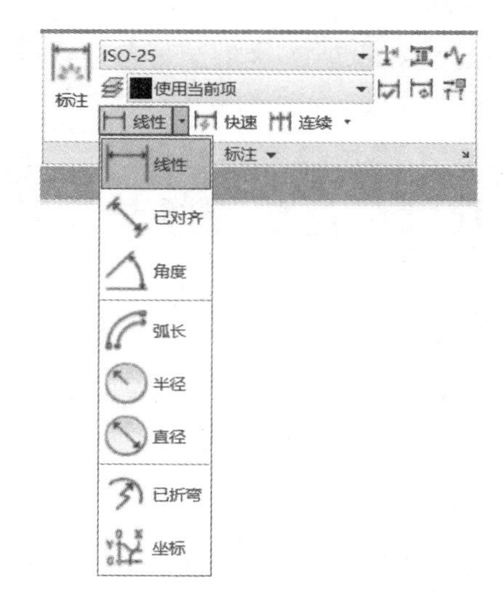

(b) “注释”选项卡的“标注”面板

图 6-3　“标注”菜单栏和“注释”选项卡的“标注”面板

主要尺寸标注工具的功能如表 6-1 所示。

表 6-1　AutoCAD 标注命令功能

按钮	功能	命　令	说　　明
	线性标注	DIMLINEAR	测量两点间的直线距离，可用来创建水平、垂直或旋转线性标注
	对齐标注	DIMALIGNED	创建尺寸线平行于倾斜线段的线性标注，可创建对象的真实长度测量值
	弧长标注	DIMARC	标注圆弧或多段圆弧分段的弧长
	坐标标注	DIMORDINATE	创建坐标点标注，显示从给定原点测量出来的点的 X 坐标或 Y 坐标
	半径标注	DIMRADIUS	测量圆或圆弧的半径
	折弯标注	DIMJOGGED	折弯标注圆或圆弧的半径
	直径标注	DIMDIAMETER	测量圆或圆弧的直径

续表

按钮	功能	命　令	说　　明
	角度标注	DIMANGULAR	测量角度
	快速标注	QDIM	一次选择多个对象，创建标注阵列。例如基线、连续和坐标标注
	基线标注	DIMBASELINE	从上一个或选定标注的基线作连续的线性、角度或坐标标注，都从相同原点测量尺寸
	连续标注	DIMCONTINUE	从上一个标注或选定标注的第 2 条尺寸界线开始作连续的线性、角度或坐标标注
	标注间距	DIMSPACE	对平行的线性标注和角度标注之间的间距做同样的调整
	折断标注	DIMBREAK	可以使标注、尺寸延伸线或引线在和图形对象相交处断开，可以自动或手动将折断标注添加到标注或多重引线
	圆心标记	DIMCENTER	创建圆和圆弧的圆心标记或中心线
	折弯线性	DIMJOGLINE	将折弯线添加到线性标注。折弯线用于表示不显示实际测量值的标注值。通常，标注的实际测量值小于显示的值

6.2 创建尺寸标注的样式

尺寸标注样式控制尺寸界线、尺寸线、标注文字、箭头等的外观和格式。它是一组尺寸标注系统变量的集合。通过建立尺寸标注样式，用户可以设置所有相应的尺寸变量并控制图形中尺寸标注的外观和布局，使得尺寸标注符合国家技术制图标准规定及行业技术规范。

创建尺寸标注样式要通过 AutoCAD 提供的“标注样式管理器”对话框来完成，如图 6-4 所示。

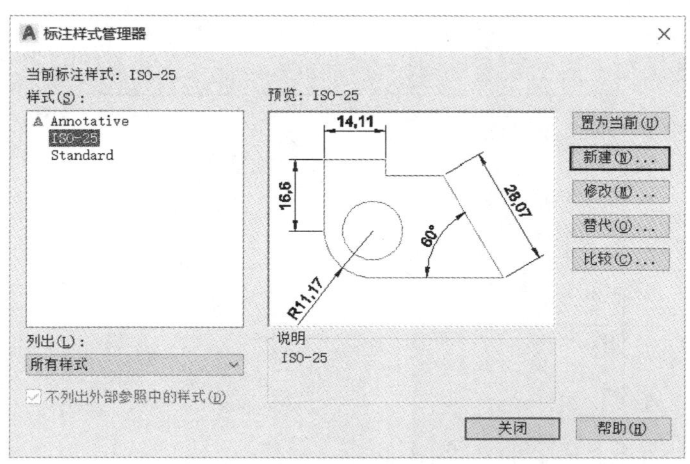

图 6-4　“标注样式管理器”对话框

打开该对话框的方法如下：

- 在命令行输入 dimstyle。

• 点击菜单栏中的“格式”⇨“标注样式”。
• 选择功能区中的“注释”选项卡⇨“标注”面板右下的按钮 ↘。
• 选择功能区中的“默认”选项卡⇨“ 注释 ▾ ”面板的下拉列表⇨按钮。

以下介绍创建新标注样式的具体步骤。

6.2.1 “新建”标注样式

在图 6-4 的“标注样式管理器”对话框中单击“新建”按钮，弹出如图 6-5 所示的“创建新标注样式”对话框，在其中的“新样式名”文本框中输入要创建的尺寸标注样式的名称，如 GB。在“基础样式”下拉列表中选择一种基础样式(此处默认为“ISO-25”)，新样式将在该基础样式的基础上进行修改。在“用于”下拉列表中指定新建标注样式的应用范围，包括“所有标注”“线性标注”“角度标注”“半径标注”“直径标注”“坐标标注”和“引线与公差”等选项，此处仅选择“所有标注”。

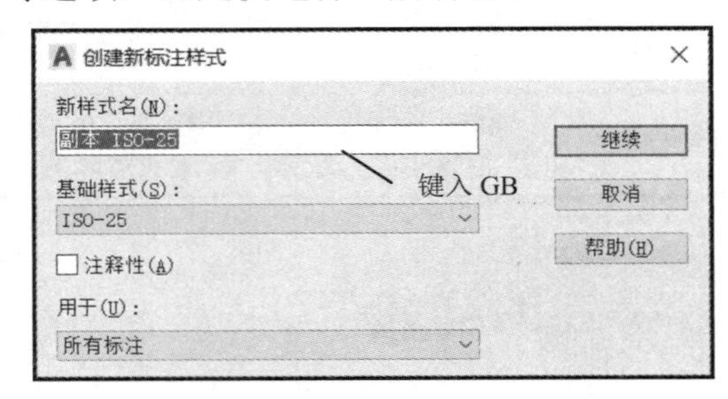

图 6-5 “创建新标注样式”对话框

6.2.2 设置通用参数

在图 6-5 的“创建新标注样式”对话框中，以“GB”为新样式命名尺寸样式名后，单击“继续”按钮，弹出如图 6-6 所示的“新建标注样式：GB”对话框。在该对话框中有“线”“符号和箭头”“文字”“调整”“主单位”“换算单位”“公差”7 个选项卡，用户根据需要对各选项卡内的要素进行设置和修改。

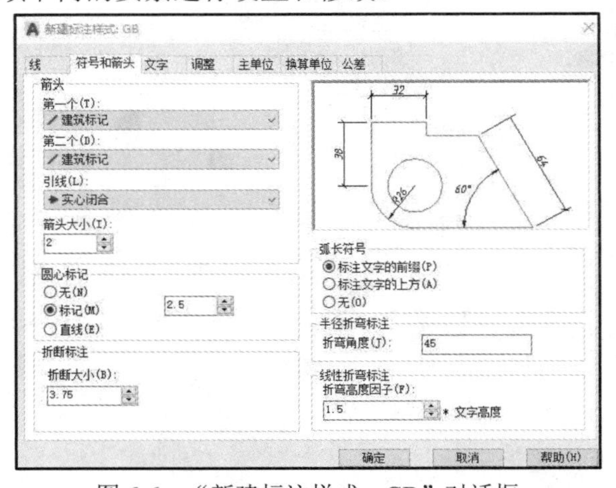

图 6-6 “新建标注样式：GB”对话框

下面以图6-2的平面图形为例介绍“GB”尺寸样式的创建要点。

1. 在“新建标注样式：GB”对话框中设置通用参数

(1) 在“线”选项卡中，“尺寸线超出标记”设为0，“尺寸界线超出尺寸线”设为2，“尺寸界线起点偏移量”设为1，“基线间距”设为7。

(2) 在“文字”选项卡中，文字样式名为“工程字”(关联gbenor.shx和gbcbig.shx，文字样式的定义见5.2节)，“字体大小”设为3.5。

(3) 在“调整”选项卡中，“标注特征比例”选择“使用全局比例”，比例值与画图的比例成正比。如果画图比例为2∶1，则全局比例因子一般为2。

(4) 在“主单位”选项卡中，将“线性标注”的“精度”取整数(在下拉列表中选择0)，“测量单位比例”的“比例因子”取画图比例的倒数，如画图比例为1∶1，则测量单位的比例因子为1，如画图比例为1∶100，则测量单位比例因子为100。

其他参数取默认值，然后单击“确定”按钮，关闭“新建标注样式：GB”对话框，返回“标注样式管理器”对话框，此时“标注样式管理器”对话框的“样式”列表框中显示刚创建的标注样式“GB”，如图6-7所示。创建了GB标注样式的通用设置后，进一步创建“线性”“角度”“半径”“直径”等子样式。

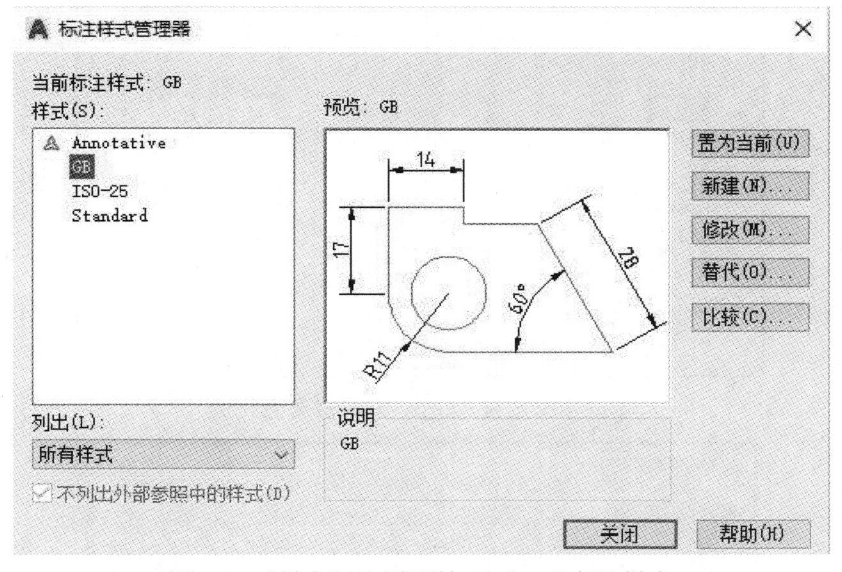

图6-7 “样式”列表框增加了“GB”标注样式

2. 创建“线性标注”子样式

创建“线性标注”子样式的方法如下：

(1) 选中刚创建的标注样式“GB”，单击右上角的“置为当前”按钮，将该标注样式设置为当前标注样式。

(2) 单击“新建”按钮，弹出“创建新标注样式”对话框，如图6-8所示。该对话框与图6-5相似，不同的是基础样式变成了“GB”。下一步不是修改样式名，而是在“用于”的下拉列表中选择子样式“线性标注”，如图6-9所示。然后单击“继续”按钮，打开“新建标注样式：GB：线性”对话框。

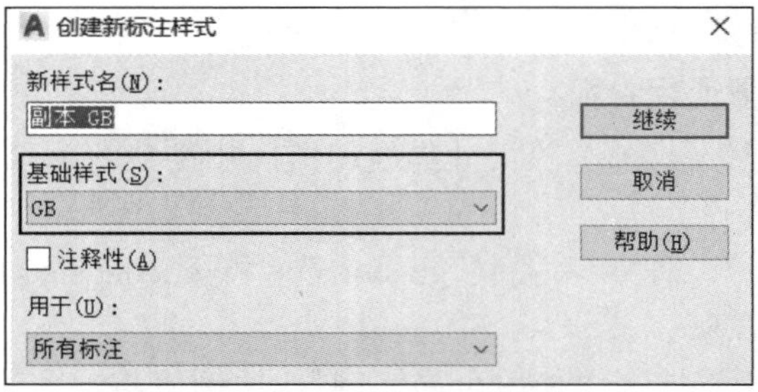

图 6-8　新建“线性”标注样式对话框

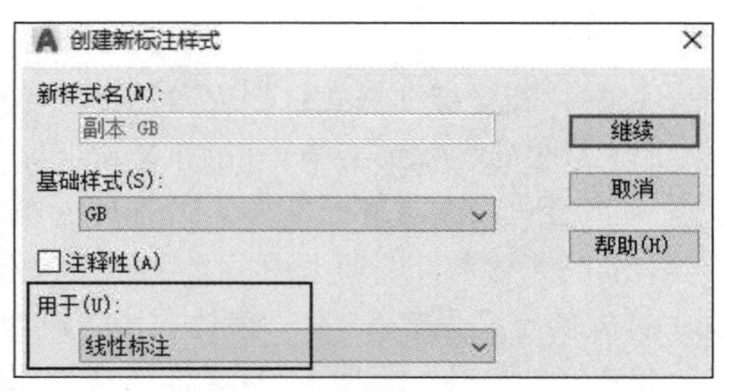

图 6-9　用于 GB 基础下的“线性”标注子样式

(3) 选中“符号和箭头”选项卡，在“符号和箭头”选项区的“第一个”下拉列表中选择“建筑标记”，“箭头大小”改为 1.5，如图 6-10 所示，然后单击“确定”按钮，完成“线性”子样式的设置，返回“标注样式管理器”对话框，如图 6-11 所示。

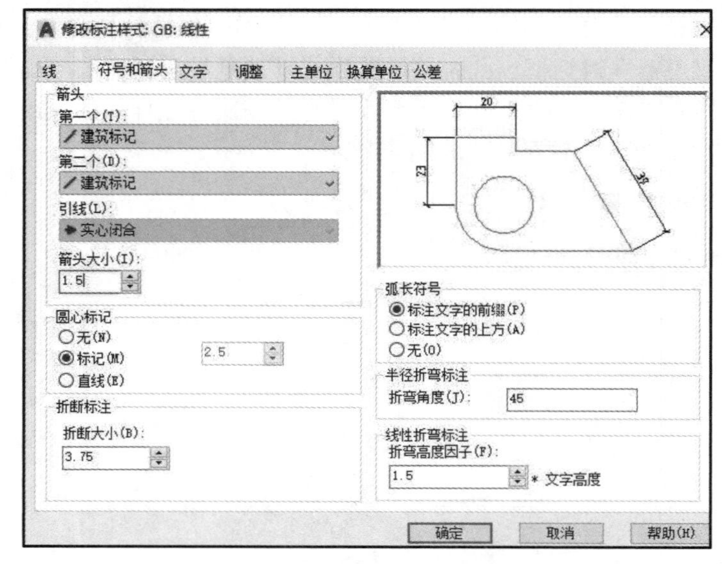

图 6-10　设置“线性”标注样式的参数

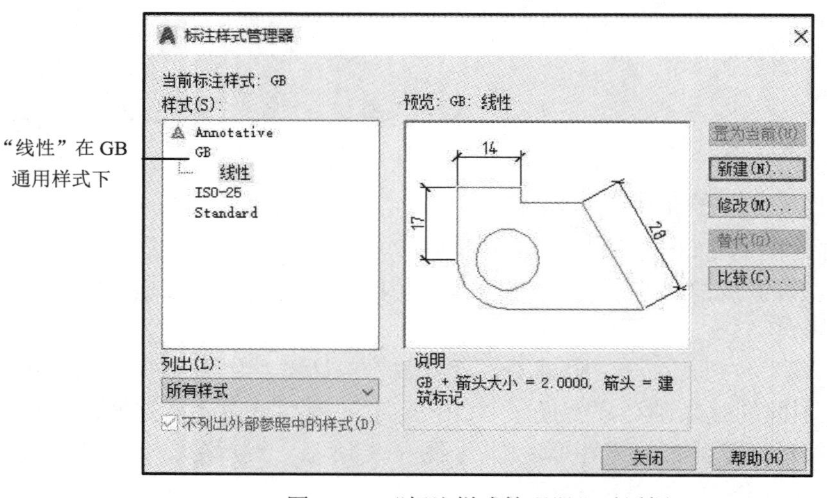

图 6-11　“标注样式管理器”对话框

3. 创建“角度标注”子样式

创建“角度标注”子样式的方法如下：

(1) 再次单击“标注样式管理器”的“新建”按钮，然后在“用于”的下拉列表中选择“角度标注”，如图 6-12 所示，然后单击“继续”按钮，打开“新建标注样式：GB：角度”对话框。

图 6-12 “新建标注样式：GB：角度”对话框

(2) 在打开的“新建标注样式：GB：角度”对话框中单击“文字”选项卡，然后在“文字对齐”选项区中选中“水平”单选按钮，在“文字位置”选项区的“垂直”下拉列表中选择“外部”或“上”(也可根据需要选择“居中”)，如图 6-13 所示，然后单击“确定”按钮，完成“角度”子样式的设置，返回“标注样式管理器”对话框，如图 6-14 所示。

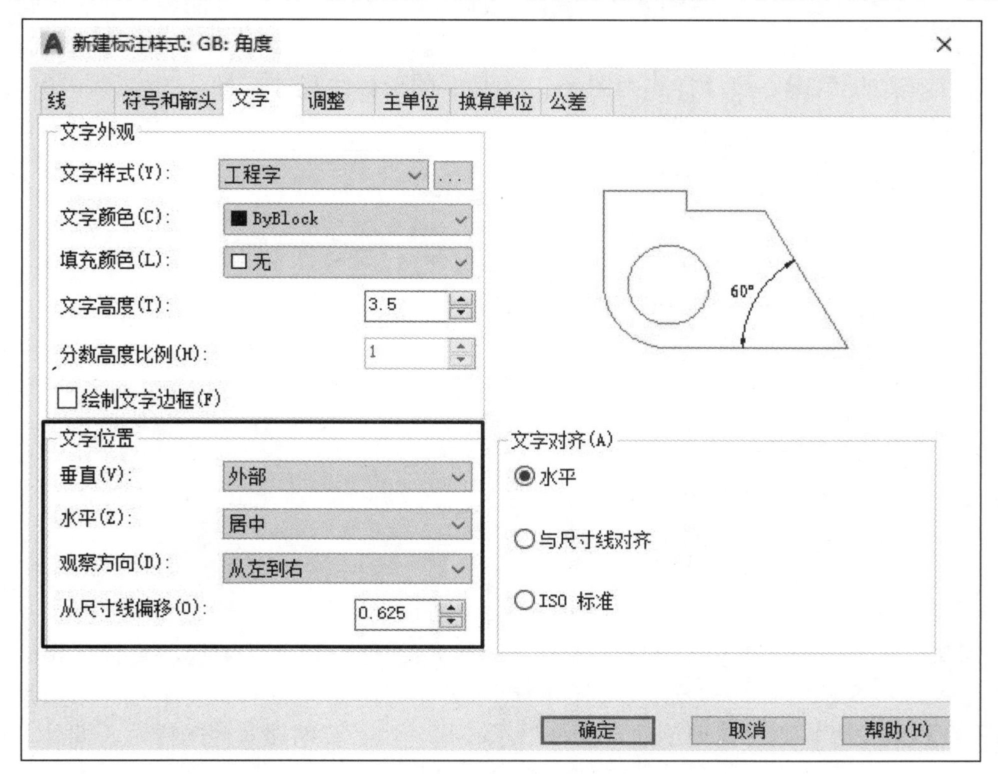

图 6-13 设置“角度”标注样式的参数

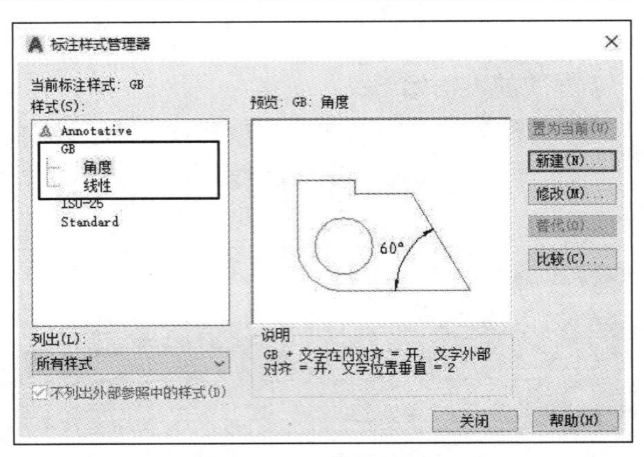

图 6-14　标注样式管理器对话框

4. 创建“半径标注”子样式

操作方法同上，再次单击“标注样式管理器”的“新建”按钮，然后在“用于”的下拉列表中选择“半径标注”，然后单击“继续”按钮，打开“新建标注样式：GB：半径”对话框，在该对话框中单击“文字”选项卡，然后在“文字对齐”选项区中选择“ISO 标准”单选按钮，再单击“调整”选项卡，然后在“调整选项”选项区中选择“文字”，然后单击“确定”按钮，完成“半径标注”子样式的设置，返回“标注样式管理器”对话框。

5. 创建“直径标注”子样式

创建“直径标注”子样式的参数设置与创建“半径标注”子样式的参数设置相同。

创建完成后的 GB 标注样式，在标注样式管理器中如图 6-15 所示。

使用创建的“GB”尺寸样式为图 6-2 的平面图形标注尺寸，标注的结果与图中所标注的样式完全一致。

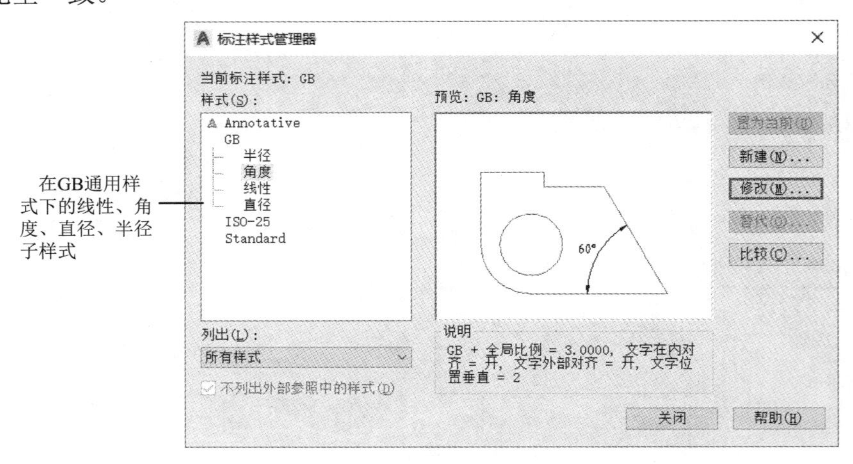

图 6-15　创建完成后的 GB 样式

说明：一种标注样式最多可以包含六种子样式(线性、角度、半径、直径、坐标、引线)，在实际应用的时候，根据需要标注的尺寸类型创建相应的子样式即可。比如某一个图形只有线性尺寸，则只需要创建“线性”子样式，没必要创建其他子样式。此外，在基线标注的时候，两条平行的尺寸线之间的距离由“基线间距”控制，而“基线间距”必须在基础样式(GB)的“线”选项卡中设置，其值为7～8。

图 6-16 所列的是按常规尺寸标注形式对各选项卡内的要素进行的设置汇总，其中参数的设置仅供学习时参考。

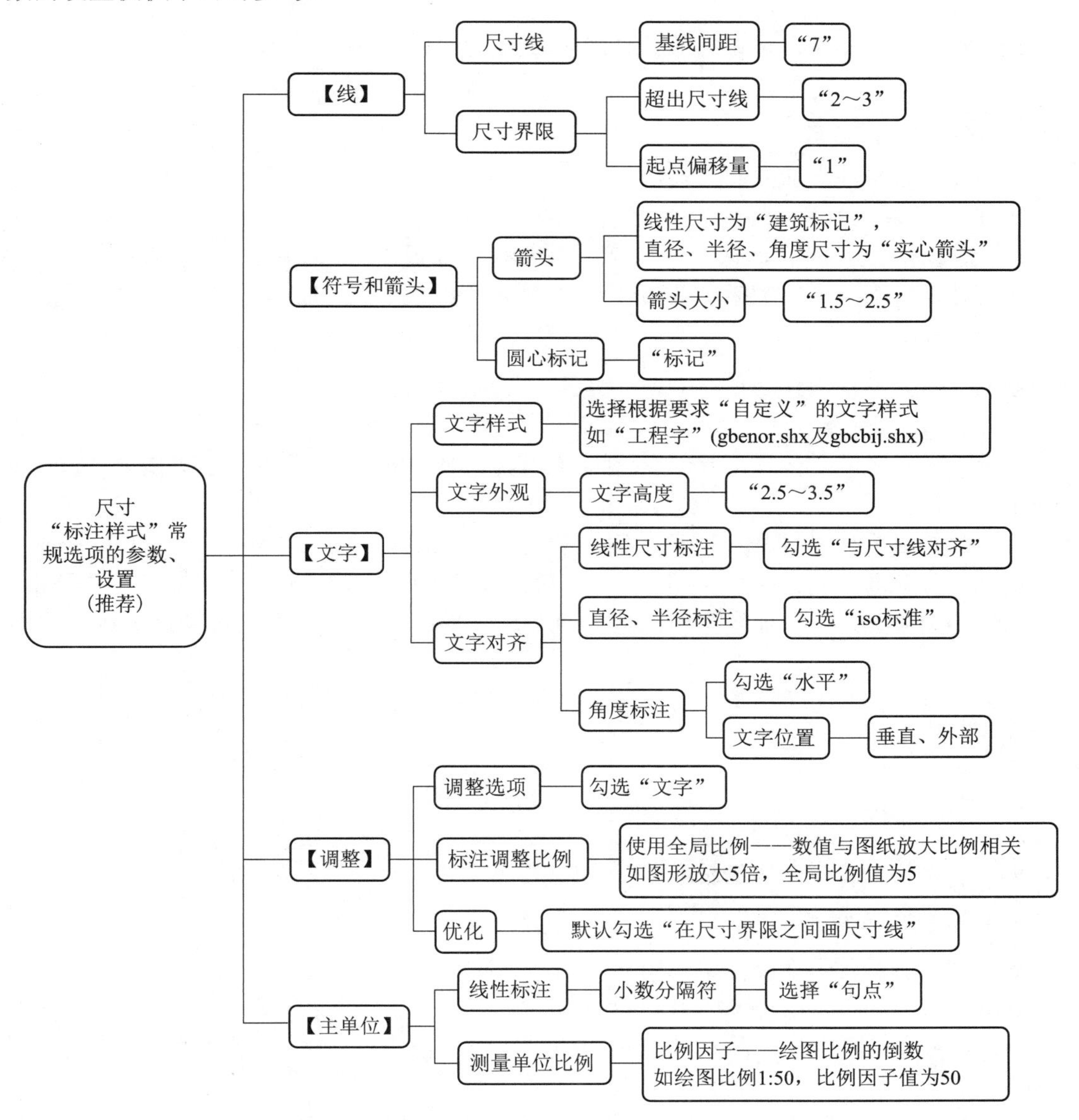

图 6-16　常规尺寸标注形式对各选项的参数设置

6.3 常用尺寸的标注示例

长度型尺寸标注指用于标注线段两点间的长度，这些点可以是端点、交点、圆弧弦线端点或能够识别的任意两个点。长度型尺寸标注包括多种类型，如线性标注、对齐标注、弧长标注、快速标注、基线标注和连续标注等。下面依次介绍这些标注的使用方法。

6.3.1 线性标注

线性标注用于标注水平方向或竖直方向的长度尺寸，通过指定线段的两点或选择一个对象来实现。

1. 命令的执行方式

执行“线性标注”命令的方式如下：

- 点击菜单栏中的“标注”⇨“线性”。
- 选择功能区中的“默认”选项卡⇨“注释▾”面板⇨“线性标注”按钮。
- 选择功能区中的“注释”选项卡⇨“标注▾”面板⇨“线性标注”按钮。

2. 命令的执行过程

执行“线性标注”命令后，命令行提示及操作过程如下：

命令：_dimlinear

指定第一条尺寸界线原点或<选择对象>：(指定第一条尺寸界线的原点，或按 Enter 键选择标注对象)

指定第二条尺寸界线原点：(指定第二条尺寸界线的原点)

指定尺寸线位置或[多行文字(M) / 文字(T) / 角度(A) / 水平(H) / 垂直(v) / 旋转(R)]：(指定尺寸线的位置，系统将自动测量出两个尺寸界线原点间的水平或竖直距离并注出尺寸)

注意：在指定尺寸界线原点时，一定要利用对象的捕捉功能，精确地拾取标注对象的特征点。

6.3.2 对齐标注

对齐标注用于标注斜线的长度。

1. 命令的执行方式

执行“对齐标注”命令的方式如下：

- 点击菜单栏中的“标注”⇨“对齐”。
- 选择功能区中的“默认”选项卡⇨“注释”面板⇨按钮右边的箭头▾⇨按钮。
- 选择功能区中的“注释”选项卡⇨“标注”面板⇨“”按钮(或“”按钮右边的▾按钮⇨按钮)。

2. 命令的执行过程

对如图 6-17 所示的平面图形进行线性标注和对齐标注。

命令：_dimlinear(执行“线性标注”命令)

指定第一条尺寸界线原点或 <选择对象>：(捕捉 A 点)

指定第二条尺寸界线原点：(捕捉 B 点)

指定尺寸线位置或[多行文字(M)/文字(T)/角度(A)/水平(H)/垂直(V)/旋转(R)]：(在线段

AB 上方的合适位置单击鼠标)

标注文字 = 150

命令：_dimaligned(执行“对齐标注”命令)

指定第一条尺寸界线原点或 <选择对象>：(捕捉B点)

指定第二条尺寸界线原点：(捕捉C点)

指定尺寸线位置或 [多行文字(M)/文字(T)/角度(A)]：(在线段 BC 右侧的合适位置单击鼠标)

标注文字 = 90

标注的结果如图 6-18 所示。

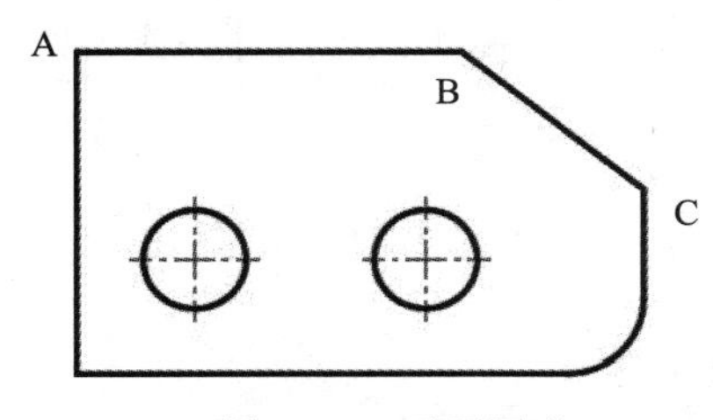

图 6-17 平面图形

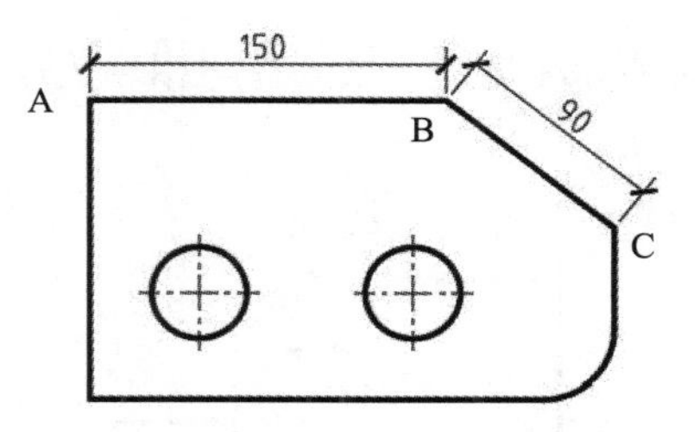

图 6-18 线性标注和对齐标注的结果

6.3.3 基线标注

基线标注指各尺寸线从同一尺寸界线处引出，如图 6-19 所示。

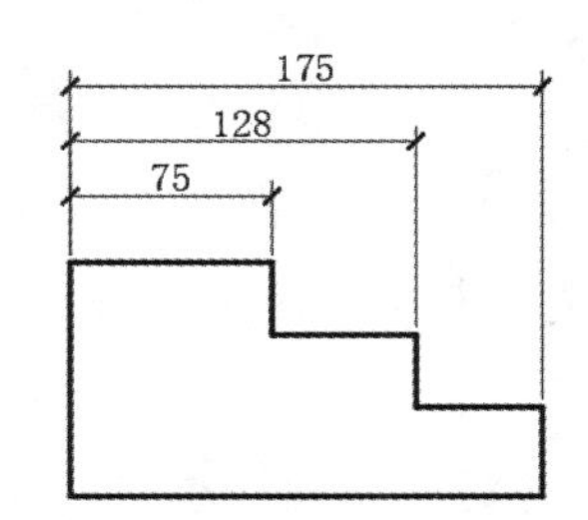

图 6-19 基线标注

1. 命令的执行方式

执行“基线标注”命令的方式如下：

- 在命令行输入 dimbaseline。
- 点击菜单栏中的“标注”⇨“基线”。
- 选择功能区中的“注释”选项卡⇨“标注”面板⇨ 按钮(或 按钮右边的 ⇨)。

执行此命令，可以标注一系列基于相同起点的线性尺寸(包括倾斜标注)、角度尺寸，且尺寸线间距相同。

2. 命令的执行过程

基线标注的第一个尺寸必须用线性标注(或对齐标注)命令、角度标注命令标注，以确定基线标注所需要的尺寸类型和前一尺寸标注的尺寸界线，然后执行基线标注命令，此时命令行提示如下：

指定第二条尺寸界线原点或[放弃(U) / 选择(S)]<选择>：

在该提示下，如果以刚刚执行完的一个标注为基准，且标注的是线性尺寸，用户可以直接指定下一个尺寸的第二条尺寸界线的原点。如果不以刚刚执行完的线性标注为基准，或者标注的是角度尺寸，那么用户需要按 Enter 键以选择已有的线性标注或角度标注为基准，来确定标注类型，且要拾取的尺寸线靠近基准尺寸界线处，AutoCAD 将按基线标注的方式标注出尺寸，直到按下两次 Enter 键结束命令为止。

6.3.4 连续标注

连续标注是指一系列首尾相连的尺寸标注，相邻两尺寸线共用同一尺寸界线，如图 6-20 所示。

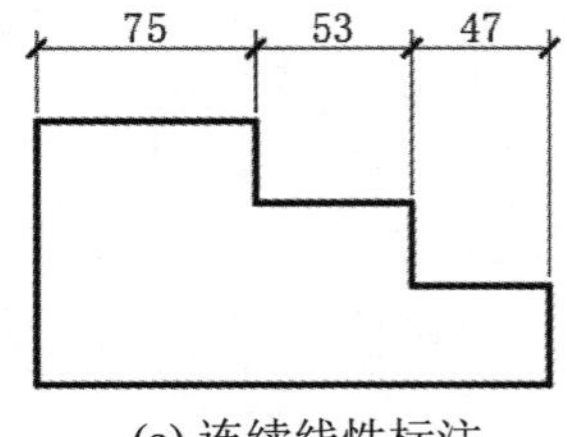

(a) 连续线性标注

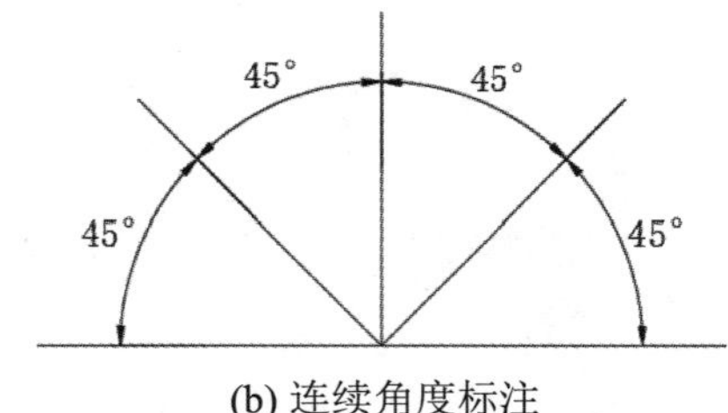

(b) 连续角度标注

图 6-20 连续标注

1. 命令的执行方式

执行“连续标注”命令的方式如下：

- 在命令行输入 dimcontinue。
- 点击菜单栏中的“标注”⇨“连续”。
- 选择功能区中的“注释”选项卡⇨“标注”面板⇨ 按钮。

2. 命令的执行过程

执行“连续标注”命令，可以标注一系列端对端的尺寸，每个连续标注的尺寸都从前一个标注的尺寸的第二个尺寸界线处开始计量。

与基线标注一样，连续标注的第一个尺寸，必须用线性标注命令、角度标注命令标注，作为基准标注，以确定连续标注所需要的标注类型和前一尺寸标注的尺寸界线，然后执行连续标注命令，依次指定下一尺寸的第二条尺寸界线的原点，直到按两次回车键结束连续标注命令。

6.3.5 直径标注

直径标注用于标注圆的直径，如图 6-21 所示。

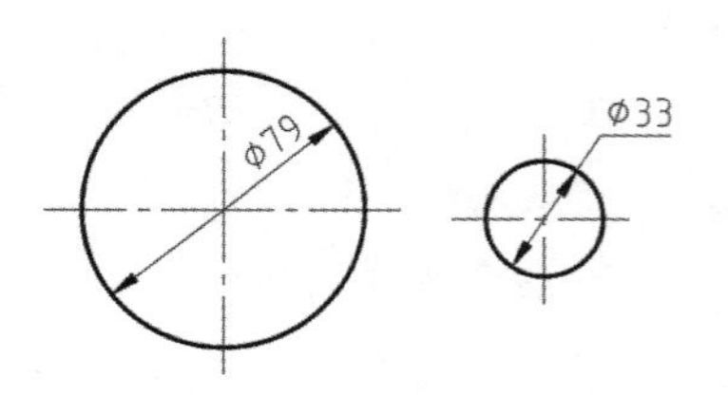

图 6-21 直径标注

1. 命令的执行方式

执行“直径”命令的方式如下：

- 在命令行输入 dimdiameter。
- 点击菜单栏中的“标注”⇨“直径”。

- 选择功能区中的“默认”选项卡➪“注释”面板➪ 按钮。
- 选择功能区中的“注释”选项卡➪“标注”面板➪ 按钮。

2. 命令的执行过程

命令：_dimdiameter

选择圆弧或圆：(拾取要标注直径的圆或圆弧)

标注文字＝79

指定尺寸线位置或 [多行文字(M)/文字(T)/角度(A)]：(将光标移到适当的位置单击鼠标左键，完成直径的标注)。

根据前面标注样式的设置，当光标移到圆周内部时，尺寸数字与尺寸线平行；当光标移到圆周之外时，尺寸数字水平书写且自动加引出线。

6.3.6 半径标注

半径标注用于标注圆弧的半径，如图 6-22 所示。

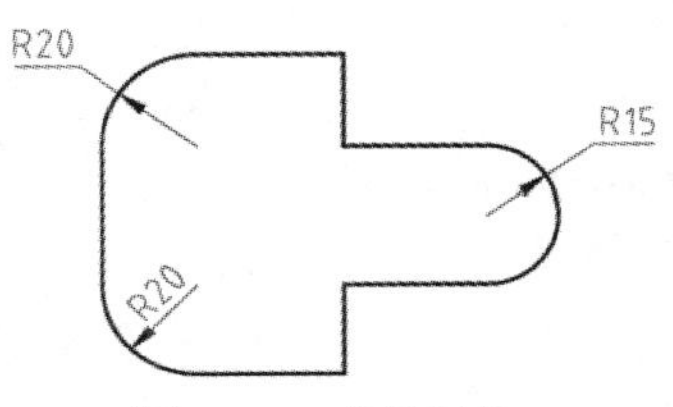

图 6-22 半径标注

1. 命令的执行方式

执行“半径”命令的方式如下：

- 在命令行输入 DIMRADIUS。
- 点击菜单栏中的“标注”➪“半径”。
- 选择功能区中的“默认”选项卡➪“注释”面板➪ 按钮。
- 选择功能区中的“注释”选项卡➪“标注”面板➪ 按钮。

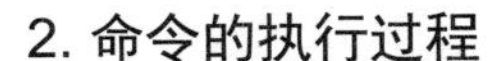

2. 命令的执行过程

命令：_dimradius

选择圆弧或圆：(拾取要标注半径的圆或圆弧)

标注文字＝20

指定尺寸线位置或[多行文字(M)/文字(T)/角度(A)]：(将光标移动到适当的位置单击，完成半径的标注。)

注意：若不想按测量值标注半径，在提示“指定尺寸线位置或[多行文字(M)/文字(T)/角度(A)]:”时选择 T 并回车，接着命令行提示如下：

输入标注文字 <默认值>：(输入希望显示在图中的半径值并回车)

指定尺寸线位置或 [多行文字(M)/文字(T)/角度(A)]：(将光标移到要希望注写半径的位置单击鼠标左键，完成半径标注。)

6.3.7 角度标注

角度标注可以标注两条非平行直线间的夹角、圆弧的圆心角，如图 6-23 所示。

1. 命令的执行方式

执行“角度标注”命令的方式如下：

- 在命令行输入 dimangular。
- 点击菜单栏中的“标注”➪“角度”。

- 选择功能区中的“默认”选项卡⇨“注释”面板⇨角度按钮。
- 选择功能区中的“注释”选项卡⇨“标注”面板⇨角度按钮。

2. 命令的执行过程

命令：_dimangular

选择圆弧、圆、直线或 <指定顶点>：(拾取角度的一条边)

选择第二条直线：(拾取角度的第二条边)

指定标注弧线位置或 [多行文字(M)/文字(T)/角度(A)/象限点(Q)]：(指定尺寸线的位置完成一个角度的标注)

标注文字 = 72

执行结果如图 6-23 所示。

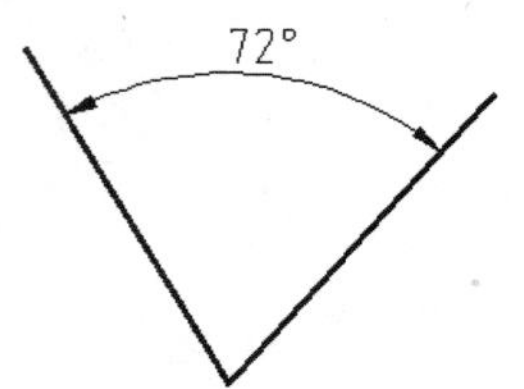

图 6-23 角度标注示例

6.3.8 折弯标注

当圆弧的半径较大，圆心不在图纸范围内，且图形不对称，但需要指明圆心位于某一条直线的时候，宜用折弯标注，如图 6-24 所示。采用折弯标注时，尺寸线可以不从真实的圆心引出，而是在圆心所在直线位于图纸范围内的某处画一十字星，尺寸线从十字星引出。

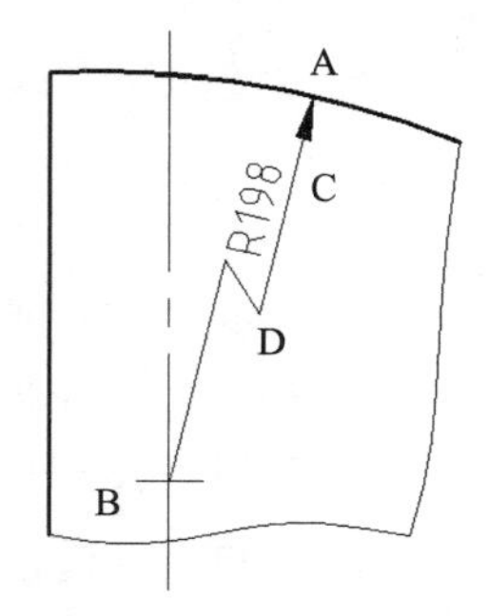

图 6-24 折弯标注示例

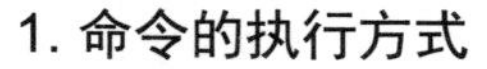

1. 命令的执行方式

执行“折弯标注”命令的方式如下：

- 在命令行输入 dimjogged。
- 点击菜单栏中的“标注”⇨“折弯线性”。
- 选择功能区中的“默认”选项卡⇨“注释”面板⇨按钮。

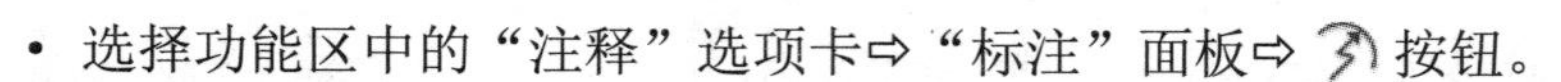

- 选择功能区中的“注释”选项卡⇨“标注”面板⇨按钮。

2. 命令的执行过程

命令：_dimjogged

选择圆弧或圆：(拾取要标注的圆弧 A)

指定图示中心位置：(指定折弯尺寸线的起点 B)

标注文字 = 198

指定尺寸线位置或 [多行文字(M)/文字(T)/角度(A)]：(指定尺寸数字的位置点 C)

指定折弯位置(或按 ENTER 键)：(指定折弯位置点 D, 完成折弯标注)。

6.3.9 弧长标注

弧长标注可以标注圆弧的长度。

1. 命令的执行方式

执行“弧长标注”命令的方式如下：

- 在命令行输入 dimarc。

- 点击菜单栏中的“标注”“弧长”。
- 选择功能区中的“默认”选项卡⇨“注释”面板⇨按钮。
- 选择功能区中的“注释”选项卡⇨“标注”面板⇨按钮。

2. 命令的执行过程

命令：_dimarc

选择弧线段或多段圆弧线段：(选择要标注弧长的圆弧)

指定弧长标注位置或 [多行文字(M)/文字(T)/角度(A)/部分(P)/引线(L)]：(移动光标到要标注尺寸线的位置处单击鼠标左键，完成弧长的标注)

标注文字 = 297：

执行结果如图 6-25 所示。

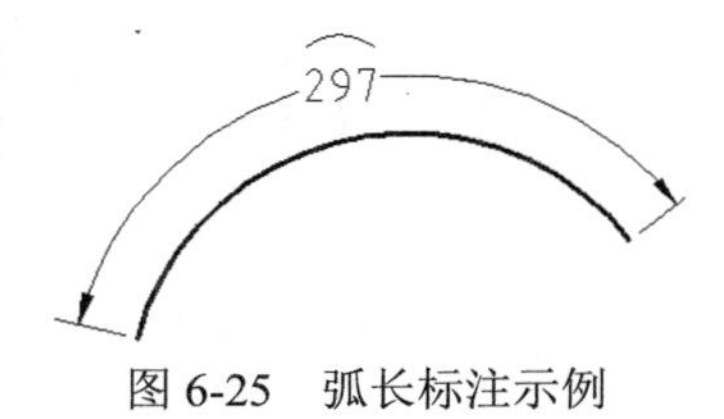

图 6-25　弧长标注示例

6.3.10　快速标注

快速标注不需要指定尺寸界线的起点，直接选取要标注的对象，可以一次性标注连续或基线或并列的尺寸，选择后指定尺寸线的位置即可。如果一次性标注多个圆或圆弧的直径或半径，选择完回车自动标注出直径或半径。

1. 命令的执行方式

执行“快速标注”命令的方式如下：

- 在命令行输入 QDIM。
- 点击菜单栏中的“标注”⇨“快速标注”。
- 选择功能区中的“注释”选项卡⇨“标注”面板⇨按钮。

2. 命令的执行过程

命令：_qdim

关联标注优先级 = 端点(选择需要标注尺寸的各图形对象)

选择要标注的几何图形：(回车或单击鼠标右键)

指定尺寸线位置或 [连续(C)/并列(S)/基线(B)/坐标(O)/半径(R)/直径(D)/基准点(P)/编辑(E)/设置(T)] <连续>：(此时尺寸线跟着光标移动，将光标移动到要放置尺寸线的位置处单击鼠标，完成快速标注，如图 6-26 所示)。

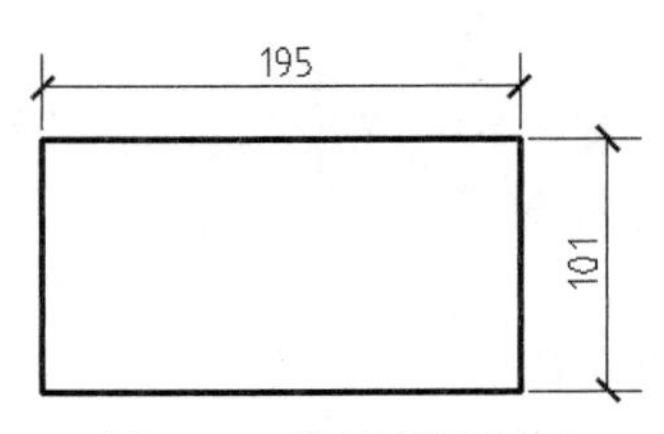

图 6-26　快速标注示例

6.3.11　对称大圆弧的标注

对称大圆弧的圆心不在图纸边界内，尺寸线可以不从圆心开始绘制，只需绘制带箭头部分的适当长度即可，如图 6-27(a)所示。标注的方法是利用折弯标注，操作之前先打开对象捕捉并设置圆心捕捉模式，操作过程如下：

命令：_dimjogged

选择圆弧或圆：(拾取要标注的圆弧，拾取点选在 A 点附近)

指定图示中心位置：(指定折弯尺寸线的起点位于拾取点 A 与圆心之间的 B 点附近，

如图 6-27(b)所示。)

标注文字 = 148

指定尺寸线位置或 [多行文字(M)/文字(T)/角度(A)]：(为避免出现弯折标注，当移动光标使两段尺寸线显示成一条直线时单击鼠标左键)

指定折弯位置：再单击鼠标左键即可。

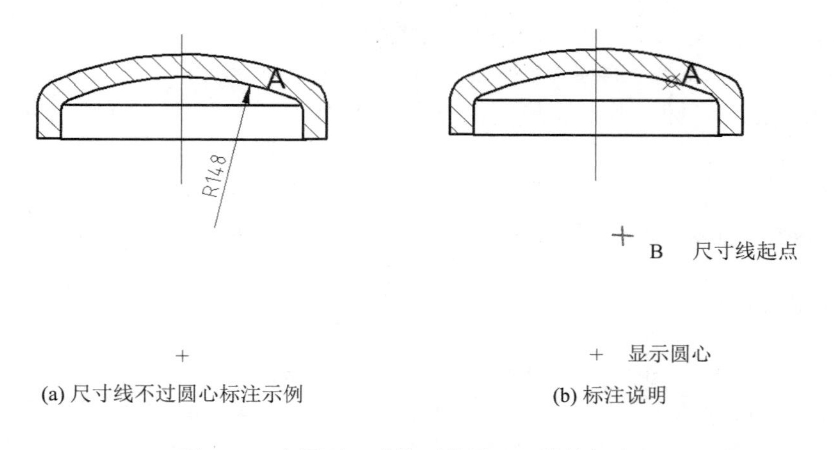

(a) 尺寸线不过圆心标注示例　　(b) 标注说明

图 6-27　大圆弧尺寸线不从圆心开始的标注

6.4 尺寸的编辑

在 AutoCAD 中，用户可以对已经创建好的尺寸标注进行编辑修改，包括修改尺寸文字的内容，改变尺寸文字的大小及位置，使尺寸文字倾斜一定角度等，还可以对尺寸界线进行编辑，而不必删除所标注的尺寸对象再重新进行标注。

上述编辑可以分为两类，一类是修改标注文字的内容及位置；另一类则涉及标注的样式，如尺寸界线超出尺寸线的长度、尺寸界线起点偏移量、尺寸文字的大小、尺寸数字的精度、尺寸文字离开尺寸线的距离、角度标注时尺寸文字的位置、字头朝向、尺寸起止符(包括箭头)的大小等。

对于第一类尺寸编辑，只要双击需要修改的尺寸，尺寸文字便处于编辑状态，此时就可以对尺寸文字进行修改。修改完毕在其他地方单击鼠标即可。对于尺寸文字的位置，可以通过夹点编辑进行修改。当单击尺寸标注对象时，尺寸文字处显示一个蓝色方块，我们称之为夹点，用鼠标单击该夹点，就可对文字进行拖动，拖动到所需要的位置单击鼠标即可。

对于第二类尺寸编辑可以通过编辑标注的样式进行修改，也可以通过特性面板进行修改。

当选中要编辑的尺寸标注，在绘图区单击右键时，AutoCAD 将弹出一个快捷菜单，快捷菜单上有编辑命令，如图 6-28 所示。在快捷菜单上选择“特性(S)”，则显示“特性”面板，如图 6-29 所示，在特性面板显示所选标注的参数，用户可以通过此“特性”面板来修改标注，用户还可以用“标注样式管理器”修改标注的样式。

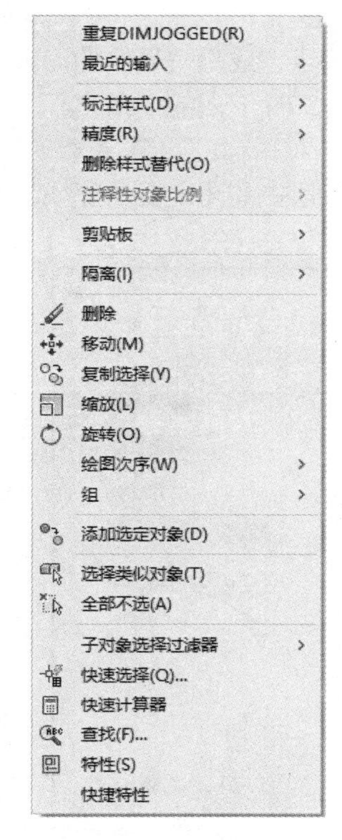

图 6-28　“标注”快捷菜单

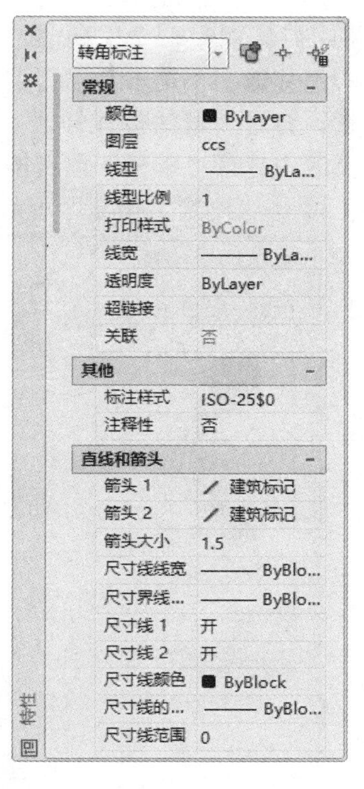

图 6-29　“特性”面板

6.4.1　编辑标注样式

当发现标注的尺寸样式不能满足要求时，可通过修改标注样式使所标注的尺寸满足要求。

1. 命令的执行方式

执行“标注样式”命令的方式如下：

- 点击菜单栏中的“标注” ⇨ “标注样式”。
- 选择功能区中的“默认”选项卡⇨“注释”面板⇨“标注样式”按钮。
- 选择功能区中的“注释”选项卡⇨“标注”面板⇨右下角的“标注样式”按钮。

2. 标注样式的修改过程

执行“标注样式”命令后，打开“标注样式管理器”对话框，如图 6-30 所示。

在“标注样式管理器”对话框中的“样式”列表框中，选择要修改的标注样式(可以是基础样式，也可以是子样式，根据需要而定)，然后单击“修改”按钮，进入标注样式编辑状态，此时可对选中的基础样式或子样式进行修改，修改完毕单击“确定”按钮即可。比如标注尺寸后发现尺寸界线的起点与图形轮廓之间没有空隙或者空隙太小，尺寸界线超出尺寸线太短，必须通过修改尺寸界线的起点偏移量以及尺寸界线超出尺寸线的长度来加以调整。可以在样式列表框中选择“ISO-25”，然后单击“修改”按钮，打开“修改标注样式：ISO-25”对话框，如图 6-31 所示，选中“线”选项卡，此时可以看到“尺寸界线”选项区中的“超出尺寸线”右边的文本框中显示“1.25”“起点偏移量”显示“0.625”，将它们分别改成 2.0 和 1，单击“确定”按钮完成尺寸界线的编辑。又比如发现角度标注的尺寸数字不是水平书写，可以选择“ISO-25”下面的“角度”子样式，单击“修改”按钮，打开“修改标注样式：ISO-25：角度”对话框，如图 6-32 所示。在“文字对齐”选项区中选择“水平”单选按钮，可看到预览区中的角度文字变成水平显示，如图 6-33 所示，单击“确定”按钮即可。

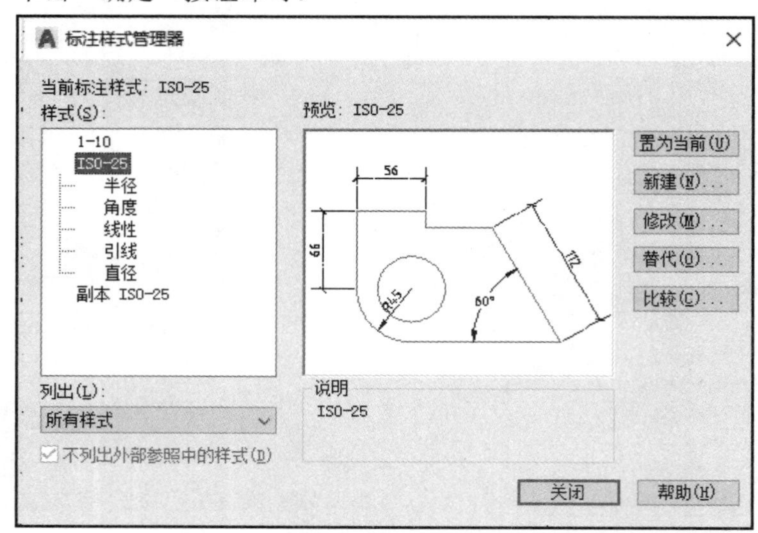

图 6-30　“标注样式管理器”对话框

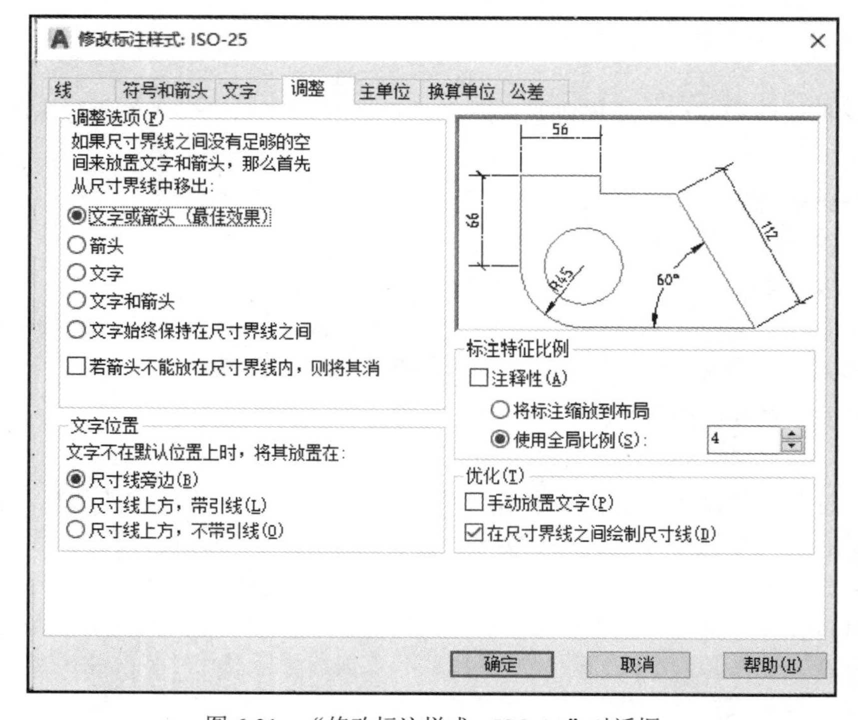

图 6-31　“修改标注样式：ISO-25”对话框

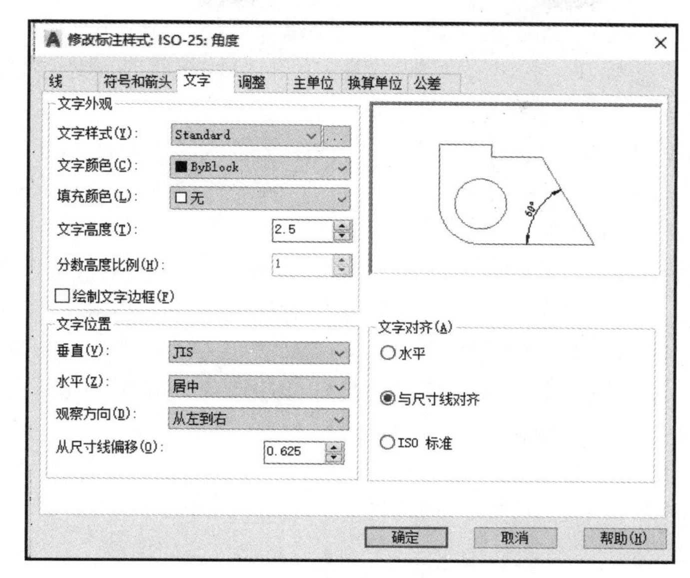

图 6-32　文字与尺寸线对齐

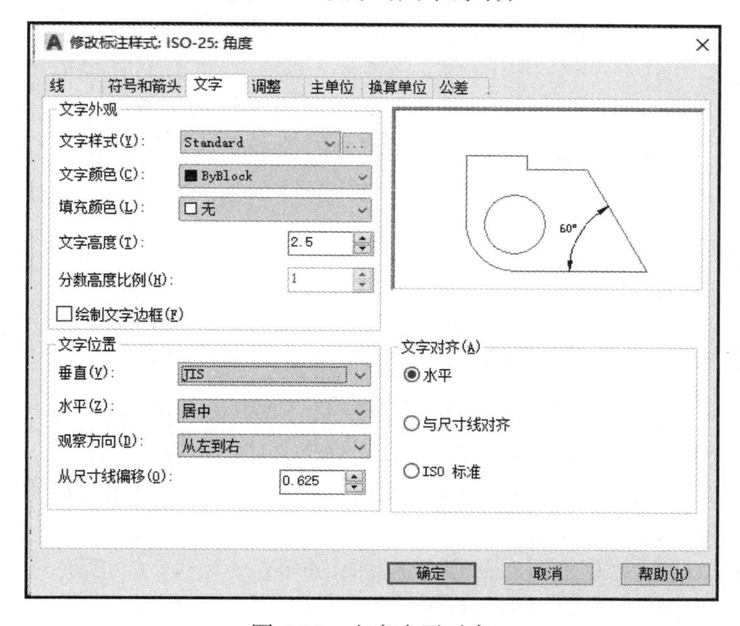

图 6-33　文字水平对齐

6.4.2　编辑标注文字的内容

创建标注后，可以编辑或者替换标注文字的内容。通常修改标注文字内容的方法有以下几种：

(1) 选择要修改的标注，调出“特性”面板，在“特性”面板的“文字”⇨“文字替代”框中输入新的标注文字，可替换已标注的实际测量值。

调出“特性”面板可通过菜单栏中的“修改”菜单⇨“特性”菜单项，或者选中要修改的标注然后右击鼠标并从弹出的快捷菜单中选择“特性”等方式实现。

(2) 双击要修改的标注，尺寸数字即呈现灰色的可编辑状态，通过修改其数值可实现标注文字内容的编辑。

(3) 通过 dimedit 命令用户也可编辑已有标注的文字内容，方法如下：

命令行：dimedit

执行命令后，命令行提示如下：

输入标注编辑类型[默认(H)/新建(N)/旋转(R)/倾斜(O)]<默认>：(输入 N，回车)

选择该选项后，系统将弹出“文字编辑器”对话框，在文字输入窗口输入新的尺寸数字，然后单击“文字编辑器”中的“关闭文字编辑器”按钮后，命令行提示如下信息：

选择对象：　在此提示下选择要编辑的尺寸标注对象，并按 Enter 键，所选择的标注对象的尺寸数字便替换为新输入的尺寸数字。

另外，通过 dimedit 命令的“旋转(R)”选项还可以使标注文字旋转一定的角度；“倾斜(O)”选项可以使非角度标注的尺寸界线倾斜一定的角度。

(4) 使用菜单栏中的“修改”⇨“对象”⇨“文字”⇨“编辑”，然后选中要修改的尺寸，会弹出“文字编辑器”对话框，也可实现对标注文字的修改。

注意：在“文字替代”框中输入的文字总是替换“测量单位”框中显示的实际标注的测量值。要标注实际的测量值，则把“文字替代”框中的文字改成<>即可。

可以使用“特性”面板编辑包括标注文字在内的任何标注特性。在创建标注时，这些特性是由当前标注样式设置的。可以使用“特性”面板查看和快速修改标注特性，例如线型、颜色、文字位置和由标注样式定义的其他特性。

6.4.3　编辑标注文字的位置

用户可以修改尺寸标注中尺寸文字的位置，使其位于尺寸线的上面、左端、右端或中间，而且可使文本倾斜一定的角度，操作方法如下：

- 通过选择点击“注释”选项卡“标注”面板上的编辑标注文字位置图标，实现文字位置的编辑。
- 点击菜单栏中的“标注”⇨“对齐文字”⇨除“默认”外的其他命令。
- 在命令行输入 dimedit。

选择需要修改的尺寸对象后，命令行的提示如下：

指定标注文字的新位置或[左(L)/右(R)/中心(C)/默认(H)/角度(A)]：

默认情况下，可以通过拖动光标来确定尺寸文字的新位置。

其各选项的含义如下：

“左(L)”和“右(R)”选项：这两个选项仅对非角度标注起作用，它们分别决定尺寸标注文字沿尺寸线是左对齐还是右对齐。

“中心(C)”选项：该选项用于将尺寸标注文字放在尺寸线的中间。

“默认(H)”选项：该选项用于按默认位置及方向放置尺寸文字。

“角度(A)”选项：该选项用于旋转尺寸文字。需要指定一个角度值，此时尺寸文字的中心点不变，使文本沿给定的角度方向排列。

6.4.4　尺寸标注的其他编辑

1. 夹点编辑

夹点编辑是修改标注最快、最简单的方法。

线性标注和角度标注有五个夹点，半径标注和直径标注有三个夹点。选中标注后，在尺寸上显示出的蓝色小方块即为夹点。如选中某线性标注后，通过点击尺寸界线端部的夹点并拖动鼠标可以改变标注的范围或尺寸界线的长度；通过点击尺寸线端部的夹点并拖动鼠标可以改变尺寸线的位置；通过点击尺寸数字上的夹点并拖动鼠标可以改变尺寸数字的位置。

2. 尺寸界线倾斜

AutoCAD 一般创建与尺寸线垂直的尺寸界线，如果尺寸界线与图形中的其他对象发生冲突，可以修改它们的角度，使现有的标注倾斜不会影响新的标注，如图 6-34 所示。

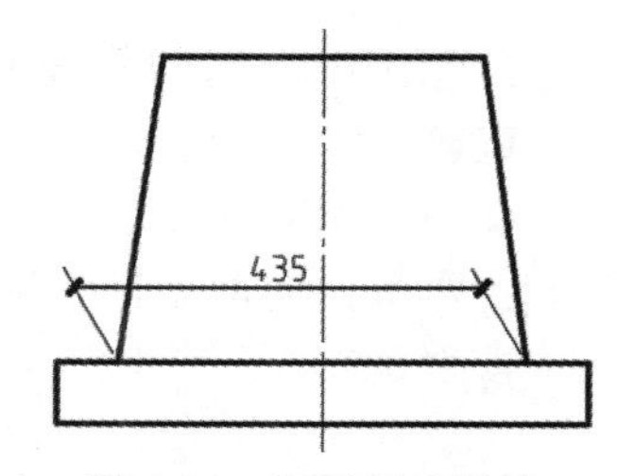

图 6-34　倾斜尺寸界线

使尺寸界线倾斜的步骤：

(1) 从菜单栏中选择“标注” ⇨ “倾斜”；或者命令行输入 dimedit 命令选择“倾斜(O)”选项。

(2) 选择标注。

(3) 直接输入尺寸线倾斜角度(与 X 轴正方向的夹角)或通过指定两点确定尺寸线的倾斜角度。

6.5　尺寸标注的综合举例

首先，设置土木工程图的尺寸标注样式，设置的方法见 6.2 节。

在完成尺寸标注样式的设置后，将图 6-35 所示的图形，按照下列步骤标注尺寸后，将得到如图 6-36 所示的标注尺寸后的图形。

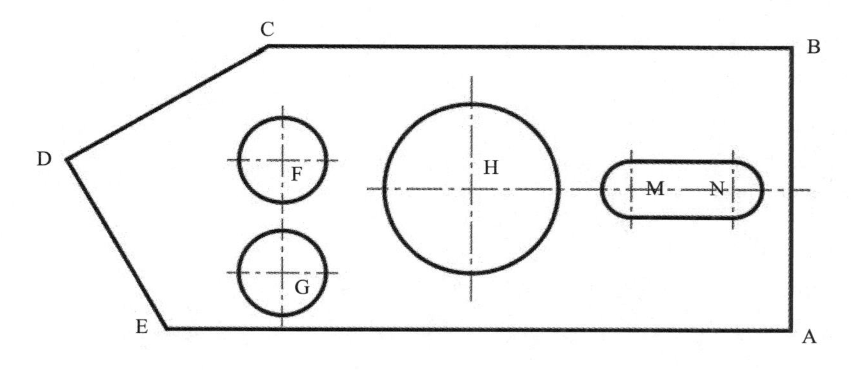

图 6-35　尺寸标注综合举例

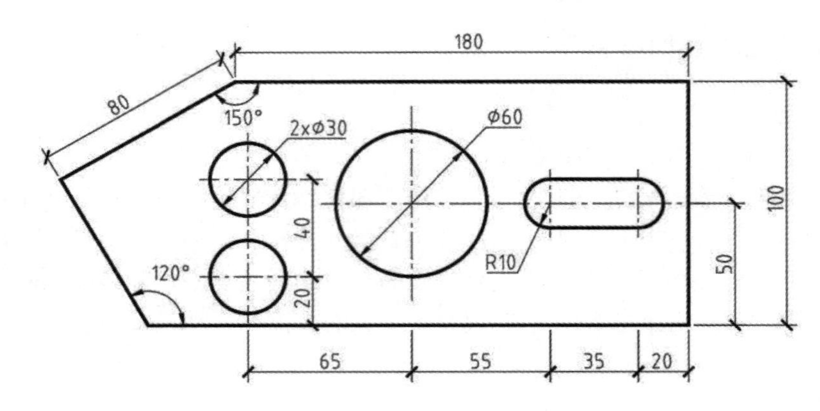

图 6-36　尺寸标注综合举例

在此例中，用到了线性标注、连续标注、基线标注、对齐标注、角度标注、半径标注、直径标注等标注方法，操作过程如下：

命令：_dimlinear；(线性标注命令)

指定第一条尺寸界线原点或 <选择对象>：(捕捉 G 点)

指定第二条尺寸界线原点：(捕捉 H 点)

指定尺寸线位置或[多行文字(M)/文字(T)/角度(A)/水平(H)/垂直(V)/旋转(R)]：(指定尺寸线位置)

标注文字 = 65

命令：_dimcontinue；(连续标注命令)

指定第二条尺寸界线原点或 [放弃(U)/选择(S)] <选择>：(捕捉 M 点)

标注文字 = 55；

指定第二条尺寸界线原点或 [放弃(U)/选择(S)] <选择>：(捕捉 N 点)

标注文字 = 35；

指定第二条尺寸界线原点或 [放弃(U)/选择(S)] <选择>：(捕捉 A 点)

标注文字 = 20；

指定第二条尺寸界线原点或 [放弃(U)/选择(S)] <选择>：(回车)

选择连续标注：(回车)

命令：_dimlinear；(线性标注命令)

指定第一条尺寸界线原点或 <选择对象>：(捕捉 A 点)

指定第二条尺寸界线原点：(捕捉 N 点)

指定尺寸线位置或[多行文字(M)/文字(T)/角度(A)/水平(H)/垂直(V)/旋转(R)]：(指定尺寸线位置)

标注文字 = 50

命令：_dimbaseline；(基线标注命令)

指定第二条尺寸界线原点或 [放弃(U)/选择(S)] <选择>：(捕捉 B 点)

标注文字 = 100；

指定第二条尺寸界线原点或 [放弃(U)/选择(S)] <选择>：(回车)

选择基准标注：(回车)

命令：_dimlinear；(线性标注命令)

指定第一条尺寸界线原点或 <选择对象>：(捕捉 B 点)

指定第二条尺寸界线原点：(捕捉 C 点)

指定尺寸线位置或[多行文字(M)/文字(T)/角度(A)/水平(H)/垂直(V)/旋转(R)]：(指定尺寸线位置)

标注文字＝180

命令：_dimlinear；(线性标注命令)

指定第一条尺寸界线原点或 <选择对象>：(捕捉 F 点)

指定第二条尺寸界线原点：(捕捉 G 点)

指定尺寸线位置或[多行文字(M)/文字(T)/角度(A)/水平(H)/垂直(V)/旋转(R)]：(指定尺寸线位置)

标注文字＝40

命令：_dimcontinue；(连续标注命令)

指定第二条尺寸界线原点或 [放弃(U)/选择(S)] <选择>：(捕捉 E 点)

标注文字＝20；

指定第二条尺寸界线原点或 [放弃(U)/选择(S)] <选择>：(回车)

选择连续标注：(回车)

命令：_dimaligned；(对齐标注命令)

指定第一条尺寸界线原点或<选择对象>：(捕捉 C 点)

指定第二条尺寸界线原点：(捕捉 D 点)

指定尺寸线位置或[多行文字(M)/文字(T)/角度(A)]：(指定尺寸线位置)

标注文字＝80

命令：_dimangular；(角度标注命令)

选择圆弧、圆、直线或<指定顶点>：(在 CD 直线上选择一点)

选择第二条直线：(在 CB 直线上选择一点)

指定标注弧线位置或[多行文字(M)/文字(T)/角度(A)/象限点(Q)]：(指定尺寸线位置)

标注文字＝150

命令：_dimangular；(角度标注命令)

选择圆弧、圆、直线或 <指定顶点>：(在 EA 直线上选择一点)

选择第二条直线：(在 ED 直线上选择一点)

指定标注弧线位置或[多行文字(M)/文字(T)/角度(A)/象限点(Q)]：(指定尺寸线位置)

标注文字＝120

命令：_dimdiameter；(直径标注命令)

选择圆弧或圆：(在圆 F 上选择一点)

标注文字＝30

指定尺寸线位置或 [多行文字(M)/文字(T)/角度(A)]：(输入 m，回车，屏幕出现文字格式编辑器，在测量值前输入前缀“2×”(此时文本框中显示 2×%%c30)，点击确定按钮。乘号“×”在前述定义的文字样式 GB 下，输入“*”号即可显示)

指定尺寸线位置或 [多行文字(M)/文字(T)/角度(A)]：(指定尺寸线位置)

命令：_dimdiameter；(直径标注命令)
选择圆弧或圆：(在圆 H 上选择一点)
标注文字 = 60
指定尺寸线位置或 [多行文字(M)/文字(T)/角度(A)]：(指定尺寸线位置)
命令：_dimradius；(半径标注命令)
选择圆弧或圆：(在半圆 N 上选择一点)
标注文字 = 10；
指定尺寸线位置或 [多行文字(M)/文字(T)/角度(A)]：(指定尺寸线位置)。

6.6 上机实验

实验 1：建立符合土木工程图标准的尺寸标注样式。

目的要求：掌握尺寸标注样式的设置，创建一个或多个符合行业、项目或国家标准的尺寸标注样式来标注尺寸。

操作指导：按照《技术制图》国家标准、《房屋建筑制图统一标准》和《建筑制图标准》中的有关规定，按 1∶1 的比例，建立线性、半径、直径和角度尺寸等的标注子样式，相对于默认的 ISO－25 基础样式而言，对于新样式，如果仅修改那些与基础样式特性不同的特性，以下内容必须被设置：

(1) 【基线间距】为 7～10。

(2) 【超出尺寸线】为“2”。

(3) 线性尺寸箭头形式为【建筑标记】，半径、直径和角度的尺寸箭头形式为【实心闭合】。

(4) 尺寸文字的高度为 3.5，为尺寸文字建立的文字样式中的字体，建议采用国标直体(gbenor.shx)或国标斜体(gbeitc.shx)。

(5) 尺寸文字的【单位格式】选“小数”，“精度”为“0”。

实验 2：绘制如图 6-37 所示的平面图形，并标注尺寸。

目的要求：通过平面图形的尺寸标注，掌握尺寸标注样式的设置、尺寸标注的方法和尺寸标注的编辑。

操作指导：创建以线性、半径、直径和角度为子样式的尺寸标注样式，然后标注下图尺寸，当尺寸箭头和尺寸文字位置不佳时，用尺寸编辑命令进行调整。

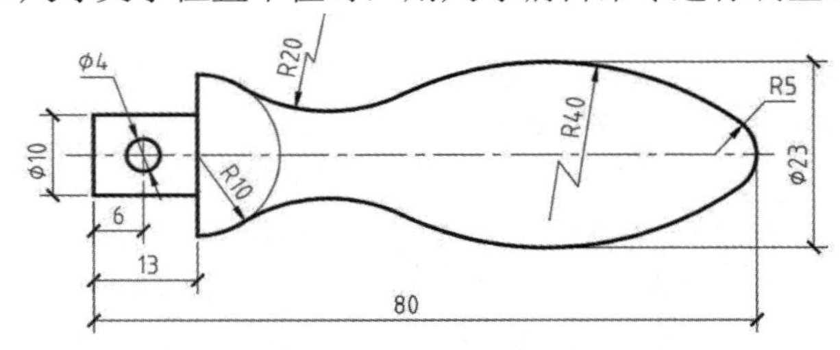

图 6-37　平面图形尺寸标注

实验 3：绘制图 6-38 所示图形，并标注尺寸。

目的要求：利用本章所学的尺寸标注命令及前面所学的二维绘图和编辑命令，绘制图 6-38 中所示的图形并标注尺寸。

操作提示：读者可参照本书中的例题自己试着进行各种命令的操作。

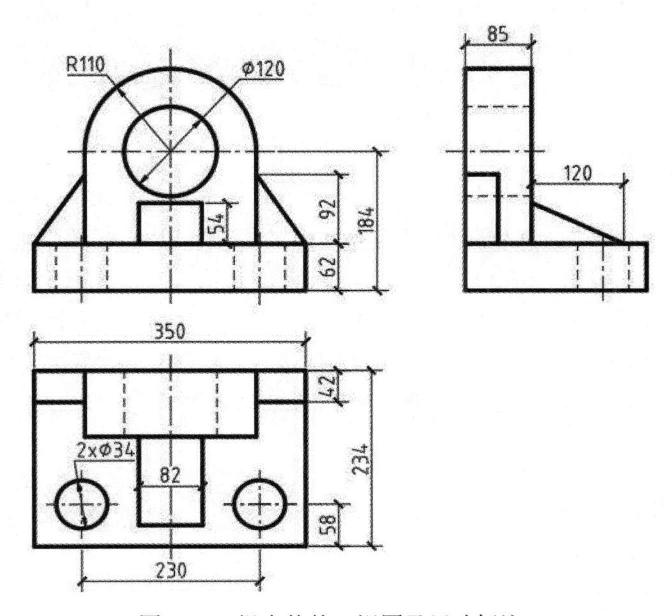

图 6-38　组合体的三视图及尺寸标注

第 7 章 图块和图块属性

在工程制图中，经常会遇到一些要反复使用的图形，如机械图中的螺栓、螺母、表面粗糙度，房屋施工图中的门、窗、标高等，这些图形在 AutoCAD 中都可以由用户定义成图块，并在需要绘制该图形的地方将该图块插入，以达到重复利用的目的。

本章主要介绍以下内容：图块的特点及用途，图块的定义，图块的插入，图块属性的概念与特点，属性的定义，属性的编辑，属性的显示控制。

7.1 图块

7.1.1 图块的特点及用途

图块是由多个对象组成并被赋予块名的一个整体，可以随时将它作为一个单独的对象插入到当前图形中指定的位置，可以在插入时指定不同的缩放比例系数和旋转角。还可以对插入到图形中的块进行移动、删除、复制、比例缩放、镜像和阵列等操作。

图块的主要作用如下：

(1) 建立图形库。在机械设计和土木工程设计中，经常会遇到一些重复使用的图形(如螺钉、螺栓、螺母、表面粗糙度，房屋建筑施工图中的门、窗、标高以及每一张图纸的标题栏等)，如果把这些经常使用的图形定义成块，并以图形文件的形式保存在磁盘上，就形成了一个图形库。当需要某个图形时，就将其插入到图中，这样可以避免许多重复性的工作。

(2) 便于图形的修改。对于一个多次插入了同一图块的图形，只需对其中的一个图块进行修改，则图中所有引用该块的地方都会自动更新。

(3) 携带属性。块可以携带文本信息，称之为属性。在每次插入块时，这些文本信息可以改变，从而可以得到不同的文本值内容。

7.1.2 块的定义

在 AutoCAD 中使用块可以大大提高绘图效率，但在使用块之前，必须先定义块。定义块的前提是将组成块的图形预先绘制出来，然后将这些对象定义成块。

1. 定义块的途径

- 点击菜单栏中的“绘图” ⇨ “块” ⇨ “创建”。

- 选择功能区中的“默认”选项卡⇨“块”面板⇨创建块按钮。
- 选择功能区中的“插入”选项卡⇨“块定义”面板⇨创建块按钮。
- 在命令行输入 block(或 bmake)。

2. 定义块的方法和步骤

下面以图 7-1 所示的窗户为例，说明块定义的方法和步骤。

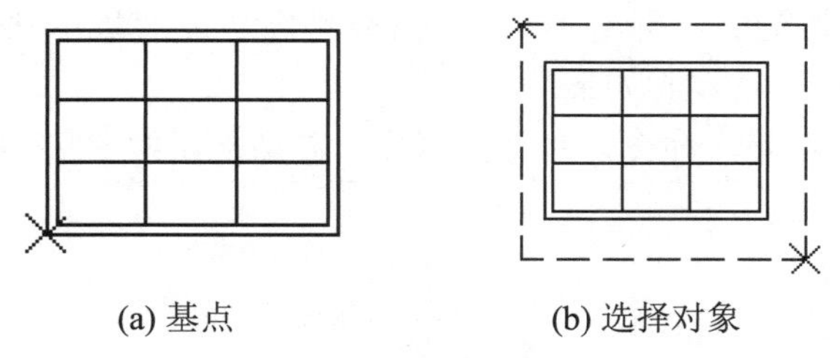

(a) 基点　　(b) 选择对象

图 7-1　块的定义

(1) 用上述几种途径之一执行创建块命令，打开“块定义”对话框。“块定义”对话框如图 7-2 所示。

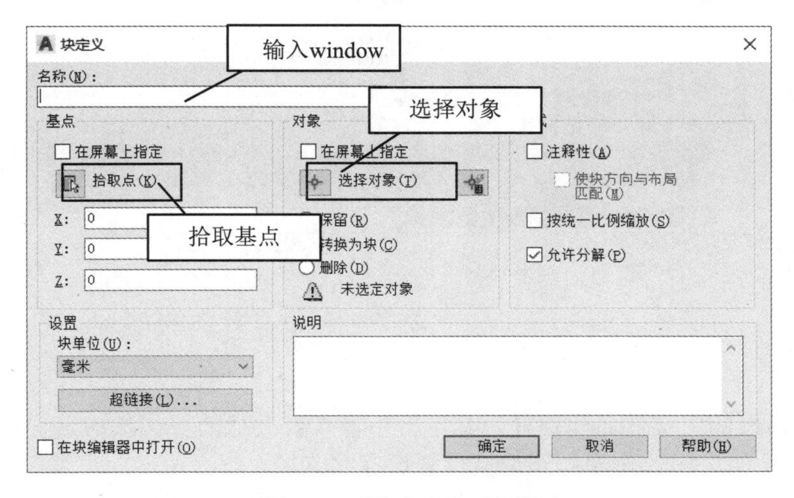

图 7-2　“块定义”对话框

(2) 在对话框的“名称”列表框中输入块名，如 window。

(3) 单击“基点”区的“拾取点”按钮，对话框暂时从屏幕消失。此时可以用鼠标在图形区指定一点作为块的插入基点(如图 7-1(a))。一般应将基点选在块的中心、左下角或其他特殊的位置，以方便插入时定位(插入时，基点与光标重合)，如窗户的基点就选在其左下角。当选定了基点，基点区的 X、Y 文本框就自动显示基点的 X、Y 坐标值。

(4) 单击“对象”区的“选择对象”按钮，对话框暂时消失，可用各种选择对象的方法选择构成块的对象(图 7-1(b)表示用窗口的方法选择对象)。

(5) 单击“确定”按钮，完成块的定义。

注意： 若选中“对象”区中的“保留”选项，则定义完块后，被选中的对象仍保留在当前图形中；若选中“对象”区中的“转化为块”选项，则定义完块后，被选中的对象转化成一个图块；若选中“对象”区中的“删除” 选项，则定义完块后，被选中的对象从屏幕上消失，此时若希望保留原对象，只要执行“oops”命令(从键盘输入“oops”并回车)即可。建议在定义块时，选择“保留”。

7.1.3 保存块

定义的图块，一般只在图块所在的当前图形文件中使用，不便于被其他图形文件引用。要使图块成为公共图块，可用 wblock 命令将图块或对象单独保存为一个图形文件(*.dwg)中。保存图块的方法步骤如下：

(1) 在命令行输入 wblock 命令，打开“写块”对话框，如图 7-3 所示。

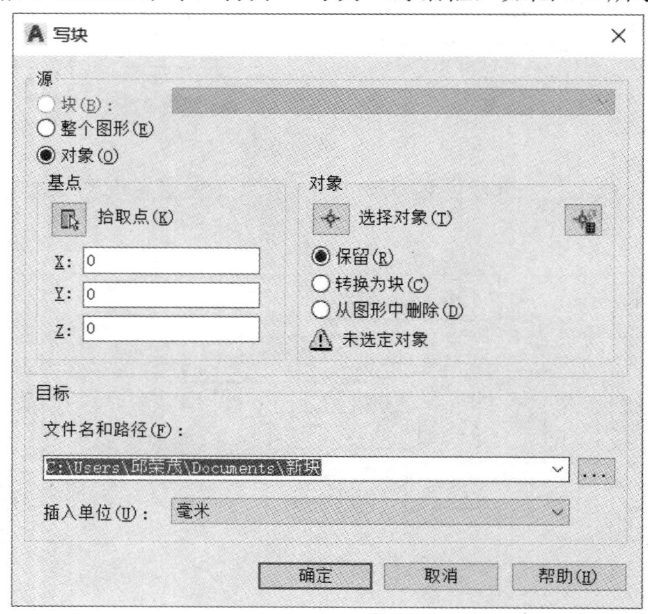

图 7-3 “写块”对话框

(2) 在对话框的“文件名和路径”文本框中输入要存盘的块文件的名称及路径。可以利用文本框右边的按钮浏览指定块文件要保存的路径。

(3) 在“源”区中确定块的定义范围。其中，“块”指以前定义过但还没有保存的块，若没有定义过的块，则该项不能使用；“整个图形”指当前已绘制的图形；“对象”指通过选择部分对象来组成块。

(4) 对话框中的“基点”区、“对象”区的意义与“块定义”相同。若选中了“源”区中的“块”选项，则“基点”区和“对象”区将拒绝用户使用，因为以前定义块时已经确定了插入基点和构成图块的对象。

(5) 单击“确定”按钮，完成块的存盘。

7.1.4 块的插入

块创建好了以后，用户可以使用“插入块”命令、设计中心插入块、工具选项板插入块三种方法将先前创建好的块插入到当前图形中。

下面对这三种方法分别加以介绍。

1. 使用“插入块”命令插入块

执行“插入块”命令的方法如下：

- 选择功能区中的“默认”选项卡⇨“块”面板⇨插入按钮。
- 选择功能区中的“插入”选项卡⇨“块”面板 ⇨插入按钮。
- 点击菜单栏中的“插入” ⇨ “块”。
- 在命令行输入 insert(或 ddinsert)。

执行完“插入块”命令后，弹出“插入”对话框，如图 7-4 所示。

在对话框的“名称”下拉列表中选择要插入的块名。如果要插入的块不在当前图形文件内(如存盘块)，单击列表框右边的“浏览”按钮可选择要插入的块所在的路径及名称。

在“插入点”选项区中，选中“在屏幕上指定”复选框，以便在插入块时用光标在屏幕上指定插入点。

在“比例”“旋转”两个选项区中直接指定比例、旋转角参数，缺省的缩放比例为 1，缺省的旋转角为 0°。

单击“确定”按钮，对话框消失，回到图形窗口等待指定插入点(此时要插入的块随光标移动且基点与光标重合)，将光标移到所需的位置单击鼠标左键即完成图块的插入。通常利用对象捕捉来确定插入点。

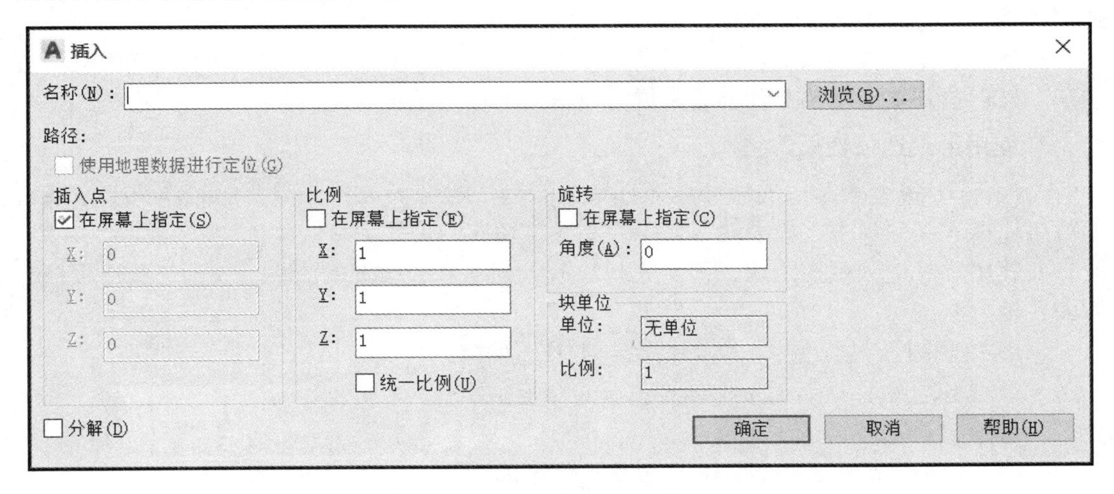

图 7-4　“插入”对话框

2. 使用设计中心插入块

设计中心一般用于插入非存盘块，所要插入的块既可以是在当前图形文件内，也可以不在当前图形文件内；可以是在打开的图形文件内，也可以在未打开的图形文件内。使用设计中心插入块的方法步骤如下：

- 选择功能区中的“视图”选项卡⇨选项板”面板⇨。
- 在命令行输入 adcenter。

激活设计中心后，AutoCAD 弹出“设计中心”对话框，选择对话框中的“打开的图形”选项卡，单击文件左边的“+”将其展开，并选中其中的“块”，此时，已定义好的块都直观地显示在右边的窗口中，如图 7-5 所示。

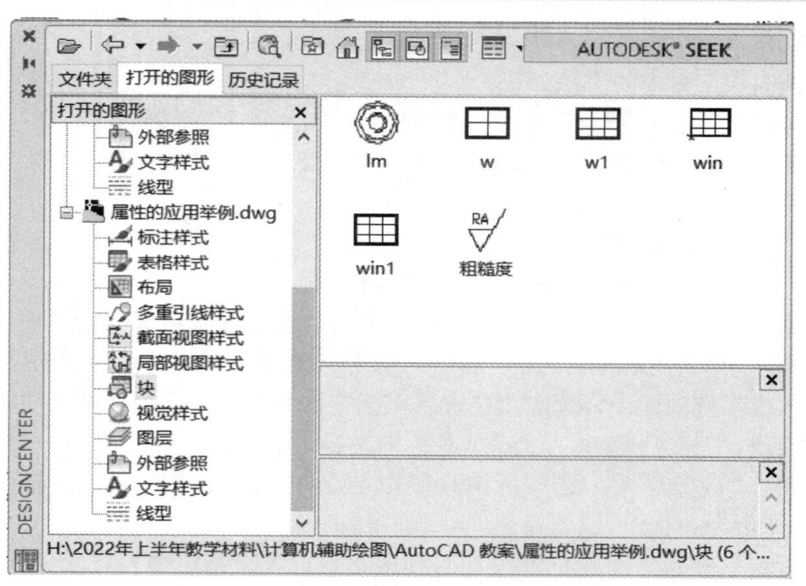

图 7-5　“设计中心”对话框

将要插入的块从设计中心拖到图形窗口，并借助对象捕捉将块放置在所需的位置(在捕捉到插入点以前不要松开鼠标)。

注意：如果所要插入的块不在当前的图形文件内，则要选择对话框中的“文件夹”选项卡，然后找到块所在的文件并将其展开，再按上述方法将其插入。

3. 使用工具选项板插入块

AutoCAD 将一些常用的块和填充图案集合到一起分类放置，需要的时候只要拖动它们就可以插入到图形中，极大地方便了块和图案填充的使用。

要使用工具选项板插入块，需要先将块放入到工具选项板中。将块放到工具选项板有下面几种方法：

- 将块复制到剪贴板中，然后粘贴到工具选项板。
- 单击选择块，然后直接拖动到工具选项板中。
- 从设计中心拖入到选项板中。

下面介绍将块从设计中心拖入到工具选项板的方法：

(1) 首先打开块所在的文件。

(2) 单击“视图”选项卡⇨“选项板”面板⇨工具选项板按钮(打开工具选项板)，如图 7-6(b)。

(3) 单击“视图”选项卡⇨“选项板”面板⇨设计中心按钮(打开设计中心对话框)，如图 7-6(a)。

(4) 展开块所在的文件并选择其中的“块”。

(5) 在设计中心右边的窗口中选中块并将其拖动到工具选项板中，如图 7-6 所示。

注意：若要放入工具选项板的块不在当前图形文件中，可选中设计中心的“文件夹”选项卡，然后找到块所在的文件并将其展开，最后按上述(5)的方法将其拖入到工具选项板。

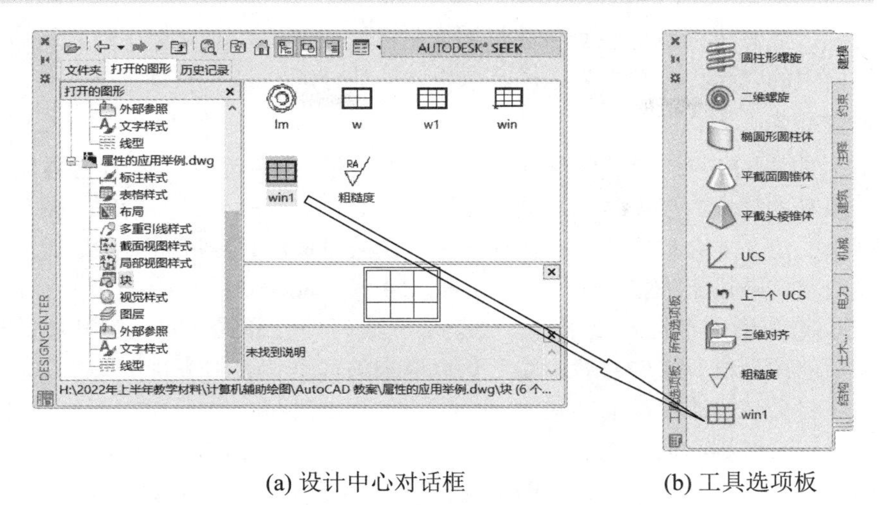

(a) 设计中心对话框　　　　(b) 工具选项板

图 7-6　将块从“设计中心”拖入到“工具选项板”

将块放入工具选项板后，就可以很方便地将块插入到当前图形中。只要单击工具选项板中的块，然后在绘图窗口中移动光标到要插入块的位置单击，块便被插入。为了将块准确插入到所需的位置，可以借助对象捕捉或对象追踪来实现，如图 7-7 所示。

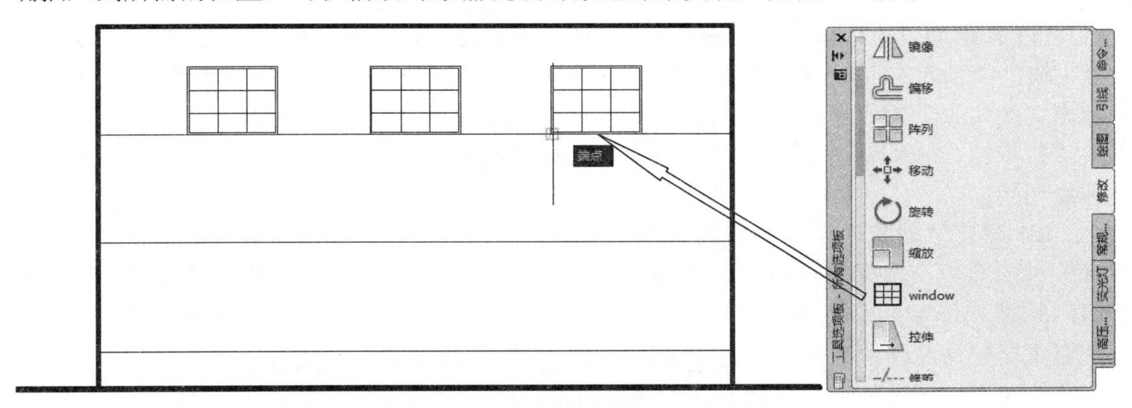

图 7-7　利用“工具选项板”插入块

7.1.5　块的编辑与修改

块在插入到图形中之后，表现为一个整体，用户可以对这个整体进行删除、复制、镜像、旋转等操作，但是不能直接对组成块的对象进行操作，也就是说不能直接修改块在库中的定义。AutoCAD 提供了 3 种方法对块的定义进行修改，分别是块的分解+重新定义、块的在位编辑、块编辑器编辑。

1. 块的分解+重新定义

1) 块的分解

分解命令(“默认”选项卡⇨“修改”面板⇨分解按钮)可以将块由一个整体分解成组成块的原始对象，然后对这些对象进行任意的修改。

执行分解命令后，在命令提示下选择需要分解的块，选择完毕按回车键，块就被分解成零散的对象，此时可以对这些对象进行编辑。需要注意的是，只有在创建块的时候选中块定义对话框中的“允许分解”复选框，该块才能被分解。

2) 块的重新定义

对分解后的块的编辑仅仅停留在图面上，并不改变块的定义。此时若再次插入这个块，依旧是原来的样子。要使插入的块发生变化，必须将编辑修改后的对象重新定义成同名块，这样块的定义才会被修改，再次插入这个块的时候，会变成新定义好的块。

重定义块常常被用于成批修改一个块。比如说某个图块在图形中被插入了很多次，后来发现这个块的图形并不符合要求，需要全部变成另外的样式，只要将其中的一个块分解，对分解后的图形进行编辑修改，然后仍以原来的基点和名称重新定义图块，完成后图中全部同名块将会被修改成新的样式。

块的重新定义过程和创建块的过程一样，只是在选择块名的时候可以选择“名称”下拉列表中的已有块名。下面通过一个例子来说明块的重新定义。

块的成批修改如图 7-8 所示，图 7-8(a)为先前定义的块，块名为“win2”，该块被多次插入到立面图中，如图 7-8(c)所示。要将立面图中的窗户改成上部为整块固定玻璃的窗户(见图 7-8(d))，只要将图 7-8(b)中的任意一个窗户复制到空白处，然后将其分解并修改成7-8(b)所示的形式，再按以下过程重新定义图块：

(1) 在前面 7.1.2 节定义块的途径中选择一种创建块的方式，如单击菜单栏⇨“绘图”⇨“块”⇨“创建”，或单击功能区“插入”选项卡⇨“块定义”面板 ⇨创建块按钮，弹出“块定义”对话框，在“名称”下拉列表框中选择“win2”，单击“基点”选项区中的“拾取点”按钮，然后在图形窗口中拾取窗户左下角的点作为块的插入基点(与原插入基点相同)。

(2) 单击“对象”选项区域的“选择对象”按钮，然后在图形窗口中以窗选模式选择修改过的窗户，选择完毕按回车键(鼠标右键)，回到“块定义”对话框，单击“确定”按钮，此时 AutoCAD 会弹出一个警告信息框，提示“win2”已定义为此图形中的块。如果希望重新定义此图块参照，单击“是”按钮，则完成块的重新定义。

此时图中所有的窗户变成上部为整块固定玻璃的窗户，如图 7-8(d)所示。

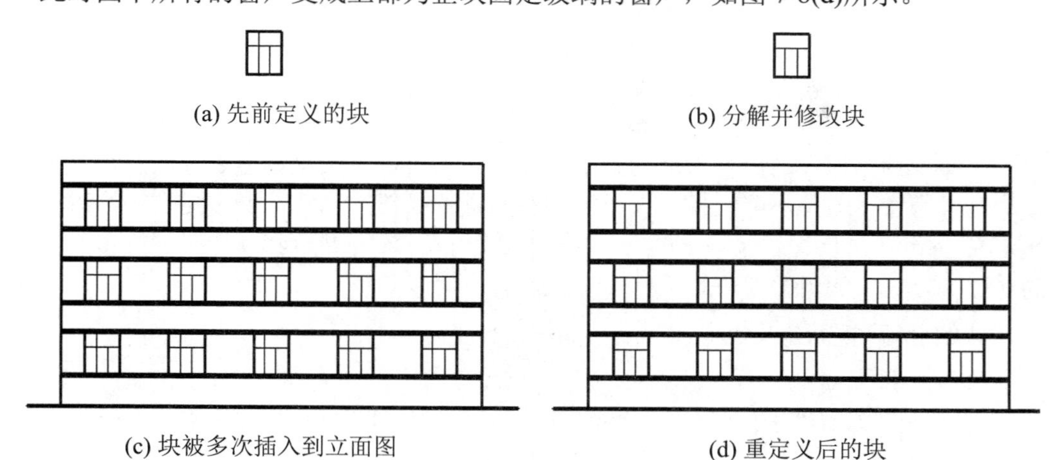

(a) 先前定义的块　　(b) 分解并修改块

(c) 块被多次插入到立面图　　(d) 重定义后的块

图 7-8　块的成批修改

2. 块的在位编辑

除了前面讲到的重新定义图块的方法，AutoCAD 还有一个在位编辑的工具供用户直接修改块定义。所谓在位编辑，就是在原来图形的位置上进行编辑，不必分解块就可以直接对它进行修改，而且可以不必理会插入点的位置。

在位编辑块命令的执行方式如下：

- 选择要编辑的块，在其右键菜单中选择“在位编辑块”命令。
- 在命令行输入 refedit。

下面仍以上面的例子来说明如何进行块的在位编辑。

(1) 单击立面图左上方的窗户块，然后右击鼠标，在弹出的快捷菜单中选择“在位编辑块”命令，打开“参照编辑”对话框，如图 7-9 所示。这个对话框的“参照名”列表框中显示出要编辑的块的名字“win2”。

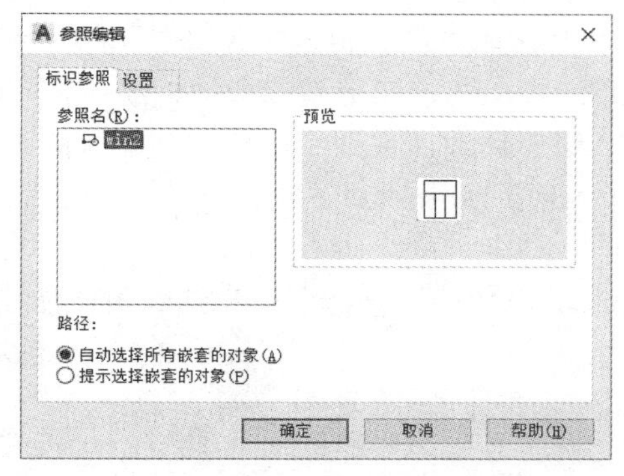

图 7-9　“参照编辑”对话框

(2) 单击“确定”按钮，AutoCAD 进入参照和块在位编辑的状态，除了块定义的图形之外，其他图形全部褪色，并且除了当前正在编辑的图形外，看不到其他插入进去的相同的块，如图 7-10 所示。同时，功能区出现“编辑参照”面板，如图 7-11 所示。

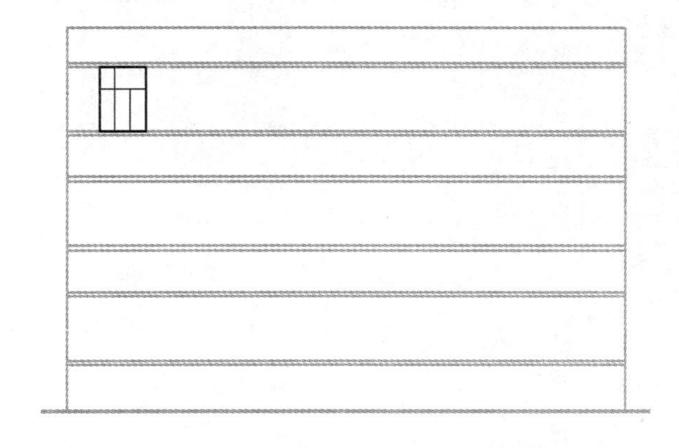

图 7-10　参照和块在位编辑的状态　　图 7-11　“编辑参照”面板

(3) 在参照和块在位编辑状态下，可以像一般图形编辑那样对块进行修改。现删去窗户上的三条竖线，然后借助对象捕捉绘制出下部的竖直中线(下部改成两扇推拉窗)。完成对块定义的修改后，单击“编辑参照”面板的“保存修改”按钮，此时弹出警告信息框，提示要保存对参照的修改，请单击“确定”；要取消命令，请单击“取消”。单击信息框的“确定”按钮，回到图形窗口，在位编辑“win2”后的立面图如图 7-12 所示。

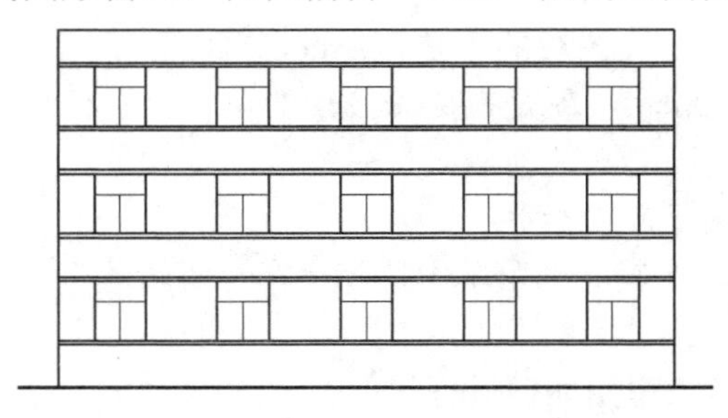

图 7-12　在位编辑“win2”后的立面图

3. 块编辑器编辑

块编辑器编辑与块的在位编辑基本相同。选择要编辑的图块(如上面的 win2)，然后右击鼠标，在弹出的快捷菜单中选择“块编辑器”，此时功能区显示“块编辑器”选项卡，同时绘图窗口只显示所选择的块，其余图形被隐藏掉，绘图窗口的背景色变成灰色。如图 7-13 所示。此时可对块进行编辑修改，修改完毕单击功能区的“关闭块编辑器”按钮，此时弹出保存块编辑提示框，如图 7-14 所示，选择“将更改保存到块”便完成对图块的编辑修改。

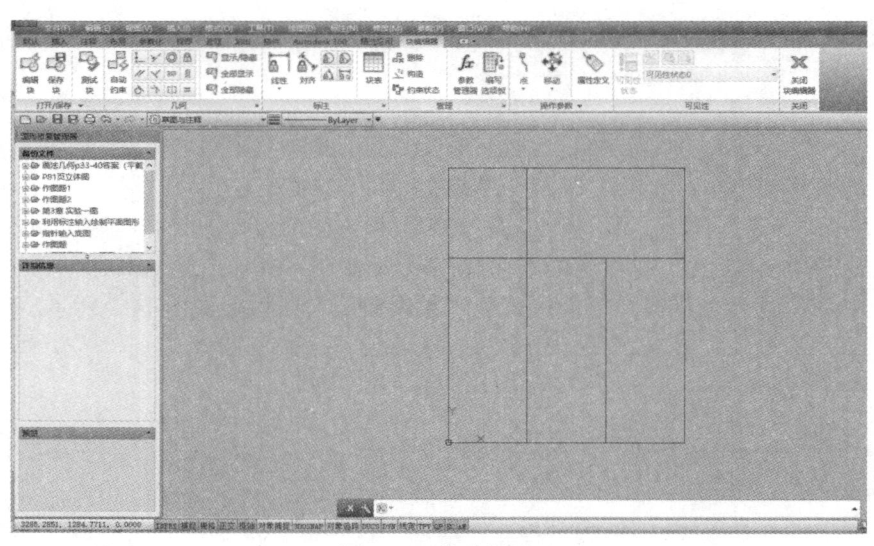

图 7-13　块编辑器

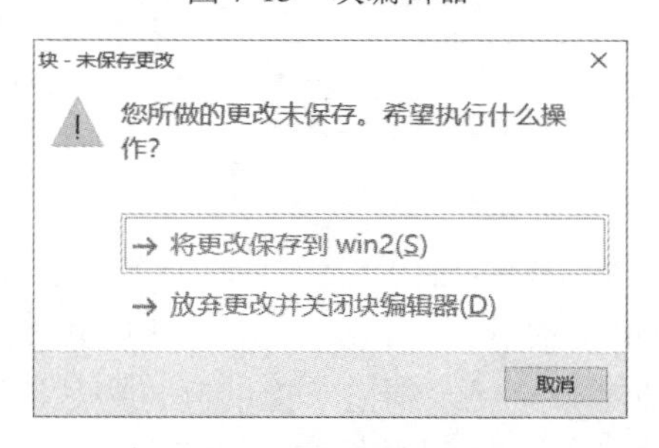

图 7-14　保存块编辑提示框

7.2 图块的属性

7.2.1 属性的概念及特点

1. 属性的概念

属性是从属于块的文本信息。如果某个图块带有属性，那么用户在插入图块时可根据具体情况，通过属性来为图块设置不同的文本对象。例如在房屋建筑制图中，标高值有3.000、4.500、6.000 等，用户可以在标高的图块中将标高值定义为属性，当每次插入标高图块时，AutoCAD 将自动提示用户输入标高的数值。

2. 属性的特点

(1) 属性包含属性标记和属性值两方面内容。例如在一张图纸的标题栏中，有图名(drawing name)、比例(scale)等内容，具体到每一张图纸，都有各自的图名(如底层平面图)和比例(如 1∶100)。Drawing name 和 scale 指的是哪类信息，称之为属性标记，而“底层平面图”和“1∶100”表示的是某类信息中的具体信息，称之为属性值。

(2) 在定义带属性的块之前，要先定义属性，即规定属性的标记、属性的提示、属性的缺省值、属性的可见性、属性在图中的位置等。属性定义后以其标记在图中显示出来，并把有关的信息保留在图中。

(3) 在插入块时，系统用属性提示要求用户输入属性值。因此，同一个块在插入时，可以有不同的属性值。

(4) 块插入后，用户可以用 attedit 命令或 ddedit 命令对属性值进行修改。

7.2.2 属性的定义

1. 定义属性命令的执行方式

- 选择功能区中的“插入”选项卡⇨“块定义”面板⇨“定义属性”按钮。
- 选择功能区中的“默认”选项卡⇨“块”面板的下拉列表⇨“定义属性”按钮。
- 点击菜单栏中的“绘图”⇨“块”⇨“定义属性”。
- 在命令行输入 attdef。

2. 定义属性命令的操作过程

以上述四种方式之一执行“定义属性”命令后，弹出“属性定义”对话框，如图 7-15 所示。

对话框中各选项的作用如下：

模式：确定块插入后属性的可见性，属性是常量还是变量，插入时是否进行验证，是否采用默认值。一般情况下模式区可以取缺省值。

属性：确定属性的标记、属性的提示、属性的默认值。这三项可以直接在文本框中输入，默认值可以为空。

插入点：指定属性在块中的位置。一般勾选“在屏幕上指定”复选框，这样在单击

“确定”按钮之后就可在绘图区中直接指定插入点。

文字设置：规定文字的对齐方式、文字样式、文字的高度和旋转角度。

在前一个属性的下方对齐：表示该属性采用上一个属性的字体、字高及倾斜角度，且与上一个属性对齐。若未定义过属性，则该项不能用。

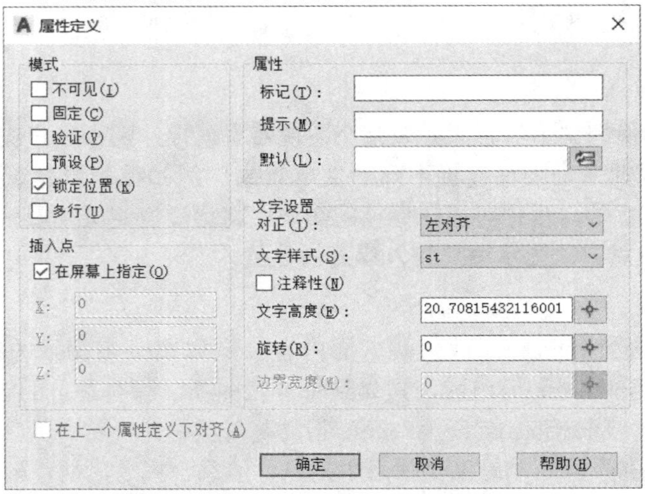

图 7-15　“属性定义”对话框

3. 举例

定义标注标高的图块，并使在插入该块时能实时地输入标高的值。具体步骤如下：

(1) 按国家标准规定绘制标高的图形符号，如图 7-16 所示。

(2) 单击菜单栏中的“绘图”⇨“块”⇨“定义属性”，弹出“属性定义”对话框。

(3) 在“属性”区的“标记”“提示”文本框分别输入“BG”“输入标高值”。

(4) 在“文字设置”区的“对正”“文字样式”下拉列表框中分别选取“左”“GB”(预先定义，关联字体文件为 gbenor.shx 和 gbcbig.shx)，在“文字高度”文本框中输入与标高图形符号大小相适应的值，作为属性的高度，如 3.0(假设房建图缩小为原来的 1/100 绘制)，此时对话框内容如图 7-17 所示。

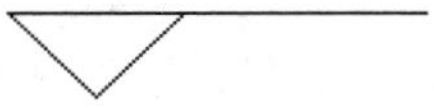

图 7-16　标高的图形符号

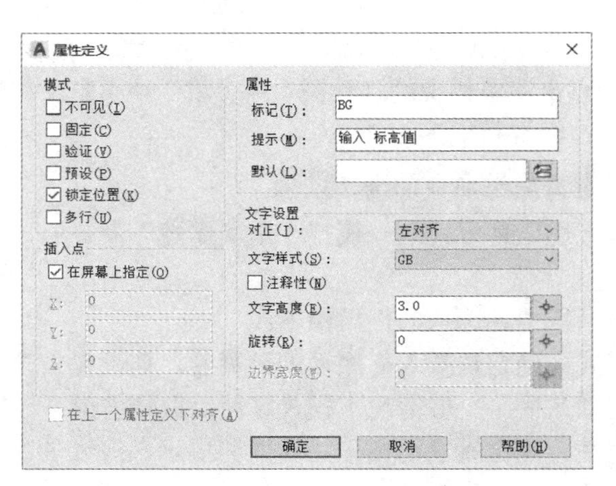

图 7-17　“属性定义”对话框

(5) 单击“确定”按钮，AutoCAD 切换到图形窗口，等待指定属性的插入点。在标高符号三角形右上角的上方选取一点，使其与水平线保持适当的距离，结果如图 7-18 所示，至此属性定义结束。下面将把属性和图形符号一起定义成图块。

(6) 单击菜单栏中的“绘图”⇨“块”⇨“创建”，弹出“块定义”对话框。

(7) 在对话框的“名称”列表框中输入块名“标高”。

(8) 单击基点区的“拾取点”按钮，利用对象捕捉拾取三角形下角点。

(9) 单击“对象区”的“选择对象”按钮，在绘图区选取标高符号和属性标记。此时“块定义”对话框的内容如图 7-19 所示。

(10) 单击“确定”按钮，完成块定义。以后就可以用块名为“标高”的块来标注标高了。

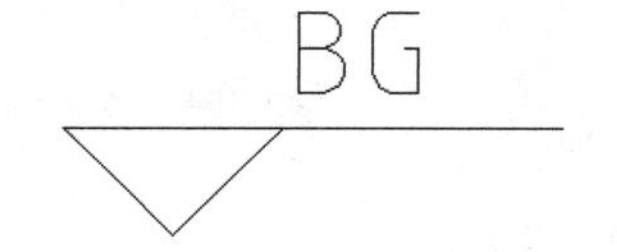

图 7-18　属性以其标记在图中显示

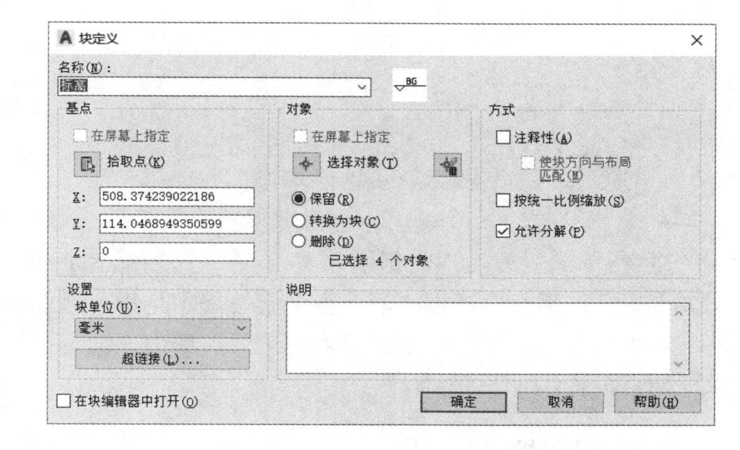

图 7-19　“块定义”对话框的内容

7.2.3　插入一个带属性的块

插入一个带有属性的块与插入一个不带属性的块的方法基本相同。

现以标注标高为例，说明带属性块的插入方法。

(1) 单击菜单中的“插入”⇨“块”，打开“插入”对话框。

(2) 在对话框的“名称”下拉列表中选择前面定义的块名“标高”。

(3) 在“插入点”选项区中，选中“在屏幕上指定”复选框，以便在插入块时用光标在屏幕上指定插入点；在“比例”“旋转”两个选项区中直接指定比例、旋转角参数，缺省的缩放比例为 1，缺省的旋转角为 0°。

(4) 单击“确定”按钮，对话框消失，回到图形窗口等待指定插入点。同时命令行提示如下：

指定插入点或[基点(B)/比例(S)/X/Y/Z/旋转(R)]:

当指定插入点后，系统打开“编辑属性”对话框，如图 7-20 所示。

对话框中显示“块名：标高”，同时显示属性提示：“输入属性值”，且其右边的文本框处于编辑状态，等待输入属性值。

在文本框中输入标高值 12.500，然后单击“确定”按钮。至此完成一处标高的标注，如

图 7-21 所示。

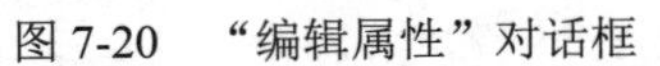

图 7-20　“编辑属性”对话框

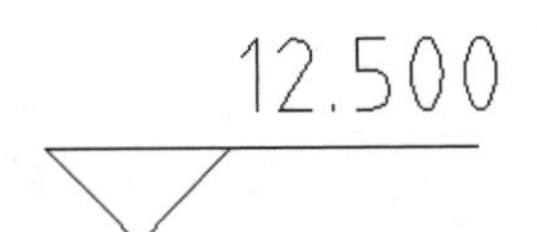

图 7-21　插入后的属性以属性值显示

注意：“编辑属性”对话框形式上像一个表格，每一个属性占一行，如果一个块中含有多个属性，那么对话框中就有多个属性提示，每个提示的右边有一个文本框等待输入属性值。当所有属性的属性值都输入完毕后，单击“确定”按钮，包含多个属性的图块就显示在插入位置。

7.2.4　编辑属性

1. 编辑属性的定义

在未组成图块以前，可以用 ddedit 命令修改属性定义。执行 ddedit 命令的途径如下：

• 点击菜单栏中的“修改”⇨“对象”⇨“文字”⇨“编辑”(修改属性标记、提示、缺省值)。

• 在命令行输入 ddedit(与菜单栏：“修改”⇨“对象”⇨“文字”⇨“编辑”作用相同)。

修改属性定义的操作如下：

(1) 执行 ddedit 命令。

(2) 拾取要修改的属性标记，弹出“编辑属性定义”对话框，如图 7-22 所示。

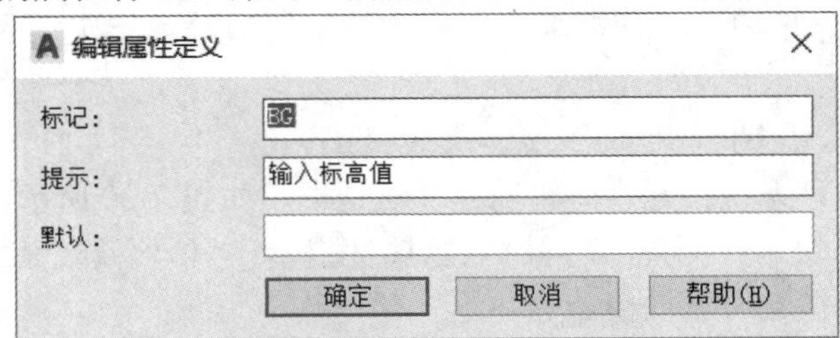

图 7-22　“编辑属性定义”对话框

(3) 在“编辑属性定义”对话框中指定和修改属性标记、提示和缺省值。然后单击“确定”按钮。

2. 编辑附着在块中的属性

插入块之后属性的编辑命令是 eattedit，可以通过下面的四种途径之一执行 eattedit 命令。具体操作如下：

- 点击菜单栏中的“修改”⇨“对象”⇨“属性”⇨“单个”。
- 选择功能区中的“默认”选项卡⇨“块”面板⇨编辑属性按钮。
- 在命令行输入 eattedit (或 ddedit)。
- 直接在附带属性的块上双击。

编辑附着在块中的属性的步骤如下：

(1) 以上述方式执行 eattedit 命令，打开“增强属性编辑器”对话框，如图 7-23 所示。

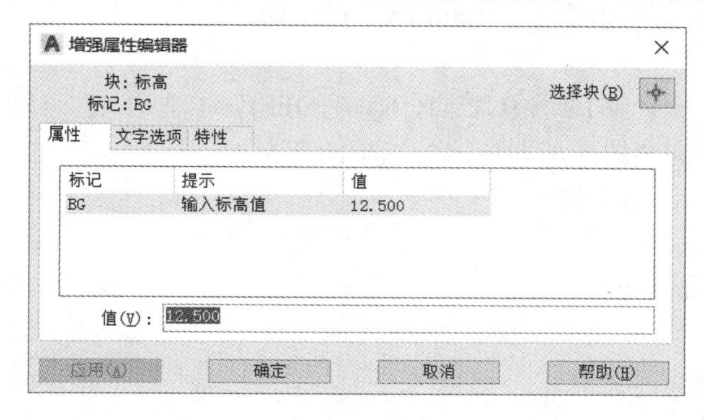

图 7-23　“增强属性编辑器”对话框

(2) 选中对话框中的“属性”选项卡可以修改属性值，如将属性值改为“16.000”，然后单击“应用”按钮；选中“文字选项”选项卡可以修改文字样式、对正方式、文字高度、宽度比例、旋转角等，如将文字高度改为 3.5。“增强属性编辑器”对话框中的“文字选项”选项卡的内容如图 7-24 所示。

修改完毕后单击“确定”按钮，结果如图 7-25 所示。

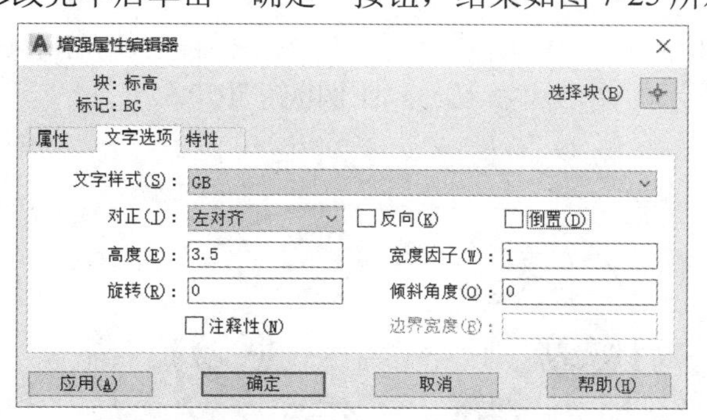

图 7-24　“增强属性编辑器”对话框中的“文字选项”选项卡

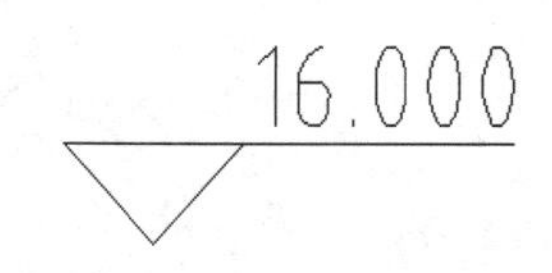

图 7-25　修改后的属性值

7.2.5　控制属性的可见性

属性的显示状态(可见或不可见)是可以改变的。控制属性的显示状态有以下两种方法：

(1) 点击菜单栏中的“视图”⇨“显示”⇨“属性显示”命令，显示出三种选择：普通、开和关。如图 7-26 所示，用户可根据需要进行选择。

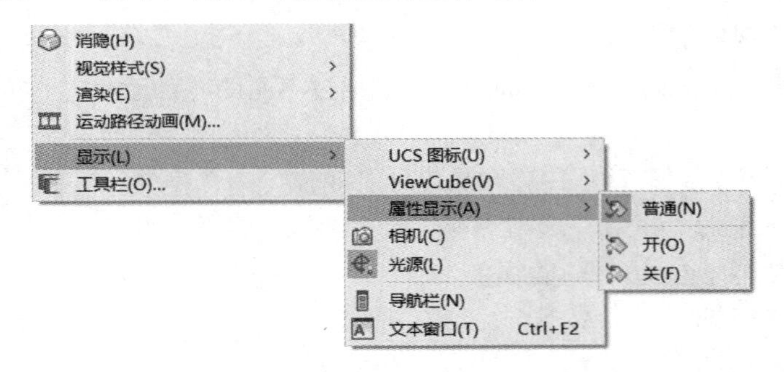

图 7-26 控制属性显示状态的菜单

(2) 在命令行输入 attdisp 命令，AutoCAD 提示如下：

命令：attdisp

输入属性的可见性设置 [普通(N)/开(ON)/关(OFF)] <当前值>:

用户只要输入所需要的选项即可。各选项的意义如下：

正常(N)：恢复成原定义状态。

开(ON)：所有属性均可见。

关(OFF)：所有属性均不可见。

7.3 上机实验

实验目的：

- 通过第 1 题的练习掌握块的定义与插入的方法。
- 通过第 2、3 题的练习，掌握属性的定义以及带属性的图块的插入方法。

实验任务：

(1) 先绘制图 7-27(a)所示的图形(不注尺寸)，并将其定义成图块(不包含对称中心线)，然后用块插入的方法绘制图 7-27(b)所示的图形。插入时，比例因子取 0.5。

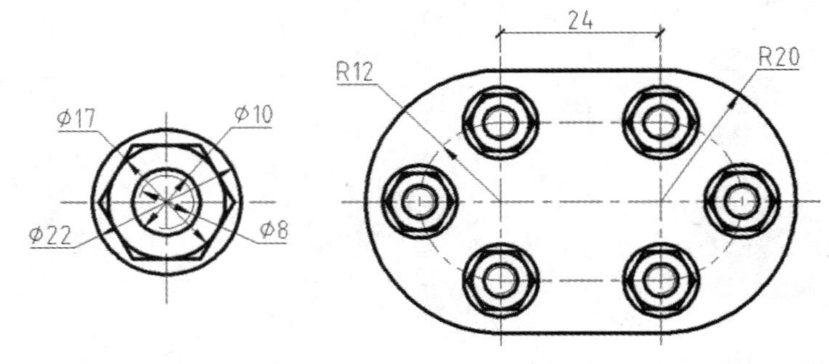

(a) 要定义成块的图形　　(b) 利用块插入绘制一组螺纹连接件

图 7-27 图块的定义与插入

(2) 绘制图 7-28(a)所示的窗户，并将该窗户定义成块，利用该块绘制图 7-28(b)所示的房屋立面图，将标高定义成带属性的块，通过插入带属性的块标注窗台、窗户顶、墙顶、室外地面标高。窗户宽为 1500，高为 1800，窗台板厚为 120，窗扇的宽度和高度方向的分格均按三等分处理(注：房屋立面图是不标注长度尺寸的，此处标注尺寸只是为了作图方便；右侧窗户顶的标高，可由左侧窗台标高经过两次镜像并作适当编辑得到)。

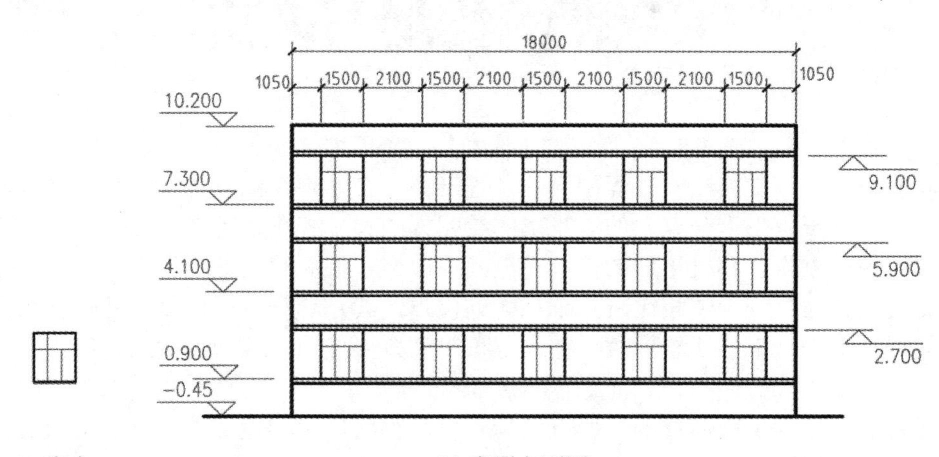

(a) 窗户　　(b) 房屋立面图

图 7-28　带属性图块的定义与插入

(3) 图 7-29 是工程图纸中的简易标题栏，将该标题栏定义成带有属性的块。标题栏中带括号的文字定义为属性，不带括号的文字用单行文字(或多行文字)命令书写。定义成块后，利用块插入的方法得到标题栏并实时输入属性值。

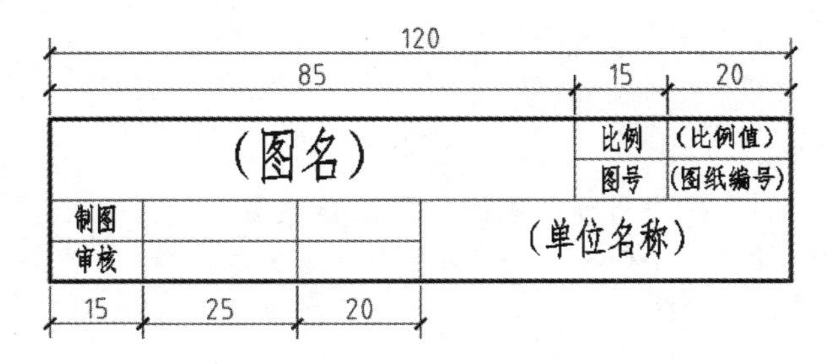

图 7-29　工程图纸中的简易标题栏

第 8 章

工程图的绘制与输出

如同使用尺规等工具绘制工程图样的过程一样，在使用绘图软件绘制工程图样时，正确的绘图方法与步骤是十分重要的。正确的绘图方法和步骤不仅可以提高绘图的效率，减少出错率，还可以将计算机绘图的优势充分发挥出来，使后续工作变得更容易和方便。另外，计算机绘图与尺规绘图相比有一个很大的优点，就是计算机可以将一些每次绘图都要做的内容保存下来，下一次绘图时这些内容可以被直接使用，这样可大大提高工作效率，这样的文件叫作样板文件。

本章将介绍绘制工程图样的一般方法步骤以及如何创建样板文件和调用样板文件，并介绍一些绘制工程图样的技巧以及工程图的输出。

8.1 绘制工程图的一般步骤

利用 AutoCAD 绘制一幅工程图的一般步骤如下：

(1) 创建新文件。

(2) 设置单位和精度。

(3) 创建图层，设置图层的名称、颜色、线型和线宽。

(4) 定义文字样式。

(5) 定义尺寸样式。

(6) 绘制工程图。

(7) 绘制图幅、图框和标题栏。

(8) 将绘制好的工程图与图幅匹配(确定比例)。

(9) 标注尺寸。

(10) 书写技术要求。

(11) 填写标题栏。

(12) 保存、退出。

在实际绘图过程中，可能会出现考虑不到位的情况，比如图层不够使用，文字样式不符合要求等问题，这时可以根据需要随时增加或修改相应的设置项目，这体现出了电脑作图的灵活性和方便性。

但是绘图过程中与比例相关的内容应尽量在设置好比例之后完成，否则可能造成图纸不符合要求的问题。

在上述过程中，大部分操作内容在前面的章节中已经介绍过，这里不再重复。本章将重点介绍绘制工程图时涉及的内容。

8.2 样板文件的创建与调用

绘制工程图的一般步骤中提到的内容，有些是相同的，比如绘制图幅、图框、标题栏等，在手工绘图时，由于条件限制这些内容每次都要重新绘制，但在计算机绘图时，可以利用计算机绘图的优势，把这些内容先设置好，并以特定格式的文件保存起来，下次使用时直接调用，这样的文件在 AutoCAD 中称为样板文件。AutoCAD 提供了大量的样板文件(扩展名为.dwt)，我们可以直接使用 AutoCAD 中提供的样板文件，也可以自己创建样板文件。利用样板文件可以减少大量的重复工作，从而提高绘图的效率。

下面以常用的 A3 样板文件为例，介绍如何定义符合我国制图标准的样板文件以及如何调用自己创建的样板文件。

8.2.1 制作 A3 样板文件

1. 开始一张新图

启动 AutoCAD，首先出现“开始”界面，如图 8-1 所示。

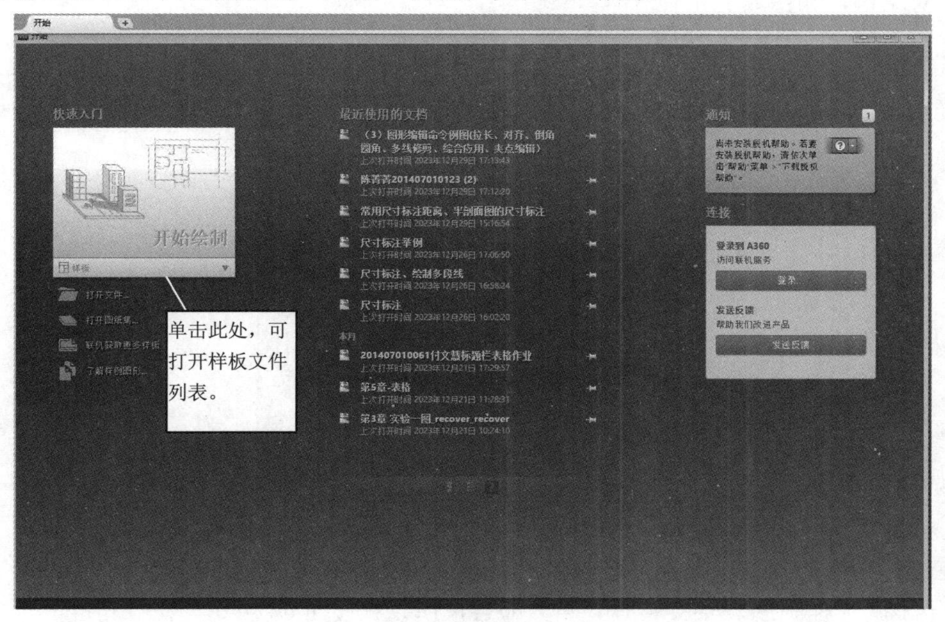

图 8-1　AutoCAD 开始界面

单击左边的“样板”按钮，展开可用的样板文件菜单，其中的“acadiso.dwt”对绘图环境做了一些基本设置，如给出了公制单位，定义了“0”图层、“Standard”文字样式(关联 Arial 字体)、“ISO-25”标注样式、“Standard”表格样式等。该样板文件适用于二维绘图。选择“acadiso.dwt”，系统便进入绘图工作界面。

用户也可以单击“快速访问工具栏”⇨“新建”图标按钮，或者单击菜单栏中的“文件”⇨“新建”，打开“选择样板”对话框，如图 8-2 所示。在对话框中选择“acadiso.dwt”，然后单击“打开”按钮，同样可以进入绘图工作界面。

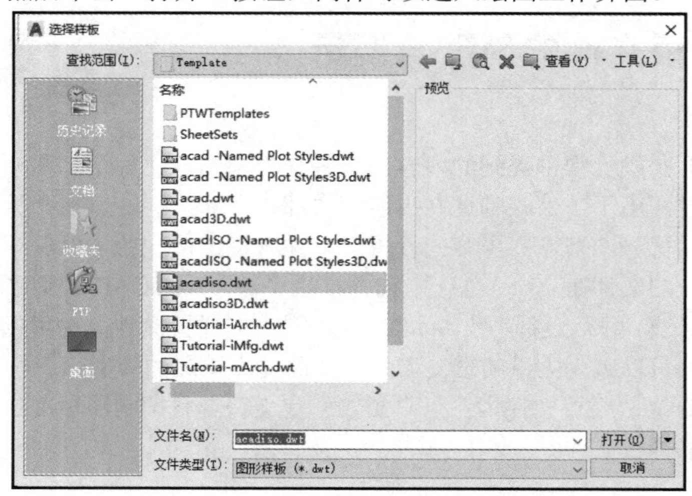

图 8-2　“选择样板”对话框

2. 设置单位和精度

单击菜单栏中的“格式”⇨“单位”(或在命令行中输入“Units”命令)，打开“图形单位”对话框，如图 8-3 所示。

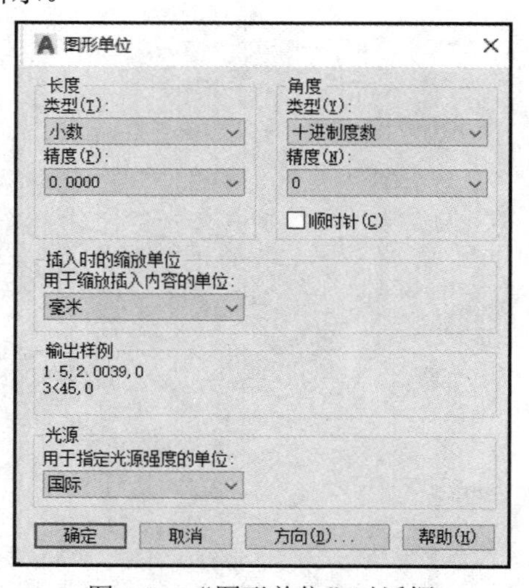

图 8-3　“图形单位”对话框

在该对话框的“长度”选项组的“类型”下拉列表框中选择“小数”，“精度”设置为 0.0(对于土木工程制图，一般精确到整数即可，所以精度可设为 0)。在“角度”选项组的“类型”下拉列表框中选择“十进制度数”，“精度”设置为 0.0。

3. 创建图层，设置图层的名称、颜色、线型和线宽

创建图层并设置各图层的名称、颜色、线型以及线宽是一项十分重要的工作，用图层

来管理图形是计算机绘图的重要特征之一，也是有效管理图形对象的重要途径之一。因此，在开始绘图之前，创建需要的图层以及设置图层的属性是十分必要的。图层数量根据图形对象的种类数确定，对于比较简单的图形，也可根据线型种类设置，如粗实线、细实线、虚线、点画线、标注、文字等图层。

对于图层的创建，有以下建议：

(1) 不同的线型设置不同的图层，即为每一种线型至少创建一个图层，有时为满足图形的需要，可能多个图层使用同一种线型。例如，细实线图层的线型为 Continuous，标注图层的线型也是 Continuous。

(2) 不同的图层设置不同的颜色，这样可以直观地表现出对象所在的图层。例如，当线型比例不合适时，可以通过颜色区分图线所在的图层是否正确；

(3) 线型比例有全局和局部之分，建议对整幅图样选定一个适当的全局比例。对个别图形对象，根据需要设置相应的局部比例。

(4) 线宽可以根据打印的需要进行设置。在使用图层线宽作为打印样式时，必须设置图层线宽；当使用颜色作为打印样式时，可不设置图层线宽。

本样板文件按表 8-1 创建图层，设置图层的名称、颜色、线型和线宽。

表 8-1　样板文件的信息

图层名	颜色	线型	线宽
粗实线	白色	Continous	0.5 mm
中实线	洋红	Continous	0.25 mm
细实线	青色	Continous	0.13 mm
虚线	黄色	HIDDEN	0.13 mm
点画线	红色	CENTER	0.13 mm
文字标注	绿色	Continous	0.13 mm

打开“图层特性管理器”对话框，按表 8-1 设置图层，完成后如图 8-4 所示。

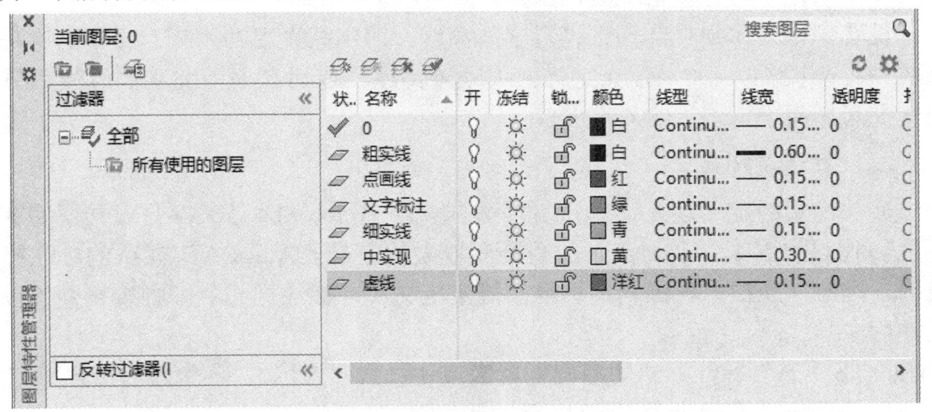

图 8-4　“图层特性管理器”对话框显示的图层特性

注意：一般情况下，默认线宽为 0.25 mm。如果使用默认线宽，需合理设置粗线、中粗线和细线的线宽。

4. 定义文字的样式

定义文字的样式是为工程图中书写相关内容作准备的，工程图中书写的内容有尺寸标注、技术要求、附注以及标题栏等，这些内容对文字样式的要求并不相同，因此，应当针对不同的要求来设置文字样式。

实际上，新建 AutoCAD 文件时系统自动创建了一个名为“standard”的文字样式，它采用“Arial”字体作为缺省字体(汉字为宋体，数字和字母为黑体)，该字体并不符合我国国标规定的汉字、英文和数字的注写要求。为了使标注符合我国国标规定的字体样式，本样板文件创建如下两种文字样式，创建完成后的文字样式如图 8-5 所示。

(1) “国标”样式：字体文件为“gdenor.shx”，大字体采用“gbcbig.shx”，如图 8-5(a)所示，设置宽度因子为 1。

(2) “长仿宋”样式：选择字体名为“仿宋”，取消“使用大字体”选项，设置宽度因子为 0.7，如图 8-5(b)所示。

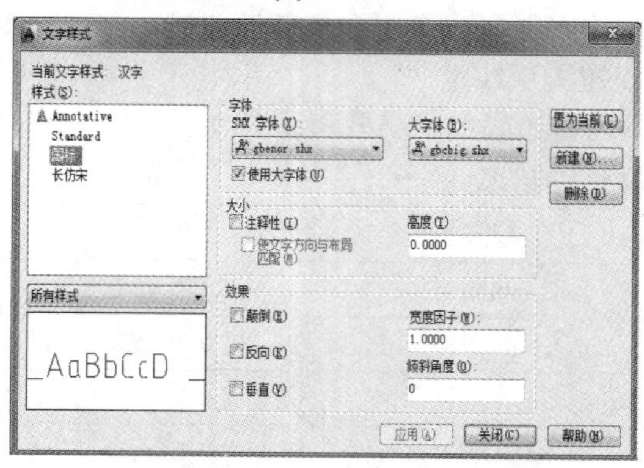

(a) “国标”样式的设置

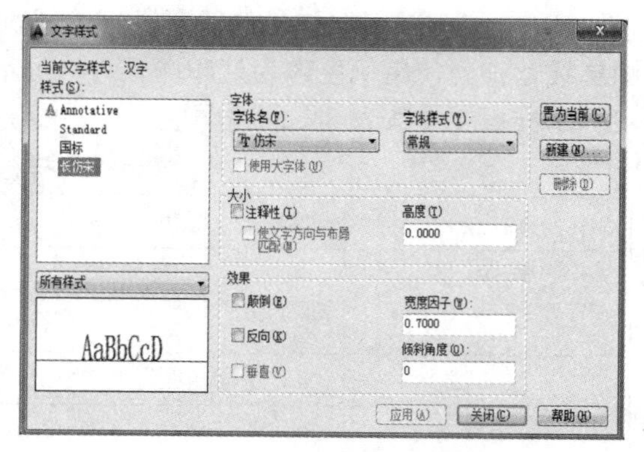

(b) “长仿宋”样式的设置

图 8-5 文字样式设置

对标题栏、技术要求、附注等有汉字书写内容的部分，使用“长仿宋”样式；图中的尺寸标注、数字、字母等使用“国标”样式。

无论设置哪种字体样式，均不设置字体高度，即字高设置为“0”。文字的字高将在文字输入时根据需要输入(如果在文字样式中设置高度，以后在书写文字的时候，只能按设置的高度书写，而不再提示输入高度)。

5. 定义尺寸标注样式

尺寸标注样式的定义参见第 6 章的有关介绍。AutoCAD 是美国公司开发的软件，对尺寸标注，我国的国家标准与美国的标准有较大的差异，AutoCAD 默认的标注样式不适用于我国，因此，应根据我国制图标准的规定定义尺寸标注样式。本样板文件按以下要求定义尺寸标注样式：

(1) 在“ISO-25”标注样式的基础上新建尺寸样式“国标”，各参数的设置如下：

“线”选项卡：尺寸界线“超出尺寸线”为 2～2.5，“起点偏移量”为 1；尺寸线“基线间距”为 7。

“文字”选项卡：“文字样式”选“国标”，“文字高度”为 3.5。

“调整”选项卡：“调整选项”修改为“文字”，“标注特征比例”的“使用全局比例”为 1。

“主单位”选项卡：“线性标注”的“单位格式”选“小数”，“精度”取 0，“小数分隔符”选择“.”(句点)，“测量单位比例”的“比例因子”为 1；角度标注“单位格式”选择“十进制度数”，“精度”为“0.0”。

“换算单位”和“公差”选项卡在土木建筑绘图中没有用到，所以不用修改其设置。

注意：标注样式设置中“调整”选项卡的“使用全局比例”和“主单位”选项卡的“比例因子”在样板文件中均设置为 1，绘图时根据具体处理方法来确定这两个选项中的参数，详见 8.3 节。

其他参数的设置采用系统默认值。

(2) 在尺寸样式“国标”的基础上定义用于“线性标注”的子样式：

“符号和箭头”选项卡：“箭头”设置为“建筑标记”，“箭头大小”设置为 2。

“文字”选项卡：“文字对齐”选“与尺寸线对齐”。

(3) 在尺寸样式“国标”的基础上定义用于“半径标注”的子样式：

“文字”选项卡：“文字对齐”选“ISO 标准”。

“调整”选项卡：选中“手动放置文字”。

(4) 在尺寸样式“国标”的基础上定义用于“直径标注”的子样式：

“文字”选项卡：“文字对齐”选“ISO 标准”。

“调整”选项卡：选中“手动放置文字”。

(5) 在尺寸样式“国标”的基础上再定义用于“角度标注”的子样式：

“文字”选项卡：“文字对齐”选“水平”，“文字位置”中的“垂直”设置为“居中”或“外部”。

设置完成后的标注样式如图 8-6 所示。

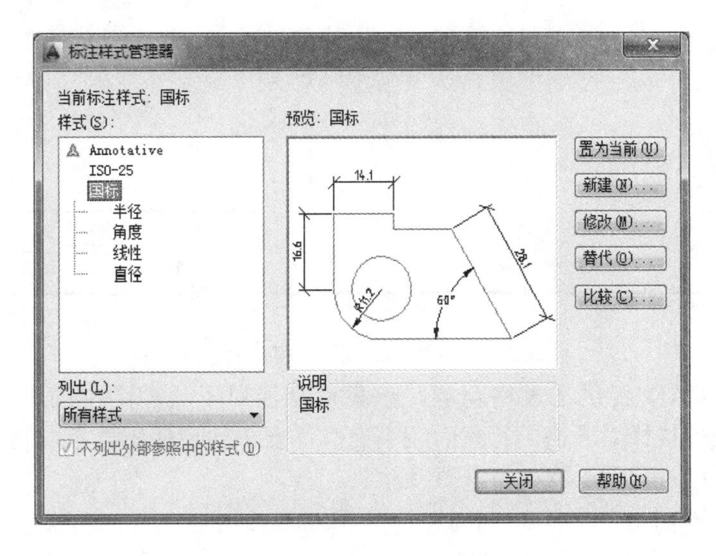

图 8-6　设置完成后的标注样式

注意：尺寸样式中的参数项目比较多，除上面设置的内容外，若对某些项目有具体要求，绘图时可根据要求单独修改。

6. 绘制图幅、图框和标题栏

在相应的图层上绘制图幅线、图框线和标题栏，一定要将对象的图线要求分清楚。例如图幅线是细实线，图框线是粗实线，正确的做法是先将相应的图层设置为当前图层，然后绘制对象。标题栏的外框是粗实线，内部的分隔线是细实线，标题栏中的文字应当注写在“文字标注”层上。标题栏中的文字使用“仿宋体”文字样式，并在创建样板文件时添加，对于固定的内容直接书写，如标题栏中的“制图”“审核”“比例”“图号”等，对于不固定的内容也添加文字，如图名、设计单位等，并使文字居中布置，使用时直接修改文字就可以了。此处标题栏的格式为学生用的简化标题栏。

《房屋建筑制图统一标准》对图框线、标题栏外框等规定了固定的线宽。在绘图时可以在相应的图层上使用直线命令来绘制这些图线。例如，对于 A3 图幅，图框线为 0.7 mm 宽，标题栏外框为 0.5 mm 宽，标题栏内分格线为 0.25 mm 宽，如图 8-7 所示。

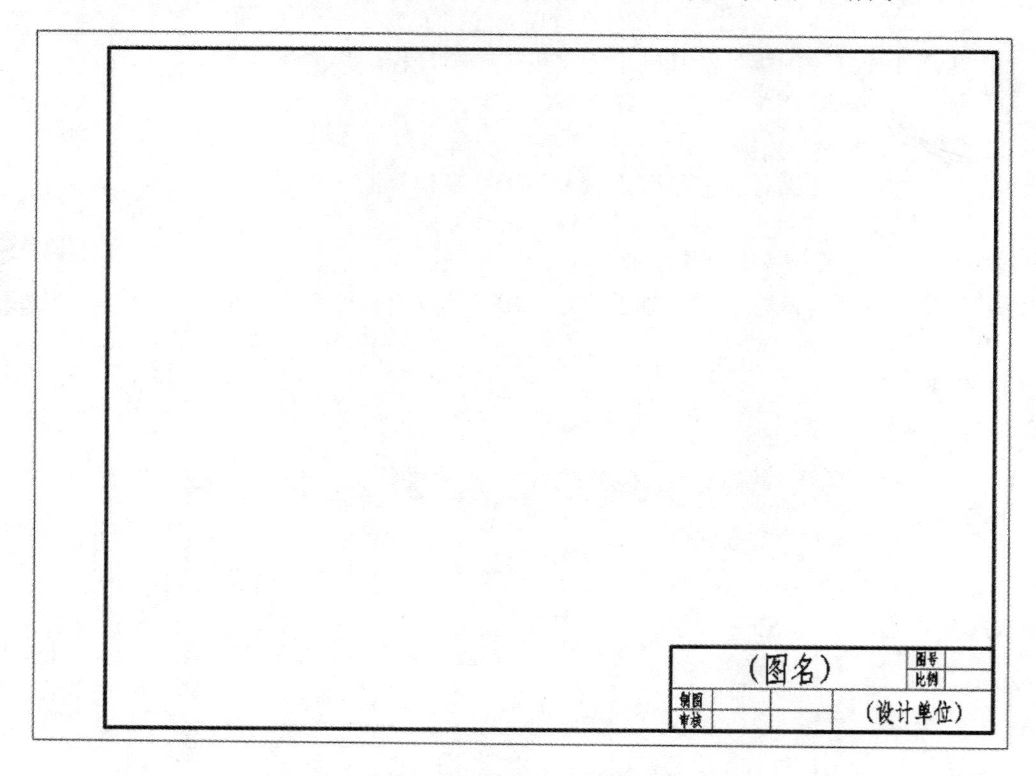

图 8-7 绘制图幅、图框、标题栏和文字

注意：AutoCAD 提供了表格功能，该表格功能对于处理图中的工程数量表比较方便，但是像标题栏这样对表格的行宽、列高有具体要求的，使用表格功能绘制不太方便，所以在绘制标题栏时采用画线的方法直接绘制。

7. 保存样板文件

通过前面的操作，绘图环境及常用内容已经设置或绘制完毕，可以将其保存成样板文件。

执行“应用程序菜单”⇨“另存为”⇨“图形样板”命令，打开“图形另存为”对话框，如图 8-8 所示。在“文件名”文本框中输入文件的名称，如“A3 样板文件”，单击“保存”按钮，打开“样板选项”对话框。在说明选项组中可输入对样板文件的说明，如图 8-9 所示。至此，A3 幅面的样板文件就创建完成了。

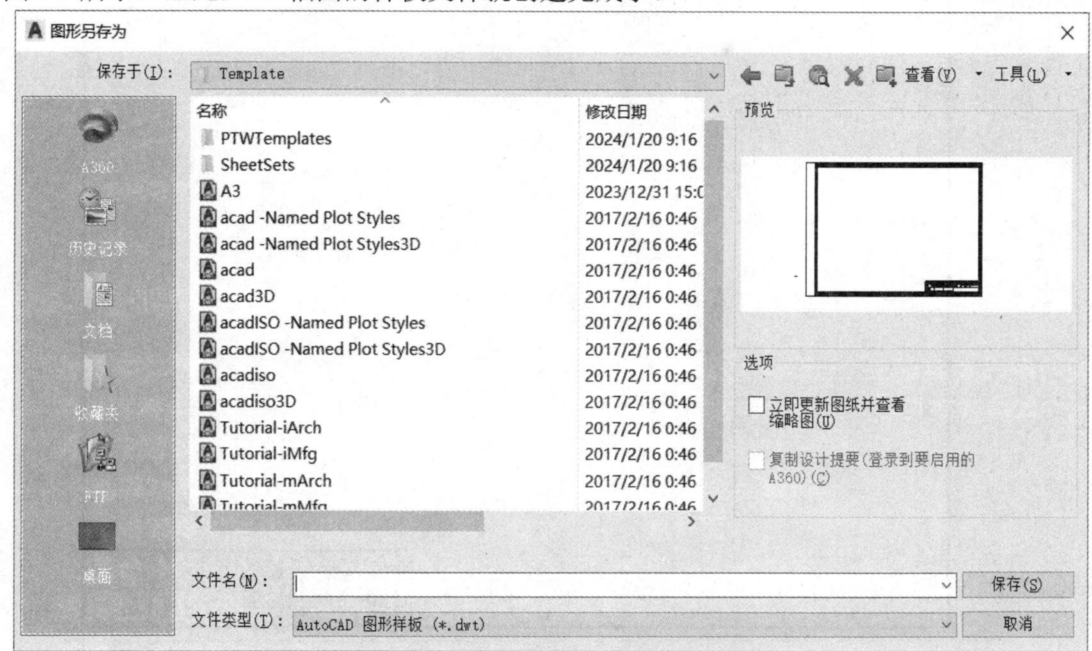

图 8-8　“图形另存为”对话框

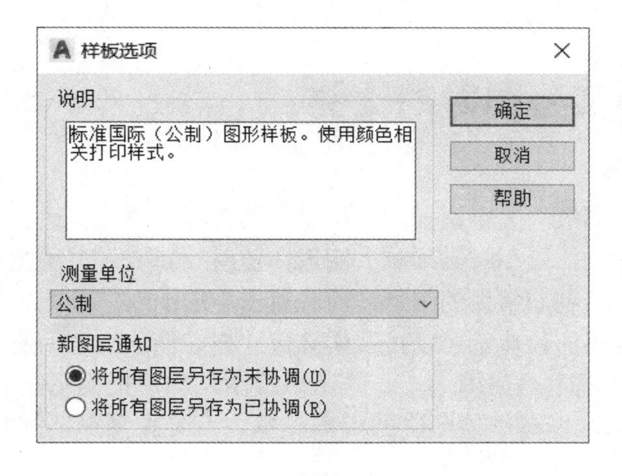

图 8-9　“样板选项”对话框

8.2.2　调用样板文件

有了样板文件，以后的绘图工作就可以在样板文件的基础上直接绘制。

执行“新建”命令后，在打开的“选择样板”对话框文件列表中选择已定义的样板文件 A3.dwt 打开，修改相应的“图名”“设计单位”“绘图日期”等，如图 8-10 所示。若样板文件在其他目录下，可打开“搜索”下拉列表框，选择相应的文件夹中的样板文件。然后单击“打开”按钮创建一个新图形文件。此时，新图形文件中包含了样板文件中的所有设置与图形。

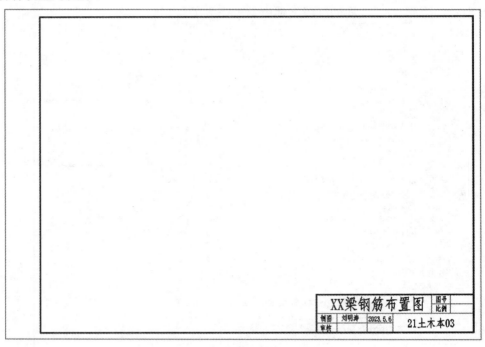

图 8-10　调用 A3 样板文件

8.3　绘制工程图时的比例

在手工绘图时，图纸的大小是一定的，物体较大时必须选合适的比例缩小图形后才能画在图纸上，同理，物体较小时必须放大图形。使用 AutoCAD 绘图时，绘图区域是无限大的，用户可以直接绘制非常大的图形，而且对于小的图形，绘图时可以将绘图区域放大来显示，再大或者再小的物体都可以按照实际尺寸把它们画出来。所以在 AutoCAD 中绘制工程图时，一般情况下是使用 1∶1 的比例绘图，然后把图形放到图框内，使图形与图框匹配，这样不仅可以减少绘图时的数据计算，而且在图形匹配时也确定了这张图的比例。

当图形太大或太小时，图形与图幅匹配的方法有两种：

- 图形缩放到 n 倍，图幅大小不变，此时若绘图时使用的单位为毫米，则这张图的比例值为 n∶1。当 n>1 时，为放大的比例；当 n<1 时，为缩小的比例。
- 图形大小不变，图幅缩放到 n 倍，此时若绘图时使用的单位为毫米，则这张图的比例值为 1∶n。当 n>1 时，为缩小的比例；当 n<1 时，为放大的比例。

通过图 8-11 和图 8-12 可以更加清楚地了解以上两种处理方法(为了看图清楚，对图中的文字、尺寸数字进行了放大)。

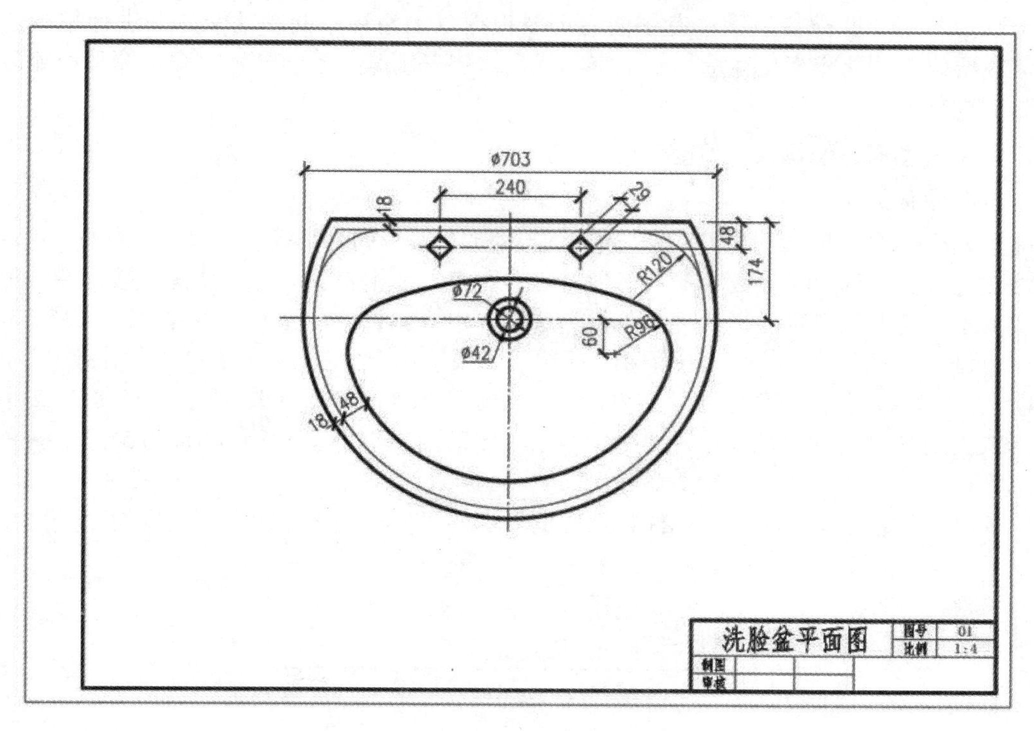

图 8-11　比例为 1：4

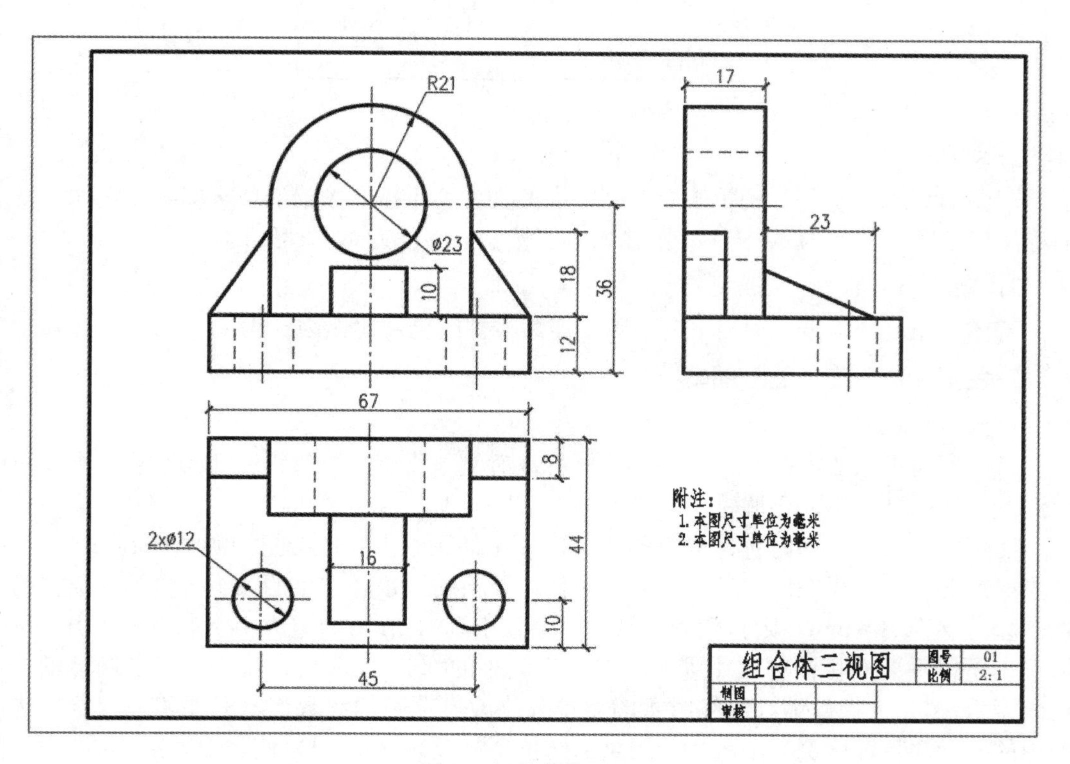

图 8-12　比例为 2：1

图形与图幅匹配后，图中有些内容需要根据以上两种不同的匹配方法进行相应的修改，需要修改的内容为尺寸标注、文字和线型比例三部分，下面分别以缩放图形和缩放图幅为例进行说明。

1. 缩放图形，图幅大小不变

1) 尺寸标注

若图形缩放到 n 倍，图幅不变，因为图形缩放后图形的绘制尺寸变为了原来的 n 倍，在标注尺寸时会发现，尺寸数字的数值和物体的真实大小相差了 n 倍，要想直接标注物体的真实大小，需要调整标注样式“主单位”选项卡中“测量单位比例”中的“比例因子”为 1/n，即测量得到的数值 × (1/n)为标注时显示的数值。例如，若图 8-11 中的图形缩小到 1/4，则“测量单位比例”中的“比例因子”需设置为 4，如图 8-13 所示；若图 8-12 中的图形放大到 2 倍，则“测量单位比例”中的“比例因子”需设置为 1/2(即 0.5)，如图 8-14 所示。

此时“调整”选项卡下“标注特性比例”中的“使用全局比例”需设置为 1。

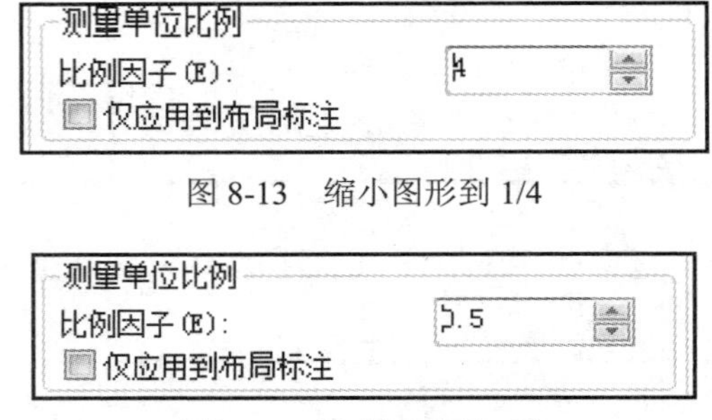

图 8-13　缩小图形到 1/4

图 8-14　放大图形到 2 倍

2) 文字

若图形缩放到 n 倍，图幅不变，则图中的文字大小按照图纸的要求即可。例如，常用的标题栏中图名文字为 10 号字，则输入时直接输入字高为 10 即可。

3) 线型比例

若图形缩放到 n 倍，图幅不变，则不连续线型的全局比例因子为 1。

2. 图形大小不变，缩放图幅

1) 尺寸标注

若图形大小不变，图幅缩放 n 倍，则标注时测量得到的数值为物体的真实大小，所以“测量单位比例”不需要调整，即“比例因子”为 1。

图幅缩放后，打印时仍然是打印到标准大小的图纸上，即会把图幅缩放到 1/n，从而变为标准图幅。如果在图中标注尺寸的时候，箭头的大小、文字的大小等仍为样板中的设置，即文字为 3.5 mm，则打印到图纸中时会缩小到 3.5/n，会造成文字大小与要求不符的情况，所以需要对标注样式中涉及“个头”大小的部分(如箭头、文字、起点偏移量、基线间距等参数)进行放缩。放缩时不需要单独修改各项中的参数值，只要将“调整”选项卡中的“标注特征比例”中的“使用全局比例”修改为 n 即可。例如，若图 8-11 中的图幅放大 4 倍，则“标注特性比例”中的“使用全局比例”需设置为 4，如图 8-15 所示；若

图 8-12 中采用图幅缩小到原来的 1/2，则“标注特性比例”中的“使用全局比例”需设置为 0.5，如图 8-16 所示。

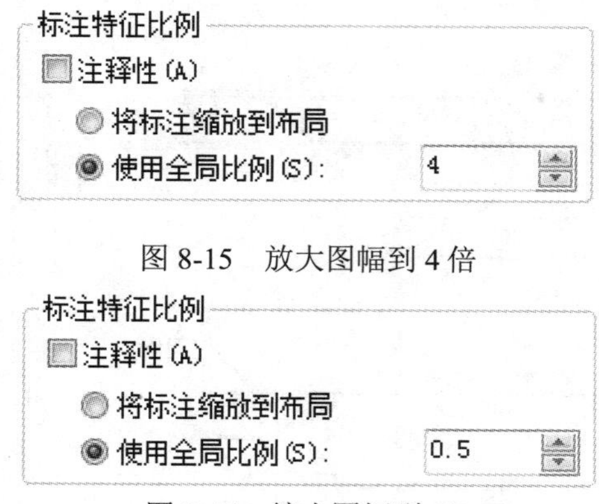

图 8-15　放大图幅到 4 倍

图 8-16　缩小图幅到 1/2

2) 文字

若图形大小不变，图幅缩放 n 倍，则和尺寸标注相同的道理，文字的大小也需要放缩，放缩的倍数为 n 倍，即标题栏中的 10 号字，输入时需要输入 10 × n 字高。

3) 线型比例

若图形大小不变，图幅缩放 n 倍，则不连续线型的全局比例因子比例为 n。

注意：AutoCAD 中提供的不连续线型比较多，例如虚线就有 ACAD_ISO02W100、DASHED、HIDDEN 等多种线型，不同线型中的线段和间隙的长度不同，如图 8-17 所示，所以按照线型比例为 1 或 n 设置不合适，可根据实际需要确定线型比例。

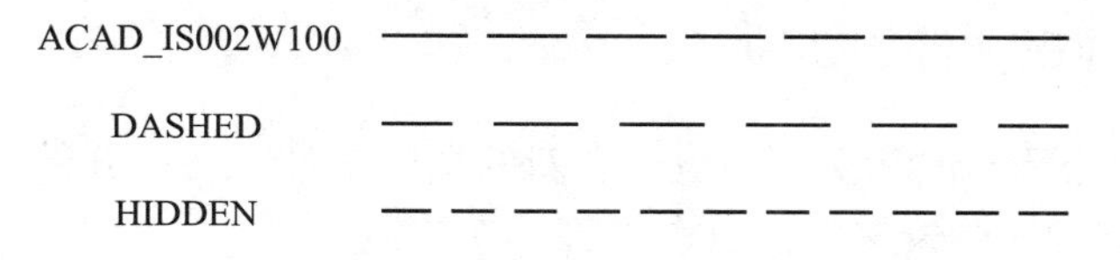

图 8-17　相同线型比例下不同线型比较

除了上面的两种处理图形的方法，也可以直接把物体的尺寸缩小或放大后再绘图，但这种绘图方法的计算数据较多，使用计算机绘图时一般不使用。

8.4　工程图绘图举例

下面以“XX 梁钢筋布置图”(如图 8-18 所示)为例说明工程图绘图的基本方法和过程。该图要求：

(1) 绘制到 A3 的图纸上；

(2) 按线型设置图层；

(3) 图中尺寸标注的文字高度为 3.5 mm，投影图名和“附注”字高 5 mm，附注内容字高 4 mm。

下面将说明该图的绘制过程。

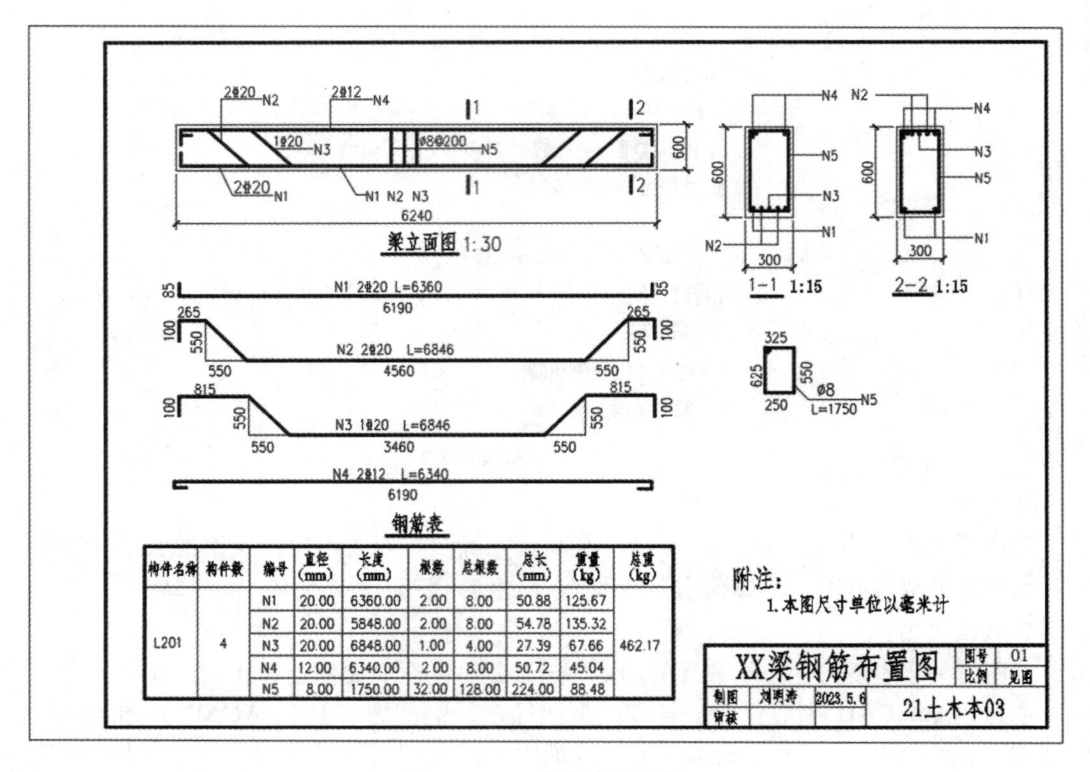

构件名称	构件数	编号	直径(mm)	长度(mm)	根数	总根数	总长(mm)	重量(kg)	总重(kg)
L201	4	N1	20.00	6360.00	2.00	8.00	50.88	125.67	462.17
		N2	20.00	5848.00	2.00	8.00	54.78	135.32	
		N3	20.00	6848.00	1.00	4.00	27.39	67.66	
		N4	12.00	6340.00	2.00	8.00	50.72	45.04	
		N5	8.00	1750.00	32.00	128.00	224.00	88.48	

图 8-18　XX 梁钢筋布置图

8.4.1　调用 A3 样板文件创建新文件

在 AutoCAD 打开的情况下，创建一个新的图形文件，在打开的“选择样板”对话框中选择 8.2 节创建的 A3 样板文件，点击“打开”按钮。

8.4.2　绘图的环境及相关设置

由于在 A3 样板文件中已经设置好了单位精度、图层、文字样式、标注样式等内容，所以在这里就可以省略掉相应内容的设置。如果没有创建 A3 样板文件，则要根据绘图要求对单位精度、图层、文字样式、标注样式等内容进行设置。

8.4.3　绘制视图

绘图前首先要对要绘制的图形有所了解，也就是读图，分析各个图形之间有什么关系，图形是如何对应的，确定从哪里入手绘图比较方便。

经读图分析可知，钢筋布置图由三部分内容组成，第一部分为梁立面图和断面图，第二部分为钢筋详图，第三部分为钢筋数量表。其中，钢筋详图中的纵向钢筋与立面图使用相同的比例绘制，因此可以先绘制梁的立面图，钢筋详图中的钢筋图从立面图中复制出来；数量表可直接绘制或采用 Excel 数据表进行计算，再将数据导入 AutoCAD 中。经过前面的分析，确定首先绘制梁立面图和断面图，然后绘制钢筋详图，最后生成数据表。

1. 绘制梁立面图和断面图

(1) 将“细实线”图层置为当前，使用原图中所给的结构尺寸，绘制梁立面图和断面图。

(2) 将粗实线图层置为当前，绘制结构中的钢筋线。考虑该结构中未给出钢筋保护层厚度，假设保护层厚度为 25 mm，绘制梁结构内部的钢筋。

绘制断面图中的钢筋时，仅绘制断面中的箍筋即可，纵筋在断面图中的断面为示意，一般采用直径 1 mm 的黑圆点，圆点的大小受绘图比例大小的影响，因此需待确定图纸比例后再绘制。

完成后的梁立面图和断面图如图 8-19 所示。

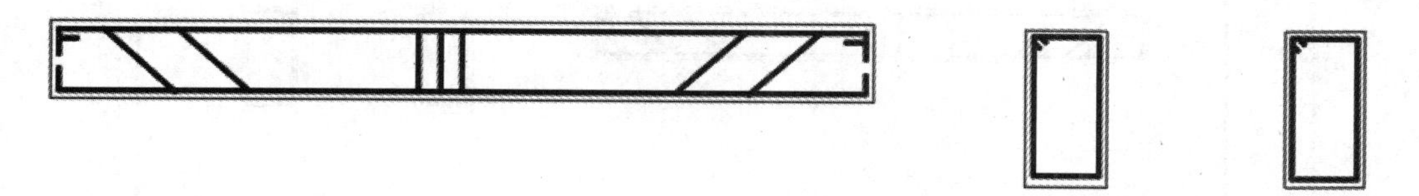

图 8-19　梁立面图和断面图

注意：绘制梁立面图和断面图中的钢筋时，为了后期提取钢筋详图时操作方便，可将钢筋部分使用多段线(Pline)绘制，或使用直线绘制后编辑为多段线。

2. 绘制钢筋详图

该步骤比较简单，只需要使用复制(Copy)命令将各条钢筋线复制出来，放置在合适的位置即可(钢筋摆放时需预留后期标注钢筋尺寸的空间)，完成后的钢筋详图如图 8-20 所示。图中箍筋尺寸较小，为表示清楚，这里进行了适当放大。

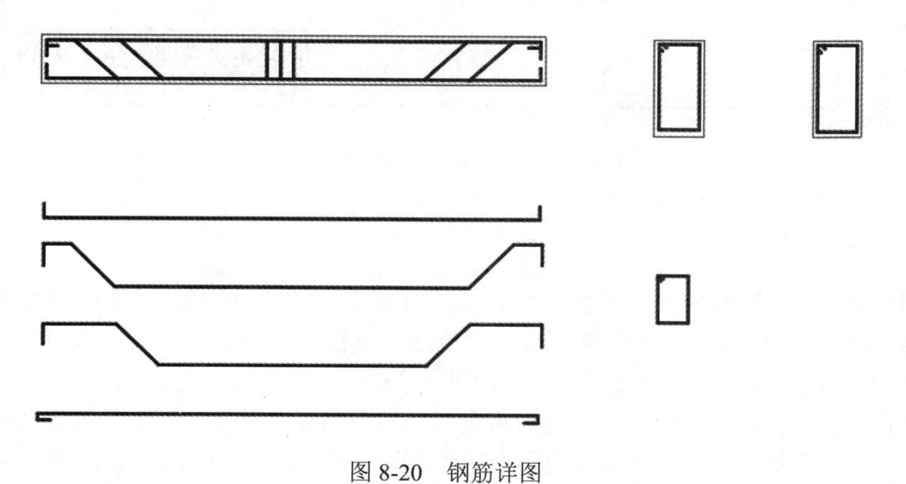

图 8-20　钢筋详图

8.4.4　匹配图幅与工程图

由于样板图中已经绘制好了 A3 标准图幅，所以这里就省略掉了绘制图幅、图框和标题栏的过程，只需要放大图幅或者缩小图形，使图幅与图形匹配即可。

本图采用放大图幅的方法，经过分析和试放大，最终确定图幅放大 30 倍可以较好地把图形套在图框的内部，因此将图幅放大 30 倍，即该图的比例为 1∶30，并将绘制好的图形移动到图框内部。

匹配图幅与工程图时需考虑留有适当的空白空间，因为图中还要标注尺寸，书写投影图图名，放置钢筋数量表，书写技术要求等。可以使用移动(move)命令调整图元之间的位置。

断面图的尺寸较小，为使图形表达清晰，此处使用缩放(scale)命令将断面图放大至原来的 2 倍，即断面图的比例为 1∶15。

匹配完成后的效果如图 8-21 所示。

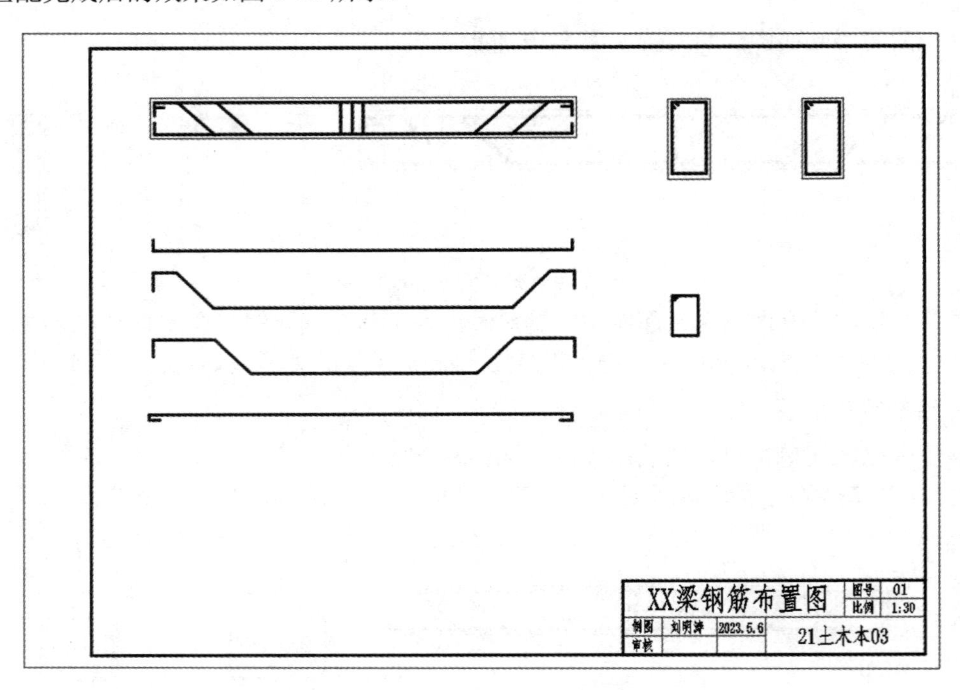

图 8-21　图形与图幅匹配后的效果

8.4.5　标注尺寸

按照国标及工程图的要求标注尺寸。本图中的尺寸分为两类，即结构尺寸和钢筋尺寸，需要创建不同的标注样式分别完成尺寸标注。本图图幅放大 30 倍，因此所有标注样式中“标注特征比例”中的“使用全局比例”均设置为 30。

立面图的比例为 1∶30，标注尺寸时可使用样板中的标注样式，仅修改全局比例为 30。

断面图使用的比例为 1∶15，因此需新建标注样式，将全局比例设置为 30，并将测量比例因子改为 0.5。

钢筋尺寸标注与结构图不同，需新建钢筋尺寸标注样式，将全局比例设置为 30，并将尺寸线和尺寸界线都隐藏，以完成钢筋详图的尺寸标注。

8.4.6　补全图面信息

该部分内容以文字形式和符号形式进行书写，这些内容在标注时应当注意其规范性和准确性(例如符号一定要按照国家规定的形式和大小来绘制)，必要时，可以利用图块和属性块进行标注，以提高绘图效率。本图中需补全的图面信息有钢筋编号、钢筋详图中的钢筋信息、立面图图名、比例、断面图剖切位置、断面图图名和附注信息等内容。

钢筋编号等信息使用 3 mm 字高，书写时文字的字高应该是 3 × 30=90 mm，并按图添加标记。若字体中没有钢筋等级符号，可使用图块的方法创建并插入，同时完成断面图中钢筋黑圆点的绘制。钢筋圆点大小为 1 mm，画图时应按大小为 1 × 30=30 mm 的尺寸画出。

剖切符号的剖切位置线是与结构垂直的粗实线，根据国标规定剖切位置线长为 6～10 mm。本图剖切位置线长度取 8 mm，那么在图中绘制的线条长度应该为 8 × 30=240 mm。

剖切标记 1、2 其字高取 5 mm，书写时文字的字高应该是 5 × 30=150 mm。

视图名称的字高取 5 mm，书写时字高应该是 5 × 30=150 mm。在图名下方绘制粗实线。图中比例字高 4 mm，书写时字高应该是 4 × 30=120 mm。

“附注”字高取 5 mm，书写时文字的字高应该是 5 × 30=150 mm，附注内容的字高取 4 mm，书写时文字的字高应该是 4 × 30=120 mm。附注部分为文字说明，可使用多行文字书写，后期编辑和修改时比较方便。

以上两步完成后如图 8-22 所示。

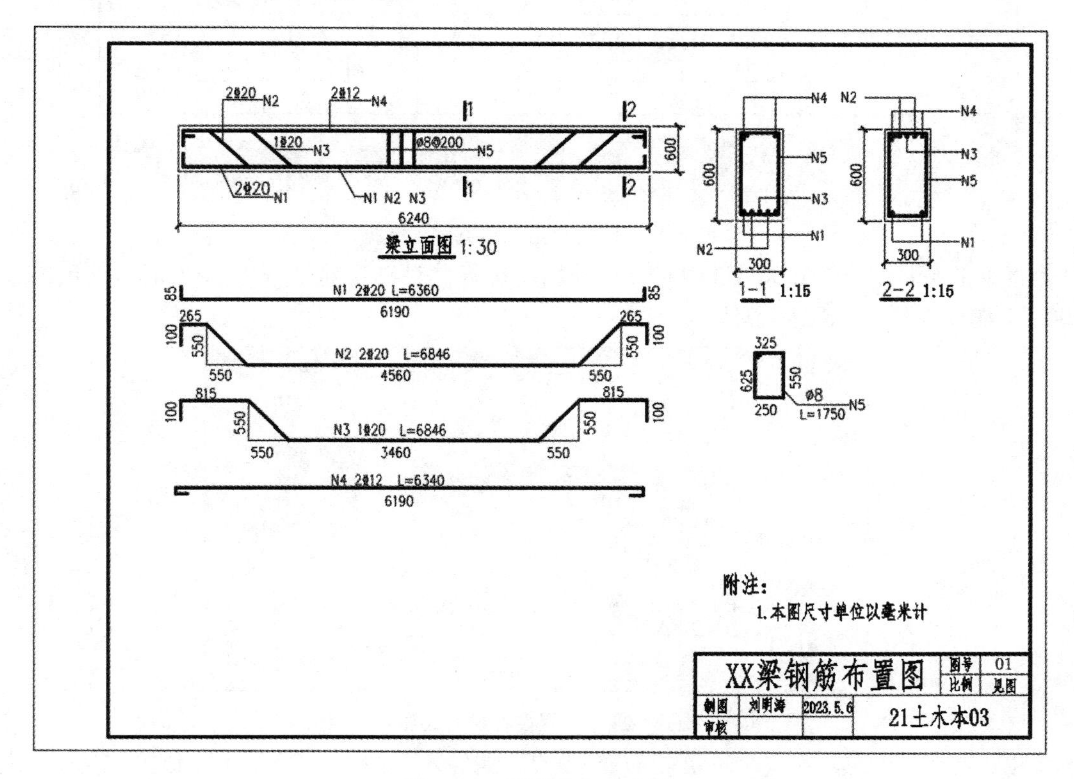

图 8-22　标注尺寸完成图

注意：因图形与图框匹配时会放大图框，故在图中添加尺寸标注、文字等有大小要求的内容时，必须考虑将这些内容放大同样的倍数，本图为放大 30 倍。

8.4.7　绘制钢筋数量表

AutoCAD 提供了表格功能，本图中的数量表可以通过定义表格样式来绘制，也可以使用“Line”命令绘制。

当工程图中有大量的工程数量需要统计时，手工计算数据速度慢且容易出错，因此数量表的计算多数是在数据表格中完成的。下面介绍如何将数据表中的数据导入 AutoCAD 中。

根据图中所给的钢筋信息，按照图中数据表格的形式设置数据表(表格中“单位重”用于计算钢筋重量)，并使用数据表的计算功能计算图中的钢筋数据，如图 8-23 所示，最后将数据导入 AutoCAD。

构件名称	构件数	编号	直径(mm)	长度(mm)	根数	总根数	总长(m)	单位重(kg/m)	重量(kg)	总重(kg)
L201	4	N1	20	6360	2	8	50.88	2.47	125.67	462.17
		N2	20	6848	2	8	54.78	2.47	135.32	
		N3	20	6848	1	4	27.39	2.47	67.66	
		N4	12	6340	2	8	50.72	0.888	45.04	
		N5	8	1750	32	128	224	0.395	88.48	

图 8-23　使用数据表计算钢筋数据

将钢筋数据导入 AutoCAD 中时，可使用“选择性粘贴”对话框中的“Microsoft Excel 2003 工作表”，如图 8-24 所示。

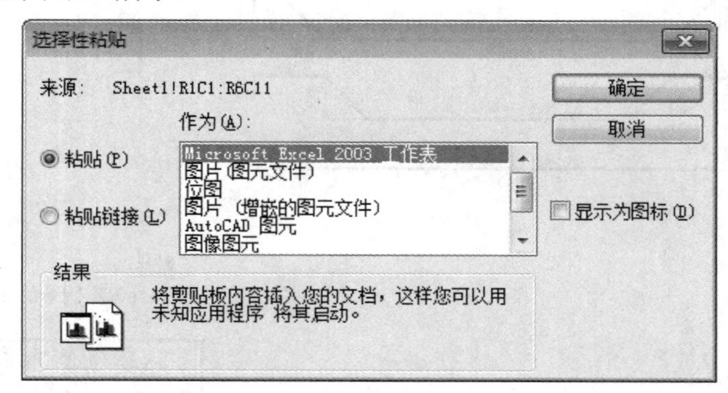

图 8-24　选择性粘贴对话框

也可将数据表以 OLE(对象连接与嵌入)的形式导入，如图 8-25 所示。该方法的优点是使用右键功能可打开原始数据进行编辑；缺点是不能使用 AutoCAD 中的命令进行编辑。

构件名称	构件数	编号	直（	总根数	总长(m)	单位重(kg/m)	重量(kg)	总重(kg)
L201	4	N1		8	50.88	2.47	125.67	462.17
		N2		8	54.78	2.47	135.32	
		N3		4	27.39	2.47	67.66	
		N4				0.888	45.04	
		N5				0.395	88.48	

隔离(I)
删除
移动(M)
复制选择(Y)
缩放(L)
旋转(O)
绘图次序(W)
组
OLE(O)
添加选定对象(D)
选择类似对象(T)
全部不选(A)
打开(O)
重置(R)
文字大小(T)...
转换(C)...

图 8-25　以 OLE 形式导入的数据表

还可以使用“AutoCAD 图元”的方法导入数据，导入后的数据表如图 8-26 所示，该方法的优点是导入的数据使用 AutoCAD 中的表格样式，并可以使用 AutoCAD 命令进行编辑；缺点是后期的数据不能再导入数据表进行修改。

构件名称	构件数	编号	直径(mm)	长度(mm)	根数	总根数	总长(m)	单位重(kg/m)	重量(kg)	总重(kg)
L201	4.00	N1	20.00	6360.00	2.00	8.00	50.88	2.47	125.67	462.17
		N2	20.00	6848.00	2.00	8.00	54.78	2.47	135.32	
		N3	20.00	6848.00	1.00	4.00	27.39	2.47	67.66	
		N4	12.00	6340.00	2.00	8.00	50.72	0.89	45.04	
		N5	8.00	1750.00	32.00	128.00	224.00	0.40	88.48	

图 8-26　使用“AutoCAD 图元”的方法导入后的数据表

由于本表格形式、单位精度等需要设置，因此首先使用“AutoCAD 图元”的方法导入表格，然后使用分解(explode)命令进行分解，再按照格式要求进行修改，最终得到图 8-27。

钢筋表

构件名称	构件数	编号	直径(mm)	长度(mm)	根数	总根数	总长(mm)	重量(kg)	总重(kg)
L201	4	N1	20.00	6360.00	2.00	8.00	50.88	125.67	462.17
		N2	20.00	5848.00	2.00	8.00	54.78	135.32	
		N3	20.00	6848.00	1.00	4.00	27.39	67.66	
		N4	12.00	6340.00	2.00	8.00	50.72	45.04	
		N5	8.00	1750.00	32.00	128.00	224.00	88.48	

图 8-27　调整后的数据表

还可以使用插件导入数据表格，该法快速实现数据表格与 AutoCAD 表格的互导。

8.4.8　填写标题栏

标题栏的有关内容，若在创建样板文件时已经输入，则在该步骤仅需修改文字即可；若样板文件中没有添加，则需要在本步骤中添加。需要注意的是，在本步骤中添加文字时，需要将文字的字号放大 30 倍。

标题栏中的比例一栏，需要根据图纸的具体情况书写。本图图幅与图形匹配时以立面图为参考，图幅放大 30 倍，因此图中立面图的比例是 1∶30，两断面图在立面图比例的基础上放大 2 倍，即断面图比例为 1∶15，其余部分不需要标注比例。由于图中出现了多种比例，因此标题栏中的比例处需填写“见图”。

至此就完成了整幅工程图的绘制，绘图结果见图 8-28。

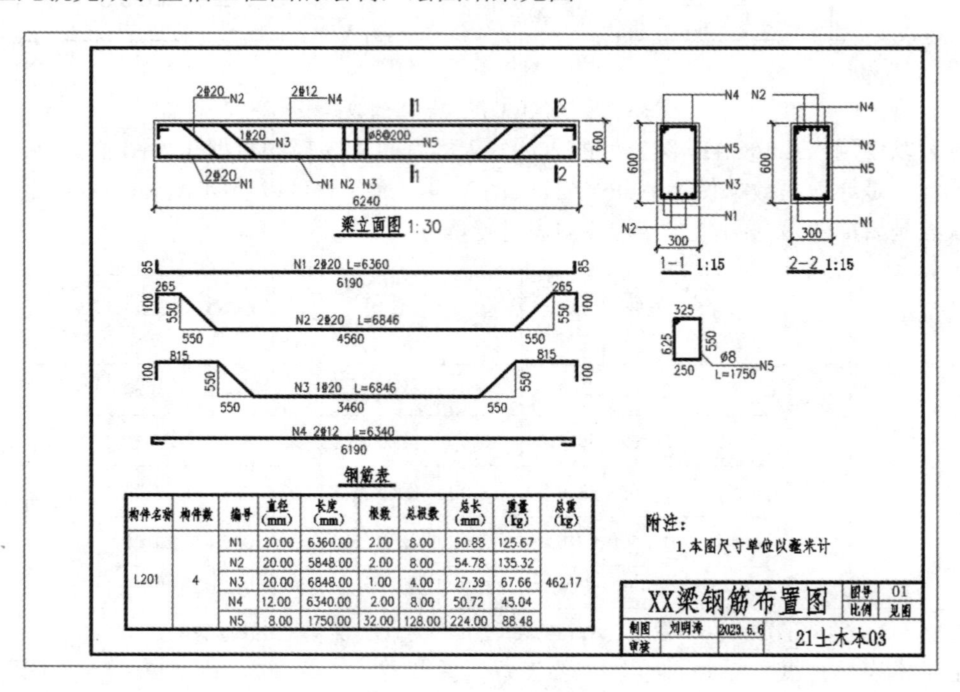

构件名称	构件数	编号	直径(mm)	长度(mm)	根数	总根数	总长(mm)	重量(kg)	总重(kg)
L201	4	N1	20.00	6360.00	2.00	8.00	50.88	125.67	462.17
		N2	20.00	5848.00	2.00	8.00	54.78	135.32	
		N3	20.00	6848.00	1.00	4.00	27.39	67.66	
		N4	12.00	6340.00	2.00	8.00	50.72	45.04	
		N5	8.00	1750.00	32.00	128.00	224.00	88.48	

图 8-28 绘制完成的钢筋图

8.4.9 保存文件和退出

图形文件的保存是十分重要的，并且不仅仅只在完成全图后才保存，而应该养成良好的习惯，在完成一部分图形或时间间隔几分钟就要将文件保存一次，避免由于断电或计算机故障而导致系统强行退出。

注意：AutoCAD 在保存文件时会自动生成备份文件(后缀为 .bak)，该文件保存的内容是上一次保存时完成的内容。若图形文件丢失或损坏，则只要将备份文件的后缀 .bak 改为 .dwg 就可以用 AutoCAD 直接打开了。

8.5 工程图的打印输出

AutoCAD 提供了图形输入与输出接口，不仅可以将其他应用程序中的图形导入 AutoCAD，还可以将 AutoCAD 中绘制好的图形打印出来或者将图形传递给其他应用程序，还可以将图纸打印成 Web 图形格式文件(后缀为.dwf)，将图纸高效率地分发给需要查看、评审或打印这些数据的任何人。

在 AutoCAD 的“应用程序菜单”中选择“打印”命令将弹出“打印”对话框，如图 8-29 所示。

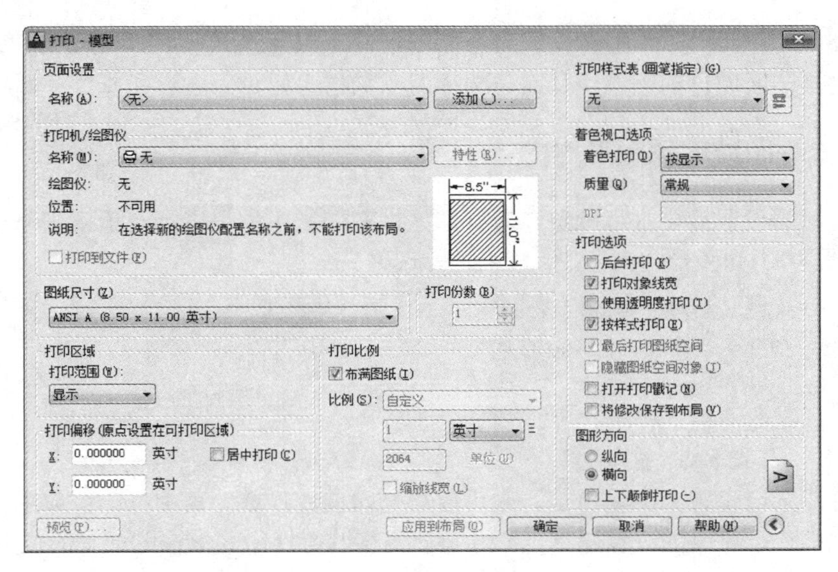

图 8-29　“打印”对话框

8.5.1　设置打印机/绘图仪和图纸

如图 8-30 所示，如果使用的电脑连接着打印机，则在“打印机/绘图仪”的名称内选择该打印机即可；如果没有连接物理打印机，则可以将文件打印为电子文件。例如，DWF6 ePlot.pc3 电子打印机可以将文件打印为 DWF 格式。

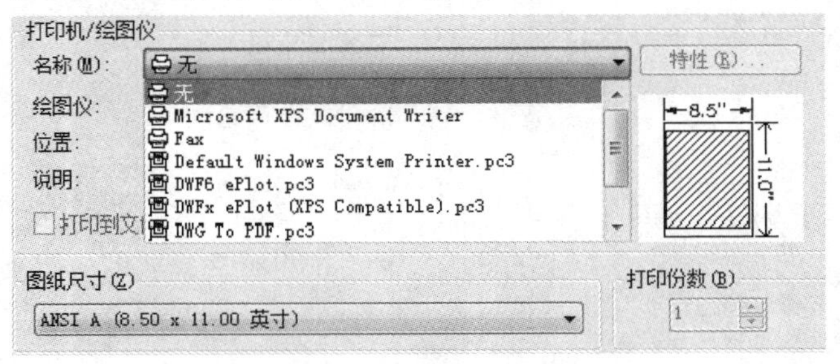

图 8-30　设置打印机和图纸尺寸

“图纸尺寸”项目中会列出选择的打印机所对应的图纸号和尺寸，选择需要的图纸，如 A3 图纸幅面，图纸的尺寸和图纸的放置情况将在右侧的预览窗口中显示。

8.5.2　设置打印区域

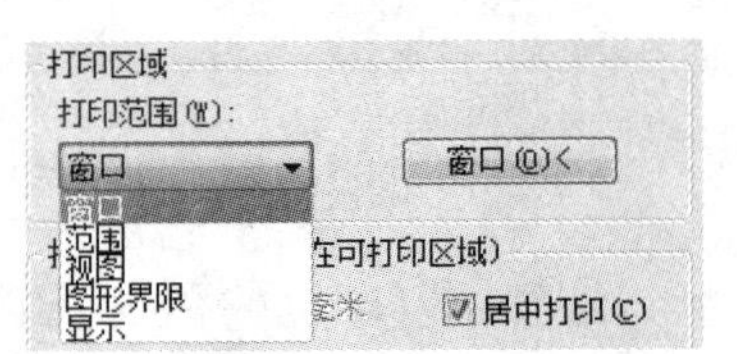

图 8-31　设置打印范围

如图 8-31 所示，打印范围的选择有多种。通过使用

“窗口”选项，在绘图区域中使用矩形框选择要打印的区域，该区域将以阴影形式出现在预览窗口中。

8.5.3 打印比例设置

如图 8-32 所示，打印比例设置为布满图纸，可以通过窗口设置的打印区域自动缩放，从而与选择的图纸相匹配。

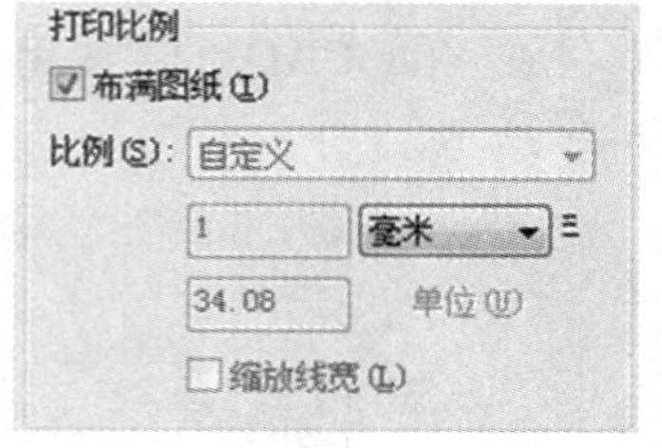

图 8-32 打印比例

8.5.4 设置打印偏移和图形方向

完成上面的设置后可进行预览，若打印区域在图纸中的位置不合适，则可通过设置打印偏移(见图 8-33)和图形方向(见图 8-34)进行调整。

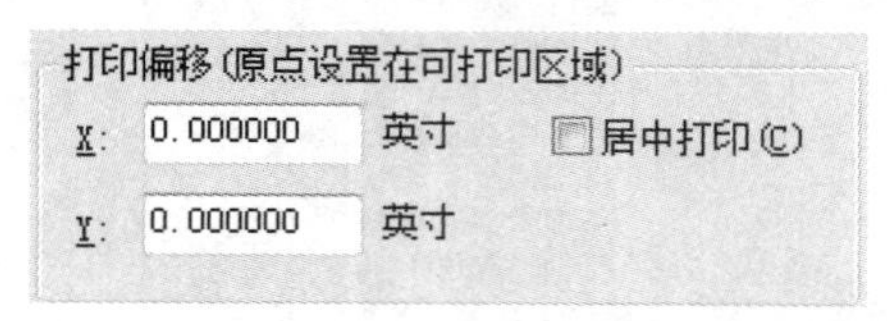

图 8-33 打印偏移

图 8-34 图形方向

如果打印区域设置为图幅范围，则可以将打印偏移设置为居中打印；如果打印区域设置为图框大小，则可以通过设置 X、Y 方向的偏移调整打印区域在图纸上的位置。

设置结果如图 8-35 所示。

设置完成后，点击“确定”可以将图纸打印出来。

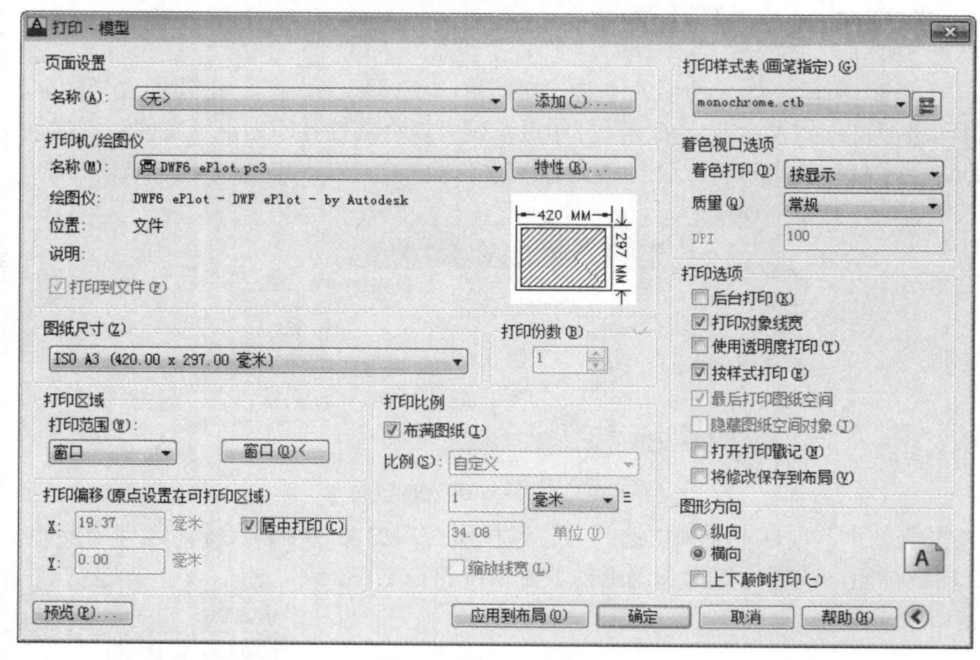

图 8-35 打印设置结果

注意：打印机的预设图纸会在图纸的上下左右预留一定的尺寸，如需调整，可以在打印机的特性中添加自定义图纸尺寸。

8.6 上机实验

实验 1：创建样板文件 A3.dwt。

目的要求：通过本实验练习样板图文件的创建方法，样板图设置内容见 8.2 节。

操作提示：操作提示详见 8.2 节。

实验 2：绘制 A3 工程图。

目的要求：练习工程图样的绘制步骤及方法。

在实验 1 所创建的样板图的基础上绘制如图 8-36 所示的工程图。

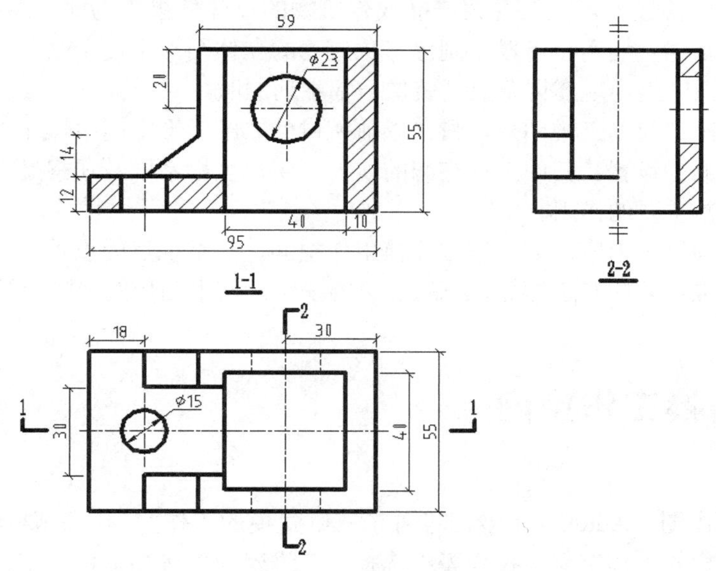

图 8-36　绘制的工程图

本工程图的图名为“三视图”，图中尺寸标注的文字字高为 3.5，比例自选。

操作提示：本实验与 8.4 节的绘制过程类似，绘图时可参照 8.4 节的内容。

第9章

三维绘图

二维图形直观性较差，无法观察产品或建筑物的设计效果。为此，AutoCAD 提供了强大的三维绘图功能，利用它可以绘制出形象逼真的立体图形，使一些在二维平面中无法表达的东西能够清晰地出现在屏幕上，就像一幅生动的照片。

要快速而准确地绘制三维图形，只在以前所讲的二维图形空间中操作是无法实现的，还要进行一些辅助的设置。其中工作空间的切换、用户坐标系以及观察显示三维模型在三维作图中具有非常重要的作用。

本章主要介绍以下内容：切换三维建模工作空间，三维视点的设置，用户坐标系，创建三维实体，三维实体的布尔运算，三维图形的编辑，三维图形的消隐，视觉样式。

9.1 切换工作空间

为方便三维作图，AutoCAD 专门设置了三维建模的工作空间。需要使用时，只需要从快速访问工具栏的工作空间下拉列表中选择“三维建模”选项即可，工作空间下拉列表如图 9-1 所示。

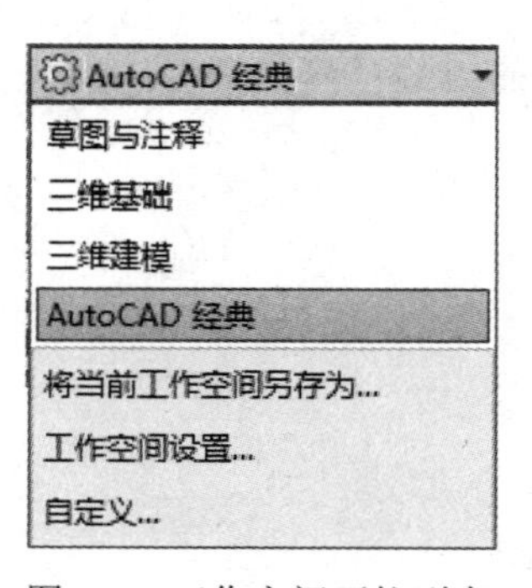

图 9-1　工作空间下拉列表

选择“三维建模”工作空间以后，整个工作界面转换成专门为三维建模设置的环境，如图 9-2 所示。

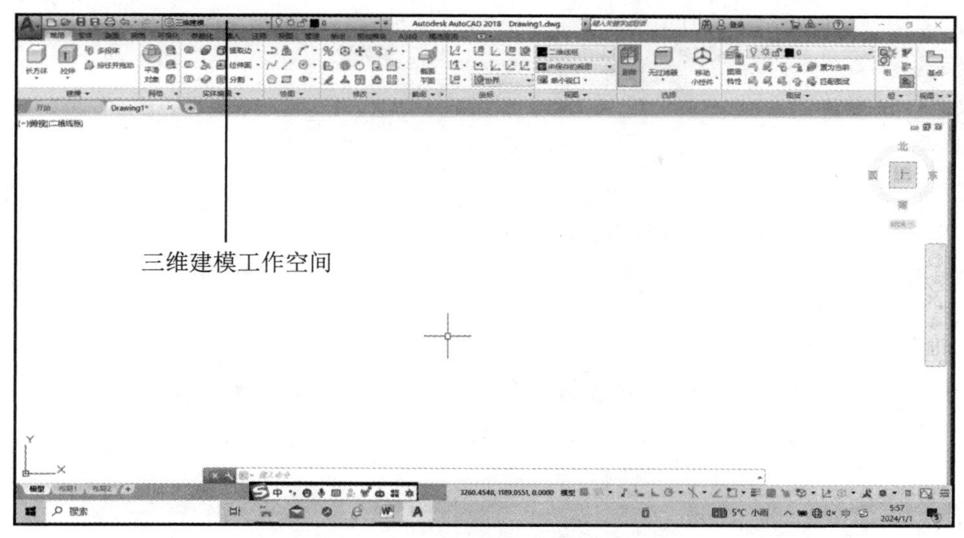

图 9-2　“三维建模”工作界面

9.2 设置三维视点

9.2.1　三维视点的概述

绘制二维图形时，所进行的绘图工作都是在 XY 坐标面上进行的，绘图的视点不需要改变。但在绘制三维图形时，一个视点往往不能满足观察物体各个部位的需要，用户常常需要变换视点，从不同的方向来观察三维物体。

9.2.2　设置三维视点

可通过下面的两种途径之一设置三维视点。

• 选择功能区中的“常用”选项卡⇨“视图”面板中的“三维导航”下拉列表，如图 9-3 所示。

图 9-3　“视图”面板中的“三维导航”下拉列表

• 点击菜单栏中的“视图”⇨“三维视图”子菜单，如图 9-4 所示。

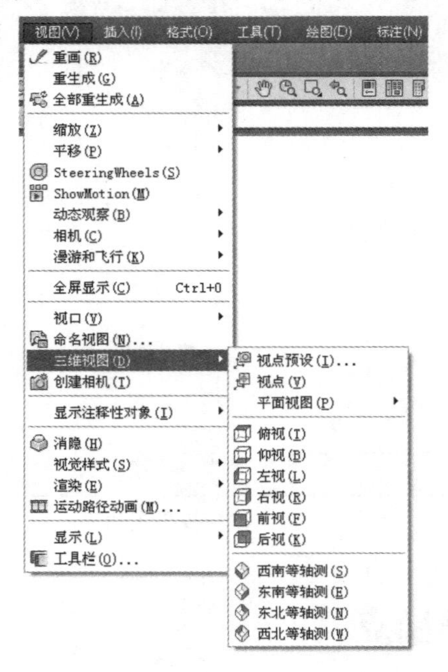

图 9-4　“三维视图”子菜单

例如一个长方体，俯视图(平面图)中显示为一个长方形，如图 9-5 所示。要显示为一个长方体，可以将视点改变为“西南等轴侧”(点击菜单中的“视图”⇨“三维视图”⇨“西南等轴侧”)，如图 9-6 所示。

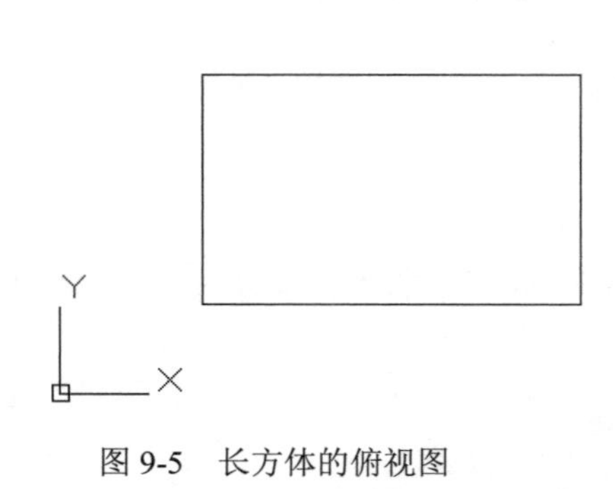

图 9-5　长方体的俯视图

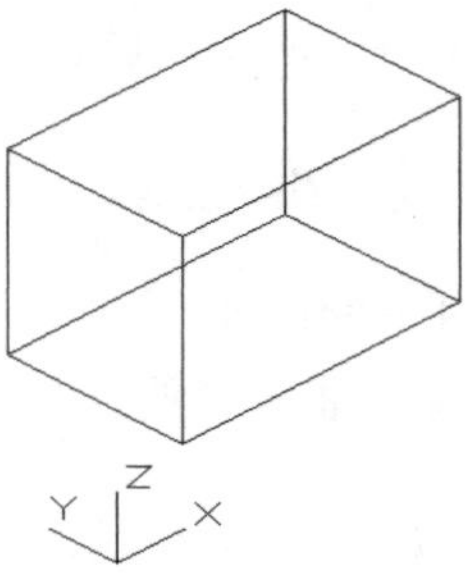

图 9-6　长方体的西南等轴侧

9.3　建立用户坐标系 UCS

9.3.1　用户坐标系的概念

AutoCAD 通常是在基于当前坐标系的 XY 平面上进行绘图的，这个 XY 平面称为构造平面。AutoCAD 初始设置的坐标系，其构造平面平行于水平面，在二维环境中作图，通常只是改变坐标原点的位置，而不改变构造平面的位置。但在三维环境下绘制三维图形时，经常需要在除水平面以外的其他平面上作图，此时若仍然保持原来的构造平面不变，绘图将十分不便。如图 9-7 所示，要在斜坡屋面上打一个垂直于屋面的圆洞，如果在构造平面平行于水平面的环境中完成是不可能的；若将构造平面建立在屋面上，作图就很方便。用户根据绘图需要自己建立的坐标系，我们称之为用户坐标系(UCS)。

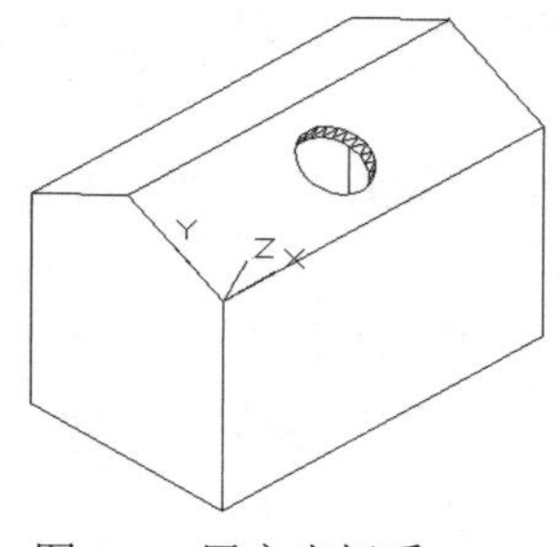

图 9-7　用户坐标系 UCS

9.3.2　在三维绘图中定义用户坐标系

定义用户坐标系(UCS)就是改变坐标系的原点以及 XY 坐标面(即构造平面)的位置和坐标轴的方向。在三维空间中，UCS 的原点以及 XY 坐标面的位置和坐标轴的方向可以任意改变，也可随时定义、保存和调用多个用户坐标系。

1. 定义用户坐标系 UCS 的途径

- 点击菜单栏中的“工具”⇨“新建 UCS”子菜单。“新建 UCS”的子菜单如图 9-8(a)所示。其中 原点(N) 用于定义坐标原点； 、 、 ，分别用于将坐标系绕 X、Y、Z 轴旋转。
- 选择功能区中的“三维建模”工作空间⇨“常用”选项卡⇨“坐标”面板，如图 9-8(b)所示。

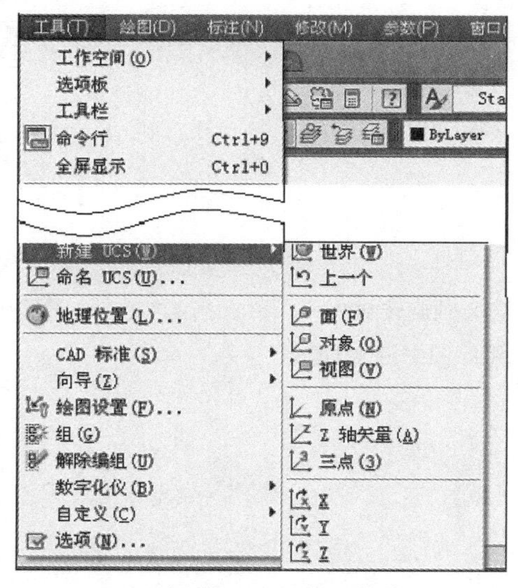

(a) “新建 UCS”的子菜单

(b) “坐标”面板

图 9-8　“新建 UCS”的子菜单和“坐标”面板

2. 定义 UCS 举例

例 9-1 绘制一个长方体，并在长方体的前表面上画圆，如图 9-9(e)所示。

作图步骤如下：

(1) 绘制长方体。选择菜单中的“绘图”⇨“建模”⇨“长方体”，然后在绘图区中按下鼠标左键并拖动以确定长方体的长和宽，再根据提示确定长方体的高度，即生成一个长方体，如图 9-9(a)所示。

(2) 设置视点。单击菜单栏中的“视图”⇨“三维视图”⇨“西南等轴侧”，结果如图 9-9(b)所示。

(3) 改变坐标原点。单击菜单中的“工具”⇨“新建 UCS”⇨“原点”，再单击“对象捕捉”工具栏中的“捕捉到端点”按钮，然后拾取长方体左前下方的角点，UCS 如图 9-9(c)所示。

(4) 使坐标系绕 X 轴旋转 90°。单击“工具”菜单⇨“新建 UCS”⇨ 并回车，坐标系绕 X 轴旋转 90°。此时 UCS 的 XY 坐标面与长方体的前表面重合，如图 9-9 (d)所示。

(5) 在当前 UCS 的平面内画圆，如图 9-9(e)所示。

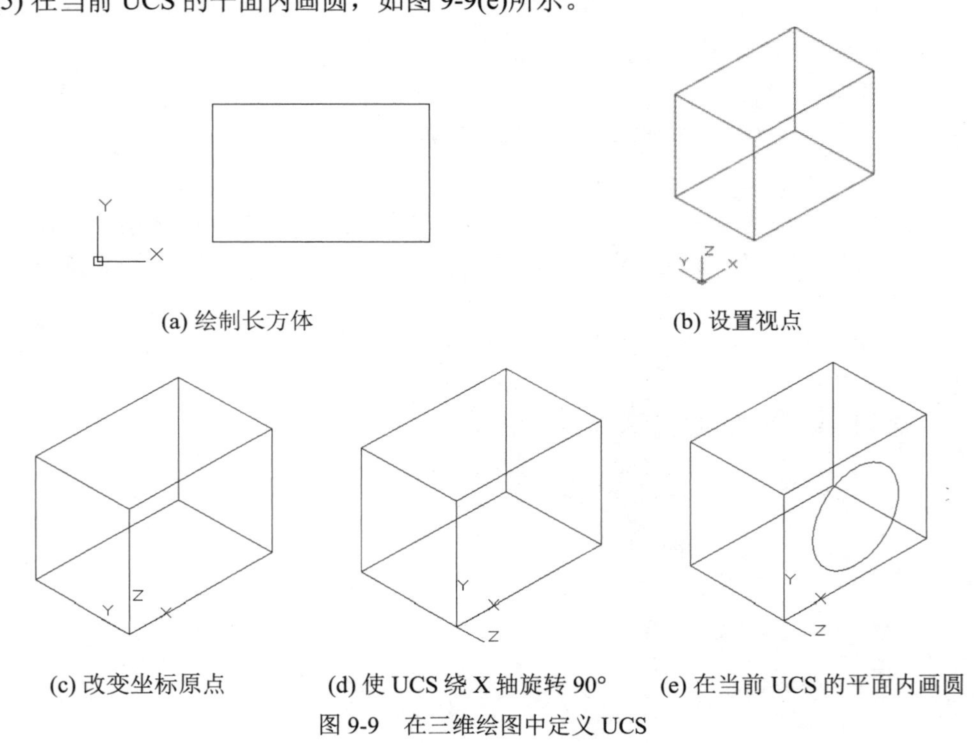

(a) 绘制长方体 (b) 设置视点

(c) 改变坐标原点 (d) 使 UCS 绕 X 轴旋转 90° (e) 在当前 UCS 的平面内画圆

图 9-9 在三维绘图中定义 UCS

9.4 三维实体造型

9.4.1 三维实体造型的概述

三维实体(Solid)是三维图形中最重要的部分，它具有实体的特征，即其内部是实心的，用户可以对它进行打孔、切割、挖槽、倒角以及布尔运算等操作，从而形成具有实际意义的物体。在实际的三维绘图工作中，三维实体是最常见的。

三维实体造型的方法通常有以下三种：

(1) 利用 AutoCAD 提供的绘制基本实体的相关命令，直接输入基本实体的控制尺寸，由 AutoCAD 自动生成。

(2) 由当前 UCS 的 XY 坐标面上闭合的二维图形，沿 Z 轴方向或指定的路径拉伸而成。

(3) 由闭合的二维图形绕同一平面内的回转轴旋转而成。

(4) 将(1)、(2)和(3)所创建的实体进行并、交、差运算从而得到更加复杂的形体。

在对实体进行消隐、着色、渲染之前，实体以线框样式显示。系统变量 Isolines 用于控制以线框显示时曲面的素线数目。系统变量 Facetres 用于调整消隐和渲染时的平滑度，其值越大，实体的表面越平滑。

执行实体造型的途径通常是利用“建模”子菜单(点击“绘图”⇨“建模”子菜单)或“建模”面板，如图 9-10 所示。

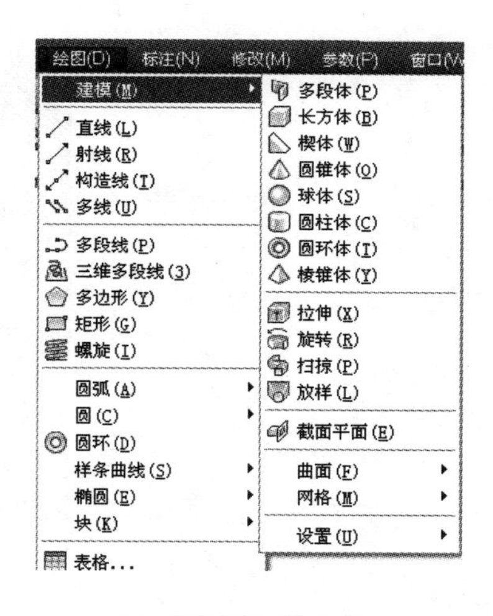

(a) “建模”子菜单

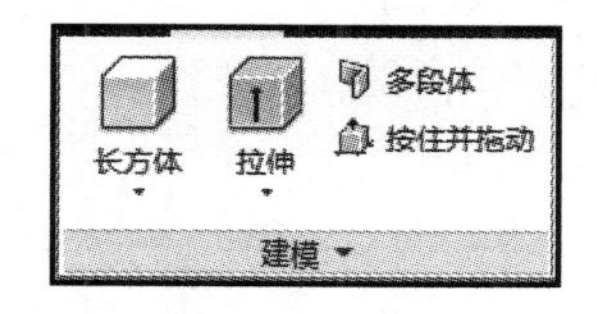

(b) “建模”面板

图 9-10　“建模”子菜单与“建模”面板

9.4.2　创建基本实体

基本实体包括长方体、球体、圆柱体、圆锥体、楔形体、圆环体。下面分别介绍这些基本实体的绘制方法。

1. 长方体

长方体由底面的两个对角顶点和长方体的高度定义，确定长方体的要素如图 9-11 所示。激活长方体命令有以下三种途径：

- 选择功能区中的“常用”选项卡⇨“建模”面板⇨长方体。
- 点击菜单栏中的“绘图”⇨“建模”⇨“长方体”。
- 在命令行输入 box。

绘制长方体的步骤如下：

激活长方体命令，此时命令行提示及操作提示如下：

命令：_box

指定第一个角点或 [中心(C)]：(指定底面第一个角点 1 的位置)

指定其他角点或 [立方体(C)/长度(L)]：(指定对角顶点 2 的位置)

指定高度或[两点(2P)]：(从键盘输入高度值，也可用鼠标在屏幕上指定一距离(当前点到点 2 的距离)作为长方体的高度)

完成长方体的作图，如图 9-11 所示。

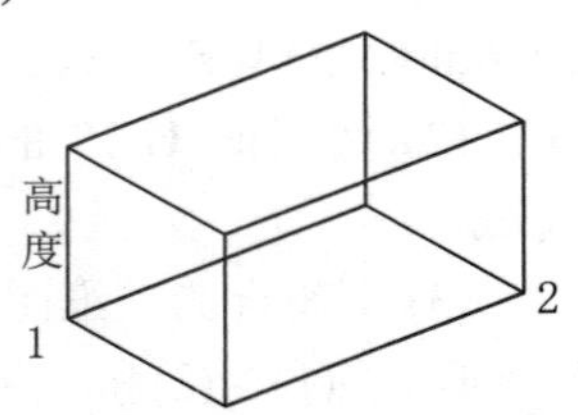

图 9-11　确定长方体的要素

2. 球体

球体由球心的位置及半径或直径定义。激活球体命令有以下三种途径：

- 选择功能区中的“常用”选项卡⇨“建模”面板⇨ 球体。
- 点击菜单栏中的“绘图”⇨“建模”⇨“球体”。
- 在命令行输入 sphere。

绘制球体的步骤如下：

激活球体命令，此时命令行提示及操作提示如下：

命令：_sphere

指定中心点或 [三点(3P)/两点(2P)/相切、相切、半径(T)]：(指定一点作为球心位置)

指定半径或[直径(D)] <默认值>：(从键盘输入半径，也可用鼠标在屏幕指定一点，该点到球心的距离为半径)

完成球体的作图，经消隐后如图 9-12 所示。

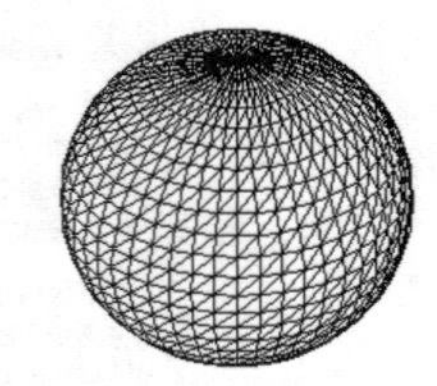

图 9-12　消隐后的球体

3. 圆柱体

圆柱体由底圆中心、半径(或直径)和圆柱的高度确定。激活圆柱体命令有以下三种途径：

- 选择功能区中的“常用”选项卡⇨“建模”面板⇨ 圆柱体。
- 点击菜单栏中的“绘图”⇨“建模”⇨“圆柱体”。
- 在命令行输入 cylinder。

绘制圆柱体的步骤如下：

激活圆柱体命令，此时命令行提示及操作提示如下：

命令：_cylinder

指定底面的中心点或 [三点(3P)/两点(2P)/相切、相切、半径(T)/椭圆(E)]：(指定一点作为底圆中心位置)

指定底面半径或 [直径(D)] <默认值>：(从键盘输入半径；也可用鼠标在屏幕指定一距离作为半径)

指定高度或 [两点(2P)/轴端点(A)] <默认值>：(从键盘输入高度；也可用鼠标在屏幕指定一距离作为高度)

完成圆柱体的作图，经消隐后如图 9-13 所示。

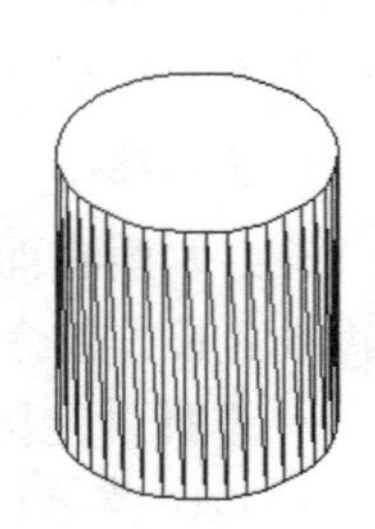

图 9-13　消隐后的圆柱体

4. 圆锥体

圆锥体由圆锥体的底圆中心、半径(或直径)和圆锥的高度确定。激活圆锥体命令有以下三种途径：

- 选择功能区中的“常用”选项卡⇨“建模”面板⇨圆锥体。
- 点击菜单栏中的“绘图”⇨“建模”⇨“圆锥体”。
- 在命令行输入 cone。

绘制圆锥体的步骤如下：

激活圆锥体命令，此时命令行提示及操作提示如下：

命令：_cone

指定底面的中心点或 [三点(3P)/两点(2P)/相切、相切、半径(T)/椭圆(E)]：(指定一点作为底圆中心位置)

指定底面半径或 [直径(D)] <默认值>：(从键盘输入半径；也可用鼠标在屏幕指定一距离作为半径)

指定高度或 [两点(2P)/轴端点(A)/顶面半径(T)] <默认值>：(从键盘输入高度；也可用鼠标在屏幕指定一距离作为高度)

完成圆锥体的作图，经消隐后如图 9-14 所示。

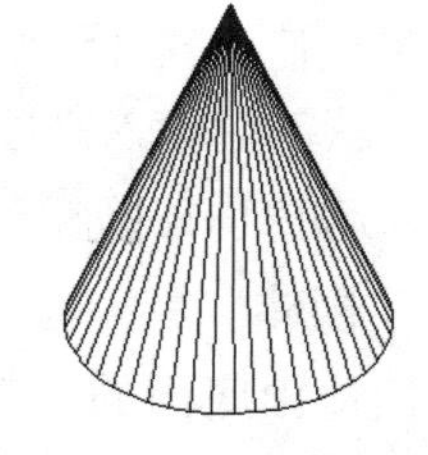

图 9-14　消隐后的圆锥体

5. 圆环体

圆环体由圆环的中心、圆环的直径(或半径)和圆管的直径(或半径)确定。激活圆环体命令有以下三种途径：

- 选择功能区中的“常用”选项卡⇨“建模”面板⇨圆环体。
- 点击菜单栏中的“绘图”⇨“建模”⇨“圆环体”。
- 在命令行输入 torus。

绘制圆环体的步骤如下：

激活圆环体命令，此时命令行提示及操作提示如下：

命令：_torus

指定中心点或[三点(3P)/两点(2P)/相切、相切、半径(T)]：(指定一点作为圆环中心位置)

指定半径或[直径(D)] <默认值>：(从键盘输入半径值，也可用鼠标在屏幕指定一距离作为半径)。

指定圆管半径或 [两点(2P)/直径(D)]：(从键盘输入圆管半径值，也可用鼠标在屏幕移动一距离作为半径)。

完成圆环体的作图，经消隐后如图 9-15 所示。

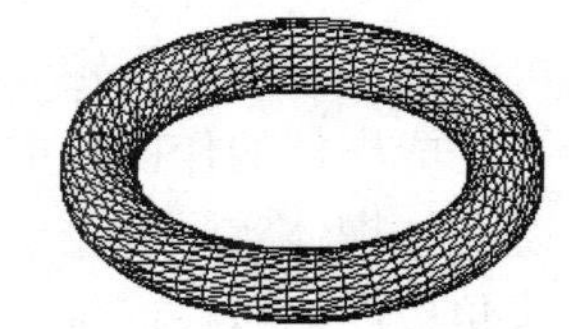

图 9-15　消隐后的圆环体

6. 棱锥体

棱锥体由棱面数、底面中心、底面多边形的外接圆(或内切圆)的半径、高度所确定。激活棱锥体的命令有以下三种途径：

- 选择功能区中的“常用”选项卡⇨“建模”面板⇨棱锥体。
- 点击菜单栏中的“绘图”⇨“建模”⇨“棱锥体”。
- 在命令行输入 pyramid。

绘制棱锥体的步骤如下：

激活棱锥体命令，此时命令行提示及操作如下：

命令：_pyraid

4 个侧面　外切

指定底面的中心点或[边(E)/侧面(S)]：_S(输入选项 S 以设定棱锥体的棱面数)

输入侧面数 <4>：_5(输入棱面数 5，绘制五棱锥体)

指定底面的中心点或 [边(E)/侧面(S)]：(在绘图区适当位置指定棱锥底面中心点)

指定底面半径或 [外切(C)]<默认外接圆半径值>：(从键盘输入圆的半径，或者用鼠标指定)

指定高度或 [两点(2P)/轴端点(A)/顶面半径(T)] <默认高度值>：(从键盘输入高度值，或用鼠标指定)

完成棱锥体的作图，如图 9-16 所示。

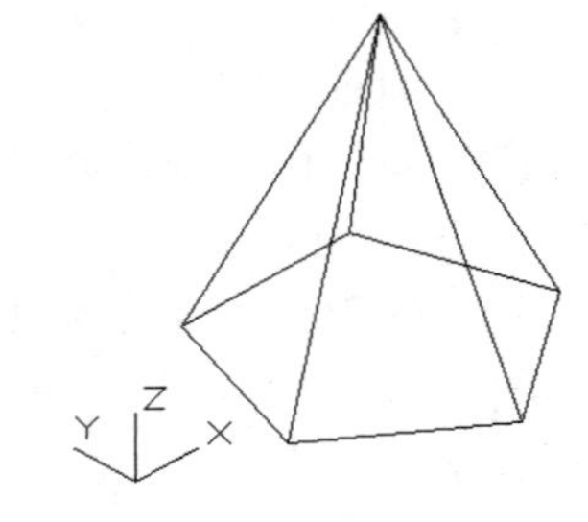

图 9-16　棱锥体

7. 楔体

楔体由底面的一对对角顶点及其高度确定，其斜面正对着第一角点，底面位于 UCS 的 XY 平面上，与底面垂直的四边形通过第一个角点且平行于 UCS 的 YZ 坐标面，楔体如图 9-17 所示。激活楔体命令有以下三种途径：

- 选择功能区中的“常用”选项卡⇨“建模”面板⇨ 楔体 。
- 点击菜单中的“绘图”⇨“建模”⇨“楔体”。
- 在命令行输入 wedge。

绘制楔体的步骤如下：

激活楔体命令，此时命令行提示如下：

命令：_wedge

指定第一个角点或 [中心(C)]：(指定底面第一个角点的位置)

指定其他角点或 [立方体(C)/长度(L)]：(指定底面对角顶点的位置)

指定高度或 [两点(2P)] <默认值>：(从键盘输入高度值，也可用鼠标在屏幕指定一距离作为高度)

完成楔体的作图，如图 9-17 所示。

注：楔体实际上是一个直角三棱柱，两个对角点决定了一个直角棱面，该棱面位于 XY 平面内，与其垂直的另一个棱面通过第一点且与 YZ 平面平行。

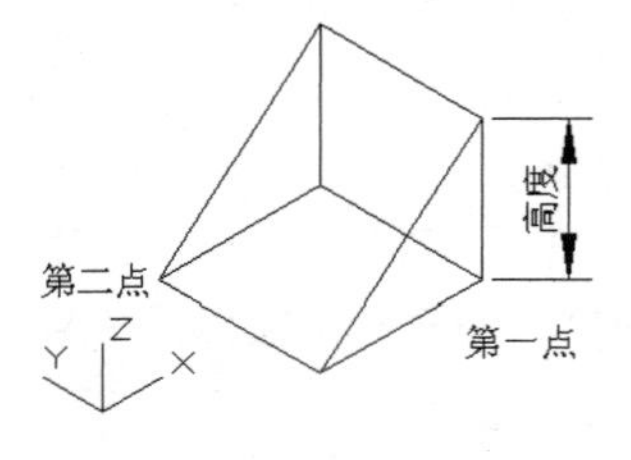

图 9-17　楔体

9.4.3　通过拉伸创建实体

将封闭的二维多段线、多边形、圆、椭圆等对象，沿某一指定路径进行拉伸，可以得到三维实体，如图 9-18 所示。拉伸的过程中，不但可以指定拉伸的高度，还可以使截面沿拉伸方向发生变化。

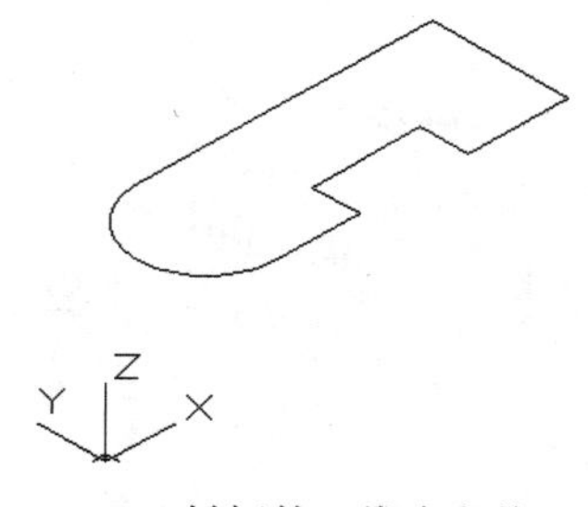

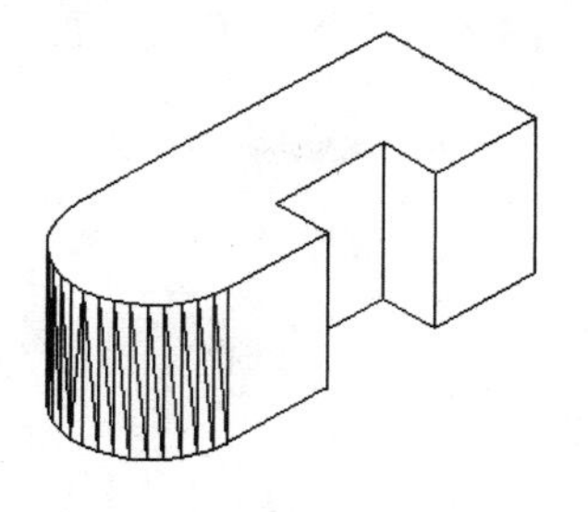
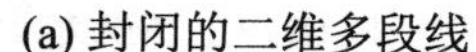

(a) 封闭的二维多段线　　(b) 消隐后的三维实体

图 9-18　通过拉伸创建实体

激活拉伸实体命令可以有以下三种途径：

- 选择功能区中的“常用”选项卡⇨“建模”面板⇨ 拉伸 。
- 点击菜单栏中的“绘图”⇨“建模”⇨“拉伸”。
- 在命令行输入 extrude。

通过拉伸创建实体的方法和步骤如下：

(1) 在当前 UCS 的 XY 平面上绘制封闭的二维多段线(或圆、多边形、椭圆等对象)，如图 9-18(a)所示。

(2) 激活“拉伸”命令，此时命令行提示如下：

命令：_extrude

当前线框密度：ISOLINES=4

选择要拉伸的对象：(选择(1) 所画好的闭合图形)

选择要拉伸的对象：(回车结束选择)

指定拉伸的高度或 [方向(D)/路径(P)/倾斜角(T)] <默认值>：(输入拉伸高度(或输入 P 以指定拉伸路径或输入 T 以指定倾斜角度))

当输入拉伸高度后回车即可生成三维实体，消隐后的三维实体如图 9-18(b)所示。

注意：拉伸的路径可以是直线也可以是曲线。若不指定拉伸的路径，二维图形将沿 Z 轴方向进行拉伸；当拉伸高度为正值时，沿 Z 轴的正方向拉伸，当拉伸高度为负值时，沿 Z 轴的负方向拉伸；若拉伸的倾斜角为 0 度(缺省值)，则拉成柱体；若指定拉伸的路径，则二维图形将沿拉伸路径所确定的方向和距离进行拉伸，拉伸过程不产生倾斜角。

9.4.4　通过旋转创建实体

将封闭的二维对象绕同一平面且不相交的轴旋转可形成三维实体。用于旋转生成三维实体的二维对象可以是圆、椭圆、闭合的二维多段线。

激活旋转命令(revolve)有以下三种途径：

- 选择功能区中的“常用”选项卡⇨“建模”面板⇨ 旋转 。
- 点击菜单栏中的“绘图”⇨“建模”⇨“旋转”。
- 在命令行输入 revolve。

下面以图 9-19 为例介绍通过旋转创建实体的方法和步骤：

为使旋转轴平行于正立面，需改变视点，单击菜单中的“视图”⇨“三维视图”⇨

“前视(F)”，此时 UCS 的 XY 平面与正立面平行。

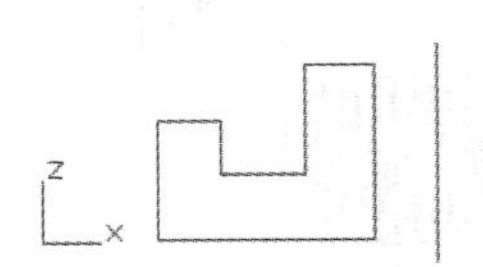

(a) 在主视图中绘制的二维图形和旋转轴

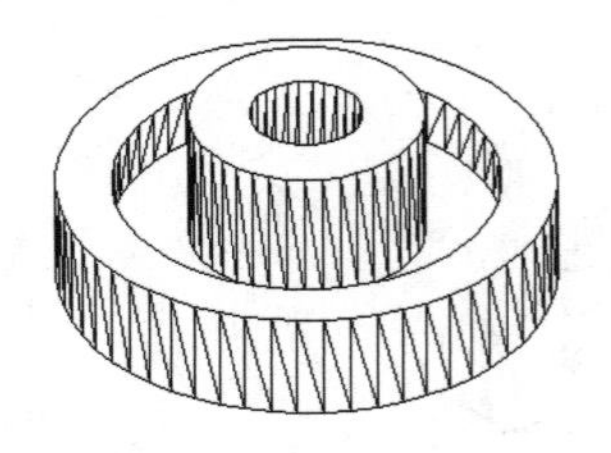

(b) 消隐后的轴测图

图 9-19　通过旋转创建实体

(1) 在当前 UCS 的 XY 平面上用二维多段线绘制闭合的二维图形和旋转轴，如图 9-19(a)所示。

(2) 激活 revolve 命令，此时命令行提示及操作过程如下：

命令：_revolve

当前线框密度：ISOLINES = 4

选择要旋转的对象：(拾取要旋转的二维图形)

选择要旋转的对象：(回车结束选择)

指定轴起点或根据以下选项之一定义轴 [对象(O)/X/Y/Z] <对象>：(利用对象捕捉拾取回转轴的两端点，或者输入“O”以便拾取一直线作为旋转轴，也可以指定 X、Y、Z 轴作为旋转轴)。

指定旋转角度<360>：(回车取缺省值完成作图)

(3) 单击菜单中的“视图”⇨“三维视图”⇨“西南等轴测”，图形窗口显示轴测图的线框模型。

(4) 单击菜单中的“视图”⇨“消隐”，显示消隐后的轴测图，如图 9-19(b)所示。

9.5　三维实体的布尔运算

在三维绘图中，复杂的实体往往不能一次生成，一般都是由相对简单的实体通过布尔运算组合而成的。布尔运算就是对多个三维实体求并、求交、求差的运算。通过布尔运算对多个三维实体进行组合，最终形成用户所需要的实体。

AutoCAD 提供了三种布尔运算操作，它们分别是：

- 并集(union)；
- 差集(subtract)；
- 交集(intersect)。

9.5.1　并集

并集运算就是将两个或两个以上三维实体合并成一个三维实体。可通过下面的三种途径之一激活并集命令：

- 选择功能区中的“实体”选项卡⇨“布尔值”面板⇨ 。
- 点击菜单栏中的“修改”⇨“实体编辑”⇨“并集”，菜单位置如图 9-20 所示。
- 在命令行输入 union。

激活并集命令后，AutoCAD 提示如下：

命令：union

选择对象：

此时只要选择要进行合并的实体，按回车键便完成合并操作。两个实体并集运算前后的效果如图 9-21 所示。

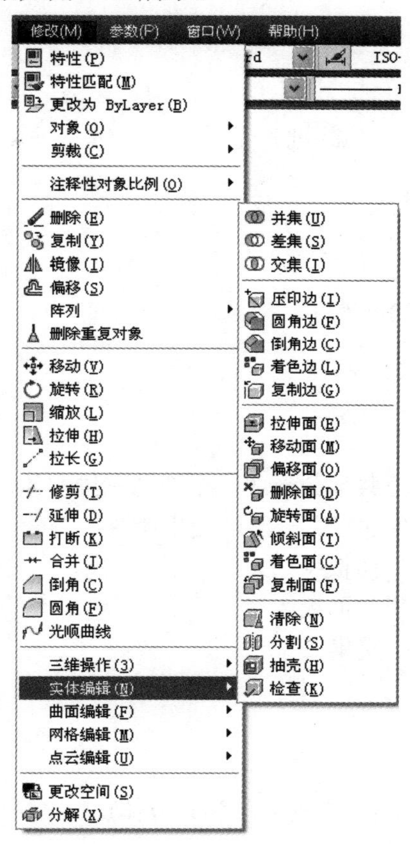

图 9-20　并、交、差的菜单位置

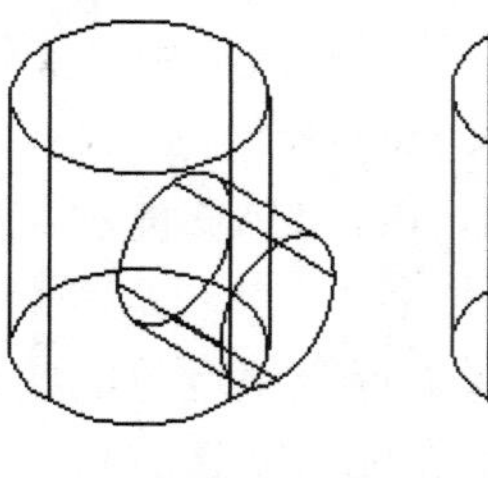

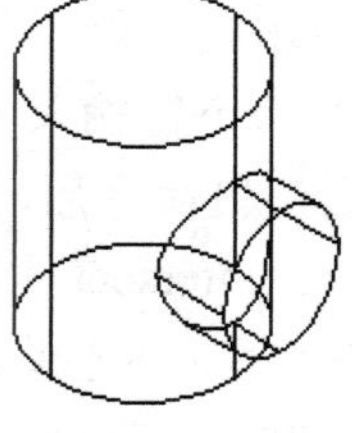

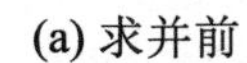

(a) 求并前　　(b) 求并后

图 9-21　并集

9.5.2　差集

差集运算就是从一个实体中减去另一个(或多个)实体，生成一个新的实体。可以通过下面的三种途径之一激活差集命令：

- 选择功能区中的“实体”选项卡⇨“布尔值”面板⇨ 。
- 选择功能区中的“常用”选项卡⇨“实体编辑”面板⇨ 。
- 点击菜单栏中的“修改”⇨“实体编辑”⇨“差集”，如图 9-20 所示。

- 在命令行输入 subtract。

激活差集命令后，AutoCAD 提示及操作过程如下：

命令：subtract

选择要从中减去的实体或面域…

选择对象：(选择被减的实体，如图 9-22(a)中的圆端形板)

选择对象：(按回车键结束选择)

选择要减去的实体或面域…

选择对象：(选择要减去的一组实体，如图 9-22(a)中的圆柱体，按回车键结束选取，完成差集运算)。

两个实体差集运算前后的效果如图 9-22 所示。

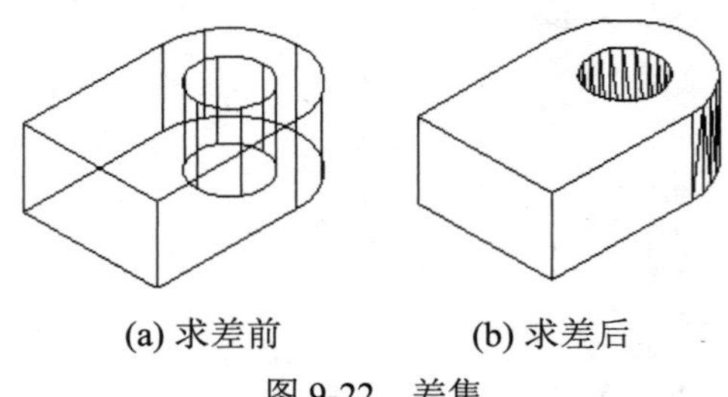

(a) 求差前　　(b) 求差后

图 9-22　差集

9.5.3　交集

交集运算就是将两个或两个以上的三维实体的公共部分形成一个新的三维实体，而每个实体的非公共部分将会被删除。可通过下面的三种途径之一激活交集命令：

- 选择功能区中的“实体”选项卡⇨“布尔值”面板⇨ 。
- 选择功能区中的“常用”选项卡⇨“实体编辑”面板⇨ 。
- 点击菜单栏中的“修改”⇨“实体编辑”⇨“交集”。
- 在命令行输入 intersect。

激活交集命令后，AutoCAD 提示及操作如下：

命令：intersect

选择对象：(选择进行交集运算的实体，如图 9-23(a)中的半球和长方体)

选择对象：(回车完成求交运算)

经交集运算并消隐后得到的三维实体，如图 9-23(b)所示。

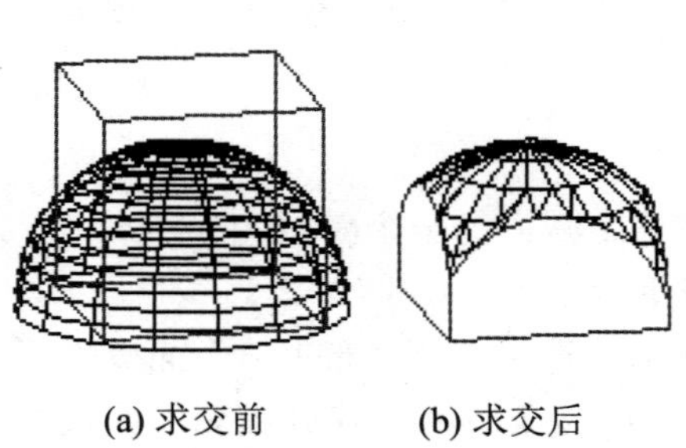

(a) 求交前　　(b) 求交后

图 9-23　交集

9.6 三维实体造型的综合举例

创建如图9-24所示的组合体的三维模型。

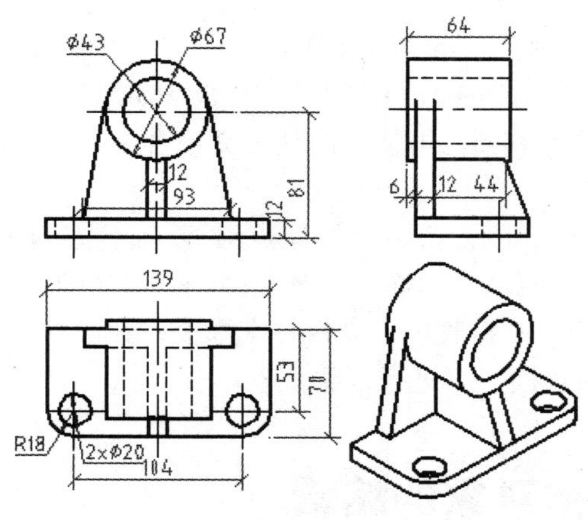

图9-24　组合体

在平面视图中用矩形命令绘制矩形、倒圆角、画两个小圆(图9-25(a))。

设置视点：选择菜单中的"视图"⇨"三维视图"⇨"西南等轴测"(图9-25(b))。

将外框和两个小圆同时进行拉伸，并将所得的实体进行差集运算，得到组合体的底板(图9-25(c))。

移动UCS，使原点位于底板后上方棱线的中点，并将UCS绕X轴旋转90°(图9-25(d))。

绘制圆柱筒和立板的后端面，立板的端面为梯形，用多段线绘制，梯形的两腰与圆相切(图9-25(e))。

分别拉伸立板和圆柱筒的后端面，生成立板和圆柱筒(图9-25(f))。

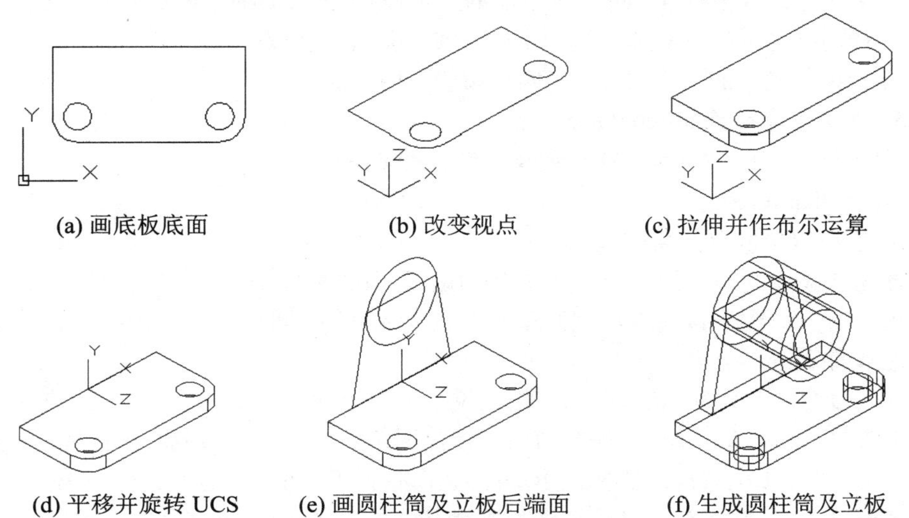

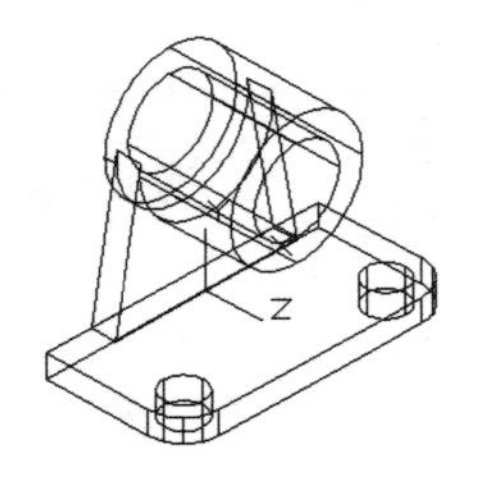

(g) 旋转 UCS 并画支撑板侧面

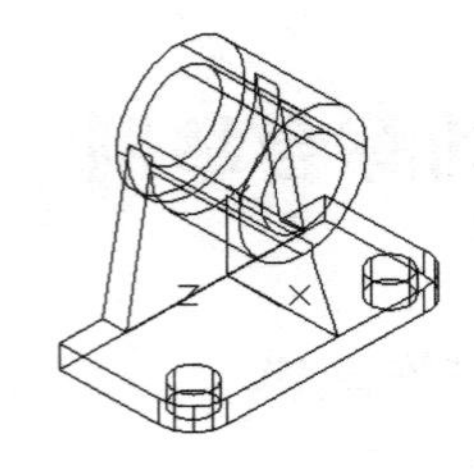

(h) 生成支撑板

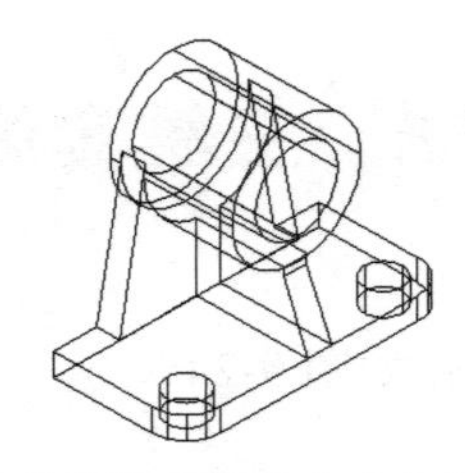

(i) 调整各部分位置并作布尔运算

图 9-25　组合体的三维模型的创建

将两圆柱沿负 Z 方向平移 6，再将大圆柱与立板合并，合并后再与小圆柱作差集运算(图 9-25(g))。

将 UCS 绕 Y 轴旋转−90°，再将坐标原点沿 Z 轴负方向平移支撑板厚度的一半(即 6)，并绘制支撑板侧面，使侧面上边略高于圆柱面(图 9-25(h))。

将支撑板侧面拉伸 12，并将底板、立板、支撑板、大圆柱进行合并(图 9-25(i))。

至此已完成组合体的建模，可进行消隐观察。

9.7　三维实体对象的编辑

用户可以对三维实体进行移动、旋转、阵列、镜像、倒直角、倒圆角、剖切、生成截面、抽壳等操作。其中的移动、旋转、阵列、镜像操作与二维图形类似，这里只介绍几种典型的编辑操作。

9.7.1　倒角

倒角(chamferedge)命令可以用来对三维实体进行倒角的处理。利用该命令可以切去实体的外角或填充实体的内角。可通过下面的三种途径之一激活倒角命令：

- 选择功能区中的“实体”选项卡⇨“实体编辑”面板⇨倒角边。
- 点击菜单栏中的“修改”⇨“实体编辑”⇨“倒角”。
- 在命令行输入 chamferedge。

激活倒角命令后，AutoCAD 提示及操作过程如下：

命令：_chamferedge

基面选择…(拾取要倒角的边)

此时包含该边的两个面中有一个显示为虚线(该面称为基面)，若所要倒角的棱边仅一条或不止一条但均位于该面内，则回车；否则输入 N 并回车，则系统将包含该边的另一个面作为基面(显示为虚线)。

指定基面的倒角距离<缺省值>：(指定位于基面上的倒角距离或回车接受缺省值)

指定其他曲面的倒角距离<缺省值>：(指定倒角的另一个距离或回车接受缺省值)

选择边或 [环(L)]：(再次选择位于基面且要进行倒角的所有边，回车完成倒角操作)

注：若输入 L 并回车，则可以选择围绕基面的整条边，AutoCAD 自动将基面上的所

有边都选中进行倒角处理，圆端形板倒直角后如图 9-26(b)所示。

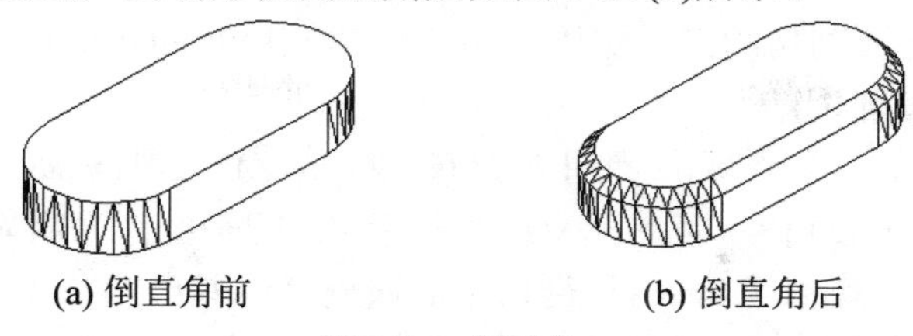

(a) 倒直角前　　(b) 倒直角后

图 9-26　倒直角

9.7.2　圆角

圆角(fillet)命令可以用来对三维实体的凸边或凹边倒圆角。可通过下面的三种途径之一激活圆角命令：

- 选择功能区中的“实体”选项卡⇨“实体编辑”面板⇨ 圆角。
- 点击菜单栏中的“修改”⇨“实体编辑”⇨“圆角”。
- 在命令行输入 fillet。

激活圆角命令后，AutoCAD 提示及操作过程如下：

命令：_fillet

当前模式：模式 = 当前值，半径 = 当前值

选择第一个对象或 [放弃(U)/多段线(P)/半径(R)/修剪(T)/多个(M)]：(选择要倒圆角的一条边)

输入圆角半径]<缺省值>：(输入圆角半径或回车接受缺省值)

选择边或[链(C)/半径(R)]：(选择其他要圆角的边，回车则选中的边都被倒圆角)如图 9-27(b)所示。

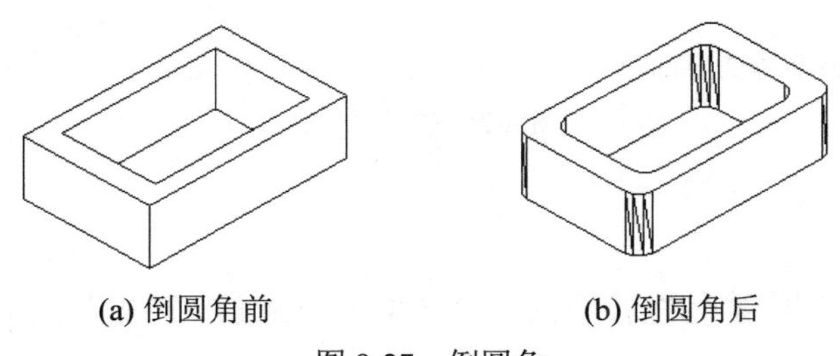

(a) 倒圆角前　　(b) 倒圆角后

图 9-27　倒圆角

9.7.3　剖切实体

可以将三维实体用剖切平面切开，然后根据需要保留实体的一半或两半都保留。剖切实体的命令是 slice。设剖切前立体及坐标系如图 9-28(a)所示，剖切实体的方法和步骤如下：

通过下面的三种途径之一激活“剖切”命令：

- 选择功能区中的“实体”选项卡⇨“实体编辑”面板 剖切。
- 点击菜单栏中的“修改”⇨“三维操作”⇨“剖切”。
- 在命令行输入 slice。

激活剖切命令后，AutoCAD 提示及操作过程如下：

命令：_slice

选择对象：(选择要剖切的三维实体，如图 9-28(a)所示的实体)

选择对象：(回车确认)□

指定切面上的第一个点或依照 [对象(O)/Z 轴(Z)/视图(V)/XY 平面(XY)/YZ 平面(YZ)/ZX 平面(ZX)/三点(3)] <三点>：zx(用平行于 ZX 的平面作为剖切平面)

指定 ZX 平面上的点 <0,0,0>：(让剖切平面通过坐标原点)

在要保留的一侧指定点或 [保留两侧(B)]：B(将两侧都保留下来，如图 9-28(b)所示)

剖切实体后，再删除前半部分，结果如图 9-28(c)所示。

注：一般将两侧都保留下来，然后再删除不需要的部分，这样不容易出现误删。

若将 UCS 的 XY 平面设置在与切断面共面的位置，则可在切断面上绘制剖面线，如图 9-28(d)所示。

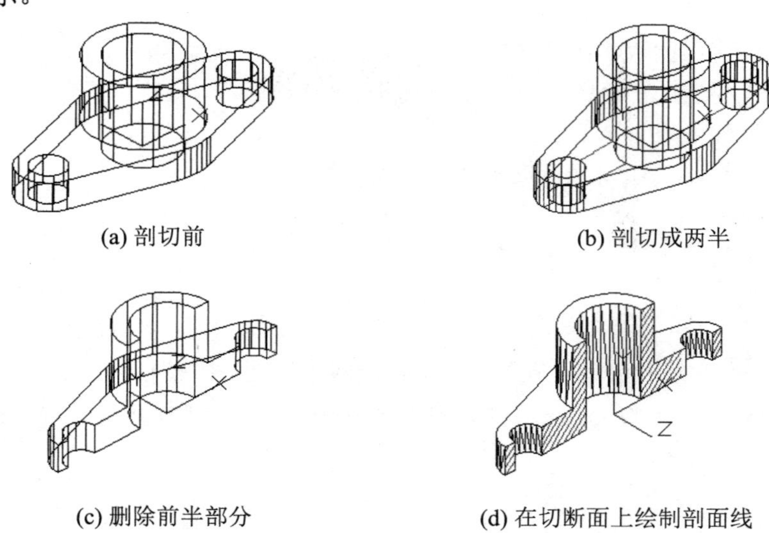

(a) 剖切前　　(b) 剖切成两半

(c) 删除前半部分　　(d) 在切断面上绘制剖面线

图 9-28　实体剖切

9.7.4　截面

用指定的平面对三维实体进行切割，可产生一个截面。产生截面的方法与剖切实体的方法基本相同。

用下面的途径激活截面命令：

- 在命令行输入 section。

激活截面命令后，AutoCAD 提示及操作过程如下：

命令：_section

选择对象：(选择要生成截面的实体，如图 9-29(a)所示的实体)

选择对象：(回车确认)□

指定截面上的第一个点，依照 [对象(O)/Z 轴(Z)/视图(V)/XY 平面(XY)/YZ 平面(YZ)/ZX 平面(ZX)/三点(3)] <三点>：zx(选择与 ZX 平面平行的平面作为剖切平面)

指定 ZX 平面上的点 <0,0,0>：(回车即可生成截面，如图 9-29(b)所示)

把截面移出实体之外，如图 9-29(c)所示，并对截面进行填充即可得断面图。对截面进行填充，必须使 UCS 的 XY 平面与截面共面，生成的截面如图 9-29(d)所示。

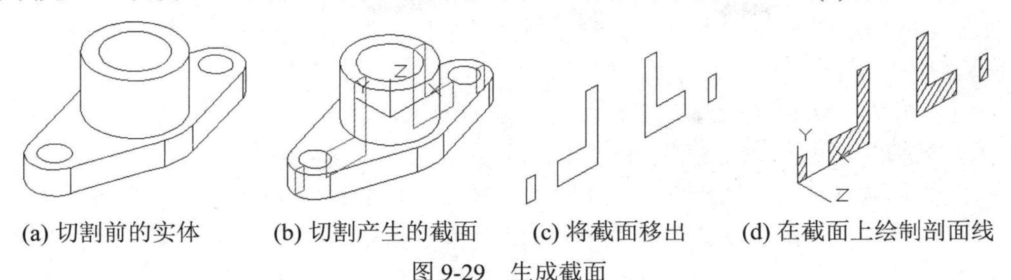

(a) 切割前的实体　(b) 切割产生的截面　(c) 将截面移出　(d) 在截面上绘制剖面线

图 9-29　生成截面

9.7.5　拉伸实体的面

拉伸实体的面与用 extrude(拉伸)命令将一个二维对象拉伸成一个三维实体的操作类似。用户可将实体的某一个面进行拉伸而形成实体，所形成的实体被加入到原有的实体中。

通过下面的途径之一来激活“拉伸面”命令：

- 选择功能区中的“实体”选项卡⇨“实体编辑”面板⇨ 拉伸面。
- 点击菜单栏中的“修改”⇨“实体编辑”⇨“拉伸面”。
- 在命令行输入“solidedit”命令 ⇨“面(F)”选项 ⇨“拉伸(E)”选项。

激活拉伸面命令后，AutoCAD 提示及操作过程如下：

命令：_solidedit

选择面或 [放弃(U)/删除(R)]:

输入实体编辑选项 [面(F)/边(E)/体(B)/放弃(U)/退出(X)] <退出>：F

输入面编辑选项

[拉伸(E)/移动(M)/旋转(R)/偏移(O)/倾斜(T)/删除(D)/复制(C)/着色(L)/放弃(U)/退出(X)]<退出>：E

选择面或 [放弃(U)/删除(R)]：(拾取要拉伸的面，如图 9-30(a)中长方体的顶面)

选择面或 [放弃(U)/删除(R)/全部(ALL)]：(回车结束选择)□

指定拉伸高度或 [路径(P)]：(输入高度值)

指定拉伸的倾斜角度 <0>：20 (输入拉伸的角度，并按回车键完成拉伸表面的操作)

长方体的顶面拉伸后得到一棱台体，该棱台被加到了长方体中而形成一个新的实体，如图 9-30(b)和图 9-30(c)所示。若拉伸角度为 0，则拉伸出一柱体，相当于将原柱体增高(或降低)。

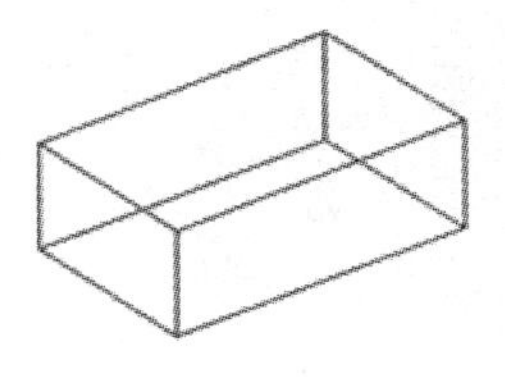

(a) 顶面拉伸前

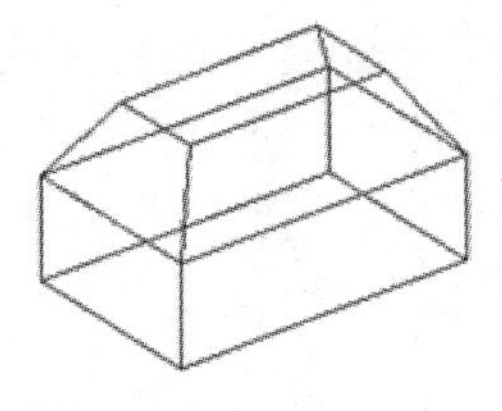

(b) 顶面拉伸出棱台

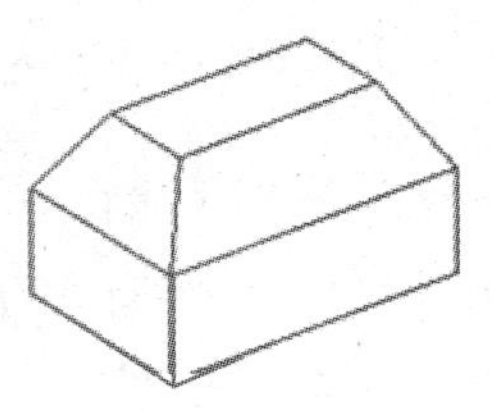

(c) 消隐后的形体

图 9-30　拉伸实体的面

9.7.6　移动实体的面

移动实体的面就是将三维实体的面移动到指定位置。这一功能用于修改经过布尔运算以后的实体上的孔、洞的位置是非常方便的。

下面以图 9-31 为例说明移动实体面的方法和步骤。

通过下面的途径之一来激活“移动面”命令：

- 选择功能区中的“常用”选项卡⇨“实体编辑”面板⇨ 移动面。
- 点击菜单栏中的“修改”⇨“实体编辑”⇨“移动面”。
- 在命令行输入“solidedit”命令 ⇨“面(F)”选项 ⇨“ 移动(M)”选项。

激活“移动面”命令后，AutoCAD 提示及操作过程如下：

命令：_solidedit

实体编辑自动检查：SOLIDCHECK=1

输入实体编辑选项 [面(F)/边(E)/体(B)/放弃(U)/退出(X)] <退出>：F(输入面编辑选项)

[拉伸(E)/移动(M)/旋转(R)/偏移(O)/倾斜(T)/删除(D)/复制(C)/着色(L)/放弃(U)/退出(X)] <退出>：M(选择移动面选项)

选择面或[放弃(U)/删除(R)]：(选择要移动的面，如图 9-31(a)板右后方圆柱孔的内表面)

选择面或 [放弃(U)/删除(R)/全部(ALL)]：(回车确认)

输入基点或位移：(利用对象捕捉选取圆柱孔上端圆心作为基点)

指定位移的第二点：(利用对象捕捉选取右前上方圆角的圆心作为目标点，完成移动实体表面的操作)

执行结果如图 9-31(b)和图 9-31(c)所示。

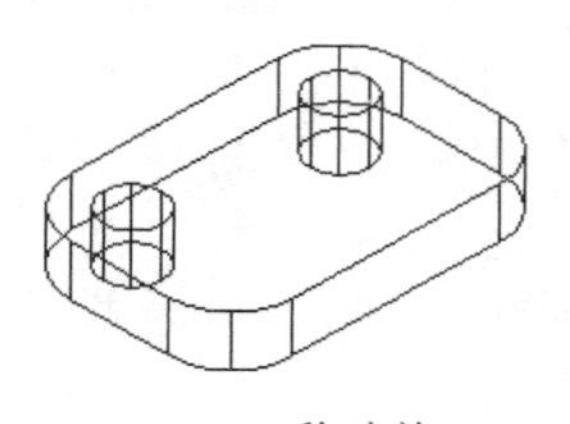

(a) 移动前

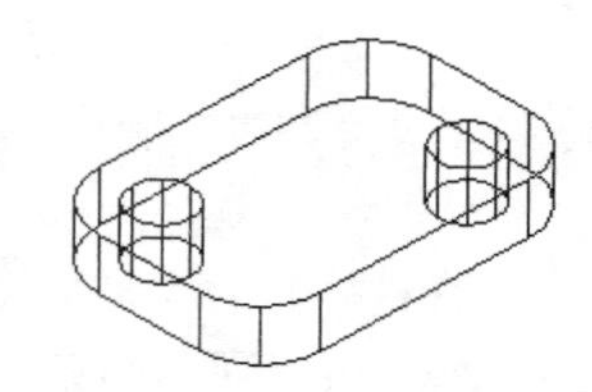

(b) 将孔移动到右前角处

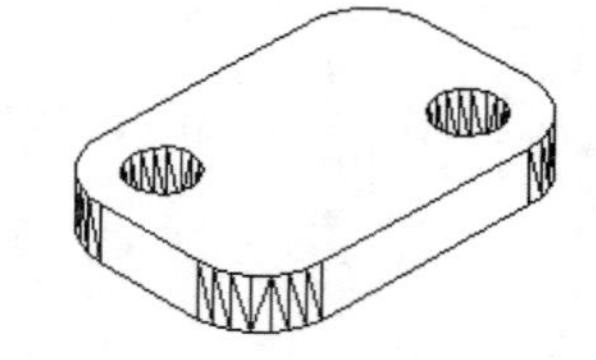

(c) 消隐后的形体

图 9-31　移动实体的面

9.7.7　三维旋转

三维旋转是指三维物体绕某一平行于坐标轴的直线旋转一定角度。

下面以将图 9-32 所示的物体旋转成回转轴垂直于水平面为例说明三维旋转的操作。

通过下面途径之一激活“三维旋转”命令：

- 选择功能区中的“常用”选项卡⇨“修改”面板 。
- 点击菜单栏中的“修改”⇨“三维操作”⇨“三维旋转”。
- 在命令行输入 3drotate。

激活“三维旋转”命令后，AutoCAD 命令行提示及操作如下：

命令：_3drotate

UCS 当前的正角方向：　ANGDIR = 逆时针　ANGBASE = 0

选择对象：(选择要旋转的对象)

选择对象：(回车结束选择，此时光标处出现三个不同颜色(红、绿、蓝)的椭圆(分别代表垂直于三根坐标轴的圆的轴侧投影)，且物体以线框模型显示)

指定基点：(在物体上适当的位置或物体附近指定的一点(单击鼠标)作为基点，此时三个椭圆固定在基点处，如图 9-32(b)所示)

拾取回转轴：(将光标移动到红色椭圆上，红色椭圆变成黄色，且显示一条通过该椭圆的中心并平行于 x 轴的直线，该直线即为旋转轴，单击椭圆即拾取该回转轴，如图 9-32(c)所示)

指定角的起点或键入角度：(移动光标到图 9-32(d)所示的位置并单击鼠标)

指定角的端点：(将光标移动到 90 度极轴角的位置，如图 9-32(e)所示，并单击鼠标左键)

至此，完成物体的三维旋转(绕平行于 x 轴的直线旋转 90 度)，旋转后经消隐的物体如图 9-32(f)所示。

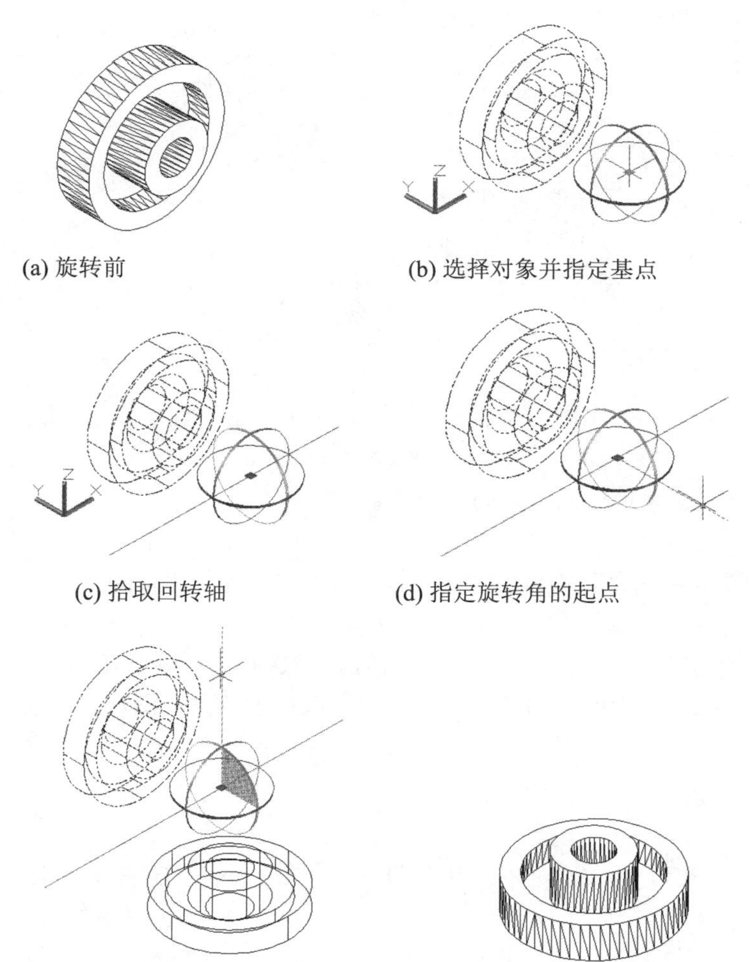

(a) 旋转前　(b) 选择对象并指定基点

(c) 拾取回转轴　(d) 指定旋转角的起点

(e) 指定旋转角的终点　(f) 旋转后经消隐的物体

图 9-32　三维旋转(将物体的轴线旋转成铅垂线)

9.8 三维模型的显示效果

在绘制三维图形过程中，为了便于观察和编辑，AutoCAD 针对三维实体提供了多种显示模式，包括消隐、视觉样式、渲染等。

9.8.1 消隐

前面创建的三维模型都是用线框显示的。用线框显示的三维模型将所有可见和不可见的轮廓线都显示出来，不能准确地反映物体的形状和观察方向。用户可以利用 Hide 命令对三维模型进行消隐。对于单个三维模型，可以消除不可见的轮廓线；对于多个三维模型，还可以消除所有被遮挡的轮廓线，使图形更加清晰，观察起来更加方便。图 9-33(a)为消隐前的情况，图 9-33(b)为消隐后的效果。

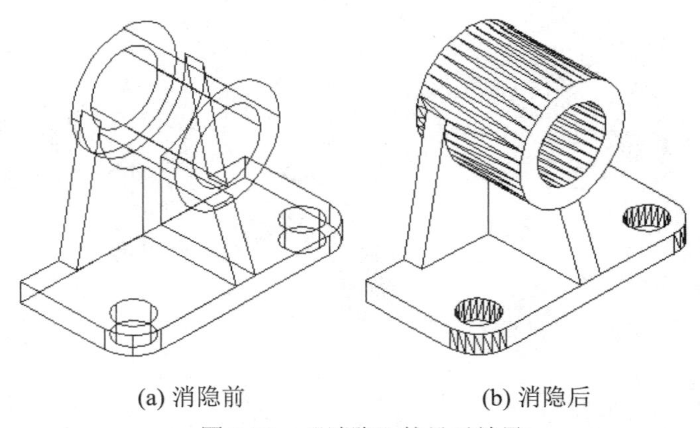

(a) 消隐前　　(b) 消隐后

图 9-33　“消隐”的显示效果

通过下列途径之一可激活“消隐”命令：

- 点击菜单中的“视图” ⇨ “消隐”。
- 选择功能区中的“可视化”选项卡⇨“视觉样式”面板⇨隐藏按钮。
- 在命令行输入 hide。

注：激活“消隐”命令后，用户无须进行目标选择，AutoCAD 将当前视口内的所有对象自动进行消隐。消隐所需的时间与图形的复杂程度有关，图形越复杂，消隐所耗费的时间就越长。

9.8.2 视觉样式

视觉样式是一组设置，主要有二维线框、3dwireframe(三维线框)、隐藏、概念、真实和着色等。

视觉样式菜单与视觉样式面板中的视觉样式下拉列表如图 9-34 所示。其中“概念”“真实”“着色”是比较常用的显示模式。所有的视觉样式只需选中菜单或面板中的选项就可实现。

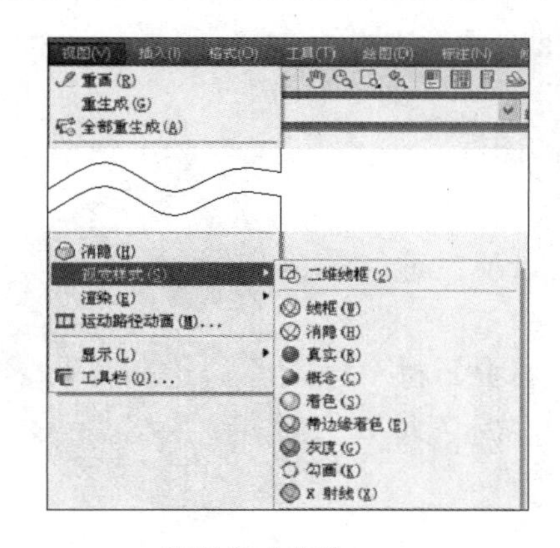

(a) 视觉样式菜单

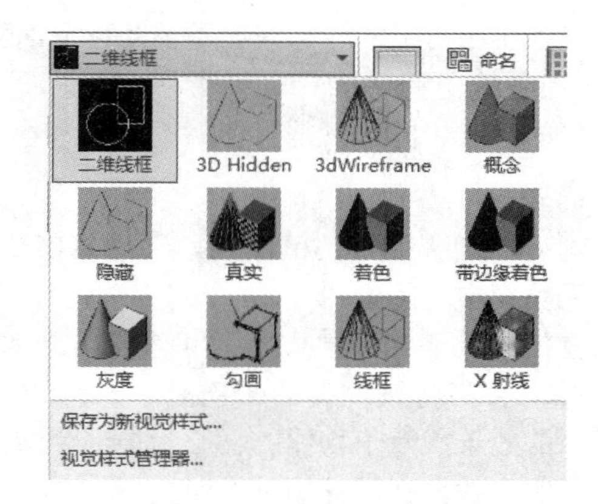

(b) 视觉样式面板中的视觉样式下拉列表

图 9-34 视觉样式菜单与视觉样式面板中的视觉样式下拉列表

1. 二维线框和线框(即三维线框)

“二维线框”和“线框”选项均用于显示用直线和曲线表示边界的对象，但线框的坐标系显示为着色的图标，如图 9-35(b)所示。用建模方法和实体编辑得到的模型缺省用二维线框显示。

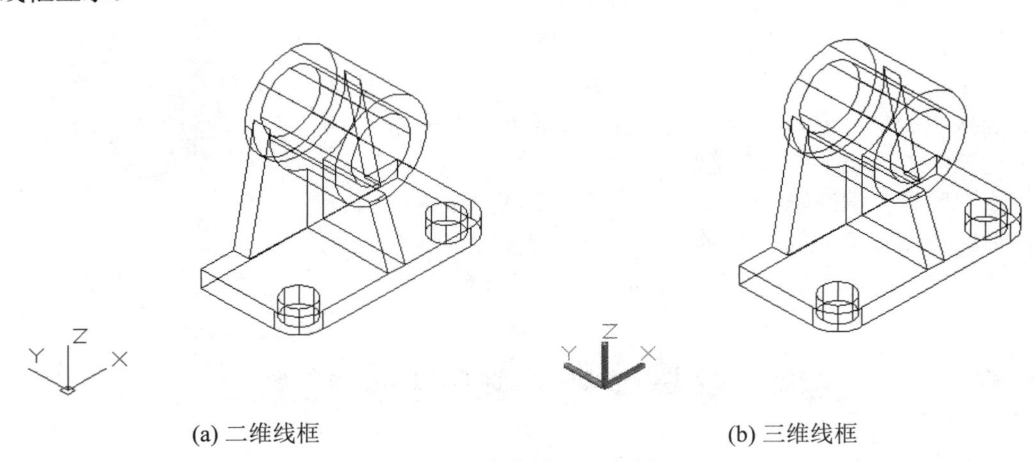

(a) 二维线框　　(b) 三维线框

图 9-35 二维线框和三维线框

2. 隐藏

“隐藏”除了消除不可见的轮廓线之外，曲面只显示轮廓线，而不显示构成曲面的三角形小平面，而且坐标系显示为着色的图标，如图 9-36 所示。

“隐藏”的执行过程如下：

单击菜单中的“视图”⇨“视觉样式”⇨“消隐”或选择功能区中的“可视化”选项卡⇨“视觉样式”面板⇨视觉样式下拉列表⇨“隐藏”按钮。

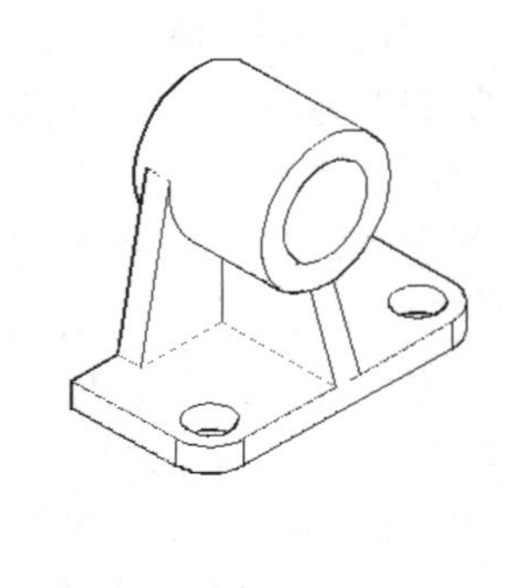

图 9-36 视觉样式中的消隐

注：(1) “视觉样式”中的“消隐”与“视图”菜单下的“消隐”有所不同，“视图”菜单下的“消

隐”只消除了不可见的轮廓线而不消除可见曲面的三角形小平面。

(2) 当系统变量“dispsilh”设为1时，“视图”菜单下的“消隐”与“视觉样式”中的“消隐”的结果相同，只是坐标系不显示为着色的图标。

3. 真实

消隐可以增强图形的清晰度，而“真实”可以使三维实体产生更真实的图像。

当物体被赋予某种材质时，“真实”视觉样式将显示材质的质感；否则将按物体的颜色显示。图9-37为按“真实”显示的效果，赋予物体的材质为赭红色塑料材质。

图9-37　“真实”的显示效果

“真实”的执行过程如下：

单击菜单中的“视图”⇨“视觉样式”⇨“真实”或选择功能区“视图”选项卡⇨“视觉样式”面板中的视觉样式下拉列表中的“真实”选项 。

4. 概念

“概念”的显示效果与“真实”的显示效果类似，但不显示材质，只按物体的颜色显示。如图9-38所示，该物体的颜色为青色。

“概念”的执行过程如下：

单击菜单中的“视图”⇨“视觉样式”⇨“概念”或选择功能区“视图”选项卡⇨“视觉样式”面板中的视觉样式下拉列表中的“概念”选项 。

注：用“三维消隐”“概念”或“真实”的视觉样式显示的物体，如果需要做进一步的编辑修改，则需要用“二维线框”或“三维线框”的视觉样式显示，以方便操作。

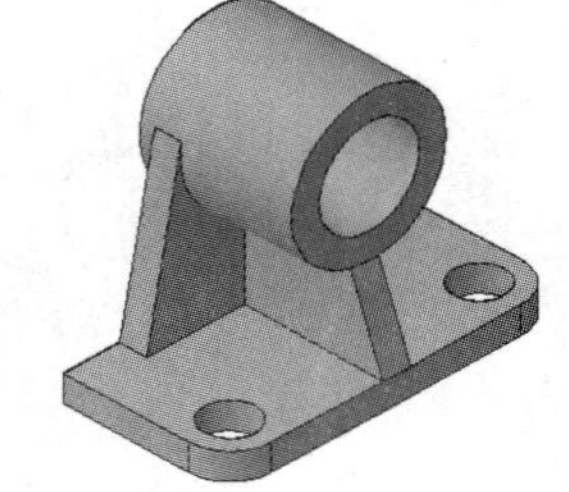

图9-38　“概念”的显示效果

9.9　由三维实体模型生成视图和剖视图

9.9.1　概述

在AutoCAD中绘制组合体的视图和剖视图，通常是在二维制图环境下进行。用二维制图的方法来绘制视图和剖视图，通常是遵照长对正、高平齐、宽相等的“三等”投影规律，并借助AutoCAD提供的基本绘图命令和图形编辑命令，逐一地画出构成视图的每一条图线，与手工制图的原理基本相同。采用这种方法绘制组合体的视图和剖视图，绘图工作量大，而且所绘制图形中很容易遗漏图线或出现投影错误。在AutoCAD中，还有一种由组合体的三维实体模型，通过投影转化获得组合体的视图和剖视图的方法。用这种方法绘图，首先要在模型空间中构造出组合体的三维模型，然后转入图纸空间，再通过“视图”命令生成视图和剖视图视口，最后通过“图形”命令提取各视图和剖视图的轮廓线，从而得到可同时输出到一张图纸上的若干视图和剖视图。采用这种方法绘制的视图和剖视图，与其三维实体之间具有内在的关系，所以不容易遗漏图线和产生投影错误，而且绘图效率较高。

9.9.2　三维实体模型生成视图和剖视图的操作过程及要点

物体的三视图实际上是将空间三维形体分别沿 X、Y、Z 投影轴向三个投影面投影所得到的。首先要在模型空间中构造出组合体的三维实体模型，然后再将其转化为视图和剖视图。假设已经绘制好物体的三维实体模型，如图 9-39 所示，要生成图 9-40 所示的视图和剖视图，其过程和操作要点如下。

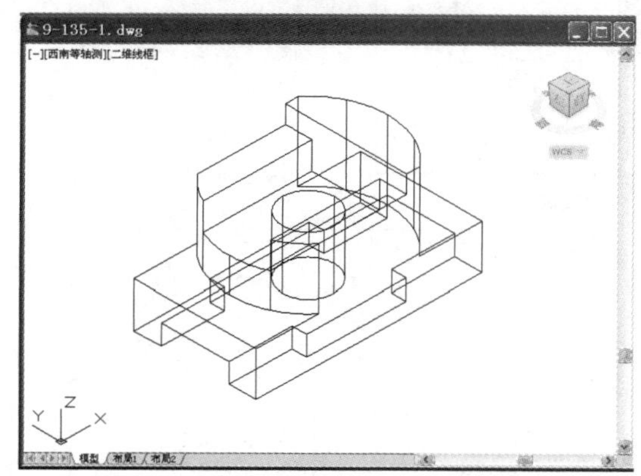

图 9-39　三维实体模型

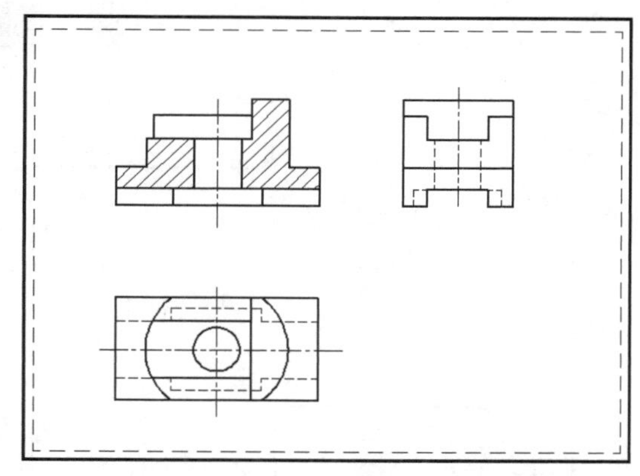

图 9-40　要绘制的视图和剖视图

1. 进入图纸空间

单击绘图窗口下面的“布局 1”选项卡或状态栏上的“模型/图纸”切换按钮，进入图纸空间，如图 9-41 所示。

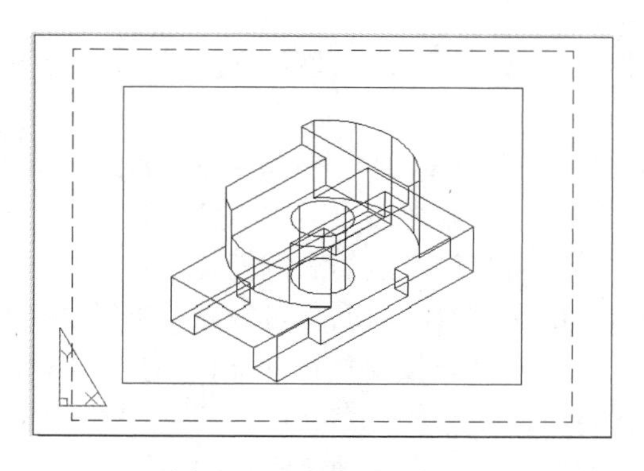

图 9-41　进入图纸空间

2. 生成基础视口

基础视口是生成其他视图视口的基础，基础视口的位置及视点设置要根据所要生成的其他视图而定。对于本例，取俯视图视口作为基础视口比较方便，操作方法如下：

(1) 调整窗口大小及位置。单击视口，然后通过对视口的夹点进行操作来调整视口的大小和位置。调整后的视口如图 9-42 所示。

(2) 切换到浮动模型空间。单击状态栏中的“模型/图纸”按钮，切换到浮动模型空间，然后单击菜单中的“视图”➪“三维视图”➪“俯视”，将视口中的图形设置成俯视图，如图 9-43 所示。

(3) 在浮动模型空间中利用 ZOOM 命令调整视口内的图形的大小(此处比例值取 1.5)。调整后的图形如图 9-44 所示。

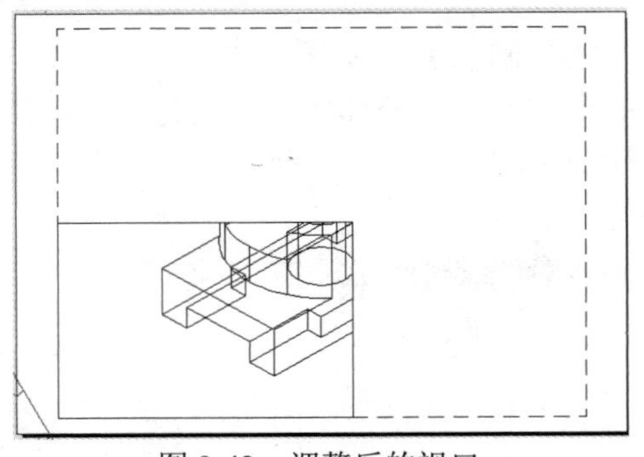

图 9-42　调整后的视口

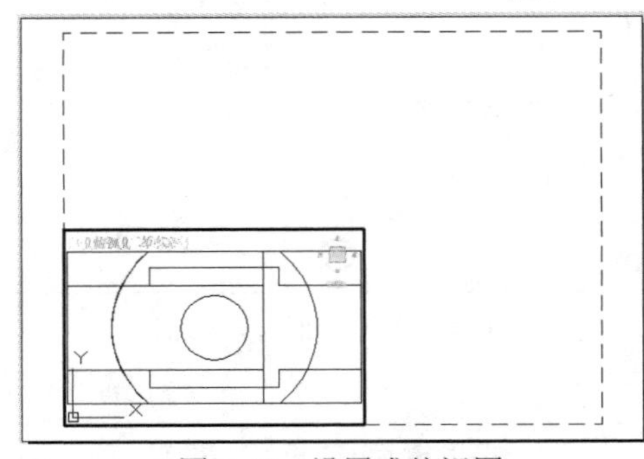

图 9-43　设置成俯视图

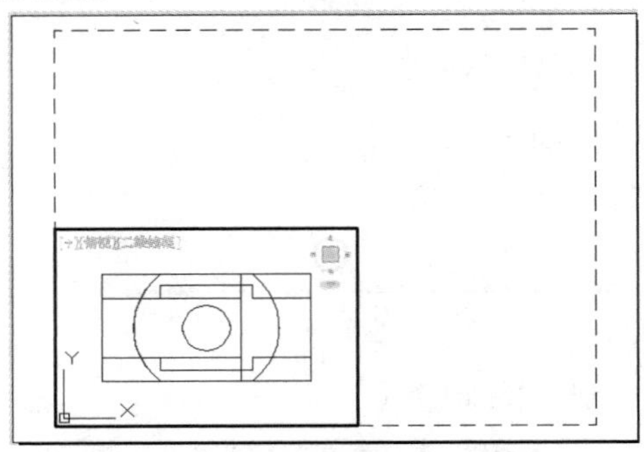

图 9-44　调整后的视口内的图形大小

3. 绘制主视图(剖视图)

单击菜单中的“绘图”➪“建模”➪“设置”➪“视图”，命令行提示及操作如下：

命令：solview

输入选项 [Ucs(U)/正交(O)/辅助(A)/剖视图(S)]：S ↙(选项 S 表示要画剖视图)

指定剪切平面的第一个点：(在俯视图左边中点处指定一点，如图 9-45 所示)

指定剪切平面的第二个点：(在第一点的右侧指定一点，如图 9-46 所示)

指定要从哪侧查看：(在剖切位置的前面指定一点，如图 9-47 所示)

输入视图比例 <当前值>：↙(回车接受默认的比例值)

指定视图中心：(在俯视图上方适当的位置单击，要绘制的剖面图则出现在该位置上，如图 9-48 所示。可以尝试多次，直到确定满意的视图位置，然后按回车键)

指定视口的第一个角点：(在剖视图的左上方指定一点作为剖视图视口的第一个对角顶点)

指定视口的对角点：(在剖视图的右下方指定一点作为剖视图视口的另一个对角顶点，此时生成剖视图视口，如图 9-49 所示)

输入视图名：主视图↙

至此完成全剖视的主视图(见图 9-50)，AutoCAD 返回原提示。

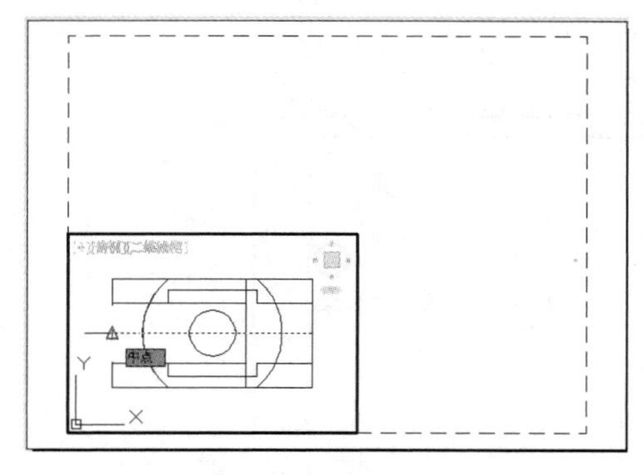

图 9-45 指定剪切平面的第一个点

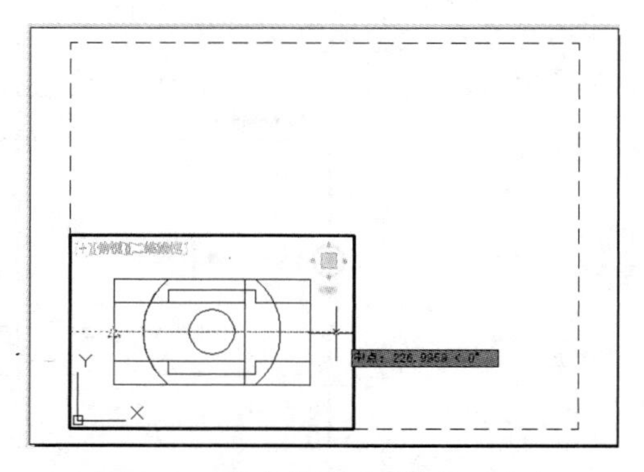

图 9-46 指定剪切平面的第二个点

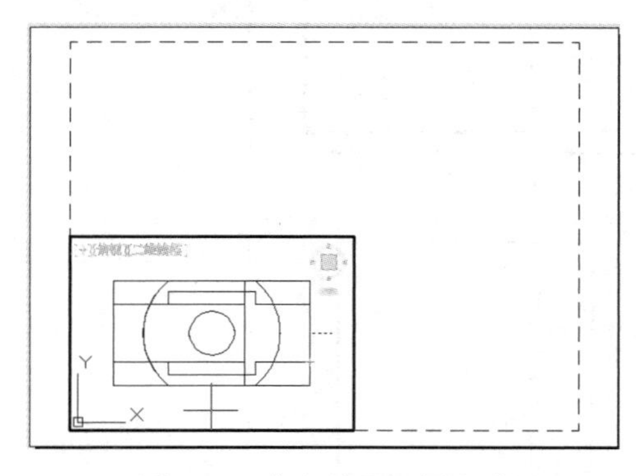

图 9-47 指定从哪一侧查看

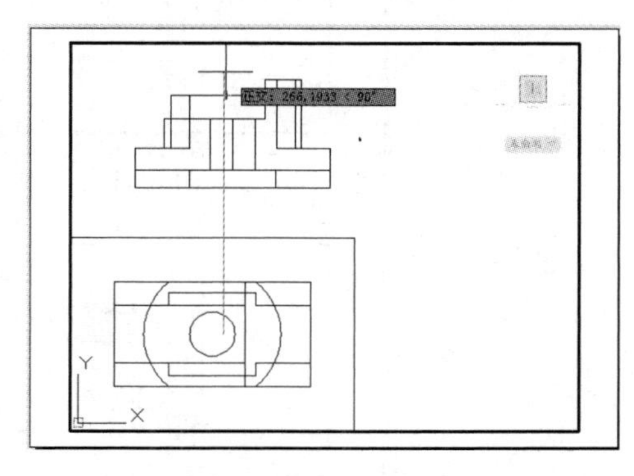

图 9-48 指定视图中心

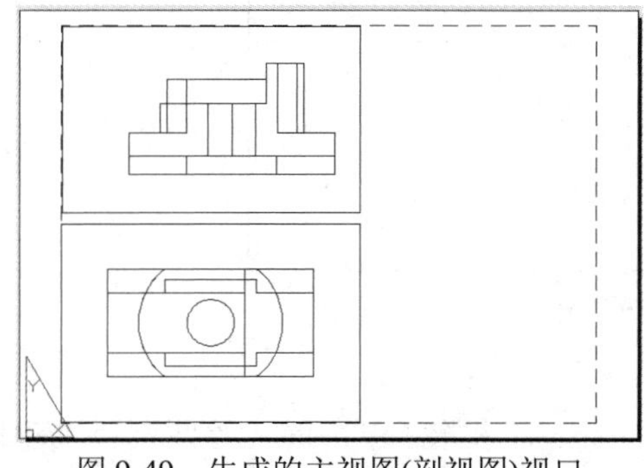

图 9-49 生成的主视图(剖视图)视口

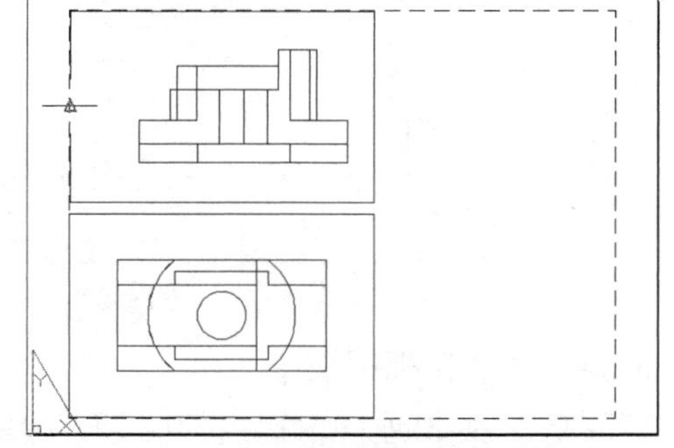

图 9-50 指定左视图的观察点位置

4. 绘制左视图

输入选项 [Ucs(U)/正交(O)/辅助(A)/剖视图(S)]: O ↙(选项 O 表示要画正交视图)

指定视口要投影的那一侧：(确认已打开“对象捕捉”功能并设置了“中点”捕捉模式，将光标置于主视图视口的左边框中点处并单击鼠标)。

指定视图中心：(在主视图右侧的适当位置单击，则要绘制的左视图出现在该位置上，如图 9-51 所示。可以尝试多次，直到确定满意的视图位置，然后按回车键。)

指定视口的第一个角点：(在左视图左上方指定一点作为左视图视口的第一个对角顶点)

指定视口的对角点：(在左视图右下方指定一点作为左视图视口的另一个对角顶点，此时生成左视图视口，如图 9-52 所示)

输入视图名：左视图 ↙

至此完成左视图，AutoCAD 返回原提示。

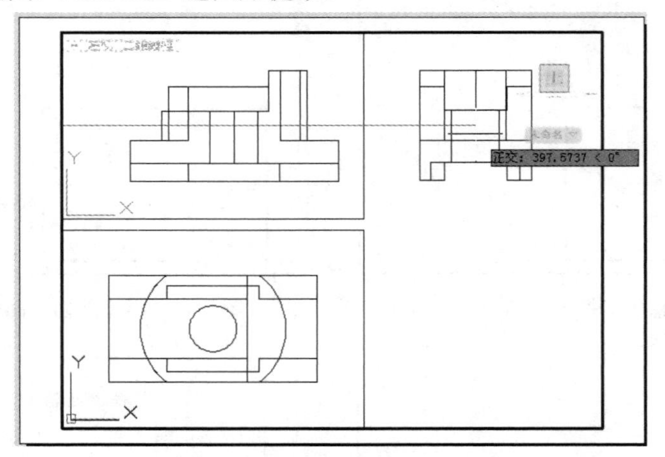

图 9-51　指定左视图的中心位置

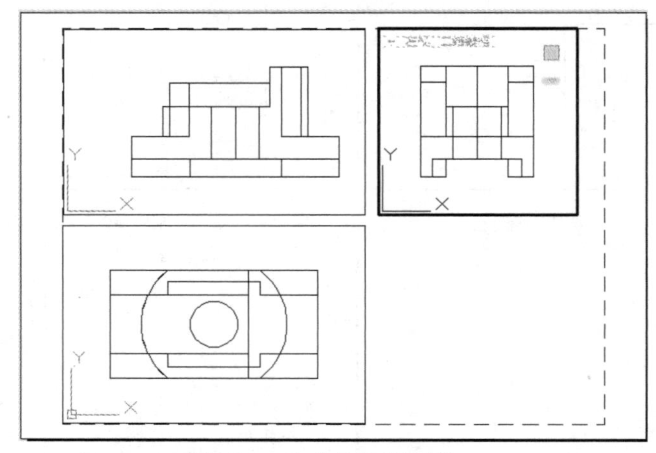

图 9-52　生成的左视图视口

5. 重新生成俯视图视口

删除基础视口(连同窗口内的图形一起删除)，然后选择菜单中的“绘图”➪“建模”➪“设置”➪“视图”，并仿照生成左视图视口的方法生成俯视图视口。命令行提示及操作过程如下：

输入选项 [Ucs(U)/正交(O)/辅助(A)/剖视图(S)]: O ↙(选项 O 表示要画正交视图)

指定视口要投影的那一侧：(将光标置于主视图视口的上边框中点处并单击鼠标，如图 9-53 所示)

指定视图中心：(在主视图下方的适当位置单击鼠标左键，则要绘制的俯视图出现在该位置上，如图 9-54 所示。可以尝试多次，直到确定满意的视图位置，然后按回车键)

指定视口的第一个角点：(在俯视图左上方适当位置指定一点作为俯视图视口的第一个对角顶点)

指定视口的对角点：(在俯视图右下方指定一点作为俯视图视口的另一个对角顶点，

此时形成俯视图视口，如图 9-55 所示)

输入视图名：<u>俯视图</u> ↙

输入选项 [Ucs(U)/正交(O)/辅助(A)/剖视图(S)]: ↙

至此，已完成三个视图的创建。

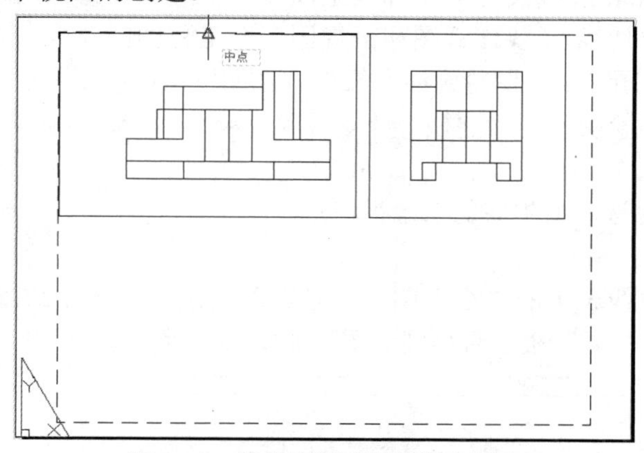

图 9-53　指定俯视图的观察点位置

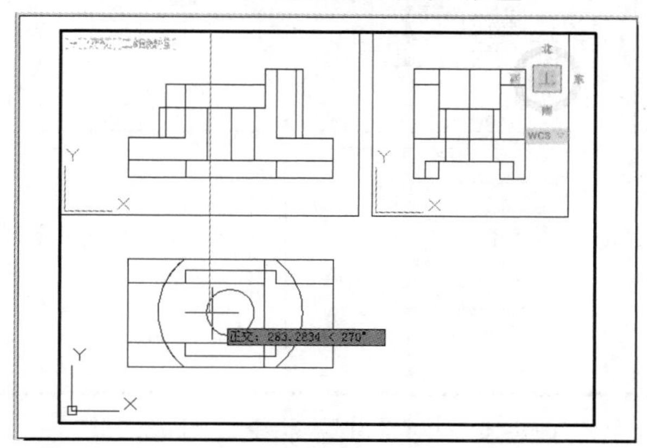

图 9-54　指定俯视图的中心位置

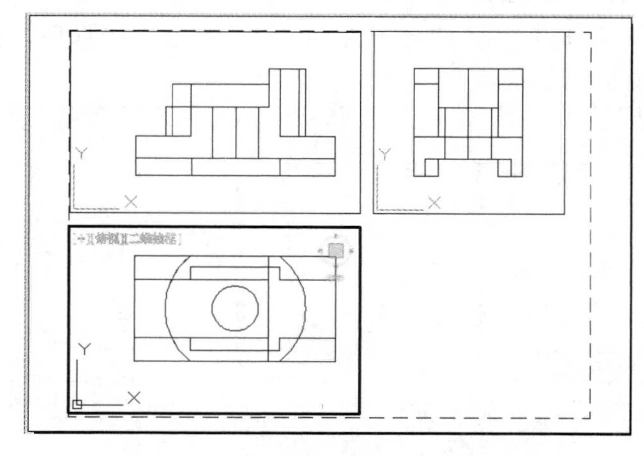

图 9-55　生成的俯视图视口

6. 生成以轮廓线表示的视图和剖视图

经过步骤 3、4、5 所得到的视图和剖视图并不是真正意义上的二维视图，只不过是三维模型的第三维方向垂直于视口，所以它仍然是一个三维模型，其视图不符合工程图的要求(实体模型的不可见轮廓线及可见轮廓线全部在一个图层内，消隐以后不显示虚线，而且还显示了不应画的切线)。要使视图和剖视图符合工程图的要求，需要通过“图形”命令(Soldraw)来提取视图和剖视图轮廓线，操作方法如下：

单击菜单中的“绘图”➪“建模”➪“设置”➪“图形”，接下来的命令行提示及操作如下：

选择对象：(同时选取所生成的三个视口)

选择对象：↙

至此生成以轮廓线表示的二维视图，并且在剖视图上画出了缺省的剖面符号(图案名为 ANGLE)，执行“图形”命令后得到的图形如图 9-56 所示。

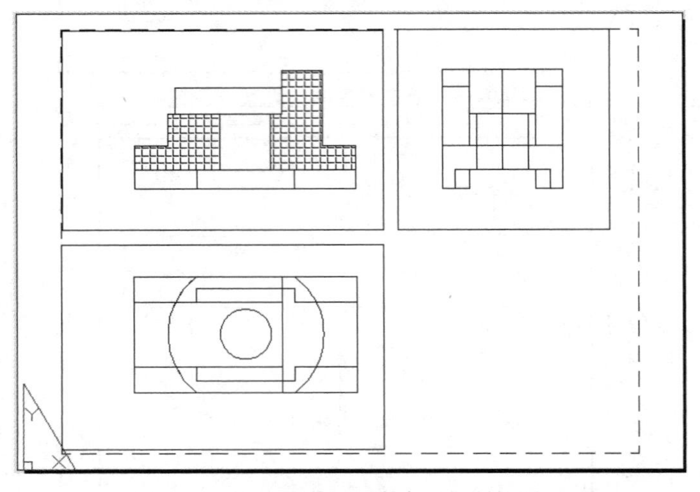

图 9-56　执行“图形”命令后得到的图形

7. 修改线型和剖面填充图案

单击“常用”选项卡的“图层”面板中的“图层特性”按钮，打开“图层特性管理器”对话框，如图 9-57 所示。

当前图层：0　　搜索图层

状态	名称	开	冻结	锁定	颜色	线型	线宽	透明度
✔	0				白	Continuous	—— 默认	0
	VPORTS				白	Continuous	—— 默认	0
	俯视图-DIM				白	Continuous	—— 默认	0
	俯视图-HID				白	HIDDEN	—— 默认	0
	俯视图-VIS				白	Continuous	0.60...	0
	三维模型				白	Continuous	—— 默认	0
	主视图-DIM				白	Continuous	—— 默认	0
	主视图-HAT				白	Continuous	—— 默认	0
	主视图-HID				白	HIDDEN	—— 默认	0
	主视图-VIS				白	Continuous	0.60...	0
	左视图-DIM				白	Continuous	—— 默认	0
	左视图-HID				白	HIDDEN	—— 默认	0
	左视图-VIS				白	Continuous	0.60...	0

图 9-57　“图层特性管理器”对话框

从对话框中可以看出，左视图和俯视图有三个图层，主视图(剖视图)有四个图层，图层名称分别用视图名加后缀“-VIS”“-HID”“-DIM”“HAT”表示，它们分别存放可见轮廓线、不可见轮廓线，尺寸标注、填充图案。现将后缀为“-HID”的图层的线型改为虚线，再将主视图中的剖面填充图案名改成“ANSI31”，并适当调整填充图案和线型的比例，便得到如图9-58所示的经修改后的视图和剖视图。

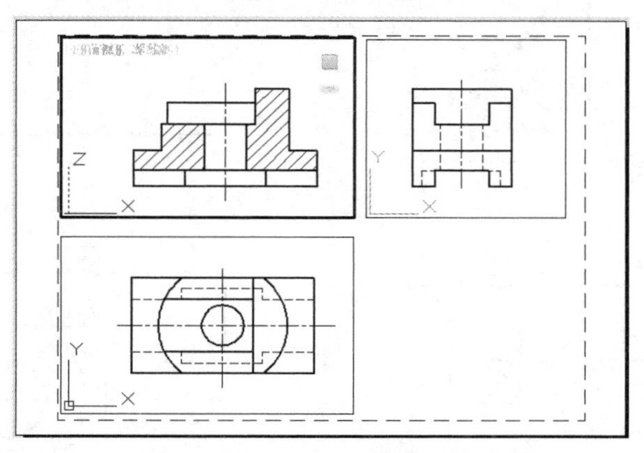

图9-58 经修改后的视图和剖视图

8. 对图层的特性进行必要的设置并完成全图

关闭“VPORTS”图层(“VPORTS”为视口图层，用于存放视口边界)，并切换到图纸空间，可使图形显示更清晰。

创建“中心线”图层，并在该图层上补画图形的中心线(点画线)。

将后缀为“-VIS”的图层的线宽设为粗线(0.7)。

最终完成的视图和剖视图如图9-59所示。

可在该图上标注尺寸，标注尺寸的方法与二维环境下的尺寸标注方法相同。

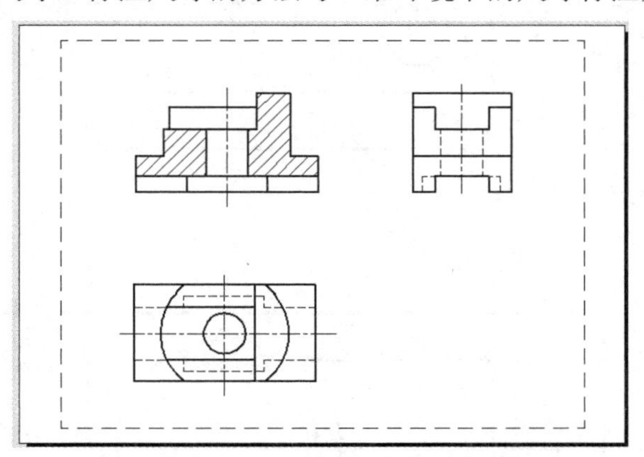

图9-59 最终完成的视图和剖视图

9.10 上机实验

(1) 根据图9-60、图9-61、图9-62、图9-63所示物体的三维模型。

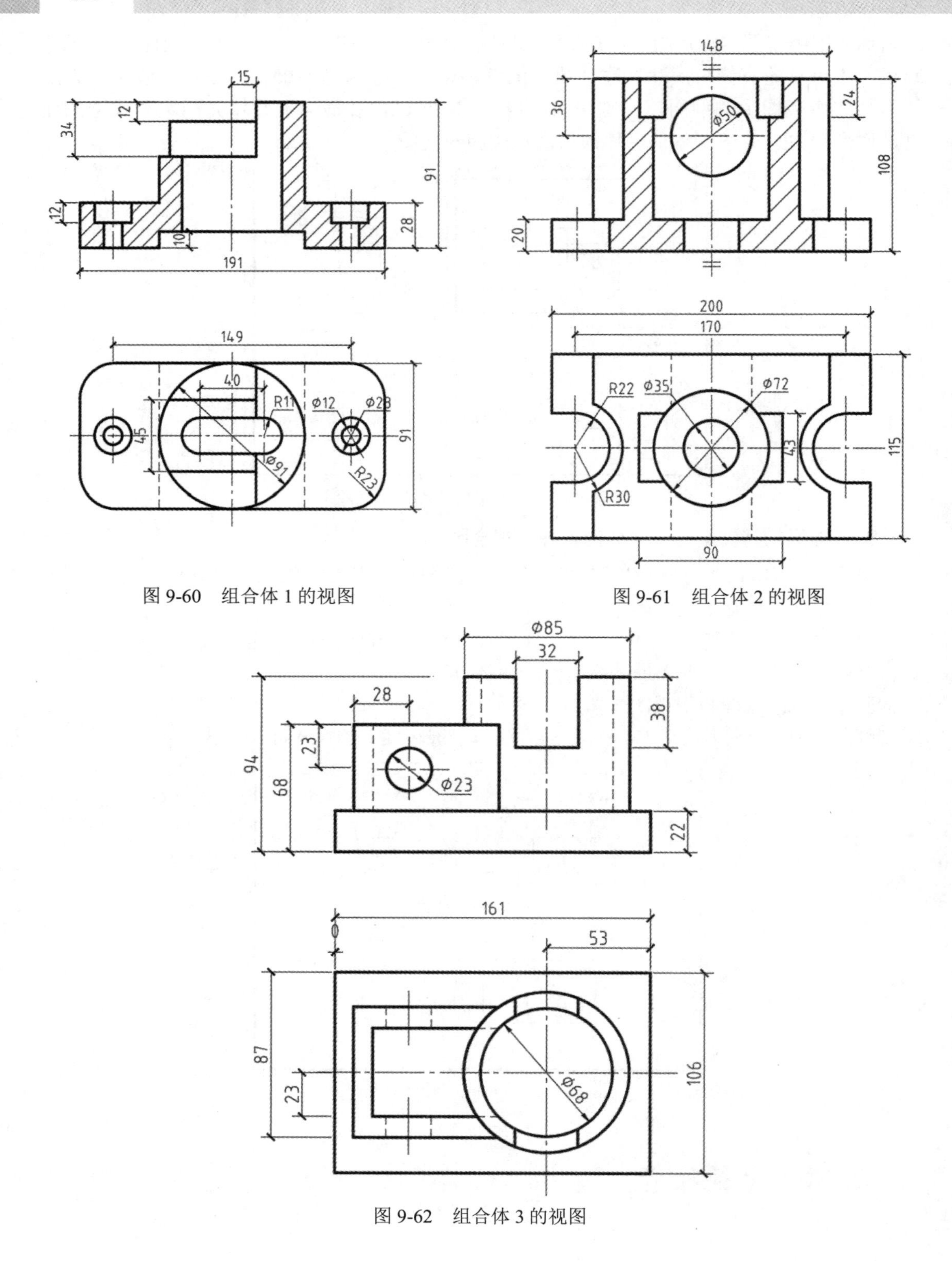

图 9-60 组合体 1 的视图

图 9-61 组合体 2 的视图

图 9-62 组合体 3 的视图

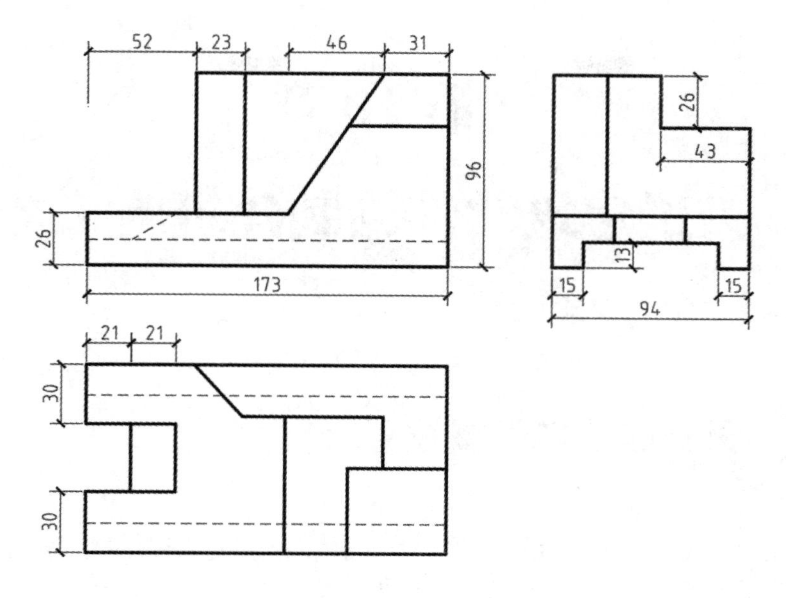

图 9-63　组合体 4 的视图

提示：用拉伸的方法创建各组成部分(拉伸之前，如果线框不是闭合的多段线，必须用多段线编辑工具将他们编辑成一条闭合的多段线才能拉伸)。然后对各组成部分进行并、交、差运算。

实验目的：掌握定义用户坐标系的方法；掌握创建基本形体并进行布尔运算从而生成组合体的方法。

(2) 将所绘制的三维模型按“概念”的视觉样式显示。

第 10 章 天正建筑软件绘制建筑施工图

10.1 天正建筑软件概述

天正是在 AutoCAD 的基础上开发的一个插件，主要是为满足与建筑相关的设计制图而开发的。除了天正建筑之外，还有天正暖通、天正给排水、天正电气等。本章我们只学习天正建筑中的房屋建筑平面图、立面图及剖面图的绘制方法。

AutoCAD 2018 能够支持的有 T20 天正建筑 V5.0、天正建筑 2018。

下载 T20 天正建筑 V5.0 后，首先安装 T20 天正建筑安装包，然后复制 Crack 文件夹里面的破解补丁，将其粘贴到天正建筑软件安装目录后覆盖同名文件，再运行里面的 user.reg 导入注册信息。

安装完并运行天正后，AutoCAD 的功能区增加了“天正建筑”选项卡，绘图窗口左边增加了“T20 天正建筑 V5.0”工具栏，如图 10-1 所示。

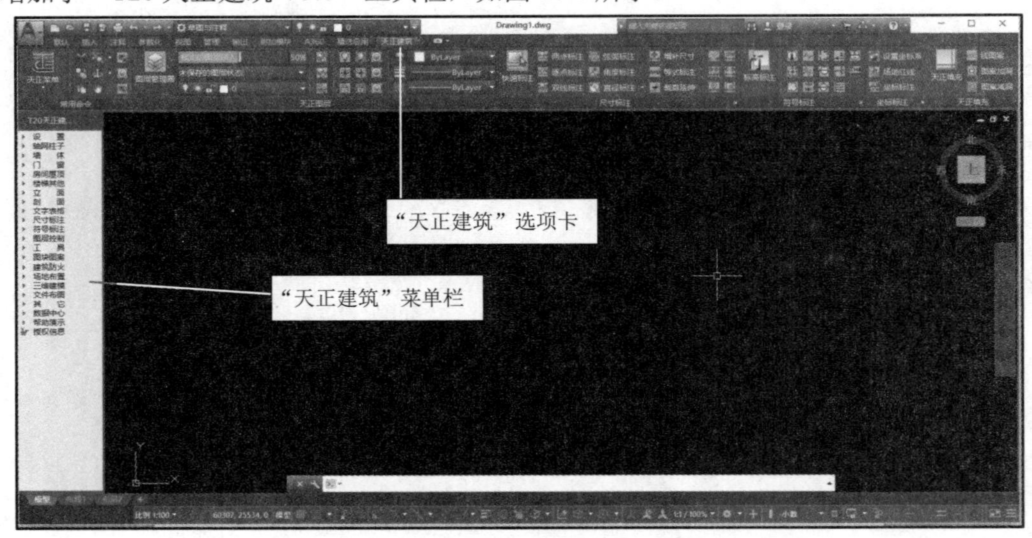

图 10-1　“天正建筑”选项卡及“天正建筑”工具栏

“天正建筑”选项卡包含“常用命令”面板、“天正图层”面板、“尺寸标注”面板、“符号标注”面板、“坐标标注”面板、“天正填充”面板，如图 10-2 所示。

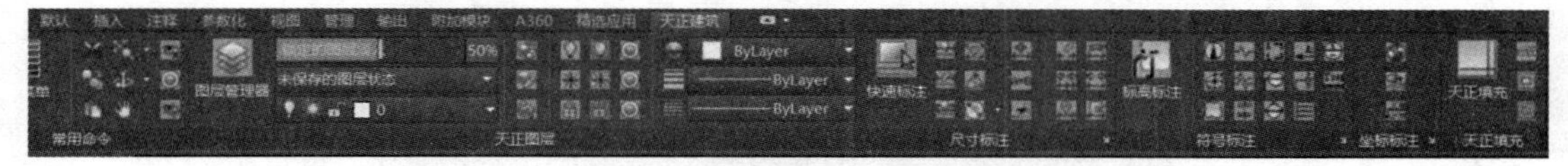

图 10-2　“天正建筑”选项卡

“天正建筑”菜单栏包含了 21 个菜单标题，每个菜单标题的左边都有一个向右的箭头，如图 10-3 所示。单击菜单标题展开该菜单，展开后的菜单标题的箭头指向下方，如图 10-4 所示。

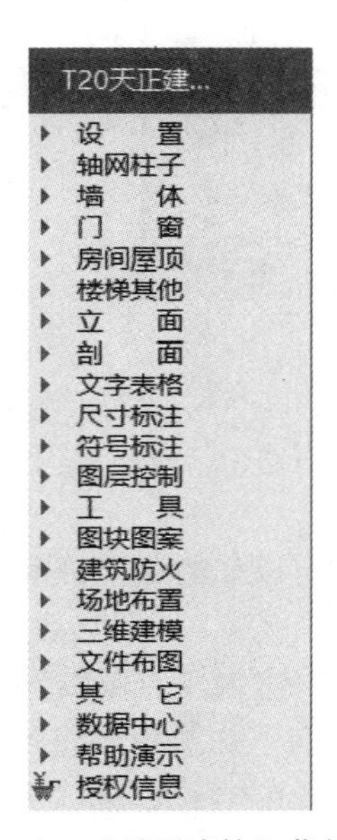

图 10-3　“天正建筑”菜单栏

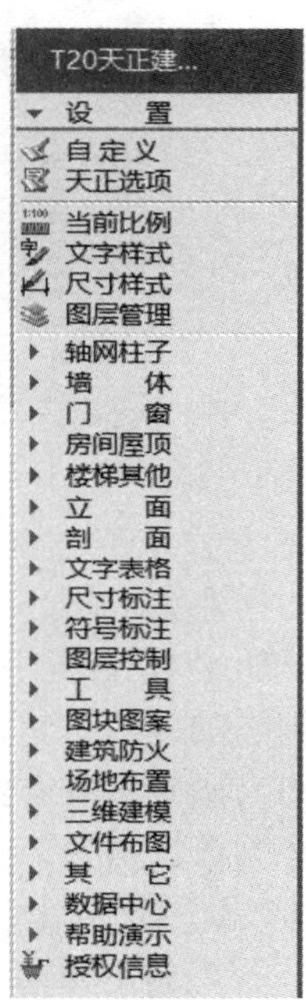

图 10-4　展开的菜单

菜单栏中的菜单有一部分命令与选项卡中的工具相同。选项卡与菜单配合可以完成天正建筑所有的绘图任务。绘图时可在选项卡或展开的菜单中选择所需的工具(命令)，然后根据提示进行操作即可。

10.2　建筑平面图的绘制

建筑平面图包括轴网、墙体、门窗、阳台、楼梯、尺寸标注及符号标注等内容。下面以附录中建筑施工图的底层平面图为例(参考见附录图 2 及门窗表，楼层高度为 3 m，窗台高度为 900，卫生间窗台高度为 1200，墙厚为 240，卫生间隔墙厚 120)，逐一介绍这些内容的绘制方法。

10.2.1　绘制轴网

轴网用作墙、柱、门窗等构件的定位线。绘制轴网的方法如下：

在天正绘图窗口左侧的菜单栏中单击“轴网柱子”菜单标题，展开“轴网柱子”菜单，在展开的菜单中单击“绘制轴网”，弹出“绘制轴网”对话框，如图 10-5 所示。

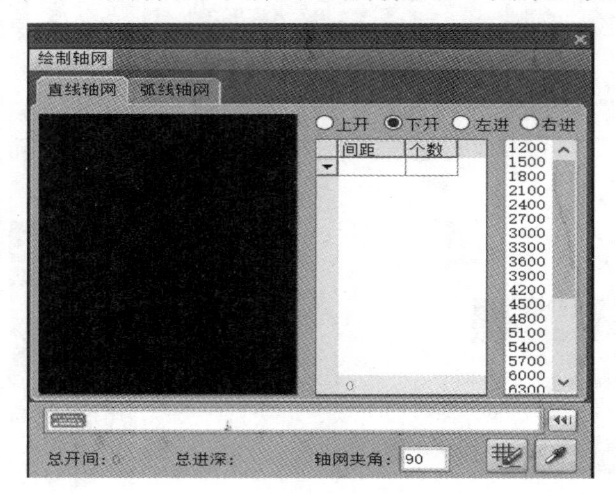

图 10-5 “绘制轴网”对话框

如果平面图上方和下方的墙不对齐，则上开间与下开间不同，上、下轴线需分别绘制；同样地，如果左侧的墙体与右侧的墙体不对齐，则左右进深不同，左右两侧的轴线也需要分别绘制，如果对齐则不需要分别绘制。

一般先绘制竖向轴线，可以先绘制上开间的轴线，也可以先绘制下开间的轴线，下面以先绘制下开间为例来进行介绍。

选中“下开”单选按钮，然后在“间距”下面的一格中输入 1 号轴线到 2 号轴线的轴间距 3600(也可以从右边列出的轴间距中选择)，然后单击向下的箭头或按回车键，右边的个数中自动填上 1。如果相同轴间距有多个，则可以在个数中输入数量。接下来在下一行中输入 2 号轴线到 4 号轴线的轴间距 4500，再单击向下箭头，再输入 4 号轴线到 6 号轴线的轴间距 2600，然后单击向下箭头，再在下一行中输入 3600，以此类推，直到输入 10 号轴线到 12 号轴线的间距 3600，这时对话框如图 10-6 所示。

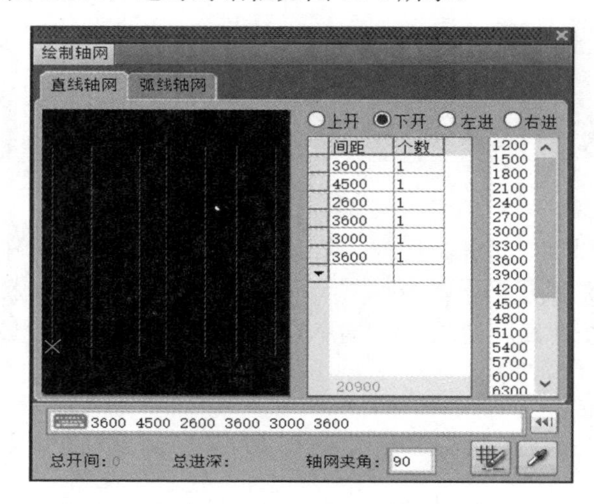

图 10-6 下开间的轴间距及相应的轴线

然后选择“上开”单选按钮，用相同的方法输入轴间距 3600，2500，2000，3200，5100，2500，2000，同样输入到 12 号轴线为止，结果如图 10-7 所示。

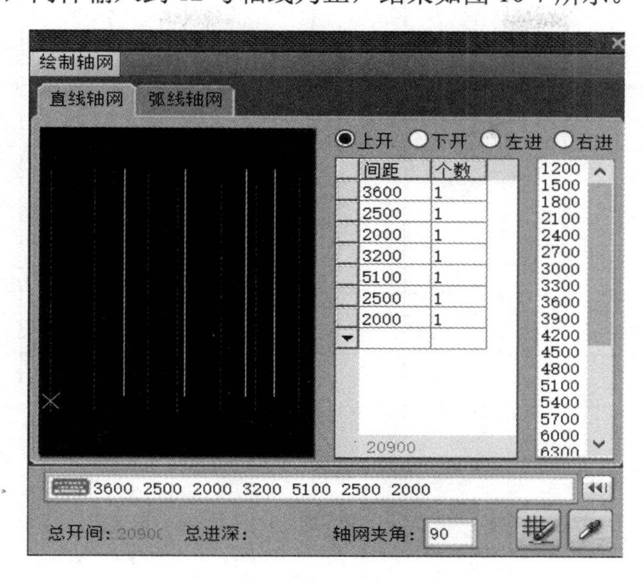

图 10-7　上开间的轴间距及相应的轴线

再选择“左进”单选按钮，然后依次从下到上分别输入 AB、BC、CD、DE、EF、FG 的轴间距。由于所有水平的轴线都是左右通长的，所以只需在左进深输入即可。输入完毕如图 10-8 所示。这时在绘图窗口移动光标，1 号轴线与 A 轴线的交点位于光标处并且轴网随光标一起移动。将光标移动到所需的位置单击鼠标左键，轴网就放置在指定的位置，如图 10-9 所示。轴线应该是细单点长画线，但图 10-9 显示的却是连续线，这有可能是轴线图层没有设置线型，或者是线型的比例因子不合适。这时可以先检查轴线所在图层的线型。经检查发现轴线图层(DOTE 图层)的线型是 Continuous，将 DOTE 图层的线型修改成 ACAD_ISO04W100，轴线显示为细单点长画线。

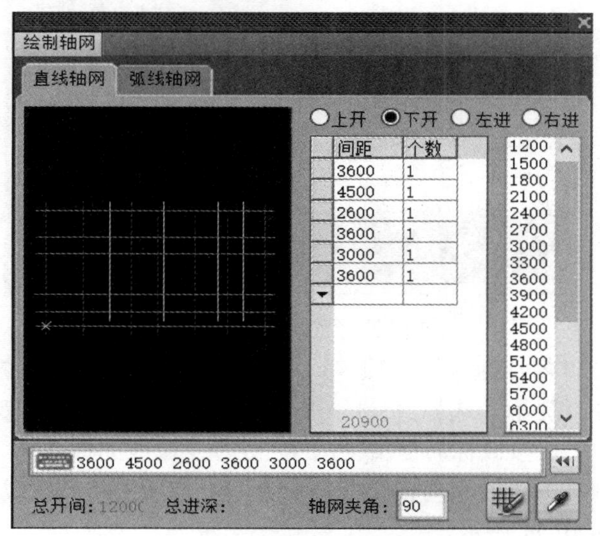

图 10-8　上开间的轴间距及相应的轴线

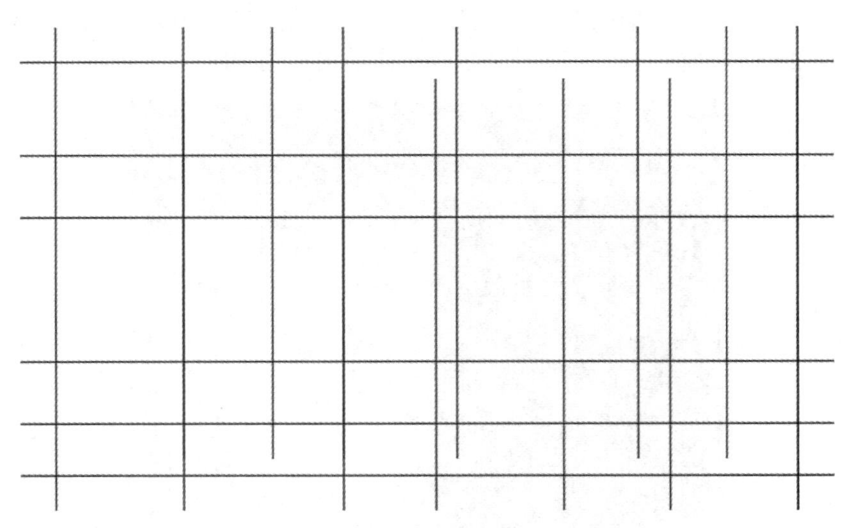

图 10-9 绘制完毕的轴线

10.2.2 轴网标注

绘制完轴网还需要标注轴线编号。操作方法如下：

在左侧菜单中找到“轴网柱子”⇨“轴网标注”并单击鼠标左键，弹出“轴网标注”对话框，如图 10-10 所示。

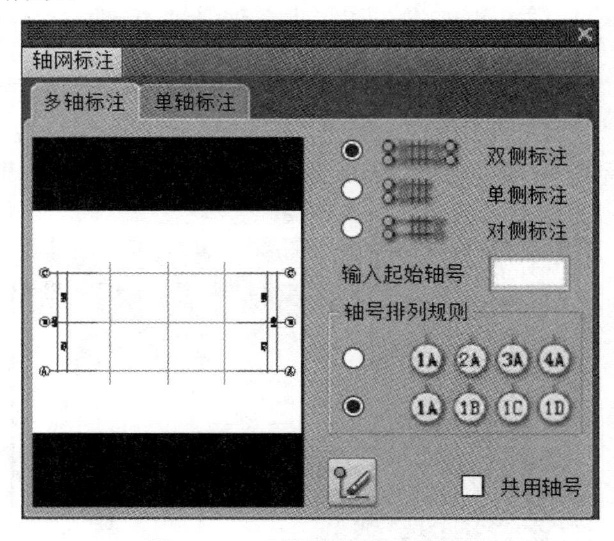

图 10-10 “轴网标注”对话框

在对话框中选择“多轴标注”选项卡，在预览框右侧选择“双侧标注”，输入起始轴号 1，然后根据命令行提示“选择 1 号轴线”，依次在平面图中拾取最左边的竖直轴线和最右边的竖直轴线，之后按鼠标右键(或回车)完成竖向轴线的标注。

接下来拾取左侧最下面的横向轴线，然后拾取最上面的横向轴线，按鼠标右键标出横向轴线的编号，如图 10-11 所示。

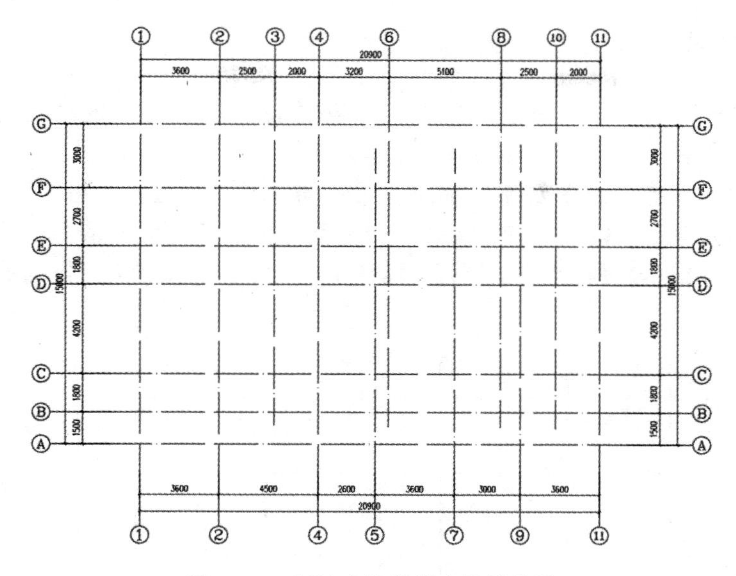

图 10-11　标注完毕的横向轴线编号

10.2.3　添加轴线

我们刚才在 4 号轴线后面输入的轴间距是 2600，4 号轴线后面的轴线应该是 6 号，缺少 5 号轴线，所以需要添加 5 号轴线。添加轴线的方法如下：

单击左侧菜单的“添加轴线”，此时命令行提示“选择参考轴线”，用光标拾取 4 号轴线(不能在尺寸界线处拾取)，命令行提示“是否为附加轴线？”，输入 N，系统又提示“是否重排轴号？”，输入 Y 后回车，接着命令行提示输入“距参考轴线的距离”，此时要移动光标形成一条水平线且光标处显示极坐标，然后输入 1300 并回车，完成 5 号轴线的插入并自动重排轴号，如图 10-12 所示。

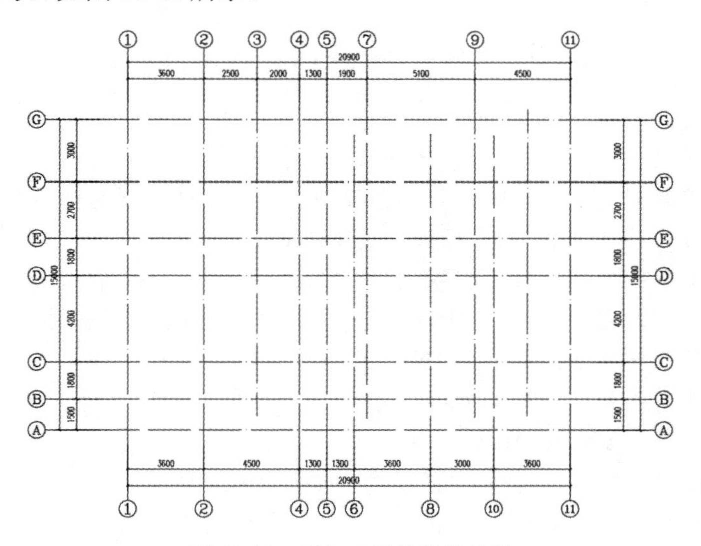

图 10-12　添加 5 号轴线的结果

10.2.4 删除轴号

5 号轴线只需在下侧标注轴号，上侧并不需要标注。因为添加的轴线是通长的，两侧都标注了轴号，所以上侧轴号需要删掉。操作方法如下：

在左侧菜单中选择“删除轴号”，此时命令行提示“请框选轴号对象”，将光标置于 5 号轴号的左上角并单击作为选框的左上角，再移动光标到 5 号轴号的右下角并单击，然后回车，此时命令行提示“是否重排轴号”(默认是)，输入 N 并回车，框选的轴号被删除，如图 10-13 所示。

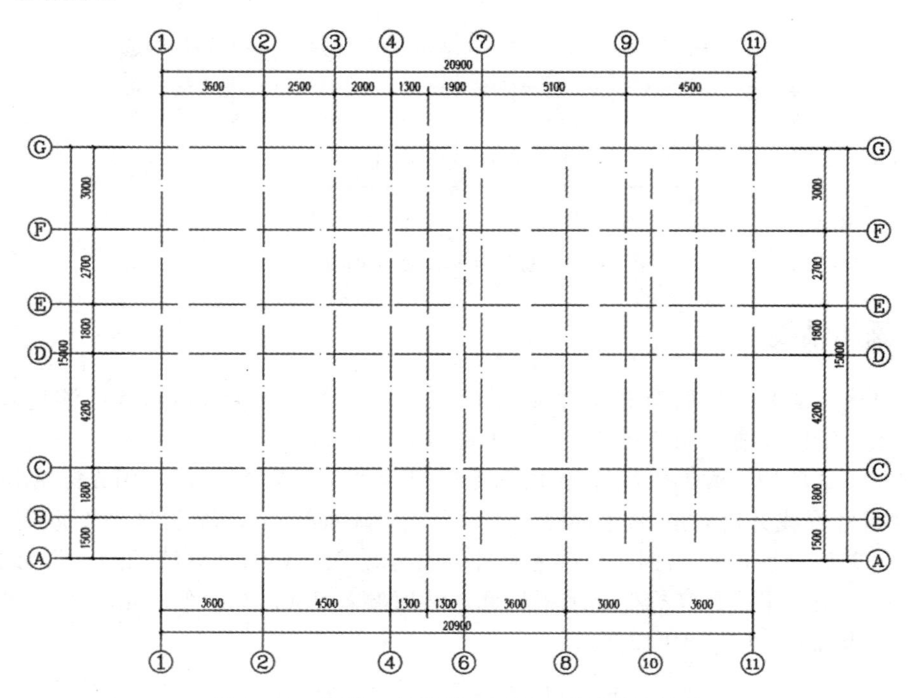

图 10-13 删除 5 号轴线上开间一侧编号的结果

10.2.5 添补轴号

在上一步删除轴号时把两端的轴号都删除掉了，必须把下端的轴号补上。从左侧的菜单栏中选择“添补轴号”，此时命令行提示及操作如下：

请选择轴号对象<退出>：(拾取要添加的 5 号轴线左邻或右邻的轴号(注意不是轴线))

请点取新轴号的位置或 [参考点(R)]<退出>：(点取要添加轴号的轴线端点)

新增轴号是否双侧标注?[是(Y)/否(N)]<Y>：N

新增轴号是否为附加轴号?[是(Y)/否(N)]<N>：(回车)

是否重排轴号?[是(Y)/否(N)]<Y>：N

此时添加的轴号(5 号)已经显示在轴线的下方，如图 10-14 所示。

从上面的操作可看出，要删除一端的轴号，结果两端的轴号都删除掉了，既然如此，在添加轴线的时候不要重排轴号，系统不会自动给添加的轴线编号，而用“填补轴号”命令在需要添加轴号的一端填补轴号，这样更方便。

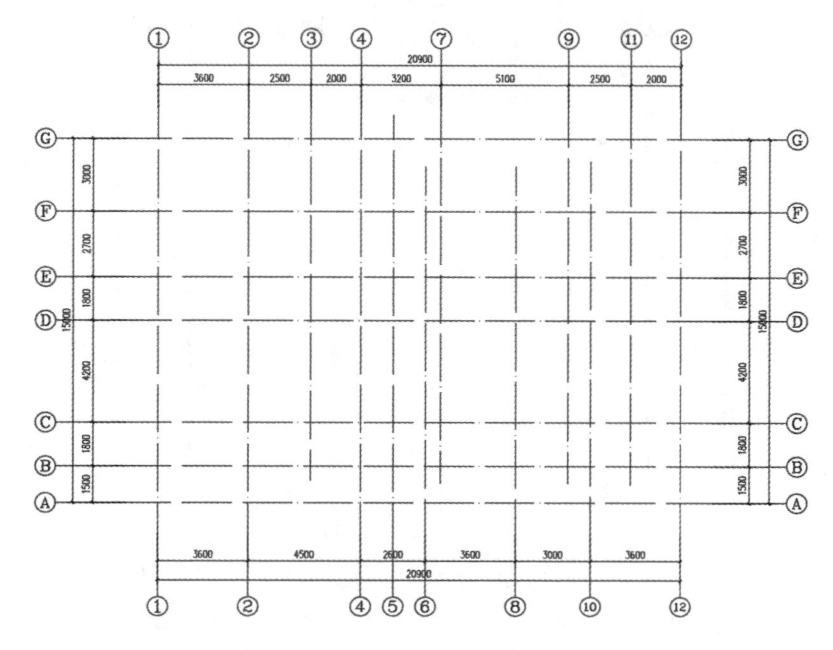

图 10-14　添加完的 5 号轴线编号

10.2.6　绘制墙体

在左侧的菜单栏中单击“墙体”，展开“墙体”菜单，然后选择“绘制墙体”，弹出如图 10-15 所示的“墙体”对话框。

从立面图或剖面图可以看出，本建筑的层高为 3000，底层墙体的高度等于层高加上室内外高差 600，所以底层墙体高度为 3600。

首先在对话框中设置墙厚为 240(轴线两侧对称，每侧 120)，墙高为 3600，底高为−600，材料为外墙，用途为砖。

然后在绘图窗口中，将光标移到 1 号轴线与 C 轴线交点处单击鼠标开始绘制外墙，再移动光标到 1 号轴线与 G 轴线交点单击，沿 G 轴线绘制到与 12 号轴线相交，并沿 12 号轴线绘制到与 A 轴线相交，按 Esc 退出绘制墙体命令。再执行绘制墙体命令，然后从 B 轴线与 12 号轴线的交点开始，按顺时针方向绘制外墙到 B 轴线与 10 号轴线的交点，再沿 10 号轴线绘制到 C 轴线，沿 C 轴线绘制到 8 号轴线，沿 8 号轴线绘制到 B 轴线，沿 B 轴线绘制到 2 号轴线，沿 2 号轴线绘制到 C 轴线，最后回到 1 号轴线与 C 轴线的交点，如图 10-16 所示。

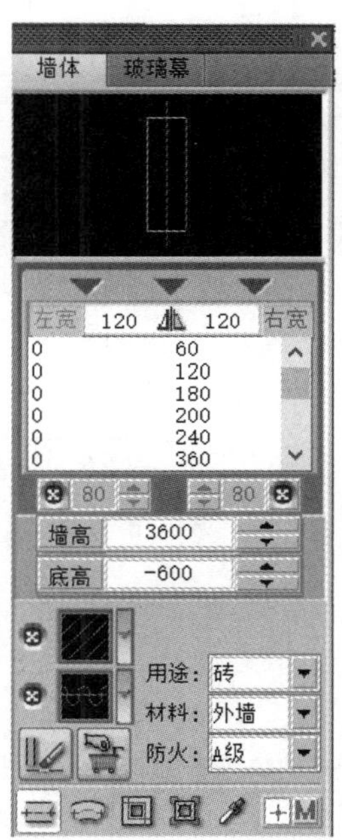

图 10-15　“墙体”对话框

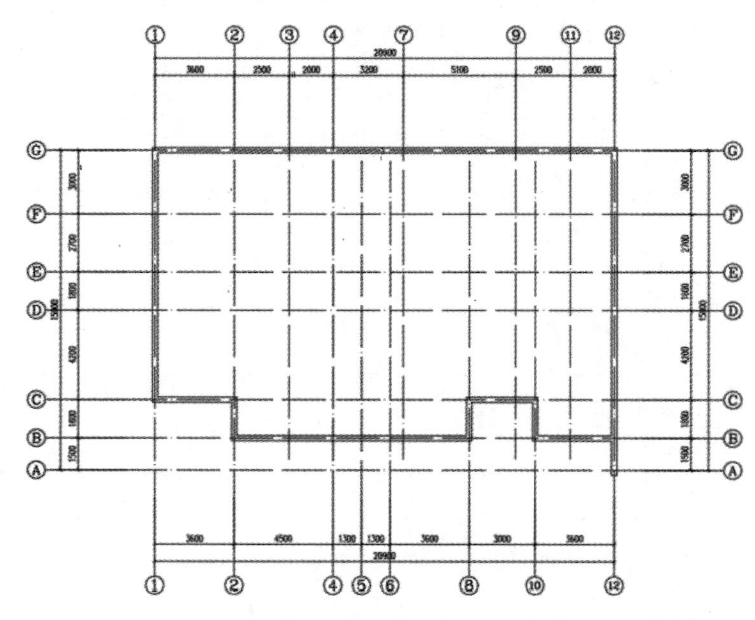

图 10-16 绘制完成后的外墙体

继续绘制 240 内墙，高度设置与外墙相同，然后绘制 120 内墙，其为非承重墙，底高为 0，墙高为 3000。

绘制完成墙体，然后利用夹点编辑对轴线进行编辑。完成后的墙体平面图如图 10-17 所示。

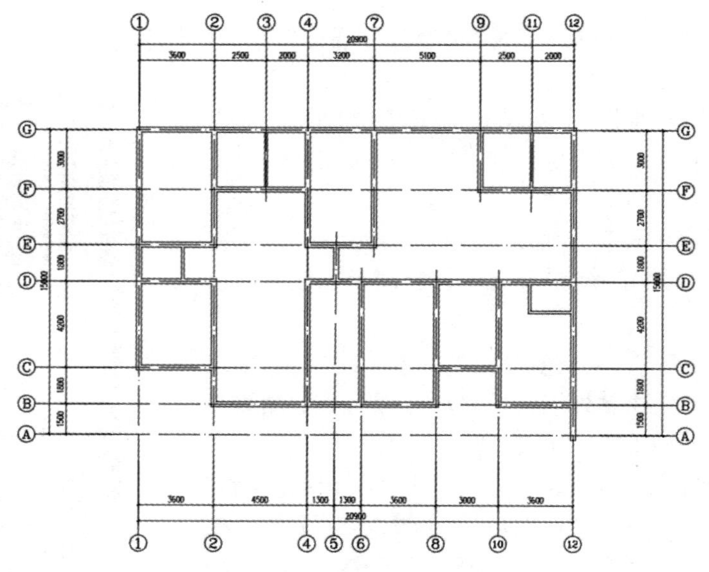

图 10-17 绘制完成的墙体平面图

10.2.7 绘制阳台

在左侧的菜单栏中单击展开“楼梯其他”，然后单击“阳台”，弹出“绘制阳台”对话框，如图 10-18 所示。图 10-18 所示对话框底部的按钮为阳台的类型按钮。

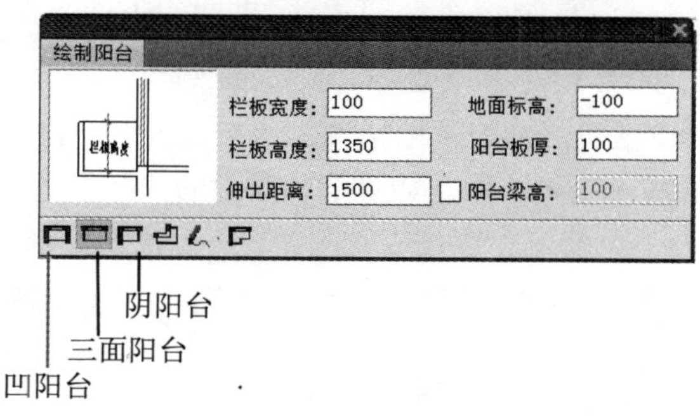

图 10-18　“绘制阳台”对话框

先绘制 2、4 号轴线和 10、12 号轴线之间的阳台，其中 2-4 号轴线的阳台为三面阳台，10-12 号轴线的阳台为阴角阳台。在“绘制阳台”对话框中选择三面阳台，设置栏板宽度为 100，栏板高度为 1350，伸出距离为 1500，地面标高为-100，阳台板厚为 100，如图 10-18 所示。

然后在绘图窗口中将光标置于阳台所依靠的墙与轴线的相交处(B 轴线与 2 号轴线的交点)单击，再移到与另一轴线的交点处(B 轴线与 4 号轴线的交点)单击，便完成了三面阳台的绘制。如果在点击第一个交点之后移动光标时发现阳台相对于外墙的内外侧位置不正确，则可以从键盘输入 F 来改变阳台相对于外墙的内外位置。对于阴角阳台，除了阳台相对于外墙的内外侧之外，在拾取点的时候，要先拾取阴角的点，后拾取阳角的点。绘制完成的阳台如图 10-19 所示。

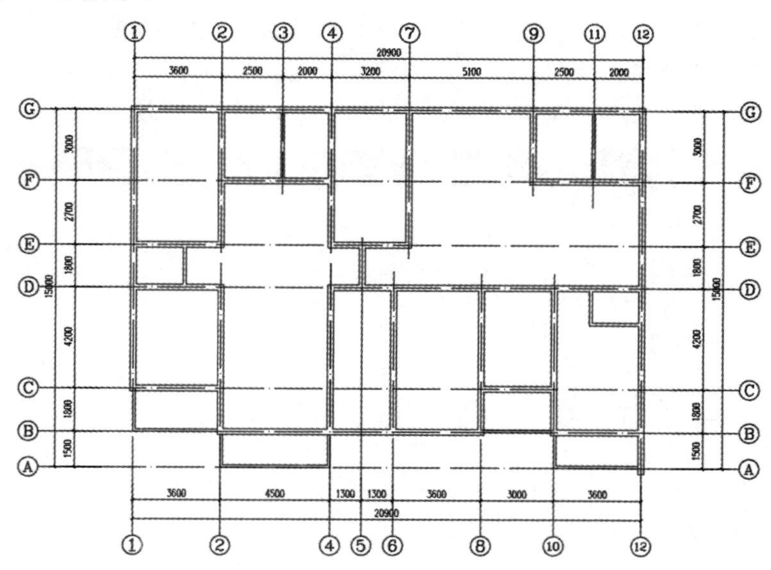

图 10-19　绘制完成的阳台

10.2.8　在平面图中插入门、窗

门、窗的尺寸见门窗表，门、窗的形式可以自己选择，宽度大于 1500 的窗户选用三

扇窗，宽度小于等于 1500 的窗户选用双扇窗。

首先要激活插入门、窗的命令。在天正建筑中，插入门、窗的命令是相同的，操作方法如下：

在左侧的菜单栏中单击“门窗”菜单标题，然后在展开的门窗菜单中单击“门窗”，弹出“门”对话框，如图 10-20 所示。如果选择底部的“插窗”，则对话框变成“窗”对话框。

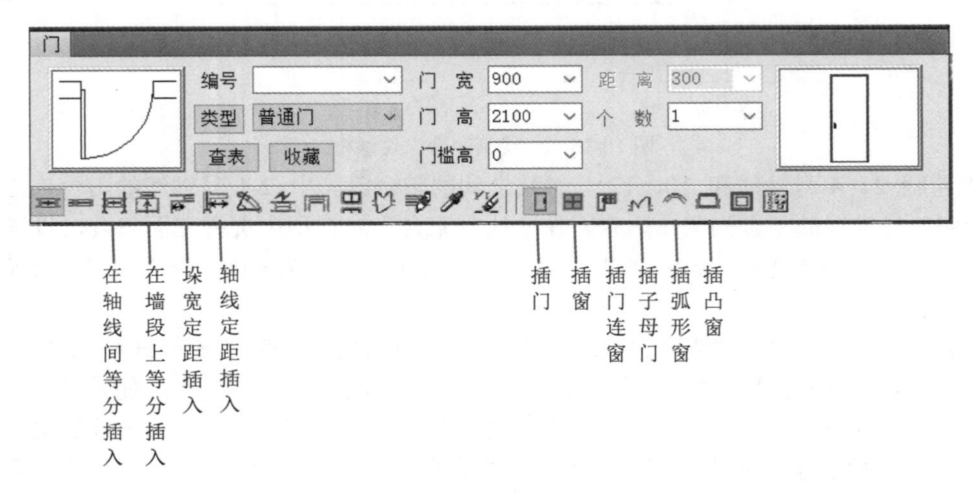

图 10-20　“门”对话框

在“门”对话框中，左边的预览框显示门的平面图，右边的预览框显示门的立面图。单击左边的预览框，打开“天正图库管理系统”对话框，如图 10-21 所示。该对话框中提供了各种类型的门的平面图图例。单击右边的预览框，同样打开“天正图库管理系统”对话框。该对话框中提供各种类型的门的立面图图例，如图 10-22 所示。

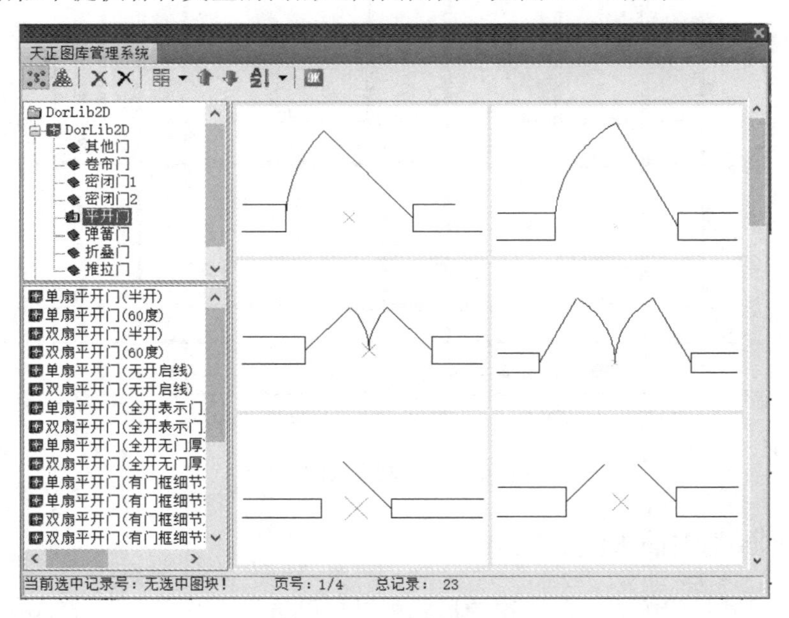

图 10-21　“天正图库管理系统”对话框

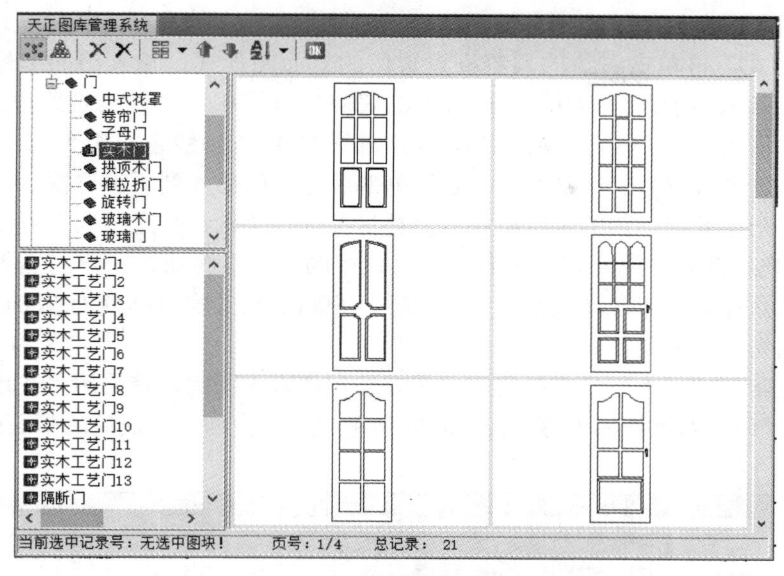

图 10-22　“天正图库管理系统”对话框

在图 10-21 所示的对话框中可以选择所需要的门的类型以及平面图的形式，选中后双击所选的图例，则该图例就显示在“门”对话框左边的预览框中。在图 10-22 中选择合适的门的立面图图例(注意与平面图的图例相一致)，选中后双击所选的图例，则该图例显示在右边的预览框中。

假如要插入单元门 M-A，可在“门”对话框中单击左边的预览框，然后在弹出的“天正图库管理系统”中选择双扇平开门图例并双击所选图例；再单击“门”对话框右边的预览框，在弹出的“天正图库管理系统”中选择双扇木门的图例，选择后用鼠标双击该图形就显示在“门”对话框的右边预览框中。

在“门”对话框中输入门的编号 M-A，门的宽度 2360，门的高度 2100，门槛高 600(到墙底的距离)，再选择“门”对话框底部的“在墙段上等分插入”按钮，输入个数为 1，这时对话框中门 M-A 所需数据如图 10-23 所示。

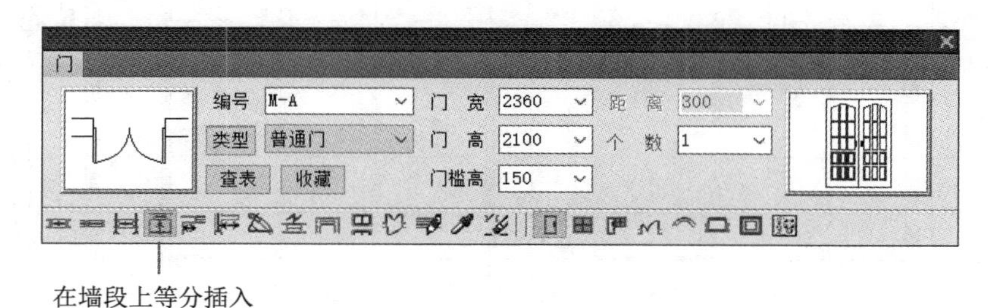

图 10-23　门 M-A 所需的数据

待对话框中的各项内容设置完成后，将光标移动到 B 轴线墙的 4、6 号轴线之间。如果希望门外开，就将光标稍微靠墙外表面；如果希望内开，就让光标稍微靠近墙内表面。单击鼠标，此时命令行提示如下：

门窗\门窗组个数(1～2)<1>：(输入 1 或回车接受默认值 1)

点取门窗大致的位置和开向(Shift—左右开)<退出>：(回车完成单元门的插入)

下面以插入进户门 M1 为例，说明单扇门的插入方法。单击对话框左边的预览框设置门的平面图形式，再单击右边的预览框设置门的立面图形式，输入门的编号 M1，门宽 1000，门高 2100，门槛高 600，选择对话框底部工具栏中的“轴线定距插入”，在“距离”输入框中输入 150，然后将光标移动到 D 轴线的 4、5 轴线之间和 5、6 轴线之间，并通过 Shift 键控制门的左右开启方向，之后单击鼠标将门插入到所需位置。按上述方法逐个插入其他单扇平开门，门的定位可根据具体情况选择“轴线定距插入”或“垛宽定距插入”。插入窗户之前要先选择对话框底部工具栏中的“窗”按钮，窗户的插入与门的插入方法相同，只是插入时窗台高度不是 0，一般为 900(底层的窗台高度为 900+600，楼梯间窗户的窗台高为 0)，此处不做赘述。

卧室通往阳台的门为四扇推拉门，门是安装在墙段中间的，宜采用“在墙段上等分插入”法插入。“门”对话框的内容如图 10-24 所示。门、窗插入完成后的平面图如图 10-25 所示。

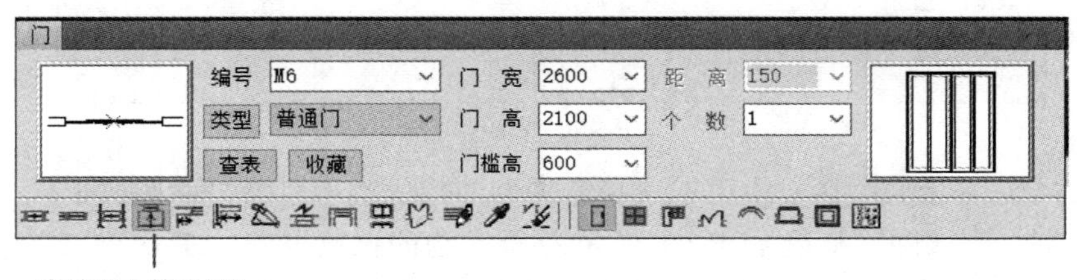

图 10-24　“门”对话框的内容

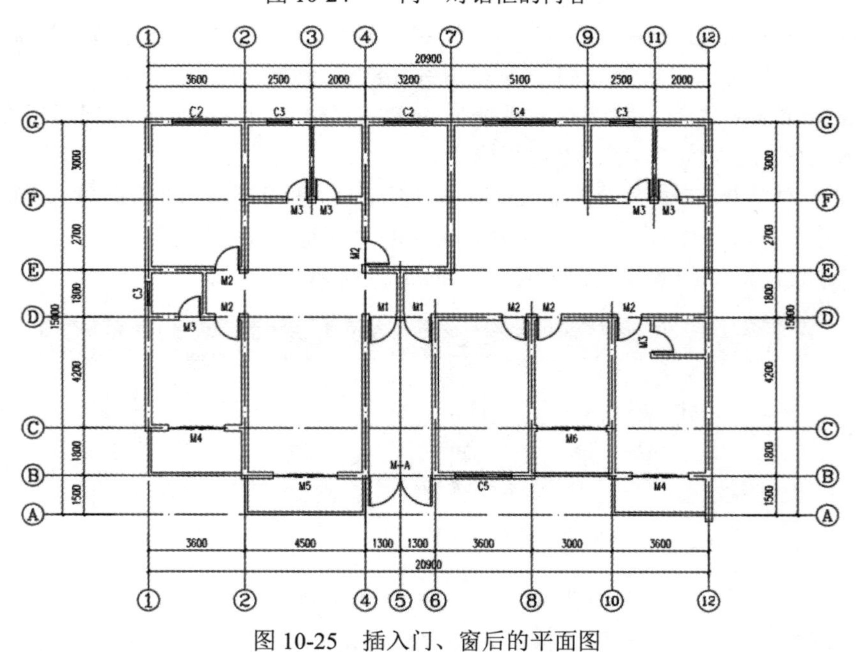

图 10-25　插入门、窗后的平面图

10.2.9　绘制楼梯

由附录图 2～附录图 5 可知，每个梯段在平面图中的位置可由起步线到墙轴线的距离和梯段长度来确定。为了在插入梯段时能够捕捉到起步线和终止线的位置，必须用直线先画出起步线和终止线。可以利用 AutoCAD 的直线命令结合对象捕捉、极轴追踪绘制起步线和终止线。画出楼梯的起步线和终止线的位置如图 10-26 所示。

梯段宽度 = (2600 − 100)/2 − 120 = 1130。绘制楼梯时，如果两个梯段的踏面宽度相同，可用双跑楼梯命令一次绘制出两个梯段，如果两个梯段的踏面宽度不同，则需要用直线梯段工具分两次创建梯段，再创建楼梯平台。底层楼梯就需要分别绘制左右两个梯段和楼梯平台。

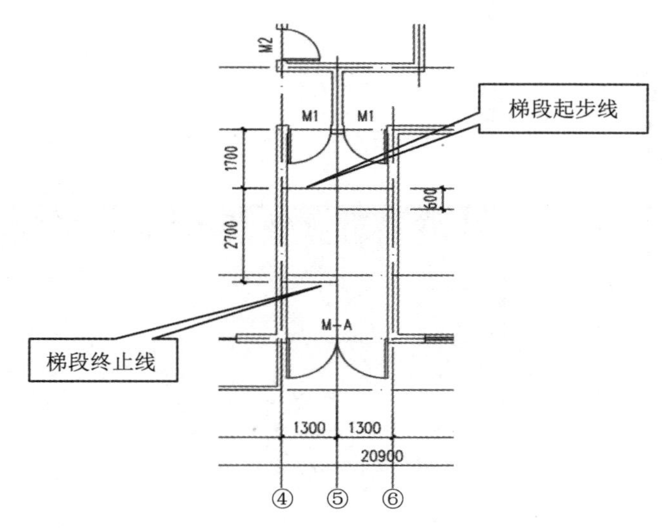

图 10-26　底层楼梯的起步线和终止线的位置

上楼的第一个梯段的绘制过程如下：单击展开“楼梯其他”菜单，在该菜单中单击“直线梯段”，打开“直线梯段”对话框，如图 10-27 所示。

直线梯段
基本参数
起始高度：0　踏步高度：163.64
梯段高度：1800　踏步宽度：270
梯段宽<　1130　踏步数目：11
梯段长度：2700　□左边梁　□右边梁
☑需要 3D
☑需要 2D
○无剖断
◉下剖断
○双剖断
○上剖断
田坡道

图 10-27　“直线梯段”对话框

在对话框中输入梯段高度(1800)、梯段宽(1130)、梯段长度(2700)，踏步宽度(270)、踏步数目(11)，踏步高度自动算出，并选择“下剖断”。此时绘图窗口中的楼梯图例的左下角位于光标处，随光标一起移动，如图 10-28 所示。

光标位于梯段的起步线，显然与图纸不符，这时可以根据命令行提示，从键盘上输入 D，让梯段上下翻转，这样光标就位于梯段的上方(即后方)了。再将光标移动到起步线的左端处(并借助对象捕捉)捕捉到起步线与 4 号轴线墙皮的交点单击鼠标左键，第一个梯段就绘制完成了。

注：底层楼梯的第二个梯段在平面图中是不画出的。但是在生成剖面图的时候是需要

第二个梯段的。可以复制一个底层平面图，并加上第二个梯段，留作绘制剖面图用。

门洞地面到底层地面的三级台阶的绘制方法仍选用直线梯段：梯段高度为 450，梯段宽为 1130，梯段长度为 600，踏步宽度为 300，踏步数为 3(自动计算)，选择无剖断，此时对话框的内容如图 10-29 所示。然后将光标移到三个台阶的起步线处，这时光标位于梯段的下方(即前方)，所以无须前后翻转。为了使台阶侧面与 6 号轴线的墙皮对齐，按 S 键让台阶左右翻转，然后在三个台阶的起步线与 6 号轴线的墙皮交点处单击鼠标即可。绘制完成的底层楼梯平面图如图 10-30 所示。

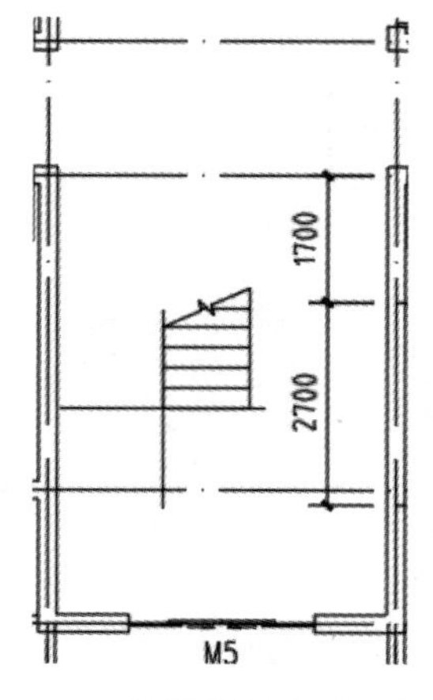

图 10-28　梯段跟随光标一起移动

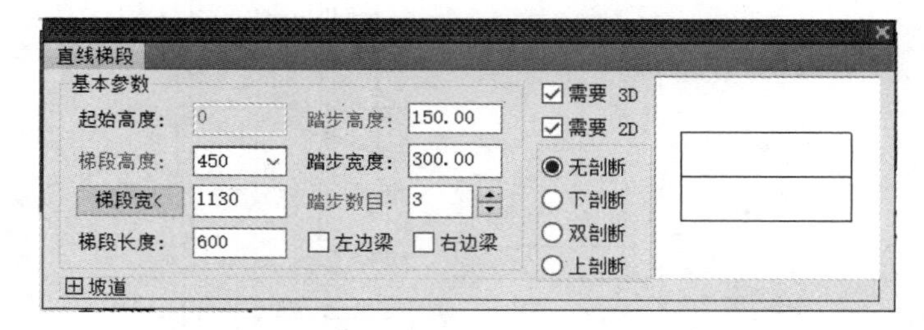

图 10-29　绘制台阶的对话框的内容

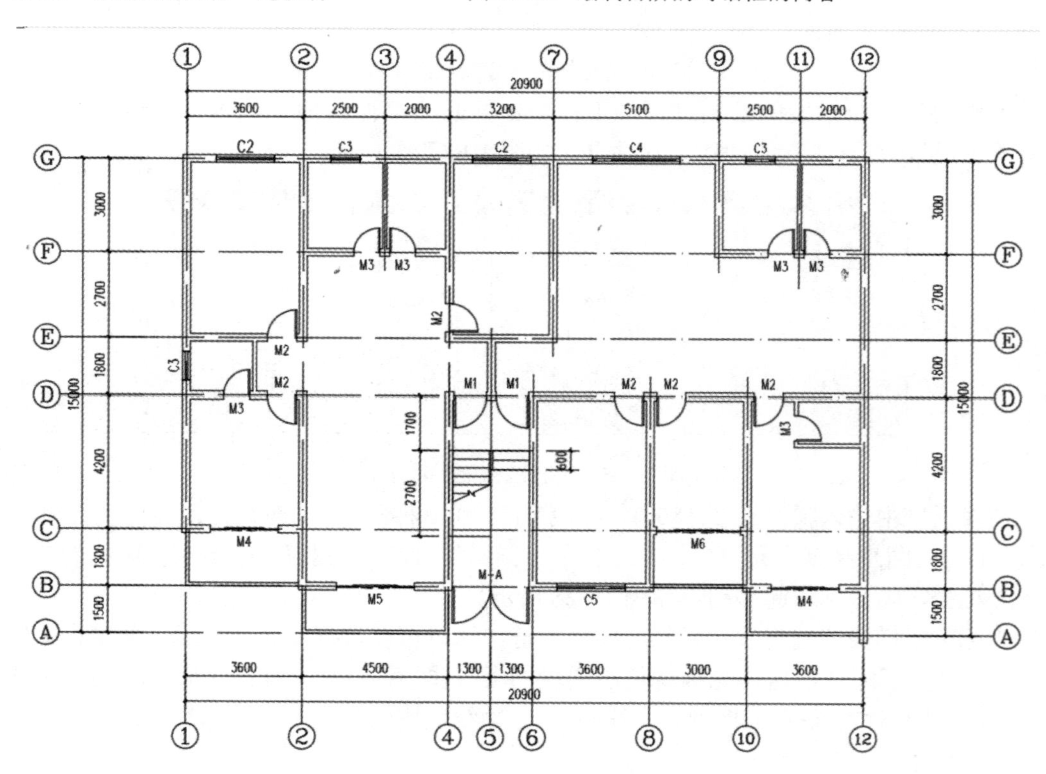

图 10-30　绘制完成的底层楼梯平面图

从附录图 3 和附录图 8 中可看出，二层平面图中左边的梯段为二楼上三楼的第一个梯段，梯段高度为 1500，梯段长度为 2700(10 个踏步，9 个踏面，每个踏面宽 300)，二层平面图右边的梯段为底层的第二个梯段，高度为 1200，梯段长为 2100(8 个踏步，7 个踏面，每个踏面宽 300)，二层平面图的楼梯可以按双跑楼梯绘制，插入二层平面图楼梯的对话框如图 10-31 所示。在该对话框中踏步高度不正确，但不影响平面图。在生成剖面图时二层平面图可以用标准层平面图代替。

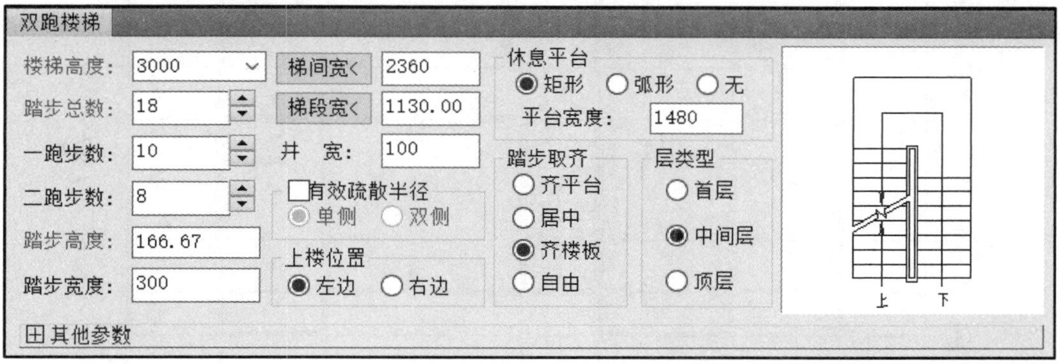

图 10-31　插入二层平面图楼梯的对话框

从附录图 8(1-1 剖面图)中可知，标准层楼梯的两个梯段的踏步数和踏面宽度均相同，而且上下对齐，所以可以用双跑楼梯一次绘制两个梯段。具体方法是：单击左侧菜单中的“双跑楼梯”，弹出“双跑楼梯”对话框，如图 10-32 所示。在该对话框中输入楼梯高度为 3000，踏步总数为 20，一跑步数和二跑步数均为 10，踏步宽度为 300，梯段宽为 1130，井宽为 100，平台宽度为 1480(1600－120)，选择“上楼位置”为左边，“层类型”为中间层，然后在绘图窗口中移动光标，发现楼梯平台位于梯段的上方，与实际不符，输入 D 使楼梯上下翻转，平台转到梯段的下方，光标位于平台的左下角，利用对象捕捉，单击楼梯间的左下角便插入了标准层楼梯。绘制完成的标准层楼梯的平面图如图 10-33 所示。

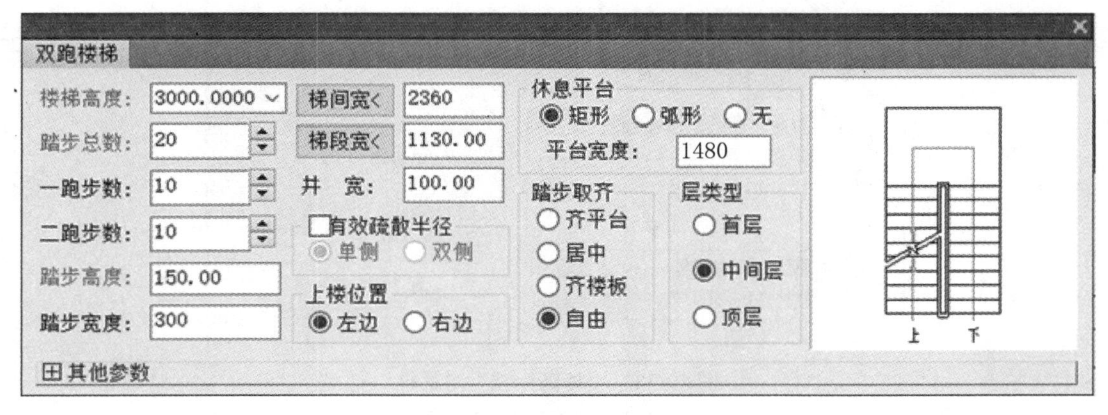

图 10-32　“双跑楼梯”对话框

顶层楼梯的画法与标准层基本相同，不同的是要在“双跑楼梯”对话框的“层类型”中选中“顶层”单选按钮。

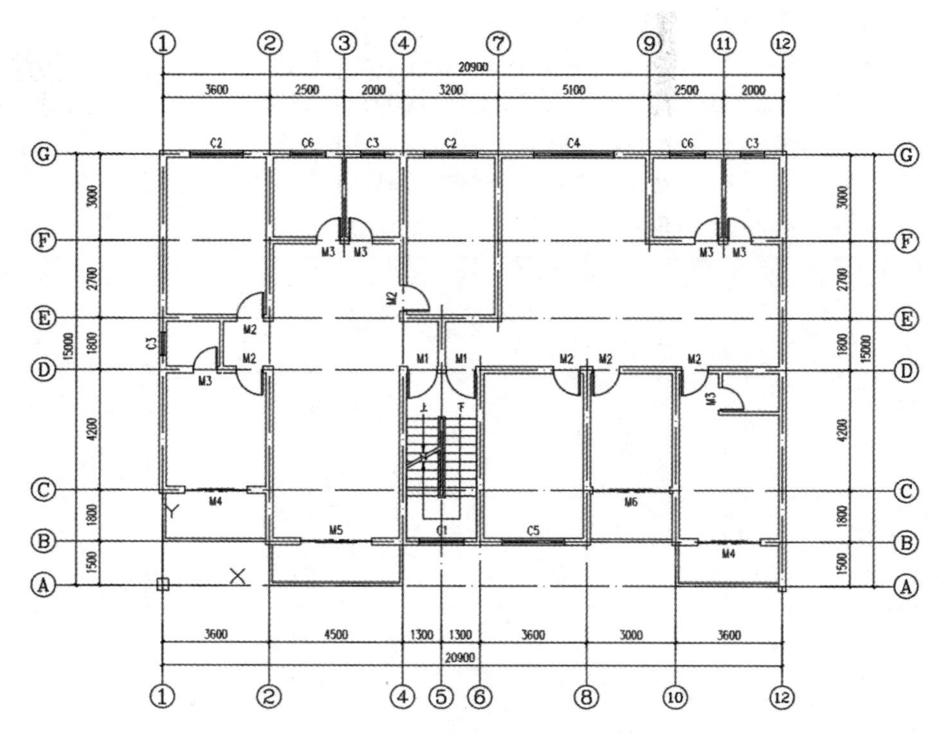

图 10-33　绘制完成的标准层楼梯的平面图

注意：对于双跑楼梯，光标所在的位置并不是梯段的起步线，而是楼梯平台的边缘，所以放置楼梯时要根据楼梯平台的位置决定是否需要翻转楼梯。

10.2.10　标注平面图的室内地面标高

标注平面图的室内地面标高方法如下：展开绘图窗口左侧菜单栏中的“符号标注”菜单，单击“标高标注”，打开“标高标注”对话框，如图 10-34 所示。

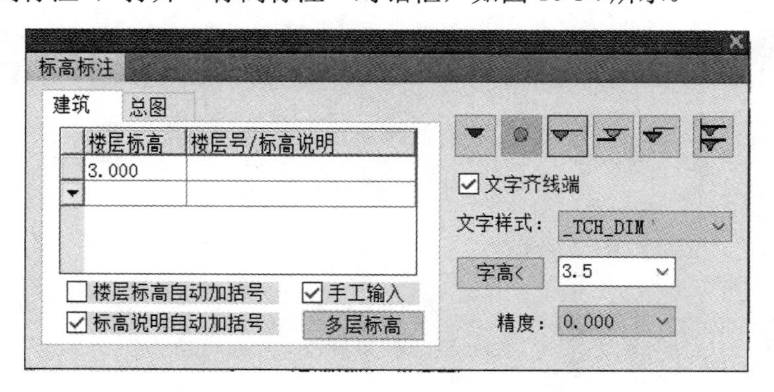

图 10-34　“标高标注”对话框

在图 10-34 所示对话框的右上角有标高的类型符号按钮(第一个是室外地坪标高，第三个是普通标高，第四个是带基线的普通标高)，标注室内地面标高选择第三个(普通标高)，字高取默认值 3.5，在左上方选择“建筑”选项卡，勾选“手工输入”，然后在“楼层标高”的下方输入楼地面标高值，如二层平面图的室内地面标高为 3.000，此时在绘图窗口中标高符号的基点位于光标处并随光标移动，将光标移动到房间内部适当位置单击鼠标确定标注点。如果是标注第一个标高，还要指定符号是位于基点上方还是下方(移动光标到基点上方单击，标高符号位于基点上方，反之标高符号位于基点下方)。除了第一个需要单击两次鼠标外，其余只需单击一次就能标注出标高。将所有房间地面的标高都标注出来，然后对厨房、卫生间地面标高，双击标高值将其修改成 2.980 即可。标注完的二层平面图中的标高如图 10-35 所示。

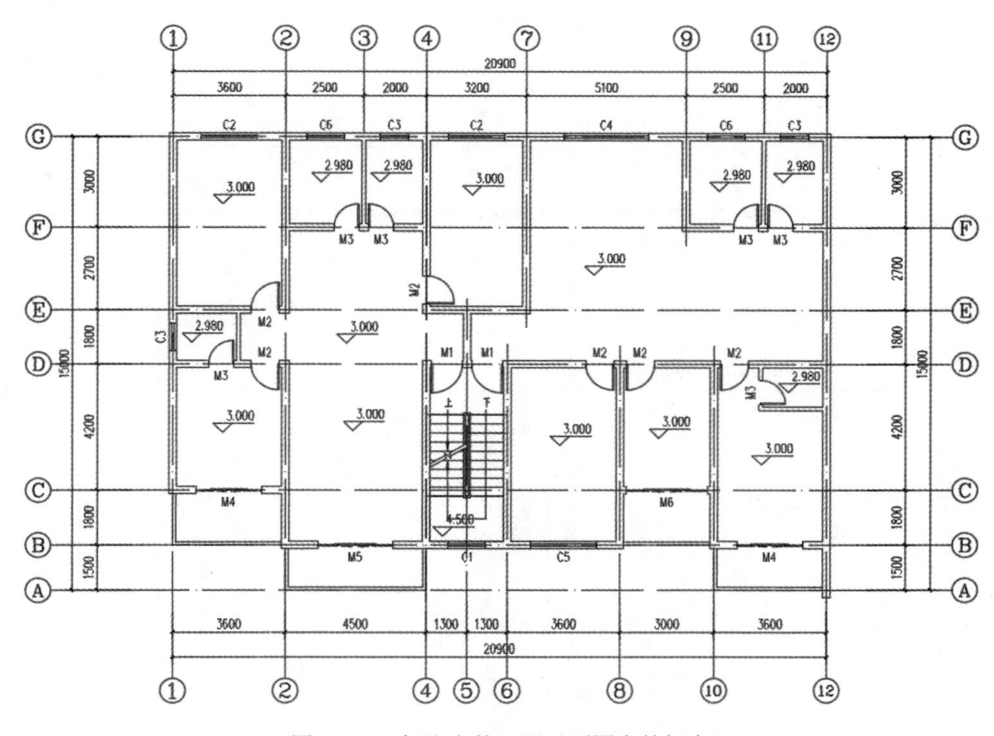

图 10-35　标注完的二层平面图中的标高

10.2.11　门窗洞的大小及定位尺寸的标注

展开菜单栏中的“尺寸标注”菜单，单击“逐点标注”，逐点标注类似于 AutoCAD 的连续标注。标注的第一个尺寸与 AutoCAD 的线性标注相同，接下来的每个尺寸只需拾取第二条尺寸界线的起点，直到最后一个尺寸标注完按回车键或鼠标右键。

10.2.12　标注剖切位置符号

在绘图窗口左侧的菜单栏中展开“符号标注”菜单，然后单击“剖切符号”打开“剖切符号”对话框，如图 10-36 所示。在对话框中输入剖切位置编号 1，其他取默认值，然后在平面图中 4 号轴线与 5 号轴线之间，平面图上方指定剖切位置符号的第一个点(A 点)，接着再移动光标到平面图下方指定剖切位置符号的另一点(B 点)，绘制剖切位置符号如图 10-37 所示。此时命令行提示指定投影方向，只要将光标移动到剖切位置线的右侧单击，投影方向便指向右侧。

剖切符号
剖切编号：1 □剖面图号：
文字样式：_TCH_LABEL 标注位置：两端 标注方向：沿剖视方向线
字高< 5.0 字高< 3.5 文字样式：_TCH_DIM

图 10-36 “剖切符号”对话框

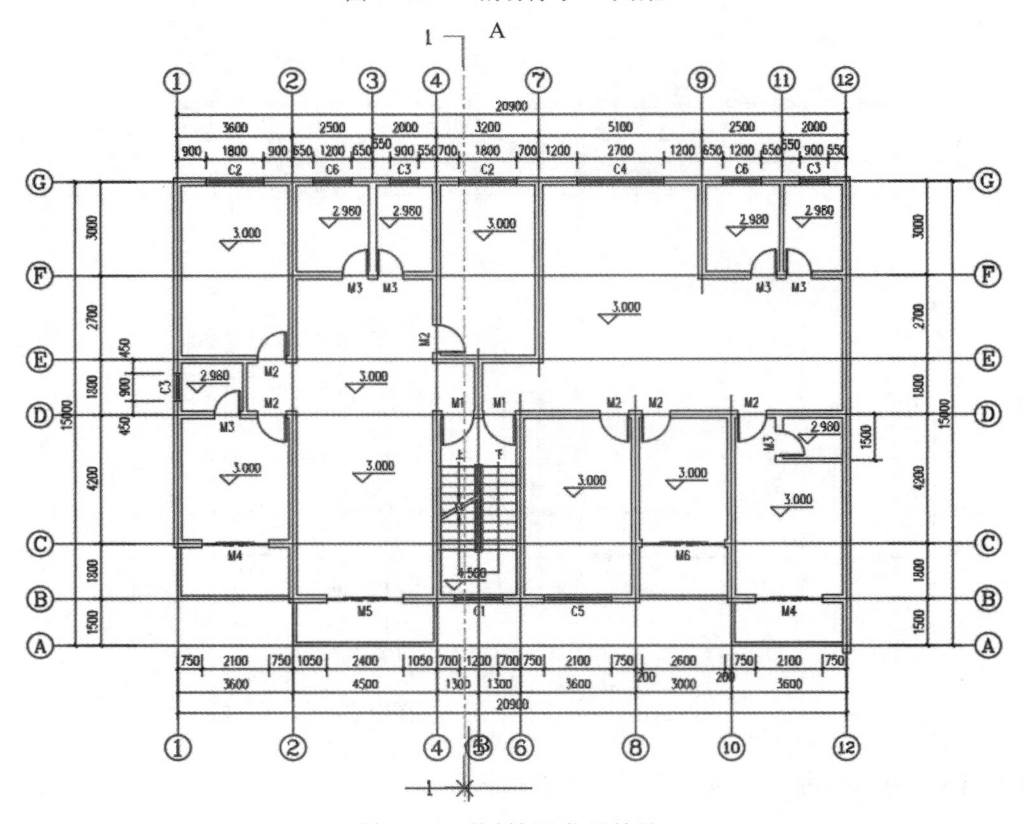

图 10-37 绘制剖切位置符号

10.3 建筑立面图的绘制

10.3.1 建筑立面图的生成方法概述

从前面绘制的平面图可知，天正建筑中所绘制的每一个平面图都是一个楼层的三维模型的水平投影。

天正建筑绘制立面图的方法完全不同于 AutoCAD 绘制立面图的方法。天正采用的是一种带有人脑思维的生成方法。它把每一层的平面图按照各层的上下顺序进行组合(有点像搭积木)，然后指定投影的方向，给出要在立面图中出现的最左、最右的轴线，并给出立面图的名称，系统就自动生成立面图，最后给生成的立面图添加立面屋顶，再标注标高即可。

10.3.2　生成立面图的具体操作方法

1. 打开平面图

打开任何一个楼层的平面图。

2. 创建工程文件

展开左边的“文件布图”菜单，单击“工程管理”菜单项，打开“工程管理”面板，如图 10-38 所示。

在“工程管理”面板的下拉列表中选择“新建工程”，弹出文件“另存为”对话框，要求为新建的工程文件指定文件名及保存路径，“另存为”对话框如图 10-39 所示。

在文件名输入框中输入工程文件名，如“房屋施工图”，然后单击“保存”按钮，则新建了一个名为“房屋施工图”的工程文件。

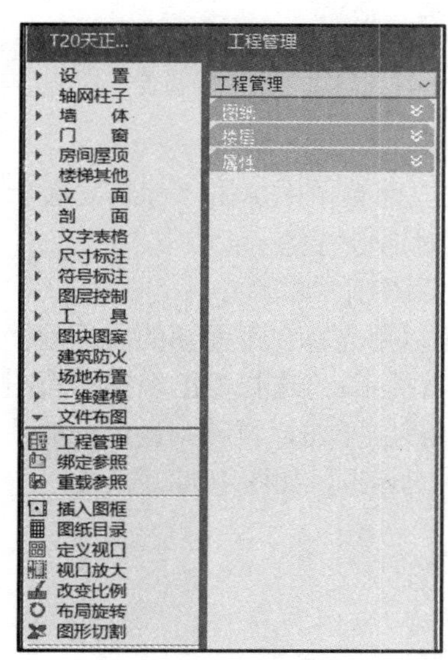

图 10-38　“工程管理”面板

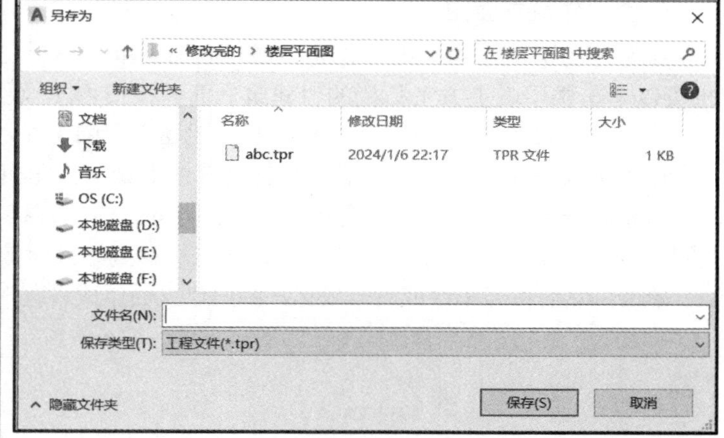

图 10-39　“另存为”对话框

3. 创建楼层表

单击“工程管理”面板中的“楼层”，展开一个空的楼层表，如图 10-40 所示。

楼层表包含“层号”“层高”“文件”3 列。接下来往楼层表添加楼层数据，首先添加底层数据，在第一行第一列输入层号 1(表示第一层)，在第一行第二列输入层高 3000，然后单击第三列(“文件”下面的一格)，显示出一个按钮，光标置于按钮上会显示“选楼层文件”，单击该按钮弹出“选择标准楼层图形文件”对话框，找到要添加的底层平面图并单击“打开”按钮，则底层平面图添加到楼层表中。

注：采用这种方法创建楼层表，每一层平面图必须保存成一个文件，而且各层的坐标原点必须相同(可在每层的平面图指定一个基点，如 1 号轴线与 A 轴线的交点，将平面图移动到基点与坐标原点重合)。

按照此方法依次添加各楼层的平面图。因为中间各层的结构布置完全相同，所以用第三层的平面图代替。创建完成的楼层表如图 10-41 所示。

图 10-40　空的楼层表

图 10-41　创建完成的楼层表

4. 生成建筑立面图

在左侧的菜单栏中单击“立面”展开立面菜单，然后在立面菜单中单击“建筑立面”(也可以单击楼层表上方工具栏的“建筑立面”按钮)，此时命令行提示：

请输入立面方向或 [正立面(F)/背立面(B)/左立面(L)/右立面(R)] <退出>:

这时可以在提示内容的后面输入 F(或 B 或 L 或 R)，也可以用光标在平面图的前、后、左、右绘制表示方向的线段。选择好立面的方向，命令行接着提示：“选择要出现在立面图上的轴线”，此时光标变成一个拾取框，将光标移到第 1 根轴线上单击，再移到最后一根轴线上单击，然后按回车键或右击鼠标，弹出“立面生成设置”对话框，如图 10-42 所示。

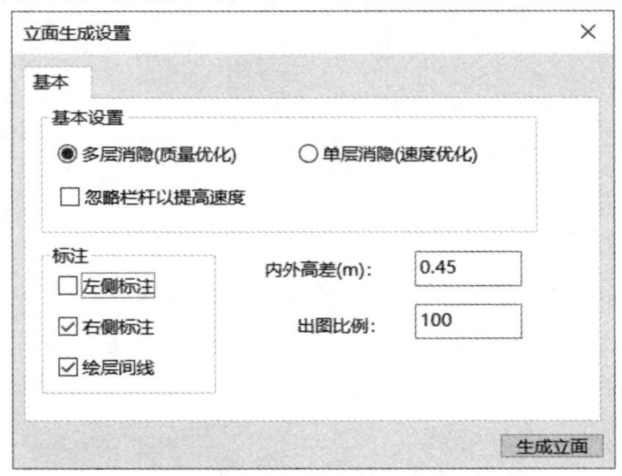

图 10-42　“立面生成设置”对话框

对话框中的“内外高差”指室内外高差，本建筑为 0.6 m，出图比例默认为 100，在“标注”选项区中不选择“左侧标注”，其他取默认值。输入完成后单击右下角的“生成立面”按钮，弹出“输入要生成的文件”对话框，如图 10-43 所示。

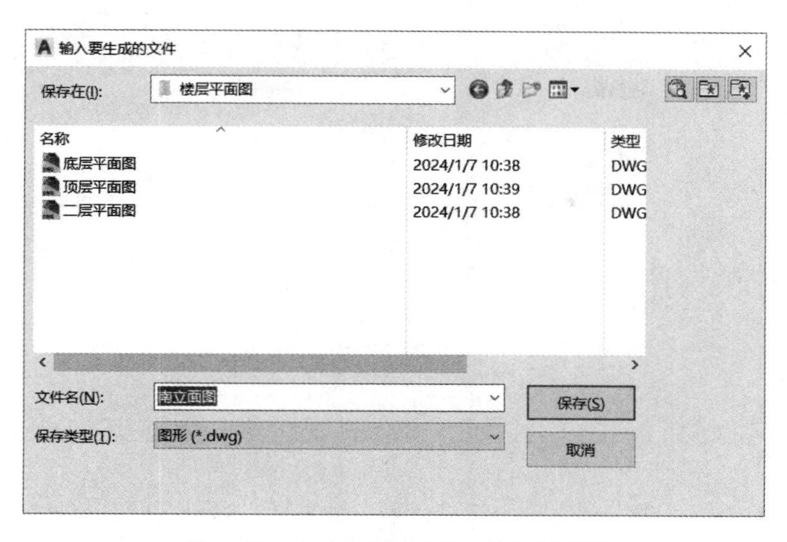

图 10-43　“输入要生成的文件”对话框

在该对话框的文件名输入框中输入文件名(如“南立面图”)，然后单击“保存”按钮，这时图形窗口显示该建筑的南立面图，如图 10-44 所示。

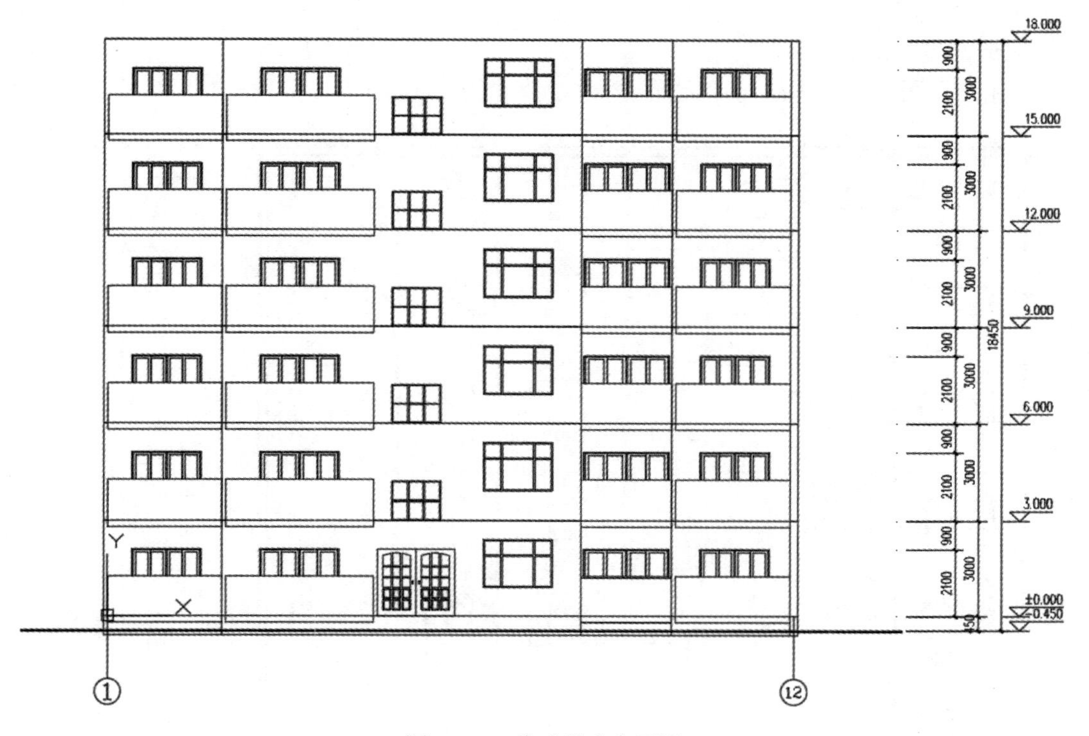

图 10-44　生成的南立面图

5. 添加立面屋顶

在左侧展开的“立面”菜单中单击“立面屋顶”，弹出“立面屋顶参数”对话框，如图 10-45 所示。

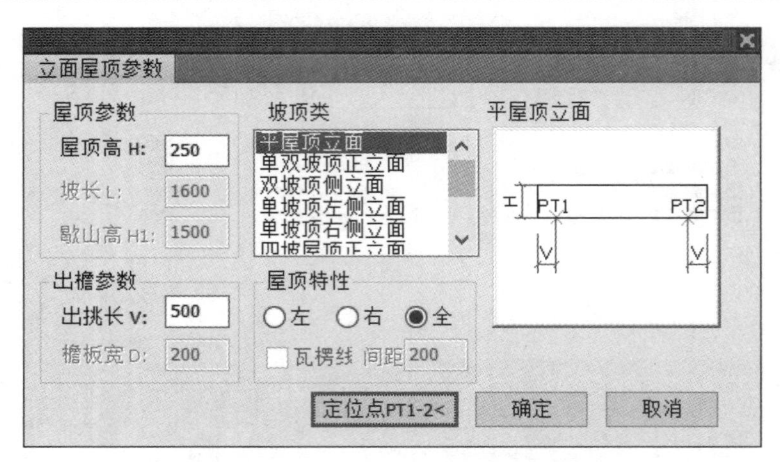

图 10-45 “立面屋顶参数”对话框

在对话框的“坡顶类”列表框中选择“平屋顶立面”，在“屋顶高 H”输入框中输入屋顶高度值(250)，在“出挑长 V”输入框中输入 500，在“屋顶特性”中选择“全”(四周有外挑)，然后单击“定位点 PT1-2< ”按钮，关闭对话框回到平面图，当命令提示行提示“点取墙顶角点 PT1”时点取墙顶的左边角点，然后根据提示再点取墙顶的右边角点。此时对话框又显示在屏幕上，单击“确定”按钮，完成南立面图的绘制，如图 10-46 所示(图中阳台高度是另外标注的)。

其他立面图的生成方法与南立面类似，此处不再赘述。

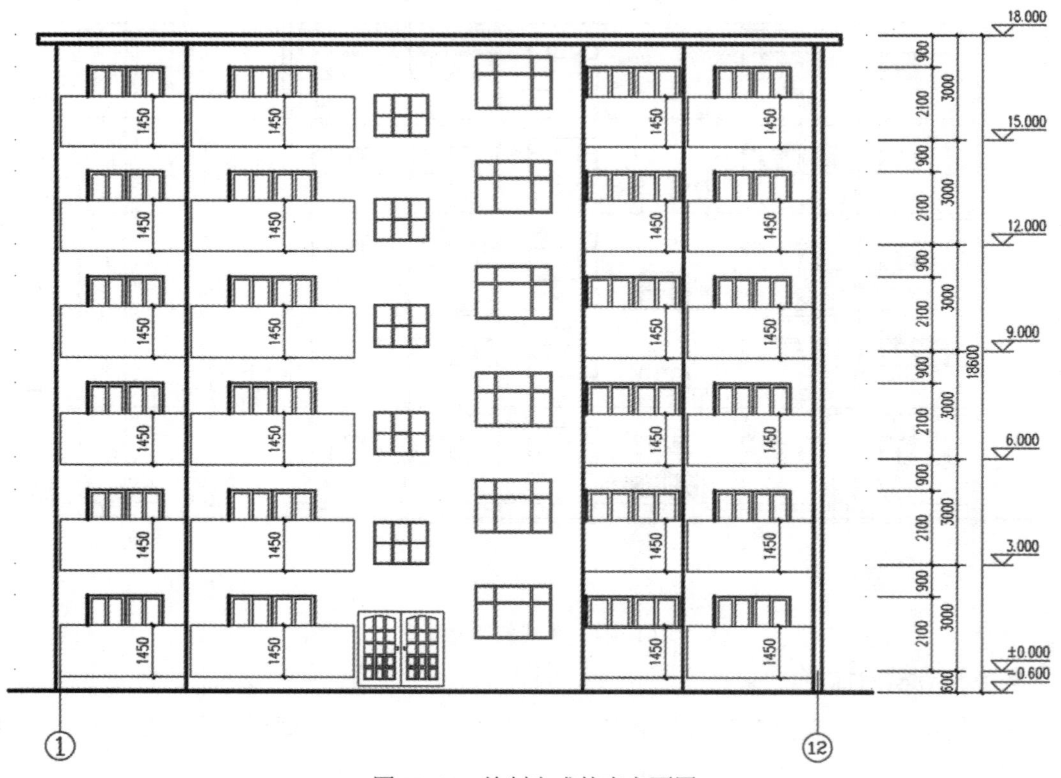

图 10-46 绘制完成的南立面图

10.4 建筑剖面图的绘制

10.4.1 生成剖面图的方法概述

如果没有创建过工程文件，要生成剖面图，其操作过程与生成立面图的方法类似，把每一层的平面图按照各层的上下顺序创建楼层表，然后打开底层平面图，接下来在展开的“剖面”菜单中执行“建筑剖面”命令(也可以在楼层表上方的工具栏中单击“建筑剖面”按钮)，并根据提示在平面图中拾取剖切位置符号，然后再拾取要在剖面图中出现的轴线，拾取完毕后按回车(或按鼠标右键)，弹出“剖面生成设置”对话框，在对话框中设置室内外高差和绘图比例，然后单击“生成剖面”按钮，即可在绘图窗口显示所生成的剖面图。

我们前面已经建立了工程文件“建筑施工图”，在工程文件下面创建了楼层表，所以要生成剖面图，可以利用前面所创建的楼层表而不需要另外再创建楼层表。

10.4.2 生成剖面图的具体操作方法

1. 打开底层平面图

如图 10-47 所示(该平面图是在标高为 2.3 米处剖切的平面图)，打开底层平面图。

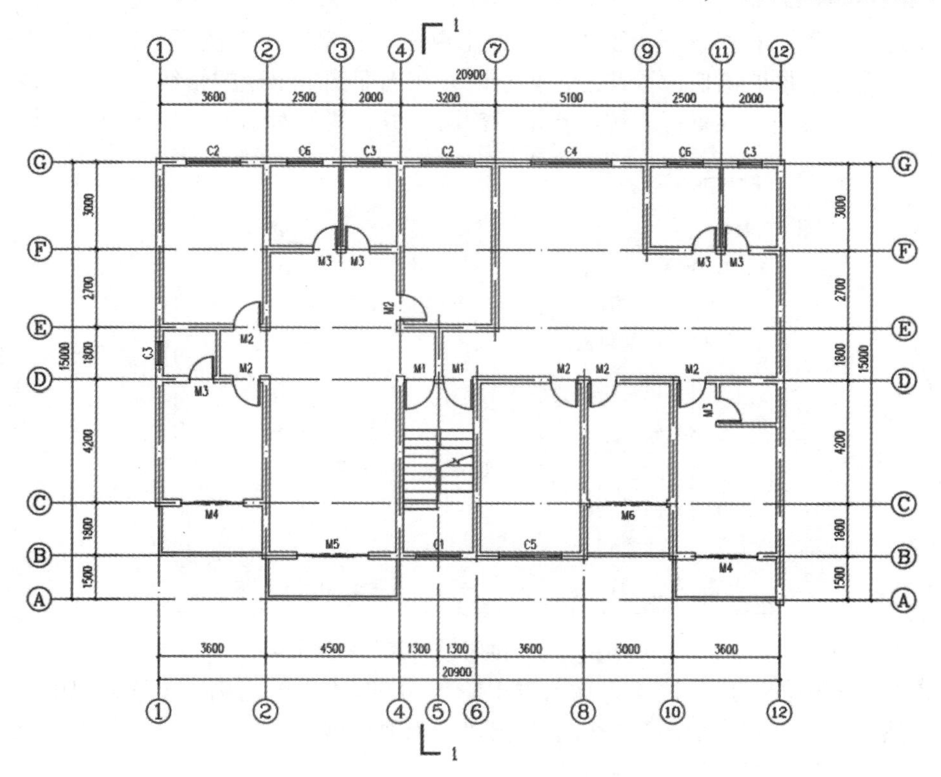

图 10-47　底层平面图(H：2.300)

2. 打开工程文件“房屋施工图”

在左边菜单栏展开的“文件布图”菜单中单击“工程管理”打开“工程管理”面板，如图 10-48 所示，“工程管理”面板显示前面创建的楼层表。

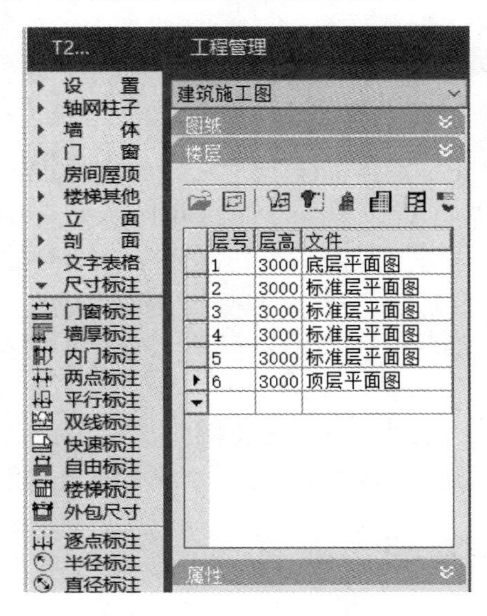

图 10-48 “工程管理”面板

3. 生成建筑剖面图

操作过程如下：在楼层表上面的工具栏中单击“建筑剖面”按钮，然后在图形窗口的底层平面图中拾取剖切位置符号，再拾取要在剖面图中出现的轴线，如 B、D、E、G 轴线，拾取完毕按回车或鼠标右键，弹出“剖面生成设置”对话框，如图 10-49 所示。

图 10-49 “剖面生成设置”对话框

在该对话框中的“内外高差”输入框中输入 0.60，“出图比例”中输入 100，其他取默认值。然后单击“生成剖面”按钮，弹出“输入要生成的文件”对话框，在对话框中输入文件名“1-1 剖面图”，如图 10-50 所示。

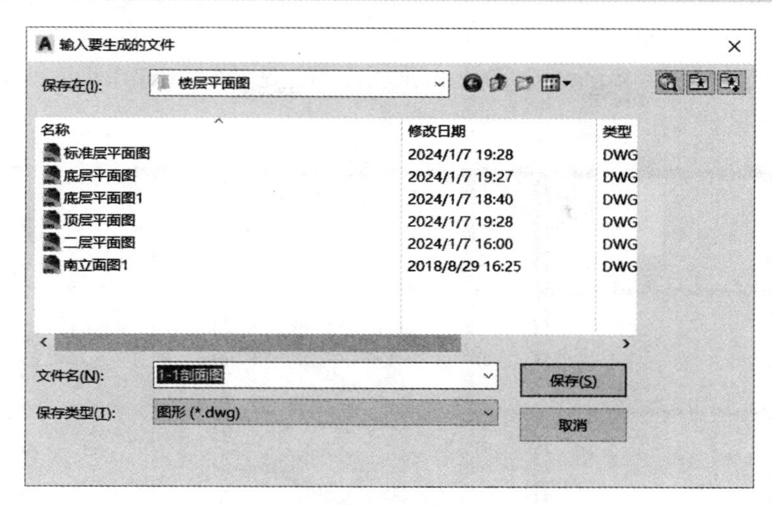

图 10-50　“输入要生成的文件”对话框

然后单击“保存”按钮，所生成的剖面图就会保存到指定路径并显示在绘图窗口，如图 10-51 所示。

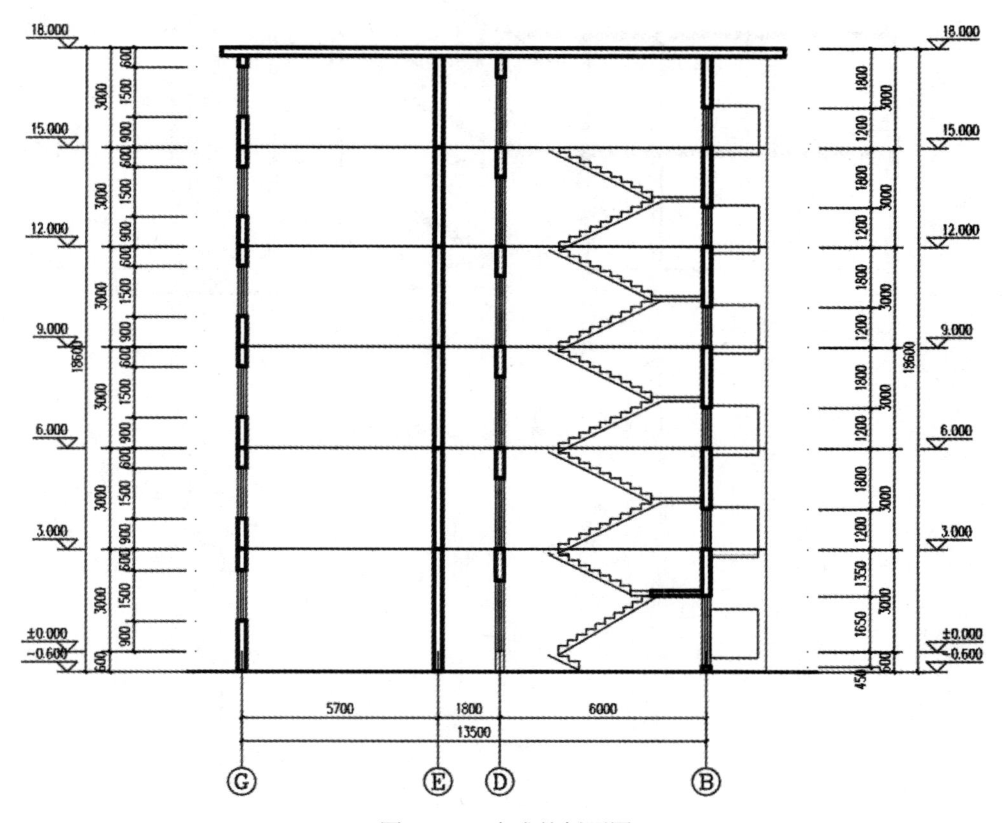

图 10-51　生成的剖面图

4. 对剖面图进行深化处理

因为在绘制平面图时没有绘制楼板、底层室内地面、门洞地面、屋顶、圈梁、梯梁等构件，所以在剖面图中也就缺少这些构件，可以在剖面图中添加这些构件，屋盖的添加与立面图相同，其他的内容用 AutoCAD 的二维作图的方法绘制和编辑即可，编辑完成的 1-1 剖面图如图 10-52 所示。

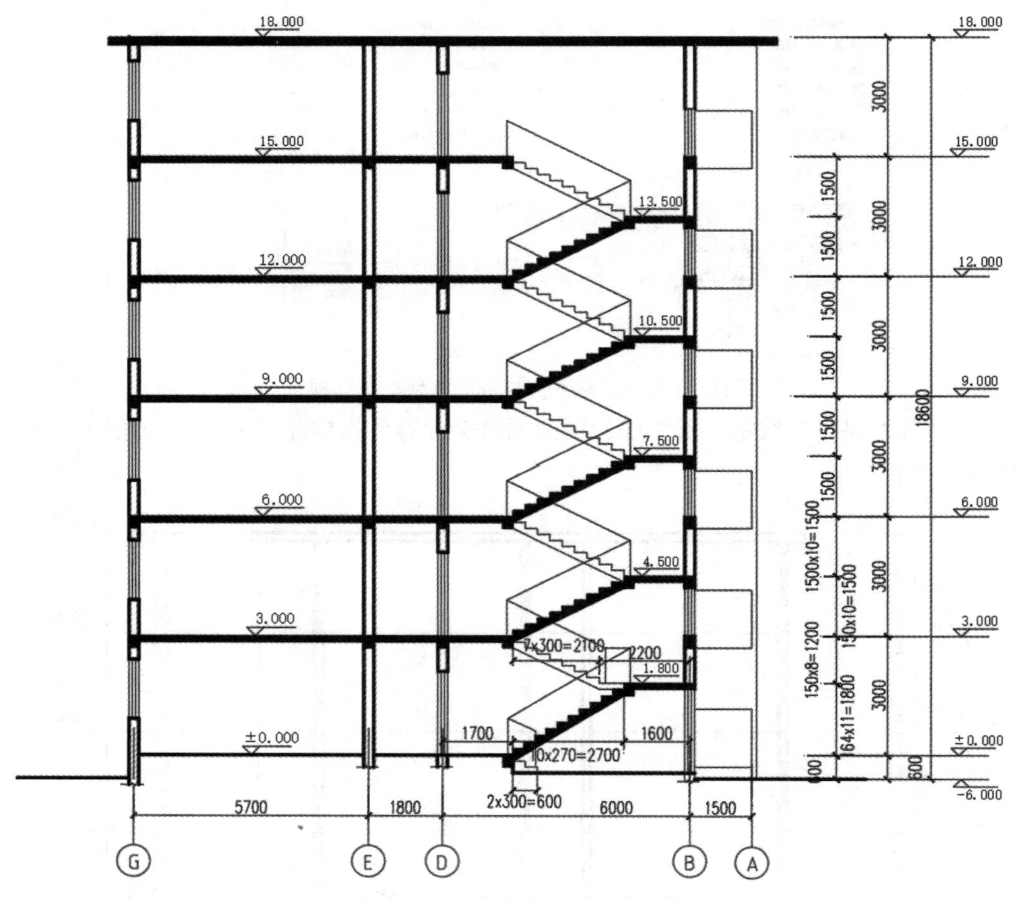

图 10-52　经深化处理后的剖面图

附录　房屋建筑施工图

表1 门窗表

类别	名称	洞口尺寸		樘数		合计
		宽	高	一层	二～六层	
窗	C1	1500	1200		5x2=10	10
	C2	1800	1500	4	5X4=20	24
	C3	900	1200	6	5x6=30	36
	C4	2700	1500	2	5x2=10	12
	C5	2100	1500	2	5x2=10	12
	C6	1200	1500	4	5X4=20	24
门	M-A	2360	2100	2		2
	M1	1000	2100	4	5x4=20	24
	M2	900	2100	12	5x12=60	72
	M3	800	2100	12	5x12=60	72
	M4	2100	2100	4	5x4=20	24
	M5	2400	2100	2	5x2=10	12
	M6	2700	2100	2	5x2=10	12

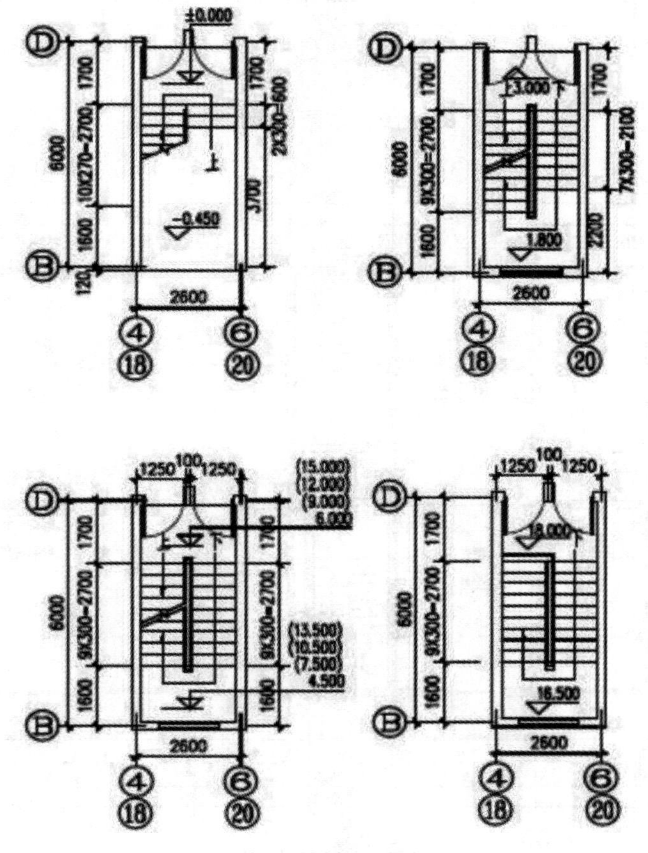

图 1　楼梯平面图

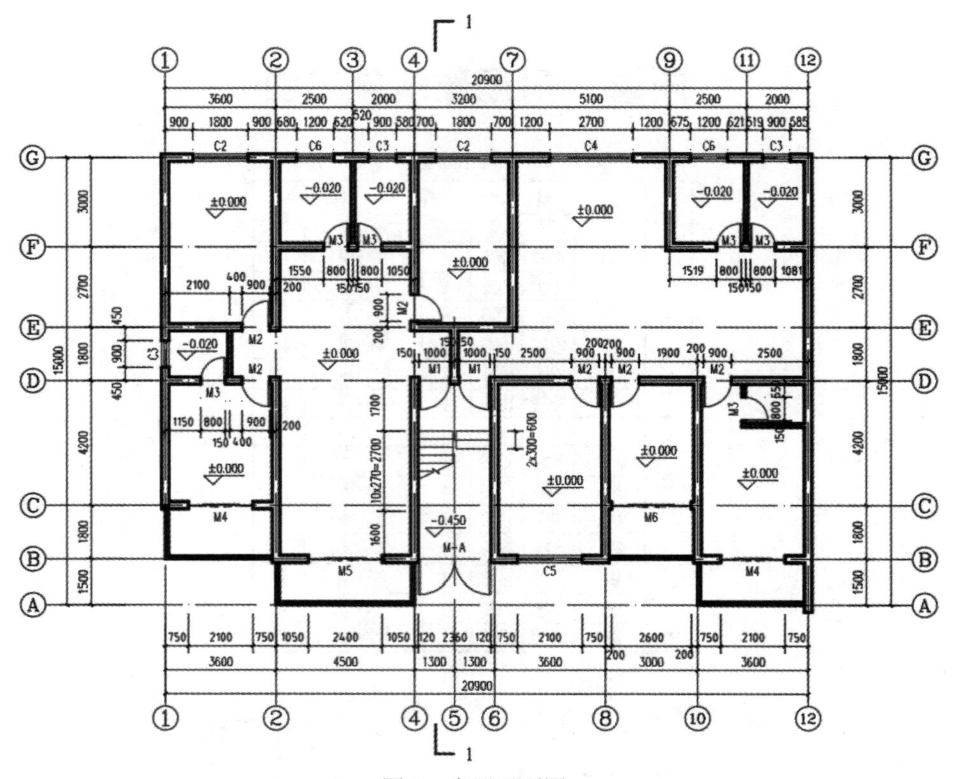

图 2 底层平面图

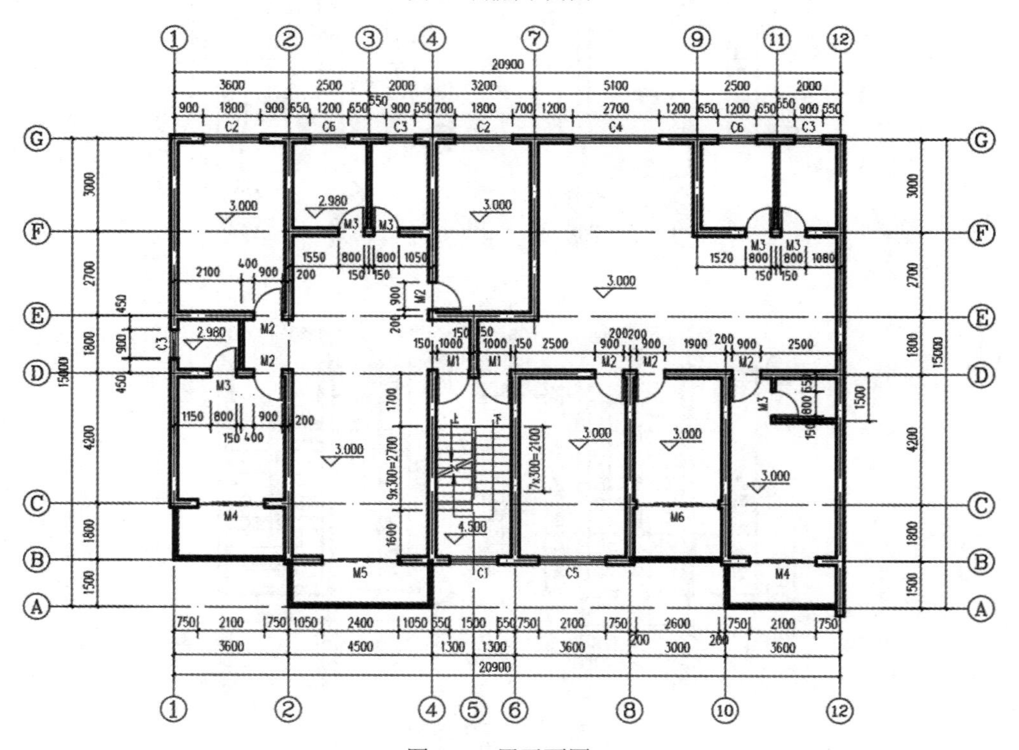

图 3 二层平面图

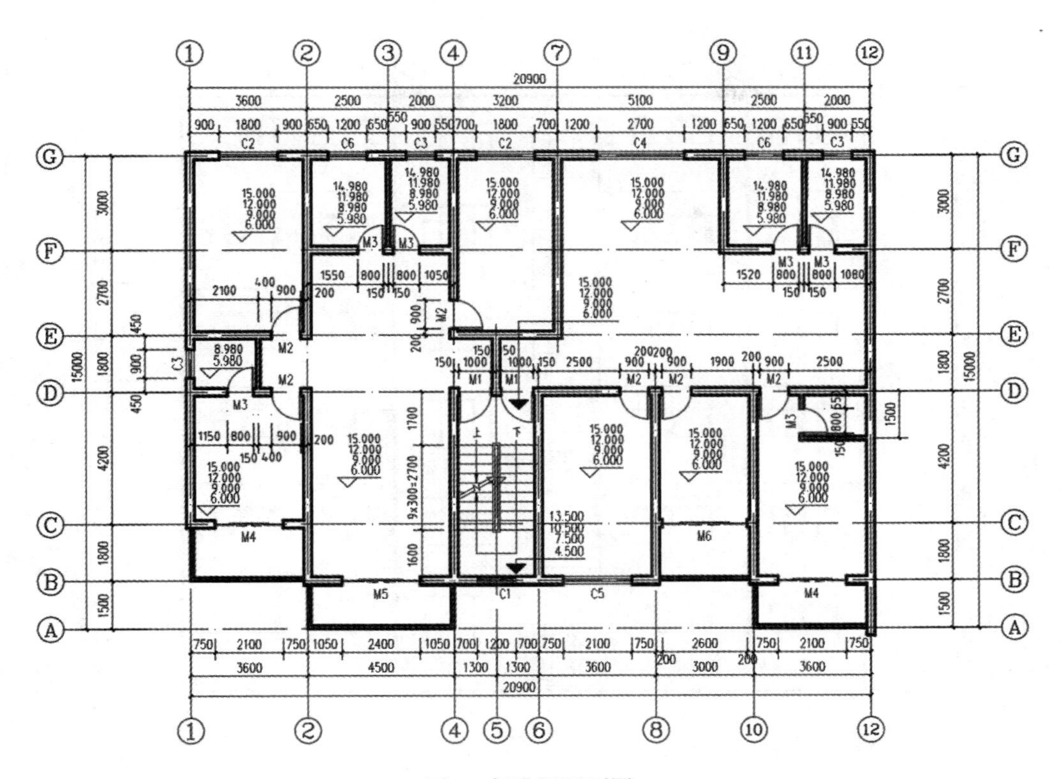

图 4　标准层平面图

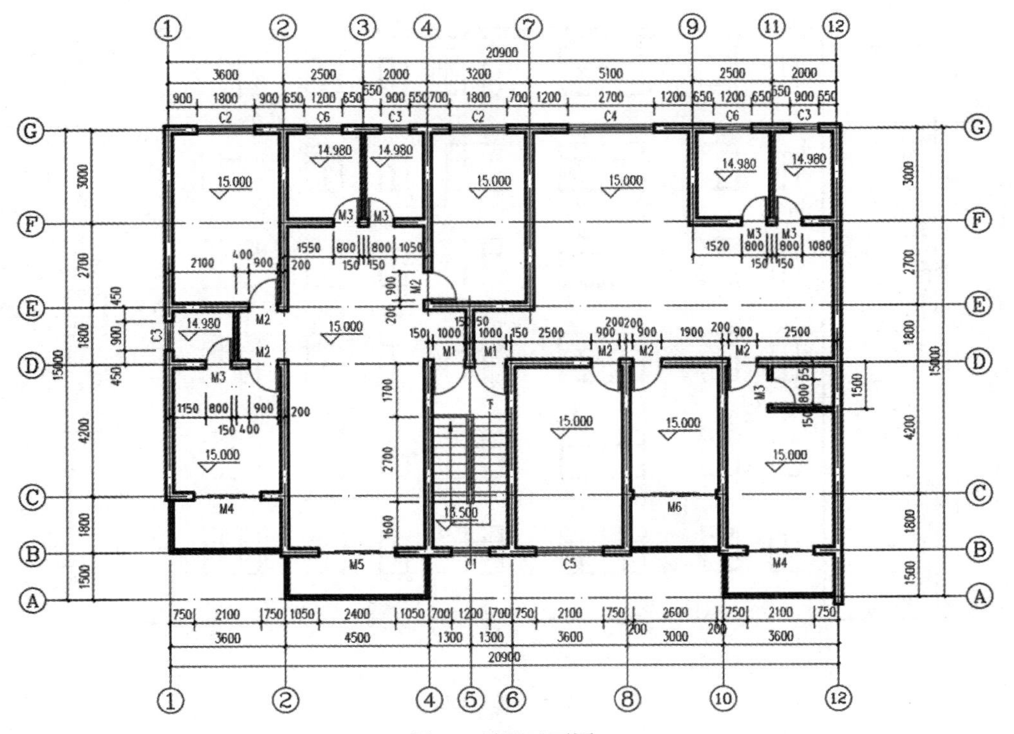

图 5　顶层平面图

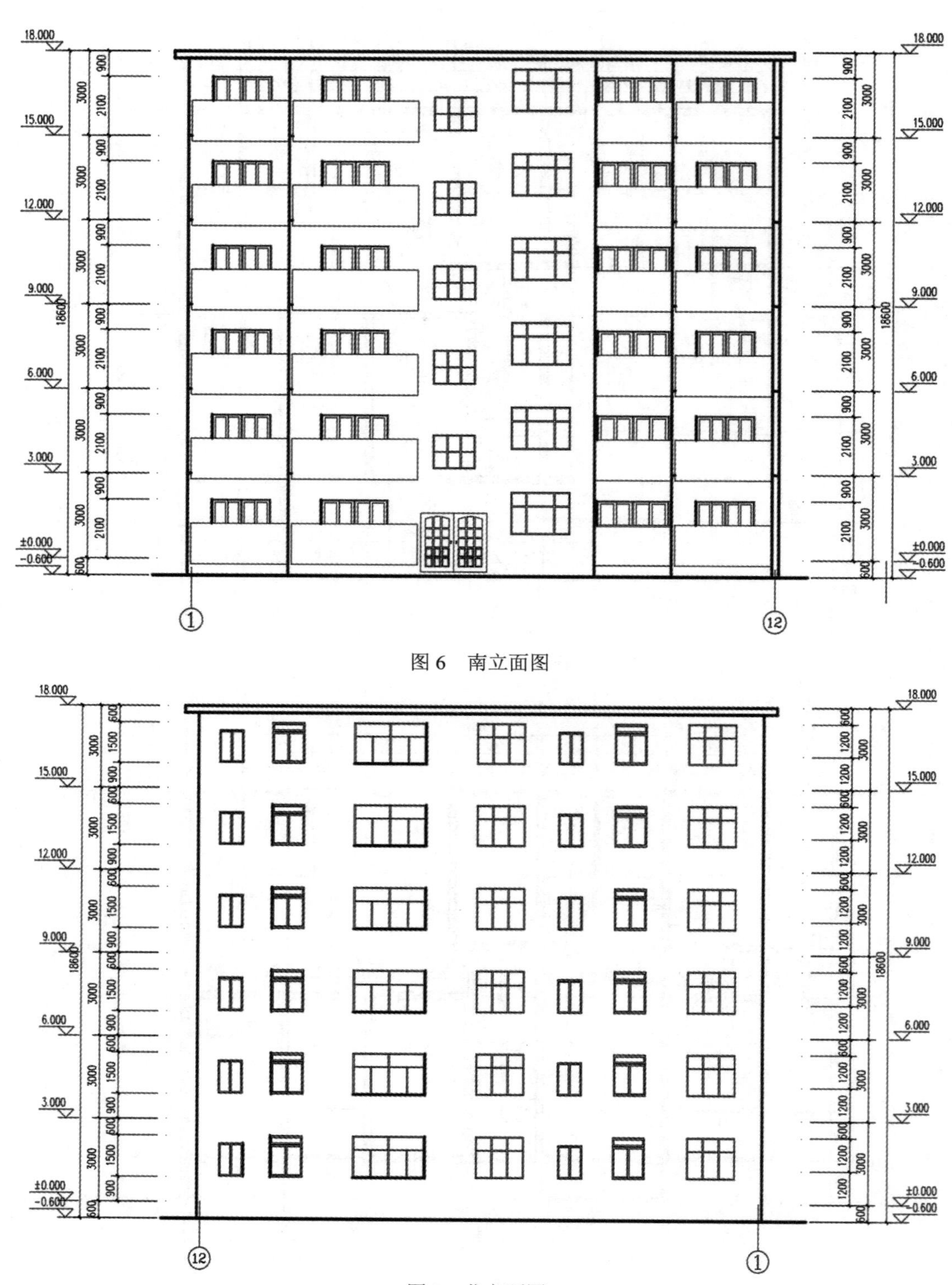

图 6 南立面图

图 7 北立面图

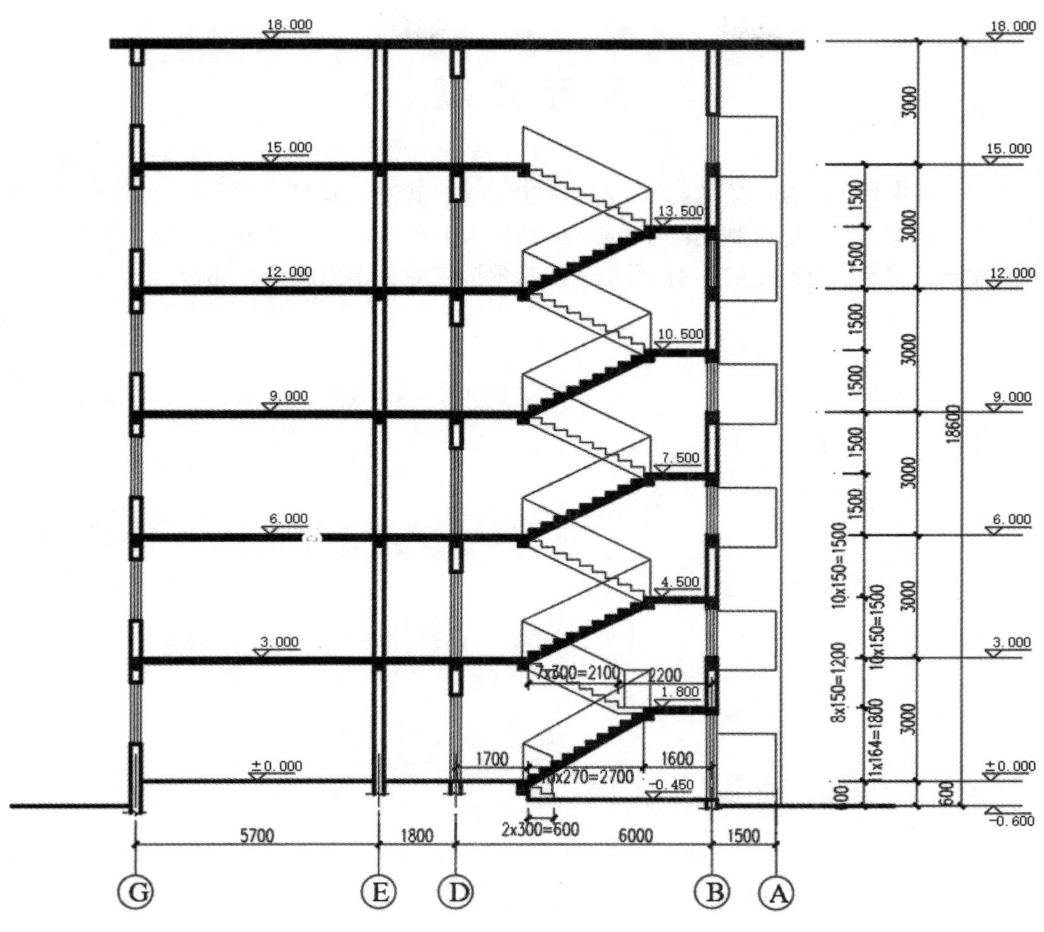
18.000
15.000
13.500
12.000
10.500
9.000
7.500
6.000
4.500
3.000
1.800
±0.000
-0.450
-0.600
7x300=2100
2200
1700
1600
10x270=2700
2x300=600
5700
1800
6000
1500
3000
1500
18600
10x150=1500
8x150=1200
11x164=1800
600
G
E
D
B
A

图 8　1-1 剖面

参 考 文 献

[1] 唐广，邱荣茂. 计算机绘图：AutoCAD 2008[M]. 武汉：武汉理工大学出版社，2012.
[2] 唐广，邱荣茂. 计算机制图：AutoCAD 2014[M]. 北京：中国铁道出版社，2017.
[3] 刘吉新，张雁. 建筑 CAD[M]. 哈尔滨：哈尔滨工业大学出版社，2017.